危险化学品作业人员安全技术知识培训教程

张　荣　练学宁　主编
张晓东　主审

中国劳动社会保障出版社

图书在版编目(CIP)数据

危险化学品作业人员安全技术知识培训教程/张荣，练学宁主编. —北京：中国劳动社会保障出版社，2014

ISBN 978-7-5167-1550-5

Ⅰ.①危… Ⅱ.①张…②练… Ⅲ.①化工产品-危险物品管理-安全技术-技术培训-教材 Ⅳ.①TQ086.5

中国版本图书馆 CIP 数据核字(2014)第 253969 号

中国劳动社会保障出版社出版发行

(北京市惠新东街 1 号 邮政编码：100029)

*

三河市华骏印务包装有限公司印刷装订 新华书店经销

787 毫米×1092 毫米 16 开本 19.5 印张 415 千字

2014 年 11 月第 1 版 2014 年 11 月第 1 次印刷

定价：39.00 元

读者服务部电话：(010) 64929211/64921644/84643933

发行部电话：(010) 64961894

出版社网址：http://www.class.com.cn

版权专有 侵权必究

如有印装差错，请与本社联系调换：(010) 80497374

我社将与版权执法机关配合，大力打击盗印、销售和使用盗版图书活动，敬请广大读者协助举报，经查实将给予举报者奖励。

举报电话：(010) 64954652

前　言

《中华人民共和国安全生产法》（中华人民共和国主席令第13号）第三条规定：安全生产工作应当以人为本，坚持安全发展，坚持安全第一、预防为主、综合治理的方针，强化和落实生产经营单位的主体责任。第二十五条规定：生产经营单位应当对从业人员进行安全生产教育和培训，保证从业人员具备必要的安全生产知识，熟悉有关的安全生产规章制度和安全操作规程，掌握本岗位的安全操作技能，了解事故应急处理措施，知悉自身在安全生产方面的权利和义务。未经安全生产教育和培训合格的从业人员，不得上岗作业。

国家安全生产监督管理总局30号令《特种作业人员安全技术培训考核管理规定》第五条规定：特种作业人员必须经专门的安全技术培训并考核合格，取得《中华人民共和国特种作业操作证》后，方可上岗作业。从事危险化工工艺过程操作及化工自动化控制仪表安装、维修、维护的作业人员属于危险化学品特种作业，包括光气及光气化工艺作业、氯碱电解工艺作业、氯化工艺作业、硝化工艺作业、合成氨工艺作业、裂解（裂化）工艺作业、氟化工艺作业、加氢工艺作业、重氮化工艺作业、过氧化工艺作业、胺基化工艺作业、磺化工艺作业、聚合工艺作业、烷基化工艺作业和化工自动化控制仪表作业等16个工种类别。国家安全生产监督管理总局3号令《生产经营单位安全培训规定》第四条规定：生产经营单位从业人员应当接受安全培训，熟悉有关安全生产规章制度和安全操作规程，具备必要的安全生产知识，掌握本岗位的安全操作技能，增强预防事故、控制职业危害和应急处理的能力。未经安全生产培训合格的从业人员，不得上岗作业。中华人民共和国《危险化学品安全管理条例》（国务院令第591号）第四条明确规定：对从业人员进行安全教育、法制教育和岗位技术培训。从业人员应当接受教育和培训，考核合格后上岗作业。

为了贯彻落实文件精神，提高从业人员安全技术技术水平，防止和减少各类安全事故，我们组织编写了《危险化学品作业人员安全技术知识培训教程》教材一书。本书主要介绍安全生产法律法规、危险化学品安全技术基础知识、危险化学品生产工艺安全技术、化工设备安全知识、职业危害及防护、风险控制与事故应急处置、防火防爆及电气安全知识、安全标准化与环境保护等相关知识内容。为了体现危险化学品作业人员上岗前安全知识培训教育的特点，本书内容力求深入浅出、通俗易懂、涉及面宽，突出危险化学品作业操作需要的知识内容，具有较强的争对性和实用性，可供危险化学品特种作业人员安全技术知识培训教育教材，也可作为危险化学品其它从业人员和工程技术人员学习参考。

《危险化学品作业人员安全技术知识培训教程》一书由张荣、练学宁主编，张晓东主审，参加编写人员还有刘胜、贺小兰、陈忠林和周筱。本教材在编写过程中参阅和引用了大量文献资料和相关著作，在此一并表示感谢。

编　者

2014 年 10 月

目　录

第一章　安全生产法律法规

第一节　安全生产法律法规体系

安全生产法规是保护劳动者在生产过程中的生命安全和身体健康的有关法令、规程、条例规定等法律文件的总称，又称劳动保护法规。安全法规的主要作用是调整社会主义生产过程及商品流通过程中人与人之间、人与自然之间的关系，维护社会主义劳动法律关系中的权利与义务、生产与安全的辩证关系，以保障劳动者在生产过程中的安全和健康。

一、安全生产法律体系构成

我国安全生产法律体系是包含多种法律形式和法律层次的综合性系统，主要有安全生产法律法规基础的宪法规范、行政法律规范、技术性法律规范、程序性法律规范。

（1）宪法。《宪法》是安全生产法律体系框架的最高层级，“加强劳动保护、改善劳动条件”是有关安全生产方面最高法律效力的规定。

（2）安全生产方面的法律。基础法有《中华人民共和国安全生产法》（以下简称《安全生产法》）和与它平行的专门法律和相关法律。专门法律有《中华人民共和国消防法》《中华人民共和国道路交通安全法》等。相关法律有《中华人民共和国劳动法》《中华人民共和国职业病防治法》等。

还有一些与安全生产监督执法工作有关的法律，如《中华人民共和国刑法》《中华人民共和国标准化法》《中华人民共和国国家赔偿法》等。

（3）安全生产行政法规。如《危险化学品安全管理条例》等。

（4）地方性安全生产法规是由有立法权的地方权力机关制定的安全规范性文件，如《北京市安全生产条例》等。

（5）部门安全生产规章和地方政府安全生产规章。

（6）安全生产标准。如 AQ/T 3034—2010《化工企业工艺安全管理实施导则》。

（7）已批准的国际劳工安全公约。

二、主要相关法律法规

1.《中华人民共和国宪法》

《中华人民共和国宪法》第 42 条规定：“中华人民共和国公民有劳动的权利和义务。国家通过各种途径，创造劳动就业条件，加强劳动保护，改善劳动条件，并在发展生产的基础上，提高劳动报酬和福利待遇……”。第 43 条规定：“中华人民共和国劳动者有休息的权利，国家发展劳动者休息和修养的设施，规定职工的工作时间和休假制度。”第 48 条规定：“国家保护妇女的权利和利益……”。

2.《中华人民共和国安全生产法》

《中华人民共和国安全生产法》于 2014 年 8 月 31 日由中华人民共和国第十二届全国人民代表大会常务委员会第十次会议通过，自 2014 年 12 月 1 日起施行。该法共有七章一百一十四条，主要对“生产经营单位的安全生产保障”“从业人员的安全生产权利义务”“安全生产的监督管理”“生产安全事故的应急救援与调查处理”及“法律责任”做出了基本的法律规定。

3.《危险化学品安全管理条例》

《危险化学品安全管理条例》于 2011 年 2 月 16 日由国务院第 144 次常务会议修订通过（国务院令第 591 号），修订后的《危险化学品安全管理条例》自 2011 年 12 月 1 日起施行，共有八章一百零二条。其目的是为了加强危险化学品的安全管理，预防和减少危险化学品事故，保障人民群众生命财产安全，保护环境。

危险化学品安全管理，应当坚持安全第一、预防为主、综合治理的方针，强化和落实企业的主体责任。生产、储存、使用、经营、运输危险化学品的单位的主要负责人对本单位的危险化学品安全管理工作全面负责。

危险化学品单位应当具备法律、行政法规规定和国家标准、行业标准要求的安全条件，建立、健全安全管理规章制度和岗位安全责任制度，对从业人员进行安全教育、法制教育和岗位技术培训。从业人员应当接受教育和培训，考核合格后上岗作业；对有资格要求的岗位，应当配备依法取得相应资格的人员。

4.《中华人民共和国职业病防治法》

2011 年 12 月 31 日第十一届全国人民代表大会常务委员会第二十四次会议通过修改的《中华人民共和国职业病防治法》，并以中华人民共和国主席令第 52 号予以发布，修改后的法规共有七章九十条。

职业病防治工作应坚持预防为主、防治结合的方针，建立用人单位负责、行政机关监管、行业自律、职工参与和社会监督的机制，实行分类管理、综合治理。用人单位应当建立、健全职业病防治责任制，加强对职业病防治的管理，提高职业病防治水平，对本单位产生的职业病危害承担责任。用人单位的主要负责人和职业卫生管理人员应当接受职业卫生培训，遵守职业病防治法律、法规，依法组织本单位的职业病防治工作。

用人单位应当对劳动者进行上岗前的职业卫生培训和在岗期间的定期职业卫生培训，普及职业卫生知识，督促劳动者遵守职业病防治法律、法规、规章和操作规程，指导劳动者正确使用职业病防护设备和个人使用的职业病防护用品。劳动者不履行规定义务的，用人单位应当对其进行教育。

5.《工伤保险条例》

《国务院关于修改〈工伤保险条例〉的决定》已经 2010 年 12 月 8 日国务院第 136 次常务会议通过（国务院令第 586 号），自 2011 年 1 月 1 日起施行。本条例共有八章六十七条。主要内容如下：

（1）条例制定的目的是保障因工作遭受事故伤害或者患职业病的职工获得医疗救治和经济补偿，促进工伤预防和职业康复，分散用人单位的工伤风险。

（2）职工有下列情形之一的，应当认定为工伤：

①在工作时间和工作场所内，因工作原因受到事故伤害的。

②工作时间前后在工作场所内，从事与工作有关的预备性或者收尾性工作受到事故伤害的。

③在工作时间和工作场所内，因履行工作职责受到暴力等意外伤害的。

④患职业病的。

⑤因工外出期间，由于工作原因受到伤害或者发生事故下落不明的。

⑥在上下班途中，受到非本人主要责任的交通事故或者城市轨道交通、客运轮渡、火车事故伤害的。

⑦法律、行政法规规定应当认定为工伤的其他情形。

（3）职工因工作遭受事故伤害或者患职业病进行治疗，享受工伤医疗待遇。

6.《中华人民共和国劳动法》

1994 年 7 月 5 日，第八届全国人民代表大会常务委员会第八次会议审议通过《中华人民共和国劳动法》（以下简称《劳动法》），并于 1995 年 1 月 1 日起施行。该法作为我国第一部全面调整劳动关系的基本法和劳动法律体系的母法，是制定和执行其他劳动法律法规的依据。该法于 2009 年 8 月 27 日第十一届全国人民代表大会常务委员会第十次会议通过《全国人民代表大会常务委员会关于修改部分法律的决定》，自公布之日起施行。

《劳动法》第四章为工作时间和休假的条款规定：国家实行劳动者每日工作时间不超过八小时，平均每周工作时间不超过四十小时的工作制度；用人单位应当保证劳动者每周至少休息一日；用人单位由于生产经营需要，经与工会和劳动者协商后可以延长工作时间，一般每日不超过一小时，因特殊原因需要延长工作时间的，在保障劳动者身体健康的条件下延长工作时间每日不超过三小时，但是每月不超过三十六小时。

《劳动法》第六章劳动安全卫生的条款规定：用人单位必须建立、健全劳动安全卫生制度，严格执行国家劳动安全卫生规程和标准，对劳动者进行劳动卫生安全教育，防止劳动过程中的事故，减少职业危害；用人单位必须为劳动者提供符合国家规定的劳动安全卫生条件和必要劳动防护用品，对从事有职业危害作业的劳动者应当定期进行健康体检；从事特种作业的劳动者必须经过专门培训并取得特种作业资格证；劳动者在劳动过程中必须严格遵守安全操作规程，劳动者对于用人单位管理人员的违章指挥、强令冒险作业，有权提出批评、检举和控告。

7.《易制毒化学品管理条例》

《易制毒化学品管理条例》于 2005 年 8 月 17 日由国务院第 102 次常务会议通过（国务院令第 445 号），并于 2005 年 11 月 1 日起施行，共有八章四十五条。其目的是为了加强易制毒化学品管理，规范易制毒化学品的生产、经营、购买、运输或者进口、出口行为，防止易制毒化学品被用于制造毒品，维护经济和社会秩序。国家对易制毒化学品生产、经营、购买、运输或者进、出口实行分类管理和许可制度。

易制毒化学品分为三类。第一类是可用于制毒的主要原料，第二类、第三类是可用于制毒的化学配剂。第一类包括1－苯基－2－丙酮，3，4－亚甲基二氧苯基－2－丙酮，胡椒醛，黄樟素，黄樟油，异黄樟素，N－乙酰邻氨基苯酸，邻氨基苯甲酸，麦角酸，麦角胺，麦角新碱，麻黄素、伪麻黄素、消旋麻黄素、去甲麻黄素、甲基麻黄素、麻黄浸膏、麻黄浸膏粉等麻黄素类物质。第二类包括苯乙酸、醋酸酐、三氯甲烷、乙醚、哌啶。第三类包括甲苯、丙酮、甲基乙基酮、高锰酸钾、硫酸、盐酸。

8.《安全生产许可证条例》

《安全生产许可证条例》于2004年1月7日国务院第三十四次常务会议通过（国务院令第397号），共二十四条，自2004年1月13日起施行。该法规根据2013年7月18日《国务院关于废止和修改部分行政法规的决定》修订。它的核心是依法建立安全生产行政许可制度，从基本安全生产条件入手，对矿山企业、建筑施工企业和危险化学品、烟花爆竹、民爆器材生产企业等危险性较大的企业实施安全准入制度，从源头上杜绝不具备基本安全生产条件的企业进入生产领域，并对企业日常的生产活动实施动态监督。

9.《中华人民共和国固体废物污染环境防治法》

《中华人民共和国固体废物污染环境防治法》已由中华人民共和国第十届全国人民代表大会常务委员会第十三次会议于2004年12月29日修订通过，修订后的《中华人民共和国固体废物污染环境防治法》共有六章九十一条，自2005年4月1日起施行。其立法的目的是为了防治固体废物污染环境，保障人体健康，维护生态安全，促进经济社会可持续发展。

10.《生产安全事故报告和调查处理条例》

《生产安全事故报告和调查处理条例》已经2007年3月28日国务院第172次常务会议通过，自2007年6月1日起施行。条例共有六章四十六条，目的是为了规范生产安全事故的报告和调查处理，落实生产安全事故责任追究制度，防止和减少生产安全事故。

11.《使用有毒物品作业场所劳动保护条例》

2002年4月30日，国务院第57次常务会议通过《使用有毒物品作业场所劳动保护条例》，并以国务院令第352号公布、施行。本条例共有八章七十一条，主要规定如下：

（1）条例制定的目的是为了保证作业场所安全使用有毒物品，预防、控制和消除职业中毒危害，保护劳动者的生命安全、身体健康及其相关权益。

（2）用人单位应当对劳动者进行上岗前的职业卫生培训和在岗期间的定期职业卫生培训，普及有关职业卫生知识，督促劳动者遵守有关法律、法规和操作规程，指导劳动者正确使用职业中毒危害防护设备和个人使用的职业中毒危害防护用品。劳动者经培训考核合格，方可上岗作业。

（3）用人单位应当为从事使用有毒物品作业的劳动者提供符合国家职业卫生标准的防护用品，并确保劳动者正确使用。

（4）用人单位应当组织从事使用有毒物品作业的劳动者进行上岗前职业健康检查。用人单位不得安排未经上岗前职业健康检查的劳动者从事使用有毒物品的作业，不得安排有职业禁忌的劳动者从事其所禁忌的作业。

（5）用人单位应当对从事使用有毒物品作业的劳动者进行定期职业健康检查。用人单位发现有职业禁忌或者有与所从事职业相关的健康损害的劳动者，应当将其及时调离原工作岗位，并妥善安置。用人单位对需要复查和医学观察的劳动者，应当按照体检机构的要求安排其复查和医学观察。

（6）用人单位对受到或者可能受到急性职业中毒危害的劳动者，应当及时组织进行健康检查和医学观察。

（7）从事使用有毒物品作业的劳动者在存在威胁生命安全或者身体健康危险的情况下，有权通知用人单位并从使用有毒物品造成的危险现场撤离。

（8）劳动者应当学习和掌握相关职业卫生知识，遵守有关劳动保护的法律、法规和操作规程，正确使用和维护职业中毒危害防护设施及其用品；发现职业中毒事故隐患时，应当及时报告。作业场所出现使用有毒物品产生的危险时，劳动者应当采取必要措施，按照规定正确使用防护设施，将危险加以消除或者减少到最低限度。

12.《作业场所安全使用化学品公约》（第 170 号国际公约）

1990 年，第七十七届国际劳工大会通过《作业场所安全使用化学品公约》（第 170 号国际公约）。我国于 1994 年 10 月 22 日由第八届全国人民代表大会常务委员会第十次会议审议通过。

《170 号国际公约》共有七个部分二十七条，第一部分为范围和定义；第二部分为总则；第三部分为分类和有关措施；第四部分为雇主的责任；第五部分为工人的义务；第六部分为工人及其代表的权利；第七部分为出口国的责任。该公约明确了政府主管当局的责任；供货人的责任；雇主的责任；工人的义务；工人的权利；出口国的责任。

第二节　特种作业人员安全技术培训考核管理规定

为了规范特种作业人员的安全技术培训考核工作，提高特种作业人员的安全技术水平，防止和减少伤亡事故，国家安全生产监督管理总局于 2010 年 5 月 24 日，以总局第 30 号令的形式颁布了《特种作业人员安全技术培训考核管理规定》（以下简称《规定》）。《规定》共七章四十六条，详细规定了特种作业人员的从业条件、安全技术培训、考核、发证和复审等内容。

一、特种作业范围

1. 特种作业人员

特种作业是指容易发生事故，对操作者本人、他人的安全健康及设备、设施的安全可能造成重大危害的作业。特种作业人员是指直接从事特种作业的从业人员。

2. 特种作业范围

按《规定》特种作业范围共有 11 个作业类别、51 个工种类别。11 个作业类别包括电工作业、焊接与热切割作业、高处作业、制冷与空调作业、煤矿安全作业、金属非金属矿山安全作业、石油天然气安全作业、冶金（有色）生产安全作业、危险化学品安全作业、烟花爆竹安全作业和安全生产监督管理总局认定的其他作业。

其中危险化学品安全作业是指从事危险化工工艺过程操作及化工自动化控制仪表安装、维修、维护的作业。包括15个类别的工艺作业和1个化工自动化控制仪表作业，具体为光气及光气化工艺作业、氯碱电解工艺作业、氯化工艺作业、硝化工艺作业、合成氨工艺作业、裂解（裂化）工艺作业、氟化工艺作业、加氢工艺作业、重氮化工艺作业、氧化工艺作业、过氧化工艺作业、胺基化工艺作业、磺化工艺作业、聚合工艺作业、烷基化工艺作业和化工自动化控制仪表作业。

二、特种作业人员条件

（1）年满18周岁，且不超过国家法定退休年龄。

（2）经社区或者县级以上医疗机构体检健康合格，并无妨碍从事相应特种作业的器质性心脏病、癫痫病、美尼尔氏症、眩晕症、癔病、震颤麻痹症、精神病、痴呆症以及其他疾病和生理缺陷。

（3）具有初中及其以上文化程度。

（4）具备必要的安全技术知识与技能。

（5）相应特种作业规定的其他条件。

危险化学品特种作业人员除符合第（1）项、第（2）项、第（4）项和第（5）项规定的条件外，还应当具备高中或者相当于高中及其以上文化程度。

三、特种作业人员培训、考核、发证的规定

特种作业人员必须经专门的安全技术培训并考核合格，取得《中华人民共和国特种作业操作证》（以下简称特种作业操作证）后，方可上岗作业。

特种作业人员的安全技术培训、考核、发证、复审工作实行统一监管、分级实施、教考分离的原则。

特种作业人员应当接受与其所从事的特种作业相应的安全技术理论培训和实际操作培训。已经取得职业高中、技工学校及中专以上学历的毕业生从事与其所学专业相应的特种作业，持学历证明经考核发证机关同意，可以免予相关专业的培训。跨省、自治区、直辖市从业的特种作业人员，可以在户籍所在地或者从业所在地参加培训。

特种作业人员的考核包括考试和审核两部分。考试由考核发证机关或其委托的单位负责；审核由考核发证机关负责。

参加特种作业操作资格考试的人员，应当填写考试申请表，由申请人或者申请人的用人单位持学历证明或者培训机构出具的培训证明向申请人户籍所在地或者从业所在地的考核发证机关或其委托的单位提出申请。考核发证机关或其委托的单位收到申请后，应当在60日内组织考试。

特种作业操作资格考试包括安全技术理论考试和实际操作考试两部分。考试不及格的，允许补考1次。经补考仍不及格的，重新参加相应的安全技术培训。

考核发证机关或其委托承担特种作业操作资格考试的单位，应当在考试结束后 10 个工作日内公布考试成绩。符合特种作业人员条件报考规定并经考试合格的特种作业人员，应当向其户籍所在地或者从业所在地的考核发证机关申请办理特种作业操作证，并提交身份证复印件、学历证书复印件、体检证明、考试合格证明等材料。收到申请的考核发证机关应当在 5 个工作日内完成对特种作业人员所提交申请材料的审查，作出受理或者不予受理的决定。能够当场作出受理决定的，应当当场作出受理决定；申请材料不齐全或者不符合要求的，应当当场或者在 5 个工作日内一次告知申请人需要补正的全部内容，逾期不告知的，视为自收到申请材料之日起即已被受理。对已经受理的申请，考核发证机关应当在 20 个工作日内完成审核工作。符合条件的，颁发特种作业操作证；不符合条件的，应当说明理由。

特种作业操作证有效期为 6 年，在全国范围内有效。特种作业操作证遗失的，应当向原考核发证机关提出书面申请，经原考核发证机关审查同意后，予以补发。特种作业操作证所记载的信息发生变化或者损毁的，应当向原考核发证机关提出书面申请，经原考核发证机关审查确认后，予以更换或者更新。

四、特种作业人员复审

特种作业操作证每 3 年复审 1 次。

特种作业人员在特种作业操作证有效期内，连续从事本工种 10 年以上，严格遵守有关安全生产法律法规的，经原考核发证机关或者从业所在地考核发证机关同意，特种作业操作证的复审时间可以延长至每 6 年 1 次。

特种作业操作证需要复审的，应当在期满前 60 日内，由申请人或者申请人的用人单位向原考核发证机关或者从业所在地考核发证机关提出申请，并提交下列材料：

（1）社区或者县级以上医疗机构出具的健康证明。

（2）从事特种作业的情况。

（3）安全培训考试合格记录。

特种作业操作证有效期届满需要延期换证的，应当按照前款的规定申请延期复审。

特种作业操作证申请复审或者延期复审前，特种作业人员应当参加必要的安全培训并考试合格。

安全培训时间不少于 8 个学时，主要培训法律、法规、标准、事故案例和有关新工艺、新技术、新装备等知识。申请复审的，考核发证机关应当在收到申请之日起 20 个工作日内完成复审工作。复审合格的，由考核发证机关签章、登记，予以确认；不合格的，说明理由。

特种作业人员有下列情形之一的，复审或者延期复审不予通过：

（1）健康体检不合格的。

（2）违章操作造成严重后果或者有 2 次以上违章行为，并经查证确实的。

（3）有安全生产违法行为，并给予行政处罚的。

（4）拒绝、阻碍安全生产监管监察部门监督检查的。

(5) 未按规定参加安全培训，或者考试不合格的。

(6) 超过特种作业操作证有效期未延期复审的。

(7) 特种作业人员的身体条件已不适合继续从事特种作业的。

(8) 对发生生产安全事故负有责任的。

(9) 特种作业操作证记载虚假信息的。

(10) 以欺骗、贿赂等不正当手段取得特种作业操作证的。

(11) 特种作业人员死亡的。

(12) 特种作业人员提出注销申请的。

(13) 特种作业操作证被依法撤销的。

离开特种作业岗位6个月以上的特种作业人员，应当重新进行实际操作考试，经确认合格后方可上岗作业。

有(6)、(7)、(8)、(9)和(10)条情形之一的，考核发证机关应当撤销特种作业操作证，违反(9)、(10)规定的，3年内不得再次申请特种作业操作证。有(11)、(12)和(13)条情形之一的，考核发证机关应当注销特种作业操作证。

生产经营单位非法印制、伪造、倒卖特种作业操作证，或者使用非法印制、伪造、倒卖的特种作业操作证的，给予警告，并处1万元以上3万元以下的罚款；构成犯罪的，依法追究刑事责任。

特种作业人员转借、转让、冒用特种作业操作证的，给予警告，并处2 000元以上10 000元以下的罚款。

第三节　从业人员的安全生产权利义务

一、从业人员的人身保障权利

《安全生产法》主要规定了各类从业人员必须享有的、有关安全生产和人身安全的最重要、最基本的权利。这些基本安全生产权利，可以概括为以下五项：

(1) 享受工伤保险和伤亡赔偿权。《安全生产法》明确赋予了从业人员享有工伤保险和获得伤亡赔偿的权利，同时规定了生产经营单位的相关义务。《安全生产法》第四十九条规定："生产经营单位与从业人员订立的劳动合同，应当载明有关保障从业人员劳动安全、防止职业危害的事项，以及依法为从业人员办理工伤社会保险的事项。生产经营单位不得以任何形式与从业人员订立协议，免除或者减轻其对从业人员因生产安全事故伤亡依法应当承担的责任。"第五十三条规定："因生产安全事故受到损害的从业人员，除依法享有工伤社会保险外，依照有关民事法律尚有获得赔偿的权利，有权向本单位提出赔偿要求。"第四十八条规定："生产经营单位必须依法参加工伤社会保险，为从业人员缴纳保险费。"此外，法律还对生产经营单位与从业人员订立协议，免除或者减轻其对从业人员因生产安全事故伤亡依法应承担的责任，规定该协议无效。

(2) 危险因素和应急措施的知情权。《安全生产法》规定，生产经营单位从业人员有权利了解其作业场所和工作岗位存在的危险因素及事故应急措施。要保证从业人员这项权利的行使，生产经营单位就有义务事前告知有关危险因素和事故应急措施。否则，生产经营单位就侵犯了从业人员的权利，并应对由此产生的后果承担相应的法律责任。

(3) 安全管理的批评检控权。从业人员是生产经营活动的直接承担者，也是生产经营活动中各种危险的直接面对者，他们对安全生产情况和安全管理中的问题最了解、最熟悉，具有他人不能替代的作用。只有依靠他们并且赋予他们必要的安全监督权和自我保护权，才能做到预防为主，防患于未然，保证企业安全生产。所以，《安全生产法》第五十一条规定："从业人员有权对本单位安全生产工作中存在的问题提出批评、检举、控告。"

(4) 拒绝违章指挥和强令冒险作业权。在生产经营活动中，经常出现企业负责人或者管理人员违章指挥和强令从业人员冒险作业的现象，并由此导致事故，造成大量人员伤亡。《安全生产法》第五十一条规定："生产经营单位不得因从业人员对本单位安全生产工作提出批评、检举、控告或者拒绝违章指挥、强令冒险作业而降低其工资、福利等待遇或者解除与其订立的劳动合同。"

(5) 紧急情况下的停止作业和紧急撤离权。由于生产经营场所的自然和人为危险因素的存在，经常会在生产经营作业过程中发生一些意外的或者人为的直接危及从业人员人身安全的危险情况，将会或者可能会对从业人员造成人身伤害。比如从事危险物品生产作业的从业人员，一旦发现将要发生危险物品泄漏、燃烧、爆炸等紧急情况并且无法避免，此时，最大限度地保护现场作业人员的生命安全是第一位的，法律赋予他们享有停止作业和紧急撤离的权利。《安全生产法》第五十二条规定："从业人员发现直接危及人身安全的紧急情况时，有权停止作业或者在采取可能的应急措施后撤离作业场所。生产经营单位不得因从业人员在前款紧急情况下停止作业或者采取紧急撤离措施而降低其工资、福利等待遇或者解除与其订立的劳动合同。"从业人员在行使这项权利的时候，必须明确四点：一是危及从业人员人身安全的紧急情况必须有确实可靠的直接根据，凭借个人猜测或者误判而实际并不属于危及人身安全的紧急情况除外。二是紧急情况必须直接危及人身安全，间接或者可能危及人身安全的情况不应撤离，而应采取有效处理措施。三是出现危及人身安全的紧急情况时，首先是停止作业，然后要采取可能的应急措施；采取应急措施无效时，再撤离作业场所。四是该项权利不适用于某些从事特殊职业的从业人员，比如飞行人员、船舶驾驶人员、车辆驾驶人员等，根据有关法律、国际公约和职业惯例，在发生危及人身安全的紧急情况下，他们不能或者不能先行撤离从业场所或者岗位。

二、从业人员的义务

(1) 遵章守规，服从管理的义务。《安全生产法》第五十四条规定："从业人员在从业过程中，应当严格遵守本单位的安全生产规章制度和操作规程。"根据《安全生产法》和其他有关法律、法规和规章的规定，生产经营单位必须制定本单位安全生产的规章制度和操作规程。从业人员必须严格依照这些规章制度和操作规程进行生产经营作业。生产经营单位的从业人员不服从管理，违反安全生产规章制度和操作规程的，由生产经营单位给予批评教育，依照有关规章制度给予处分；造成重大事故，构成犯罪的，依照刑法有关规定追究刑事责任。

（2）佩戴和使用劳动防护用品的义务。按照法律、法规的规定，为保障人身安全，生产经营单位必须为从业人员提供必要的、安全的劳动防护用品，以避免或者减轻作业和事故中的人身伤害。但实践中由于一些从业人员缺乏安全知识，认为佩戴和使用劳动防护用品没有必要，往往不按规定佩戴或者不能正确佩戴和使用劳动防护用品，由此引发的人身伤害时有发生，造成不必要的伤亡。另外有的从业人员虽然佩戴和使用劳动防护用品，但由于不会或者没有正确使用而发生人身伤害的案例也很多。因此，正确佩戴和使用劳动防护用品是从业人员必须履行的法定义务，这是保障从业人员人身安全和生产经营单位安全生产的需要。从业人员不履行该项义务而造成人身伤害的，生产经营单位不承担法律责任。

（3）接受培训，掌握安全生产技能的义务。从业人员的安全生产意识和安全技能的高低，直接关系到生产经营活动的安全可靠性。特别是从事危险物品生产作业的从业人员，更需要具有系统的安全知识，熟练的安全生产技能，以及对不安全因素和事故隐患、突发事故的预防、处理能力和经验。许多国有和大型企业一般比较重视安全培训工作，从业人员的安全素质比较高。但是许多非国有和中小企业不重视或者不搞安全培训，有的没有经过专门的安全生产培训，或者简单应付了事，其中部分从业人员不具备应有的安全素质，因此违章违规操作，酿成事故的比比皆是。所以，为了明确从业人员接受培训、提高安全素质的法定义务，《安全生产法》第五十五条规定："从业人员应当接受安全生产教育和培训，掌握本职工作所需的安全生产知识，提高安全生产技能，增强事故预防和应急处理能力。"

（4）发现事故隐患及时报告的义务。从业人员直接进行生产经营作业，他们是事故隐患和不安全因素的第一当事人。许多生产安全事故是由于从业人员在作业现场发现事故隐患和不安全因素后，没有及时报告，以致延误了采取措施进行紧急处理的时机，并由此发生重大、特大事故。如果从业人员尽职尽责，及时发现并报告事故隐患和不安全因素，许多事故能够得到及时报告并得到有效处理，完全可以避免事故发生和降低事故损失。所以，《安全生产法》第五十六条规定："从业人员发现事故隐患或者其他不安全因素，应当立即向现场安全生产管理人员或者本单位负责人报告；接到报告的人员应当及时予以处理。"这就要求从业人员必须具有高度的责任心，及时发现事故隐患和不安全因素，防患于未然，预防事故发生。

第四节　危险化学品企业安全生产保障规定

一、化工（危险化学品）企业保障生产安全十条规定

《化工（危险化学品）企业保障生产安全十条规定》（以下简称《十条规定》）由五个必须和五个严禁组成，紧抓化工（危险化学品）企业生产安全的主要矛盾和关键问题，规范了化工（危险化学品）企业安全生产过程中集中多发的问题，具有重点突出，针对性强；编制依法，执行有据；简明扼要，便于普及的三个特点。一是《十条规定》在归纳总结近年来造成危险化学品生产安全事故主要因素的基础上，从企业必须依法取得相关证照、建立健全并落实安全生产责任制等安全管理规章制度、严格从业人员资格及培训要求等方面强调了化工（危险化学品）企业保障生产安全的最基本的规定，突出了遏制危险化学品生产安全事故的关键因素。二是《十条规定》中的每一个必须、每一个严禁，都是以《中华人民共和国安全生产法》《危险化学品安全管理条例》及其配套规章等重要法规标准为依据，都是有法可依的，化工（危险化学品）企业必须严格执行。违反了规定，就要依法进行处罚。三是《十条规定》的内容只有十句话，言简意赅，一目了然。虽然这些内容过去都有规定，但散落在多项法规标准之中，许多化工（危险化学品）企业负责人、安全管理人员和从业人员对其不够熟悉。《十条规定》明确将法规标准中规定的化工企业应该做、必须做的最基本的要求规范出来，便于企业及相关人员记忆和执行。具体十条是：

（1）必须依法设立、证照齐全有效。

（2）必须建立健全并严格落实全员安全生产责任制，严格执行领导带班值班制度。

（3）必须确保从业人员符合录用条件并培训合格，依法持证上岗。

（4）必须严格管控重大危险源，严格变更管理，遇险科学施救。

（5）必须按照《危险化学品企业事故隐患排查治理实施导则》要求排查治理隐患。

（6）严禁设备设施带病运行和未经审批停用报警联锁系统。

（7）严禁可燃和有毒气体泄漏等报警系统处于非正常状态。

（8）严禁未经审批进行动火、进入受限空间、高处、吊装、临时用电、动土、检维修、盲板抽堵等作业。

（9）严禁违章指挥和强令他人冒险作业。

（10）严禁违章作业、脱岗和在岗做与工作无关的事。

二、化工安全生产四十一条禁令

1. 生产厂区十四个不准

（1）加强明火管理，厂区内不准吸烟。

（2）生产区内，不准未成年人进入。

（3）上班时间，不准睡觉、干私活、离岗和做与生产无关的事。

（4）在班前、班上不准喝酒。

（5）不准使用汽油等易燃液体擦洗设备、用具和衣物。

（6）不按规定穿戴劳动防护用品，不准进入生产岗位。

（7）安全装置不齐全的设备不准使用。

（8）不是自己分管的设备、工具不准动用。

（9）检修设备时安全措施不落实，不准开始检修。

（10）停机检修后的设备，未经彻底检查，不准启用。

（11）未办高处作业证，不系安全带、脚手架、跳板不牢，不准登高作业。

（12）石棉瓦上不固定好跳板，不准作业。

（13）未安装触电保安器（漏电保护器）的移动式电动工具，不准使用。

（14）未取得安全作业证的职工，不准独立作业；特殊工种职工，未经取证，不准作业。

2. 操作工的六个严格

（1）严格执行交接班制。

（2）严格进行巡回检查。

（3）严格控制工艺指标。

（4）严格执行操作法（票）。

（5）严格遵守劳动纪律。

（6）严格执行安全规定。

3. 动火作业六大禁令

（1）动火证未经批准，禁止动火。

（2）不与生产系统可靠隔绝，禁止动火。

（3）不清洗，置换不合格，禁止动火。

（4）不消除周围易燃物，禁止动火。

（5）不按时作动火分析，禁止动火。

（6）没有消防设施，禁止动火。

4. 进入容器、设备的八个必须

（1）必须申请、办证，并得到批准。

（2）必须进行安全隔绝。

（3）必须切断动力电，并使用安全灯具。

（4）必须进行置换、通风。

（5）必须按时间要求进行安全分析。

（6）必须佩戴规定的防护用具。

（7）必须有人在容器外监护，并坚守岗位。

（8）必须有抢救后备措施。

5. 机动车辆七大禁令

（1）严禁无令、无证开车。

（2）严禁酒后开车。

（3）严禁超速行车和空挡滑车。

（4）严禁带病行车。

（5）严禁人货混载行车。

（6）严禁超标装载行车。

（7）严禁无阻火器车辆进入禁火区。

第五节　安全生产责任追究

一、行政责任

按照《安全生产法》第一百零四条的规定，从业人员违反有关规章制度或者操作规程的，应当按照以下几个方面进行处理：

（1）由生产经营单位给予批评教育。即由生产经营单位对该从业人员由于违反规章制度或者操作规程的行为进行批评，同时对其进行有关安全生产方面知识的教育。

（2）依照有关规章制度给予处分。这里讲的规章制度包括企业依法制定的内部奖惩制度。另外，根据国务院颁布的《企业职工奖惩条例》的规定，对于全民所有制企业和城镇集体所有制企业的职工的处分包括：警告、记过、记大过、降级、撤职、留用察看、开除七种。具体给予哪种处分，可根据从业人员违反规章制度行为的情节决定。

二、民事责任

《中华人民共和国民法通则》是调整一定范围的财产关系和人身关系的法律规范的总和。民法责任是民事主体违反民法的规定，违反民事义务应承担的法律后果。民事责任主要有侵权民事责任、国家机关和法人侵权的民事责任、违反《中华人民共和国劳动法》造成劳动者损害的民事责任、违反《中华人民共和国产品质量法》的民事责任，以及高度危险的作业造成他人损害的民事责任。

三、刑事责任

按照《安全生产法》第一百零四条规定，生产经营单位的从业人员不服从管理，违反安全生产规章制度或者操作规程的，由生产经营单位给予批评教育，依照有关规章制度给予处分；构成犯罪的，依照刑法有关规定追究刑事责任。这里讲的“构成犯罪”，主要是指构成《刑法》第一百三十四条规定的重大责任事故的犯罪。构成本条规定的犯罪，须具备以下条件：一是从业人员在客观上实施了不服从管理，违反规章制度的行为；二是造成重大事故。按照刑法第一百三十四条的规定，工厂、矿山、林场、建筑企业或者其他企业、事业单位的职工，由于不服从管理，违反规章制度，或者强令工人违章冒险作业，因而发生重大伤亡事故或者造成其他严重后果的，处三年以下有期徒刑或者拘役；情节特别恶劣的，处三年以上七年以下有期徒刑。

生产经营单位主要负责人的责任按照《安全生产法》第一百零六条的规定，生产经营单位的主要负责人在本单位发生生产安全事故时，不立即组织抢救或者在事故调查处理期间擅离职守或者逃匿的，给予降职、撤职的处分，并由安全生产监督管理部门处上一年年收入百分之六十至百分之一百的罚款；对逃匿的处十五日以下拘留；构成犯罪的，依照刑法有关规定追究刑事责任。

按照《生产安全事故报告和调查处理条例》第三十九条规定，有关人员在发生事故时不立即组织事故抢救的；迟报、漏报、谎报或者瞒报事故的；阻碍、干涉事故调查工作的；在事故调查中作伪证或者指使他人作伪证的；将对直接负责的主管人员和其他直接责任人员依法给予处分；构成犯罪的，依法追究刑事责任。

第二章　危险化学品安全技术基础知识

第一节　安 全 标 志

一、安全标志

安全标志是指用以表达特定安全信息的标志，由图形符号、安全色、几何形状（边框）或文字构成。它是用来表达禁止、警告、指令和提示等安全信息。我国的《安全标志及其使用导则》（GB 2894—2008）等标准，对全国使用的安全标志进行统一。操作作业人员上岗前，应熟练掌握和识别安全标志，以减少和杜绝意外安全事故。

安全色是传递安全信息含义的颜色，包括红、蓝、黄、绿四种颜色。红色含义是禁止和紧急停止，也表示防火。蓝色含义是必须遵守的规定。黄色含义是警告和注意。绿色含义是提示、安全状态和通行。

为了使安全颜色更加醒目，使用对比色为其反衬色。黑白互为对比色，把红、蓝、绿 3 种颜色的对比色定为白色，黄色的对比色定为黑色。在运用对比色时，黑色用于安全标志的文字、图形符号和警告标志的几何图形。白色即可用于作安全标志的文字和图形符号。

二、安全标志类型

安全标志分为禁止标志、警告标志、指令标志和提示标志四大类型。

禁止标志的含义是禁止人们不安全行为的图形标志。其基本形式是带斜杠的圆边框，种类有 40 种。

警告标志的含义是提醒人们对周围环境引起注意，以避免可能发生危险的图形标志。其基本形式是正三角形边框，种类有 39 种。

指令标志的含义是强制人们必须做出某种动作或采用防范措施的图形标志。其基本形式是圆形边框，种类有 16 种。

提示标志的含义是向人们提供某种信息（如标明安全设施或场所等）的图形标志。基本形式是正方形边框，种类有 8 种。

第二节 危险化学品概述

一、化学品及危险化学品概念

1. 化学名称

唯一标识一种化学品的名称。这一名称可以是符合国际纯粹与应用化学联合会（IUPAC）或美国化学文摘社（CAS）的命名制度的名称，也可以是一种技术名称。

2. 化学品

物质或混合物。物质是指自然状态下通过任何制造过程获得的化学元素及其化合物，包括为保持其稳定性而有必要的任何添加剂和加工过程中产生的任何杂质，但不包括任何不会影响物质稳定性或不会改变其成分的可分离的溶剂。

3. 危险化学品

按照《危险化学品安全管理条例》危险化学品是指具有毒害、腐蚀、爆炸、燃烧、助燃等性质，对人体、设施、环境具有危害的剧毒化学品和其他化学品。如氯气有毒、有刺激性，硝酸有强烈腐蚀性，均属危险化学品。

二、危险化学品的危险

危险化学品的危害主要包括燃爆危险、健康危险和环境危害。

1. 危险化学品燃爆危险

燃爆危险是指化学品能引起燃烧、爆炸的危险程度。化工、石油化工企业由于生产中使用的原料、中间产品及产品多为易燃、易爆物，一旦发生火灾、爆炸事故，会造成严重的后果。因此了解危险化学品火灾、爆炸危害，正确进行危害性评价，及时采取防范措施，对搞好安全生产，防止事故发生具有重要意义。

2. 危险化学品健康危险

健康危害是指接触后能对人体产生危害。由于危险化学品的毒性、刺激性、腐蚀性、麻醉性、窒息性等特性，导致人员中毒事故每年都在发生。2000 年到 2002 年化学事故统计显示，由于危险化学品的毒性危害导致的人员伤亡占危险化学品安全事故伤亡的 50%左右，关注危险化学品健康危害，将是化学品安全管理的重要内容。

3. 危险化学品环境危害

环境危害是指危险化学品对环境影响的危害程度。随着工业的发展，各种危险化学品的产量大量增加，新的危险化学品也不断涌现，人们充分利用危险化学品的同时，也产生了大量的废物，其中不乏有毒有害物质。如何认识危险化学品污染危害，最大限度地降低危险化学品的污染，加强环境保护力度，已是人们亟待解决的问题。

三、危险化学品危害控制的一般原则

化学品危害预防和控制的基本原则一般包括两个方面：操作控制和管理控制。

操作控制的目的是通过采取适当的措施，消除或降低工作场所的危害，防止工人在正常作业时受到有害物质的侵害。采取的主要措施是替代、变更工艺、隔离、通风、个体防护和卫生。

管理控制是指通过管理手段按照国家法律和标准建立起来管理程序和措施，是预防危险化学品危害的重要方面。如作业场所进行危害识别、张贴标志、在危险化学品包装上粘贴安全标签、危险化学品运输、经营过程中附危险化学品安全技术说明书、从业人员进行安全培训和资质认定，采取接触监测、医学监督等措施均可达到管理控制的目的。

第三节　危险化学品分类

《危险化学品安全管理条例》规定，危险化学品目录，由国务院安全生产监督管理部门会同国务院工业和信息化、公安、环境保护、卫生、质量监督检验检疫、交通运输、铁路、民用航空、农业主管部门，根据化学品危险特性的鉴别和分类标准确定、公布，并适时调整。

危险化学品种类繁多，分类方法也不尽一致。依据化学品的物理危险、健康危害和环境危害，将化学品危险性分为 27 个种类。另外，在每一个种类中，依据各自的分类分级标准，又分为一个或多个级别，部分类别还进一步细分为多个子级别。

根据国家质量技术监督局发布的国家标准《化学品分类和危险性公示　通则》(GB 13690—2009)，按理化危险特性把化学品分为 16 类：爆炸物；易燃气体；易燃气溶胶；氧化性气体；压力下气体；易燃液体；易燃固体；自反应物质或混合物；自燃液体；自燃固体；自热物质或混合物；遇水放出易燃气体的物质或混合物；氧化性液体；氧化性固体；有机过氧化物；金属腐蚀物。

依据化学品的健康危险，将化学品的危险性分为 10 个种类，分别为：急性毒性、皮肤腐蚀/刺激、严重眼睛损伤/眼睛刺激、呼吸或皮肤过敏、生殖细胞突变性、致癌性、生殖毒性、特异性靶器官系统毒性——一次接触、特异性靶器官系统毒性——反复接触、吸入危险。

依据化学品的环境危险，化学品的危险性列为一个种类：对水环境的危害。

1. 爆炸物

(1) 爆炸物质（或混合物）：能通过化学反应在内部产生一定速度、一定温度与压力的气体，且对周围环境具有破坏作用的一种固态或液态物质（或其混合物）。

(2) 发火物质（或混合物）：能发生爆轰，自供氧放热化学反应的物质或混合物，并产生热、光、声、气、烟或几种效果的组合。烟火物质无论其是否产生气体都属于爆炸物。

(3) 爆炸性物品：包括一种或多种爆炸物质或其混合物的物品。

(4) 烟火物品：当物品包含一种或多种发火物质或其混合物时，称其为烟火物品。

爆炸物类别和标签要素的配置见表 2—1。

表 2—1 爆炸物类别和标签要素的配置

不稳定的/1.1 项	1.2 项	1.3 项	1.4 项	1.5 项	1.6 项
危险 爆炸物； 整体爆炸危险	危险 爆炸物； 严重喷射危险	危险 爆炸物； 燃烧、爆轰或喷射危险	1.4 （无象形图） 警告 燃烧或喷射危险	1.5 （无象形图） 警告 燃烧中可爆炸	1.6 （无象形图） 无信号词 无危险性说明

2. 易燃气体

易燃气体：在 20℃和标准大气压 101.3 kPa 时与空气混合有一定易燃范围的气体。

易燃气体类别和标签要素的配置见表 2—2。

表 2—2 易燃气体类别和标签要素的配置

类别 1	类别 2
危险 极易燃气体	无标识 警告 易燃气体

3. 易燃气溶胶

凡分散介质为气体的胶体物质为气溶胶，它们的粒子大小在 100～10 000 nm 之间，常用的气溶胶是指喷射罐（包括任何不可重新罐装的容器，该容器由金属、玻璃或塑料制成）内装有强制压缩、液化或溶解的气体，并配有释放装置以使内装物喷射出来，在气体中形成悬浮的固态、液态微粒或形成泡沫、膏剂、粉末或者以液态或气态形式出现。

如果气溶胶中含有易燃液体、易燃气体或易燃固体等任何易燃的成分时，该气溶胶应归类为易燃气溶胶。

易燃气溶胶类别和标签要素的配置见表 2—3。

4. 氧化性气体

氧化性气体：能通过提供氧或可引起比空气更能促使其他物质燃烧的任何气体。

氧化性气体类别和标签要素的配置见表 2—4。

5. 压力下气体

压力下气体：装在 20℃时压力不小于 280 kPa 的容器中的气体或成为冷冻液化的气体。

表 2—3　　易燃气溶胶类别和标签要素的配置

类别 1	类别 2
危险 极度易燃气溶胶	警告 易燃气溶胶

表 2—4　　氧化性气体类别和标签要素的配置

类别 1
 危险 会导致或加强燃烧；氧化剂

压力下气体类别和标签要素的配置见表 2—5。

表 2—5　　压力下气体类别和标签要素的配置

类别 1	类别 2	类别 3	类别 4
压缩气体	液化气体	冷冻液化气体	溶解气体
警告 装有加压气体； 如果加热会爆炸	警告 装有加压气体； 如果加热会爆炸	警告 装有冷冻气体； 会导致低温烧伤或损伤	警告 装有加压气体； 如果加热会爆炸

6. 易燃液体

易燃液体：指闪点不高于 93℃的可燃液体。

易燃液体类别和标签要素的配置见表 2—6。

7. 易燃固体

易燃固体：指容易燃烧或通过摩擦可引起或促使着火的固体。

易燃固体类别和标签要素的配置见表 2—7。

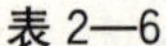
表 2—6 易燃液体类别和标签要素的配置

类别 1	类别 2	类别 3	类别 4
危险 极度易燃液体和蒸气	危险 高度易燃液体和蒸气	危险 易燃液体和蒸气	无标识 危险 可燃液体

表 2—7 易燃固体类别和标签要素的配置

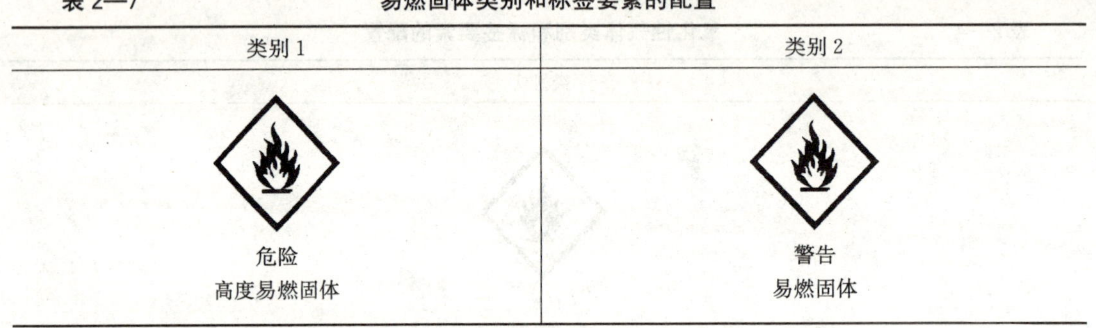

类别 1	类别 2
危险 高度易燃固体	警告 易燃固体

8. 自反应物质或混合物

自反应物质或混合物：指热不稳定性液态或固态物质或混合物，即使没有氧（空气），也易发生强烈放热分解反应。不包括分类为爆炸品、有机过氧化物或氧化物的物质和混合物。

自反应物质类别和标签要素的配置见表 2—8。

表 2—8 自反应物质类别和标签要素的配置

A 型	B 型	C 型和 D 型	E 型和 F 型	G 型
危险 遇热可导致爆炸	危险 遇热可导致燃烧或爆炸	危险 遇热可导致燃烧	警告 遇热可导致燃烧	本类型无适用标签要素

9. 自热物质或混合物

自热物质或混合物：通过与空气反应并且无能量供应，易于自热的固体、液体物质或混合物。该物质或混合物与自燃液体或固体不同之处在于：只有在大量（几千克）和较长的时间周期（数小时或数天）时才会着火。

自热物质类别和标签要素的配置见表 2—9。

表 2—9 自热物质类别和标签要素的配置

类别 1	类别 2
危险 自热；可导致燃烧	警告 大量时自热；可导致自燃

10. 自燃液体

自燃液体：即使数量较少，但也能在与空气接触后 5 min 内着火的液体。

自燃液体类别和标签要素的配置见表 2—10。

表 2—10 自燃液体类别和标签要素的配置

类别 1
 危险 暴露在空气中会自发燃烧

11. 自燃固体

自燃固体：该类物品与空气接触后 5 min 内，即使量少也易着火的固体。

自燃固体类别和标签要素的配置见表 2—11。

表 2—11 自燃固体类别和标签要素的配置

类别 1
 危险 暴露在空气中会自发燃烧

12. 遇水放出易燃气体的物质或混合物

遇水放出易燃气体的物质或混合物：该类物品可与水相互反应并且所产生的气体通

常显示具有自燃的倾向，或放出具有危险数量的易燃气体的固态或液态物质。

遇水放出易燃气体的物质类别和标签要素的配置见表 2—12。

表 2—12 遇水放出易燃气体的物质类别和标签要素的配置

类别 1	类别 2	类别 3
危险 遇水释放 易燃气体，会自燃	危险 遇水释放 易燃气体	警告 遇水释放 易燃气体

13. 金属腐蚀物

金属腐蚀物：通过化学作用会显著损伤或甚至毁坏金属的物质或混合物。

金属腐蚀物类别和标签要素的配置见表 2—13。

表 2—13 金属腐蚀物类别和标签要素的配置

类别 1
 警告 会腐蚀金属

14. 氧化性液体

氧化性液体：通过产生氧，可引起或促使其他物质燃烧，其本身并不一定可燃的液体。

氧化性液体类别和标签要素的配置见表 2—14。

表 2—14 氧化性液体类别和标签要素的配置

类别 1	类别 2	类别 3
危险 可导致燃烧或爆炸 强氧化剂	危险 可助燃氧化剂 氧化剂	警告 可助燃氧化剂 氧化剂

15. 氧化性固体

氧化性固体：本身不一定可燃，但一般通过产生氧而引起或促使其他物质燃烧的一种固体。

氧化性固体类别和标签要素的配置见表 2—15。

表 2—15 氧化性固体类别和标签要素的配置

类别 1	类别 2	类别 3
危险 会导致燃烧或者爆炸 强氧化剂	危险 会加强燃烧 氧化剂	警告 会加强燃烧 氧化剂

16. 有机过氧化物

有机过氧化物：凡含有—O—O—结构含氧物或可视为过氧化氢的一个或两个氢原子已被有机基取代的衍生物的液体或固体有机物。本术语还包括有机过氧化配方（混合物）。有机过氧化物是可发生放热自加速分解、热不稳定的物质或混合物。此外，它们还可能具有易爆炸分解、快速燃烧、对撞击或摩擦敏感、与其他物质发生危险反应等特性。

有机过氧化物类别和标签要素的配置见表 2—16。

表 2—16 有机过氧化物类别和标签要素的配置

A 型	B 型	C 型和 D 型	E 型和 F 型	G 型
危险 遇热可导致爆炸	危险 遇热会导致燃烧或爆炸	危险 遇热燃烧	警告 遇热燃烧	此危险等级无适用标签要素

17. 急性毒性

急性毒性：经口或经皮肤摄入物质的单剂量或在 24 h 内给予的多剂量，或者 4 h 的吸入接触后发生的急性有害影响。

急性毒性类别和标签要素的配置见表 2—17、表 2—18、表 2—19。

表 2—17 急性毒性类别和标签要素的配置——口服

类别 1	类别 2	类别 3	类别 4	类别 5
 危险 吞食致死	 危险 吞食致死	 危险 吞食中毒	 警告 食入有害	无标识 警告 食入有害

表 2—18 急性毒性类别和标签要素的配置——皮肤

类别 1	类别 2	类别 3	类别 4	类别 5
 危险 皮肤接触致死	 危险 皮肤接触致死	 危险 皮肤接触中毒	 警告 皮肤接触有害	无标识 警告 皮肤接触有害

表 2—19 急性毒性类别和标签要素的配置——吸入

类别 1	类别 2	类别 3	类别 4	类别 5
 危险 吸入致死	 危险 吸入致死	 危险 吸入中毒	 警告 吸入有害	无标识 警告 吸入有害

18. 皮肤腐蚀/刺激

(1) 皮肤腐蚀：对皮肤能引起不可逆性损害，即将受试物在皮肤上涂敷 4 h 后，能出现可见的表皮至真皮的坏死。

(2) 皮肤刺激：将受试物涂皮 4 h 后，对皮肤造成可逆性损害。

皮肤腐蚀/刺激类别和标签要素的配置见表 2—20。

19. 严重眼睛损伤/眼睛刺激

(1) 严重眼睛损伤：将受试物滴入眼内表面，对眼睛产生组织损害或视力下降，且在滴眼 21 d 内不能完全恢复。

(2) 眼睛刺激：将受试物滴入眼内表面，对眼睛产生变化，但在滴眼 21 d 内可完全恢复。

表 2—20　　皮肤腐蚀/刺激类别和标签要素的配置

类别 1A	类别 1B	类别 1C	类别 2	类别 3
 危险 引起严重皮肤灼伤和眼睛损伤	 危险 引起严重皮肤灼伤和眼睛损伤	 危险 引起严重皮肤灼伤和眼睛损伤	 警告 引起皮肤刺激	无标识 警告 引起微弱皮肤刺激

严重眼睛损伤/眼睛刺激类别和标签要素的配置见表 2—21。

表 2—21　　严重眼睛损伤/眼睛刺激类别和标签要素的配置

类别 1	类别 2A	类别 2B
 危险 引起严重眼部损伤	 警告 引起严重眼部刺激	无标识 警告 引起眼部刺激

20. 呼吸或皮肤过敏

（1）呼吸致敏物：是指吸入后会引起呼吸道过敏反应的物质。

（2）皮肤致敏物：是指皮肤接触后会引起过敏反应的物质。

呼吸或皮肤过敏类别和标签要素的配置见表 2—22。

表 2—22　　呼吸或皮肤过敏类别和标签要素的配置

类别 1 呼吸道致敏性物质	类别 1 皮肤致敏性物质
 危险 吸入会导致过敏或哮喘症状或呼吸困难	 警告 会导致皮肤过敏反应

21. 生殖细胞突变性

生殖细胞突变性：主要是指可引起人体生殖细胞突变并能遗传给后代的化学品。然而，物质和混合物分类在这一危害类别时还要考虑体外致突变性/遗传毒性试验和哺乳动物体细胞体内试验。“突变”被定义为细胞中遗传物质的数量或结构发生的永久性改变。

生殖细胞突变性类别和标签要素的配置见表 2—23。

表 2—23 生殖细胞突变性类别和标签要素的配置

类别 1A	类别 1B	类别 2
危险 会导致遗传缺陷	危险 会导致遗传缺陷	警告 怀疑会导致遗传缺陷

22. 致癌性

致癌性：能诱发癌症或增加癌症发病率的化学物质或化学物质的混合物。在操作良好的动物实验研究中，诱发良性或恶性肿瘤的物质通常可认为或可疑为人类致癌物，除非有确切证据表明形成肿瘤的机制与人类无关。

致癌性类别和标签要素的配置见表 2—24。

表 2—24 致癌性类别和标签要素的配置

类别 1A	类别 1B	类别 2
危险 导致癌症	危险 导致癌症	警告 怀疑可能导致癌症

23. 生殖毒性

生殖毒性：对成年男性或女性的性功能和生育能力的有害作用，以及对子代的发育毒性。在此分类系统中，生殖毒性被细分为两个主要部分：对生殖或生育能力的有害效应和对子代发育的有害效应。

（1）对生殖能力的有害效应：化学品干扰生殖能力的任何效应，这可包括，但不仅限于，女性和男性生殖系统的变化，对性成熟期开始的有害效应、配子的形成和输送、生殖周期的正常性、性功能、生育能力、分娩、未成熟生殖系统的早衰和与生殖系统完整性有关的其他功能的改变。

（2）对子代发育的有害效应：就最广义而言，发育毒性包括妨碍胎儿出生前后的正常发育过程中的任何影响，而影响是无论来自在妊娠前其父母接触这类物质的结果，还是子代在出生前发育过程中，或出生后至性成熟时期前接触的结果。

生殖毒性类别和标签要素的配置见表 2—25。

24. 特异性靶器官系统毒性——一次接触

特异性靶器官系统毒性——一次接触：由一次接触产生特异性的、非致死性靶器官

表 2—25　　　　生殖毒性类别和标签要素的配置

类别 1A	类别 1B	类别 2	附加类别
危险 损害生殖力或胎儿	危险 损害生殖力或胎儿	警告 怀疑会损害生殖力或胎儿	对哺乳期或通过哺乳期产生的有害影响，其效应会对母乳喂养的小孩有害

系统毒性的物质。包括产生即时的和/或迟发的、可逆性和不可逆性功能损害的各种明显的健康效应。

特异性靶器官系统毒性——一次接触类别和标签要素的配置见表 2—26。

表 2—26　　　　特异性靶器官系统毒性——一次接触类别和标签要素的配置

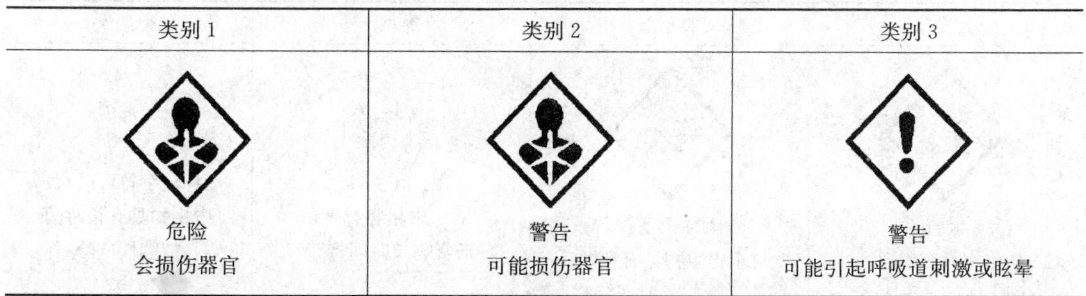

类别 1	类别 2	类别 3
危险 会损伤器官	警告 可能损伤器官	警告 可能引起呼吸道刺激或眩晕

25. 特异性靶器官系统毒性——反复接触

特异性靶器官系统毒性——反复接触：由反复接触而引起特异性的、非致死性靶器官系统毒性的物质。包括能够引起即时的和/或迟发的、可逆性和不可逆性功能损害的各种明显的健康效应。

特异性靶器官系统毒性——反复接触类别和标签要素的配置见表 2—27。

表 2—27　　　　特异性靶器官系统毒性——反复接触类别和标签要素的配置

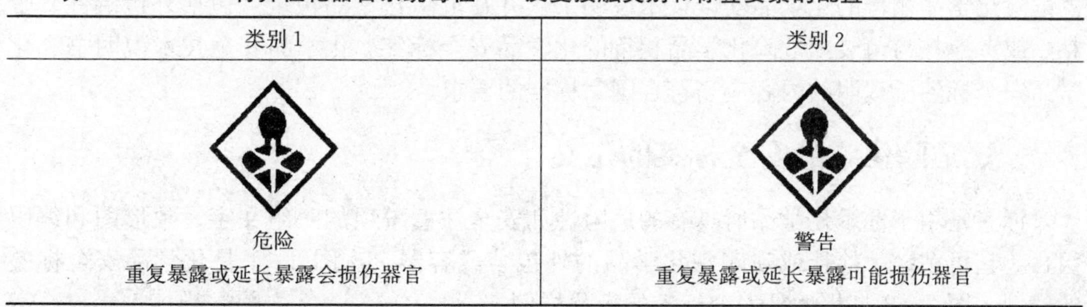

类别 1	类别 2
危险 重复暴露或延长暴露会损伤器官	警告 重复暴露或延长暴露可能损伤器官

26. 吸入危险

该危险性在我国还未转化成为国家标准，在此暂不介绍。

27. 对水环境的危害

（1）急性水生生物毒性：是指物质对短期接触它的生物体造成伤害的固有性质。

（2）慢性水生生物毒性：物质在与生物生命周期相关的接触期间对水生生物产生有害影响的潜在或实际的性质。

对水环境的急性和慢性危害类别和标签要素的配置分别见表 2—28 和表 2—29。

表 2—28　　对水环境的急性危害类别和标签要素的配置

类型 1	类型 2	类型 3
警告 对水中生物有剧毒	无标识 无标记字符 对水中生物有毒性	无标识 无标记字符 对水中生物有害

表 2—29　　对水环境的慢性危害类别和标签要素的配置

类型 1	类型 2	类型 3	类型 4
警告 对水中生物具有剧烈毒性，有害影响长时间持续	无标记字符 对水中生物具有毒性，有害影响长时间持续	无标识 无标记字符 对水中生物有害，且影响长时间持续	无标识 无标记字符可能对水中生物具有长时间持续性危险

第四节　危险化学品的安全标签

《危险化学品安全管理条例》第十五条规定危险化学品生产企业应当提供与其生产的危险化学品相符的化学品安全技术说明书，并在危险化学品包装（包括外包装件）上粘贴或者拴挂与包装内危险化学品相符的化学品安全标签。化学品安全技术说明书和化学品安全标签所载明的内容应当符合国家标准的要求。

一、危险化学品安全标签的定义

标签是用于标示化学品所具有的危险性和安全注意事项的一组文字、象形图和编码组合，它可粘贴、拴挂或喷印在化学品的外包装或容器上。图 2—1 是化学品安全标签的样例，图 2—2 是化学品安全标签的简化样例。

二、化学品安全标签的内容

（1）化学品名称。用中文和英文分别标明化学品的通用名称。名称要求醒目清晰，位于标签的正上方。名称应与化学品安全技术说明书中的名称一致。

化学品名称　A组分：40%；B组分：60%

危　险

极易燃液体和蒸气，食入致死，对水生生物毒性非常大

【预防措施】
- 远离热源、火花、明火、热表面。使用不产生火花的工具作业。
- 保持容器密闭。
- 采取防止静电措施，容器和接收设备接地、连接。
- 使用防爆电器、通风、照明及其他设备。
- 戴防护手套、防护眼镜、防护面罩。
- 操作后彻底清洗身体接触部位。
- 作业场所不得进食、饮水或吸烟。
- 禁止排入环境。

【事故响应】
- 如皮肤（或头发）接触：立即脱掉所有被污染的衣服，用水冲洗皮肤、淋浴。
- 食入：催吐，立即就医。
- 收集泄漏物。
- 火灾时，使用干粉、泡沫、二氧化碳灭火。

【安全储存】
- 在阴凉、通风良好处储存。
- 上锁保管。

【废弃处置】
- 本品或其容器采用焚烧法处置。

请参阅化学品安全技术说明书

供应商：×××××××××××××××　　电话：××××××
地　址：×××××××××××××××　　邮编：××××××
化学事故应急咨询电话：××××××

图 2—1　化学品安全标签的样例

（2）象形图。

（3）信号词。根据化学品的危险程度和类别，用“危险”“警告”两个词分别进行危害程度的警示。信号词位于化学品名称的下方，要求醒目、清晰。

（4）危险性说明。简要概述化学品的危险特性。居信号词下方。

（5）防范说明。表述化学品在处置、搬运、储存和使用作业中所必须注意的事项和发生意外时简单有效的救护措施等，要求内容简明扼要、重点突出。

（6）供应商标识。供应商名称、地址、邮编和电话等。

（7）应急咨询电话。填写化学品生产商或生产商委托的 24 小时化学事故应急咨询电话。

（8）资料参阅提示语。提示化学品用户应参阅化学品安全技术说明书。

化学品名称

危险

极易燃液体和蒸气，食入致死，对水生生物毒性非常大

请参阅化学品安全技术说明书

供应商：××××××××××××××××××××××× 电话：××××××

化学事故应急咨询电话：××××××

图 2—2 化学品安全标签的简化样例

（9）危险信息先后排序。当某种化学品具有两种及以上的危险性时，安全标签的象形图、信号词、危险性说明的先后顺序有相应规定。

三、标签使用注意事项

（1）安全标签的粘贴、挂拴或喷印应牢固，保证在运输、储存期间不脱落、不损坏。

（2）安全标签应由生产企业在货物出厂前粘贴、挂拴或喷印。若要改换包装，则由改换包装单位重新粘贴、挂拴、喷印标签。

（3）盛装危险化学品的容器或包装，在经过处理并确认其危险性完全消除之后，方可撕下标签，否则不能撕下相应的标签。

第五节 危险化学品的安全技术说明书

一、危险化学品安全技术说明书的定义

危险化学品安全技术说明书是一份关于危险化学品燃爆、毒性和环境危害以及安全使用、泄漏应急处理、主要理化参数、法律法规等方面信息的综合性文件。

化学品安全技术说明书国际上称作化学品安全信息卡，简称 MSDS 或 CSDS。

二、危险化学品安全技术说明书的主要作用

（1）它是化学品安全生产、安全流通、安全使用的指导性文件。

（2）它是应急作业人员进行应急作业时的技术指南。

（3）可为制定危险化学品安全操作规程提供技术信息。

（4）它是企业进行安全教育的重要内容。

三、危险化学品安全技术说明书的内容

危险化学品安全技术说明书包括以下十六部分的内容。

(1) 化学品及企业标识。主要标明化学品名称、生产企业名称、地址、邮编、电话、应急电话、传真等信息。

(2) 危险性概述。简述本化学品最重要的危害和效应，主要包括危险类别、侵入途径、健康危害、环境危害、燃爆危险等信息。

(3) 成分/组成信息。标明该化学品是物质还是混合物。如果是物质，则提供化学名或通用名、美国化学文摘登记号（CAS号）及其他标识符。

(4) 急救措施。主要是指作业人员受到意外伤害时，所需采取的现场自救或互救的简要的处理方法，包括眼睛接触、皮肤接触、吸入、食入的急救措施。

(5) 消防措施。主要表示化学品的物理和化学特殊危险性，合适灭火介质，不合适的灭火介质以及消防人员个体防护等方面的信息，包括危险特性、灭火介质和方法，灭火注意事项等。

(6) 泄漏应急处理。指化学品泄漏后现场可采用的简单有效的应急措施和消除方法、注意事项和消除方法，包括应急行动、应急人员防护、环保措施、消除方法等内容。

(7) 操作处置与储存。主要是指化学品操作处置和安全储存方面的信息资料，包括：操作处置作业中的安全注意事项、安全储存条件和注意事项。

(8) 接触控制和个体防护。主要指为保护作业人员免受化学品危害而采用的防护方法和手段，包括最高允许浓度、工程控制、呼吸系统防护、眼睛防护、身体防护、手防护、其他防护要求。

(9) 理化特性。主要描述化学品的外观及主要理化性质等方面的信息，包括外观与性状、pH 值、沸点、熔点、爆炸极限和其他一些特殊理化性质。

(10) 稳定性和反应活性。主要叙述化学品的稳定性和反应活性方面的信息，包括稳定性、禁配物、应避免接触的条件、聚合危害、分解产物。

(11) 毒理学信息。提供化学品毒理学信息，包括：不同接触方式的急性毒性（LD_{50}、LC_{50}）、刺激性、致癌性等。

(12) 生态学信息。主要叙述化学品的环境生态效应、行为和转归，包括生物效应、生物降解性、环境迁移等。

(13) 废弃处置。是指对被化学品污染的包装和无使用价值的化学品的安全处理方法，包括废弃处置方法和注意事项。

(14) 运输信息。主要是指国内、国际化学品包装、运输的要求及规定的分类和编号，包括危险货物编号、包装类别、包装标志、包装方法、UN 编号及运输注意事项等。

(15) 法规信息。主要指化学品管理方面的法律条款和标准。

(16) 其他信息。主要提供其他对安全有重要意义的信息，包括参考文献、填表时间，数据审核单位等。

四、使用要求

（1）安全技术说明书由化学品的生产供应企业编印，在交付商品时提供给用户，作为用户的一种服务，随商品在市场上流通。

（2）危险化学品的用户在接收使用化学品时，要认真阅读安全技术说明书，了解和掌握其危险性。

（3）根据危险化学品的危险性，结合使用情形，制订安全操作规程，培训作业人员。

（4）按照安全技术说明书，制定安全防护措施。

（5）按照安全技术说明书制定急救措施。

（6）安全技术说明书的内容，每五年要更新一次。

五、氯的安全技术说明书样张

第一部分　化学品及企业标识

化学品中文名　氯；氯气

化学品英文名　Chlorine

分子式　Cl_2　相对分子质量　70.90

结构式　Cl—Cl

第二部分　危险性概述

危险性类别　第 2.3 类　有毒气体

侵入途径　吸入

健康危害　氯是一种强烈的刺激性气体。

急性中毒：轻度者有流泪、咳嗽、咳少量痰、胸闷，出现气管—支气管炎或支气管周围炎的表现；中度中毒发生支气管肺炎、局部性肺泡性肺水肿、间质性肺水肿，或哮喘样发作病人除有上述症状的加重外，出现呼吸困难、轻度紫绀等；重者发生肺泡性肺水肿、急性呼吸，窘迫综合征、严重窒息、昏迷和休克，可出现气胸、纵隔气肿等并发症。吸入极高浓度的氯气，可引起迷走神经反射性心跳骤停或喉头痉挛而发生“电击样”死亡。眼接触可引起急性结膜炎，高浓度造成角膜损伤。皮肤接触液氯或高浓度氯，在暴露部位可有灼伤或急性皮炎。

慢性影响：长期低浓度接触，可引起慢性牙龈炎、慢性咽炎、慢性支气管炎、肺气肿、支气管哮喘等。可引起牙齿酸蚀症。

环境危害　对大气可造成污染；对水生生物有极高毒性。

燃爆危险　助燃。与可燃物混合会发生爆炸。

第三部分　成分/组成信息

√纯品　混合物

有害物成分　浓度　CAS　No.

氯　7782—50—5

第四部分　急救措施

皮肤接触　立即脱去污染的衣着，用大量流动清水冲洗。如有不适感，就医。

眼睛接触　提起眼睑，用流动清水或生理盐水冲洗。如有不适感，就医。

吸入　迅速撤离现场至空气新鲜处。保持呼吸道通畅。如呼吸困难，给输氧。呼吸、心跳停止，立即进行心肺复苏术。就医。

食入　不会通过该途径接触。

第五部分　消防措施

危险特性　本品不会燃烧，但可助燃。一般可燃物大都能在氯气中燃烧，一般易燃气体或蒸气也都能与氯气形成爆炸性混合物。氯气能与许多化学品如乙炔、松节油、乙醚、氨、燃料气、烃类、氢气、金属粉末等猛烈反应发生爆炸或生成爆炸性物质。它对金属和非金属几乎都有腐蚀作用。

有害燃烧产物　无意义。

灭火方法　本品不燃。根据着火原因选择适当灭火剂灭火。

灭火注意事项及措施　消防人员必须佩戴空气呼吸器、穿全身防火防毒服，在上风向灭火。切断泄漏源。尽可能将容器从火场移至空旷处。喷水保持火场容器冷却，直至灭火结束。

第六部分　泄漏应急处理

应急行动　根据气体扩散的影响区域划定警戒区，无关人员从侧风、上风向撤离至安全区。建议应急处理人员穿内置正压自给式呼吸器的全封闭防化服，戴橡胶手套。如果是液化气体泄漏，还应注意防冻伤。禁止接触或跨越泄漏物。勿使泄漏物与可燃物质（如木材、纸、油等）接触。尽可能切断泄漏源。喷雾状水抵制蒸气或改变蒸气云流向，避免水流接触泄漏物。禁止用水直接冲击泄漏物或漏泄源。若可能翻转容器，使之逸出气体而非液体。防止气体通过下水道、通风系统和限制性空间扩散。构筑围堤堵截液体泄漏物。喷稀碱液中和、稀释。也可将泄漏的储罐或钢瓶浸入石灰乳池中。隔离泄漏区直至气体散尽。泄漏场所保持通风。

第七部分　操作处置与储存

操作注意事项　严加密闭，提供充分的局部排风和全面通风。操作人员必须经过专门培训，严格遵守操作规程。建议操作人员佩戴空气呼吸器，穿戴面罩式防毒衣，戴橡胶手套。远离火种、热源。工作场所严禁吸烟。远离易燃、可燃物。防止气体泄漏到工作场所空气中。避免与醇类接触。搬运时轻装轻卸，防止钢瓶及附件破损。配备相应品种和数量的消防器材及泄漏应急处理设备。

储存注意事项　储存于阴凉、通风的有毒气体专用库房。实行“双人收发、双人保管”制度。远离火种、热源。库温不宜超过 30℃。应与易（可）燃物、醇类、食用化学品分开存放，切忌混储。储区应备有泄漏应急处理设备。

第八部分　接触控制和个体防护

职业接触限值

中国　MAC（mg/m^3）：1

美国　（ACGIH）TLV-TWA：0.5×10^{-6}

TLV-STEL：1×10^{-6}

监测方法　甲基橙分光光度法

工程控制　严加密闭，提供充分的局部排风和全面通风。提供安全沐浴和洗眼设备。

呼吸系统防护　空气中浓度超标时，建议佩戴过滤式防毒面具（全面罩）。紧急事态抢救或撤离时，必须佩戴空气呼吸器。

眼睛防护　呼吸系统防护中已做防护

身体防护　穿隔绝式防毒服

手防护　戴橡胶手套

其他防护　工作现场禁止吸烟、进食和饮水。工作完毕，沐浴更衣。保持良好的卫生习惯。进入限制性空间或其他高浓度区作业，须有人监护。

第九部分　理化特性

外观与性状　黄绿色、有刺激性气味的气体

pH 值　无意义

熔点（℃）　−101

沸点（℃）　−34.0

相对密度（水＝1）　1.41（20℃）

相对蒸气密度（空气＝1）　2.5

饱和蒸气压（kPa）　673（20℃）

临界温度（℃）　144

临界压力（MPa）　7.71

辛醇/水分配系数　0.85

闪点（℃）　无意义

引燃温度（℃）　无意义

爆炸下限（%）　无意义

爆炸上限（%）　无意义

溶解性　微溶于水，溶于碱、氯化物和醇类

主要用途　用于漂白，制造氯化合物、盐酸、聚氯乙烯等

第十部分 稳定性和反应性

稳定性 稳定

禁配物 易燃或可燃物、烷烃、卤代烷烃、芳香烃、胺类、醇类、乙醚、氢、金属、苛性碱、非金属单质、非金属氧化物、金属氢化物等

避免接触的条件 无资料

聚合危害 不聚合

分解产物 无资料

第十一部分 毒理学信息

急性毒性 LC_{50}：850 mg/m^3（大鼠吸入，1 h）

刺激性 无资料

亚急性与慢性毒性 家兔吸入 2～5 mg/m^3，每天 5 h，1～9 个月，出现消瘦、上呼吸道炎、肺炎、胸膜炎及肺气肿等。大鼠吸入 41～97 mg/m^3，每天 1～2 h，3～4 周，引起严重但非致死性的肺气肿与气管病变。

致突变性 细胞遗传学分析：成人淋巴细胞 20×10^{-6}。精子形态学分析：小鼠经口 20 mg/kg（5 d）（连续）。微生物致突变：鼠伤寒沙门菌 1 800 μg/L。

其他 LCLo（致死浓度）：2 530 mg/m^3（人吸入 30 min），500×10^{-6}（人吸入 5 min）

第十二部分 生态学信息

生态毒性 LC_{50}：0.44 mg/L（96 h）（蓝鳃太阳鱼）；0.49 mg/L（96 h）（水蚤）

生物降解性 无资料

非生物降解性 无资料

第十三部分 废弃处置

废弃物性质 危险废物

废弃处置方法 把废气通入过量的还原性溶液（亚硫酸氢盐、亚铁盐、硫代亚硫酸钠溶液）中，中和后用水冲入下水道。

废弃注意事项 处置前应参阅国家和地方有关法规。

第十四部分 运输信息

危险货物编号 23002

铁危编号 23002

UN 编号 1017

包装类别 Ⅱ类包装

包装标志 有毒气体；腐蚀品

包装方法　钢制气瓶

运输注意事项　本品铁路运输时限使用耐压液化气企业自备罐车装运，装运前需报有关部门批准。铁路运输时应严格按照铁道部《危险货物运输规则》中的危险货物配装表进行配装。采用钢瓶运输时必须戴好钢瓶上的安全帽。钢瓶一般平放，并应将瓶口朝同一方向，不可交叉；高度不得超过车辆的防护栏板，并用三角木垫卡牢，防止滚动。严禁与易燃物或可燃物、醇类、食用化学品等混装混运。夏季应早晚运输，防止日光暴晒。运输时运输车辆应配备泄漏应急处理设备。公路运输时要按规定路线行驶，禁止在居民区和人口稠密区停留。铁路运输时要禁止溜放。每年4—9月使用2包装时，限按冷藏运输。

第十五部分　法规信息

中华人民共和国安全生产法（2014年8月31日第十二届全国人民代表大会常务委员会第十次会议通过）；中华人民共和国职业病防治法（2011年12月31日第十一届全国人民代表大会常务委员会第二十四次会议通过）；危险化学品安全管理条例（2011年2月16日国务院第144次常务会议修订通过）；安全生产许可证条例（2004年1月7日国务院第三十四次常务会议通过）；化学品分类和危险性公示通则（GB 13690—2009）；工作场所有害因素职业接触限值（GBZ 2.1—2007）。

第十六部分　其他信息

填表时间　填表部门

数据审核单位　修改说明

第六节　危险化学品储存

储存是化学品流通过程中非常重要的一个环节，储存不当，就会造成事故。如深圳清水河危险品仓库爆炸事故，给国家财产和人民生命造成了巨大损失。为了加强对危险化学品的管理，国家制定了一系列法规和标准，对危险化学品储藏养护技术条件、审批制度、安全储存都提出了具体要求。

一、危险化学品储存的定义与种类

储存是指产品在离开生产领域而尚未进入消费领域之前，在流通过程中形成的一种停留。生产、经营、储存、使用危险化学品的企业都存在危险化学品的储存问题。

危险化学品的储存根据物质的理化性质和储存量的多少分为整装储存和散装储存两类。

整装储存是将物品装于小型容器或包件中储存。如各种瓶装、袋装、桶装、箱装或钢瓶装的物品。这种储存往往存放的品种多，物品的性质复杂，比较难管理。

散装储存是指物品不带外包装的净货储存。量比较大，设备、技术条件比较复杂，如有机液体危险化学品甲醇、苯、乙苯、汽油等，一旦发生事故难以施救。

无论整装储存还是散装储存都潜在有很大的危险。所以，经营、储存保管人员必须用科学的态度从严管理，万万不能马虎从事。

二、危险化学品储存分类

根据危险化学品的特性和仓库建筑要求及养护技术要求将危险化学品归为三类：易燃易爆性物品、毒害性物品和腐蚀性物品。

(1) 易燃易爆性物品的分类。易燃易爆性物品包括爆炸品、压缩气体和液化气体、易燃液体、易燃固体、自燃物品、遇湿易燃物品氧化剂和有机过氧化物。在储存过程中按照危险化学品储存火灾危险性的建筑设计防火规范分为五类。

甲类：

①闪点<28℃的液体。如丙酮闪点－20℃、乙醇闪点12℃。

②爆炸下限<10%的气体，以及受到水或空气中水蒸气的作用，能产生爆炸下限<10%气体的固体物质。如爆炸下限<10%的气体丁烷，其爆炸下限是1.9%，甲烷爆炸下限是5.0%；固体物质碳化钙（电石）遇到水发生反应产生爆炸下限<10%气体乙炔（电石气），乙炔的爆炸极限是2.8%～80%。

③常温下能自行分解或在空气中氧化即能导致迅速自燃或爆炸的物质。如硝化棉、黄磷。

④常温下受到水或空气中水蒸气的作用能产生可燃气体并引起燃烧或爆炸的物质。如金属钠、钾。

⑤遇酸、受热、撞击、摩擦以及遇有机物或硫黄等易燃的无机物，极易引起燃烧或爆炸的强氧化剂。如氯酸钾、氯酸钠。

⑥受撞击、摩擦或与氧化剂、有机物接触时能引起燃烧或爆炸的物质。如五硫化磷、三硫化磷等。

乙类：

①28℃≤闪点<60℃的液体。如松节油闪点35℃、异丁醇闪点28℃。

②爆炸下限>10%的气体。如氨气、液氨等。

③不属于甲类的氧化剂。如重铬酸钠、铬酸钾等。

④不属于甲类的化学易燃危险固体。如硫黄、工业萘等。

⑤助燃气体，如氧气。

⑥常温下与空气接触能缓慢氧化、积热不散引起自燃的物品。

丙类：

①闪点≥60℃的液体。如糠醛闪点60℃、苯胺闪点70℃。

②可燃固体。如天然橡胶及其制品。

丁类：难燃烧物品

戊类：非燃烧物品

(2) 毒害性物品的分类。毒害性物品按毒性大小划分标准如下。

①一级毒害品经口摄入半数致死量：固体 LD_{50}≤50 mg/kg，液体 LD_{50}≤200 mg/kg；经皮肤接触 24 h 半数致死量 LD_{50}≤200 mg/kg；粉尘、烟雾吸入半数致死质量浓度 LD_{50}≤2 mg/L 及蒸气吸入半数致死质量浓度 LC_{50}≤2 mg/L 及蒸气吸入半数致死体积分数 LC_{50}≤200 mL/m^3。

一级毒害品又分为两种：一种为一级无机毒害品如氰化钾、三氧化（二）砷（俗称砒霜）等；另一种为一级有机毒害品如有机磷、硫的化合物（农药）等。

凡是一级毒害品都属于剧毒品。

②二级毒害品经口摄入半数致死量：固体 LD_{50}＞50～500 mg/kg，液体 LD_{50}＞200～2 000 mg/kg；经皮肤接触 24 h 半数致死量 LD_{50}＞200～1 000 mg/kg；粉尘、烟雾吸入半数致死质量浓度 LD_{50}＞2～10 mg/L 及蒸气吸入半数致死体积分数 LD_{50}＞200～1 000 mL/m^3。

二级毒害品又分为两种，一种为二级无机毒害品。如汞、铅、钡、氟的化合物等。另一种为二级有机毒害品，如二苯汞等。

(3) 腐蚀性物品的分类。按腐蚀性强度和化学组成可分为三类：第一类为酸性腐蚀品，又分为一级酸性腐蚀品、二级酸性腐蚀品；第二类为碱性腐蚀品，又分为一级碱性腐蚀品、二级碱性腐蚀品；第三类为其他腐蚀品，又分为一级其他腐蚀品、二级其他腐蚀品。

①一级腐蚀品能使动物皮肤在 3 min 内出现可坏死现象，并能在 3～60 min 再现可见坏死现象的同时产生有毒蒸气。

一级无机酸性腐蚀品。如硝酸、硫酸、五氯化磷、二氯化硫等。

一级有机酸性腐蚀品。如甲酸、氯乙酰氯等。

一级无机碱性腐蚀品。如氢氧化钠、硫化钠等。

一级有机碱性腐蚀品。如乙醇钠、二丁胺等。

一级其他腐蚀品。如苯酚钠、氟化铬等。

②二级腐蚀品能使动物皮肤在 4 h 内出现可见坏死现象，并在 55℃时对钢或铝的表面年腐蚀率超过 6.25 mm 的物品。

二级无机酸性腐蚀品。如正磷酸、四溴化锡等。

二级有机酸性腐蚀品。如乙酸、乙酸酐等。

二级碱性腐蚀品。如氧化钙、二环己胺等。

二级其他腐蚀品。如次氯酸钠溶液等。

三、危险化学品储存的要求和条件

1. 危险化学品储存的基本要求

(1) 危险化学品的储存必须遵照国家法律、法规和其他有关的规定。

(2) 危险化学品必须储存在经有关部门批准设置的专门的危险化学品仓库中，经销部门自管仓库储存危险化学品及储存数量必须经有关部门批准。未经批准不得随意设置危险化学品储存仓库。

(3) 危险化学品露天堆放，应符合防火、防爆的安全要求，爆炸物品、一级易燃物品、遇湿燃烧物品、剧毒物品不得露天堆放。

(4) 储存危险化学品的仓库必须配备有专业知识的技术人员，其库房及场所应设专人管理，同时管理人员必须配备可靠的个人防护用品。

(5) 储存危险化学品分类可按爆炸品、压缩气体和液化气体、易燃液体、易爆固体、自燃物品和遇湿易燃物品、氧化剂和有机过氧化物、毒害品、放射性物品、腐蚀品等分类。

(6) 储存危险化学品应有明显的标志，标志应符合 GB 190—2009 的规定。如同一区域储存两种以上不同级别的危险品时，应按最高等级危险物品的性能标示。

(7) 储存危险化学品应根据危险品性能分区、分类、分库储存。各类危险品不得与禁忌物料混合储存。

(8) 储存危险化学品的建筑物、区域内严禁吸烟和使用明火。

2. 危险化学品储存的条件

危险化学品储存的条件按照易燃易爆物品、腐蚀性物品和毒害性物品三类介绍。

(1) 易燃易爆物品储存应按表 2—30 规定分类储存。其储存的库房，应冬暖夏凉、干燥、易于通风、密封和避光。爆炸品宜储存于一级轻顶耐火建筑的库房内；低、中闪点液体、一级易燃固体、自燃物品、压缩气体和液化气体类宜储存于一级耐火建筑的库房内；遇湿易燃物品、氧化剂和有机过氧化物可储存于一、二级耐火建筑的库房内；二级易燃固体、高闪点液体可储存于耐火等级不低于三级的库房内。

表 2—30　危险化学物品混存性能互抵表

危险化学物品分类	小类	爆炸性物品				氧化剂				压缩气体和液化气体				自燃物品		遇水燃烧物品		易燃液体		易燃固体		毒害性物品				腐蚀性物品				放射性物品
																										酸性		碱性		
危险化学物品分类	小类	点火器材	起爆器材	爆炸及爆炸性药品	其他爆炸品	一级无机	一级有机	二级无机	二级有机	剧毒	易燃	助燃	不燃	一级	二级	一级	二级	一级	二级	一级	二级	剧毒无机	剧毒有机	有毒无机	有毒有机	无机	有机	无机	有机	
爆炸性物品	点火器材	O																												
	起爆器材	O	O																											
	爆炸及爆炸性药品	O	×	O																										
	其他爆炸品	O	×	×	O																									
氧化剂	一级无机	×	×	×	×	①																								
	一级有机	×	×	×	×	×	O																							
	二级无机	×	×	×	×	O	×	②																						
	二级有机	×	×	×	×	×	O	×	O																					
压缩气体和液化气体	剧毒（液氨和液氯有抵触）	×	×	×	×	×	×	×	×	O																				
	易燃	×	×	×	×	×	×	×	×	×	O																			
	助燃	×	×	×	×	×	×	分	×	O	×	O																		
	不燃	×	×	×	×	分	消	分	分	O	O	O	O																	

续表

危险化学物品分类	小类	爆炸性物品				氧化剂				压缩气体和液化气体				自燃物品		遇水燃烧物品		易燃液体		易燃固体		毒害性物品				腐蚀性物品 酸性		腐蚀性物品 碱性		放射性物品
		点火器材	起爆器材	爆炸及爆炸性药品	其他爆炸品	一级无机	一级有机	二级无机	二级有机	剧毒	易燃	助燃	不燃	一级	二级	一级	二级	一级	二级	一级	二级	剧毒无机	剧毒有机	有毒无机	有毒有机	无机	有机	无机	有机	
自燃物品	一级	×	×	×	×	×	×	×	×	×	×	×	×	O																
	二级	×	×	×	×	×	×	×	×	×	×	×	×	×	O															
遇水燃烧物品	一级	×	×	×	×	×	×	×	×	×	×	×	×	×	×	O														
	二级	×	×	×	×	×	×	×	×	消	×	×	消	×	消	×	O													
易燃液体	一级	×	×	×	×	×	×	×	×	×	×	×	×	×	×	×	×	O												
	二级	×	×	×	×	×	×	×	×	×	×	×	×	×	×	×	×	O	O											
易燃固体	一级	×	×	×	×	×	×	×	×	×	×	×	×	×	×	×	×	消	消	O										
	二级	×	×	×	×	×	×	×	×	×	×	×	×	×	×	×	×	消	消	O	O									
毒害性物品	剧毒无机	×	×	×	×	分	×	分	分	分	分	分	分	×	分	消	消	消	消	分	分	O								
	剧毒有机	×	×	×	×	×	×	×	×	×	×	×	×	×	×	×	×	×	×	×	×	O	O							
	有毒无机	×	×	×	×	分	×	分	分	分	分	分	分	×	分	消	消	消	消	分	分	O	O	O						
	有毒有机	×	×	×	×	×	×	×	×	×	×	×	×	×	×	×	×	分	分	消	消	O	O	O	O					
腐蚀性物品 酸性	无机	×	×	×	×	×	×	×	×	×	×	×	×	×	×	×	×	×	×	×	×	×	×	×	×	O				
	有机	×	×	×	×	×	×	×	×	×	×	×	×	×	×	×	×	消	消	×	×	×	×	×	×	×	O			
腐蚀性物品 碱性	无机	×	×	×	×	分	消	分	消	分	分	分	分	分	分	消	消	消	消	分	分	×	×	×	×	×	×	O		
	有机	×	×	×	×	×	×	×	×	×	×	×	×	×	×	×	×	消	消	消	消	×	×	×	×	×	×	O	O	
放射性物品		×	×	×	×	×	×	×	×	×	×	×	×	×	×	×	×	×	×	×	×	×	×	×	×	×	×	×	×	O

注：

“O”符号表示可以混存；

“×”符号表示不可以混存；

“分”指应按化学危险品的分类进行分区分类储存。如果物品不多或仓位不够时，因其性能并不互相抵触，也可以混存；

“消”指两种物品性能并不互相抵触，但消防施救方法不同，条件许可时最好分存。

①说明过氧化钠等过氧化物不宜和无机氧化剂混存。

②说明具有还原性的亚硝酸钠等亚硝酸盐类，不宜和其他无机氧化剂混存。

库房环境卫生应无杂草和易燃物；库房内清洁，地面无漏撒物品，保持地面与货垛清洁卫生。

（2）腐蚀性物品储存库房应是阴凉、干燥、通风、避光的防火建筑。建筑材料最好经过防腐蚀处理。

储存发烟硝酸、溴素、高氯酸的库房应是低温、干燥通风的一、二级耐火建筑。溴氢酸、碘氢酸要避光储存。

库房环境卫生：库区内的杂物、易燃物应及时清理，排水沟畅通；房内地面、门窗、货架应经常打扫，保持清洁。

凡混存物品，货垛与货垛之间，必须留有 1 米以上的距离，并要求包装容器完整，不使两种物品发生接触。

（3）毒害性物品储存库房结构完整、干燥、通风良好。机械通风排毒要有必要的安全防护措施，库房耐火等级不低于二级。

库区和库房内要经常保持整洁。对散落的毒品、易燃、可燃物品和库区的杂草及时清除。用过的工作服、手套等用品必须放在库外安全地点，妥善保管或及时处理。更换储存毒品品种时，要将库房清扫干净。

四、危险化学品储存安排

（1）危险化学品储存方式。危险化学品储存方式分为三种：隔离储存、隔开储存和分离储存。

隔离储存是指在同一房间或同一区域内，不同的物料之间分开一定距离，非禁忌物料间用通道保持空间的储存方式。

隔开储存是指在同一建筑或同一区域内，用隔板或墙，将禁忌物料分离开的储存方式。

分离储存是指在不同建筑物或远离所有建筑的外部区域内的储存方式。

（2）危险化学品堆垛

①易燃易爆性物品堆垛应根据库房条件、商品性质和包装形态采取适当的堆码和垫底方法。

各种物品不允许直接落地存放。根据库房地势高低，一般应垫 15 cm 以上。遇湿易燃物品、易吸潮溶化和吸潮分解的商品应根据情况加大下垫高度。

各种物品应码行列式压缝货垛，做到牢固、整齐、美观，出入库方便，一般垛高不超过 3 m。

②腐蚀性物品堆垛，其库房、货棚或露天货场储存的物品，货垛下应有隔潮设施，库房一般不低于 15 cm，货场不低于 30 cm。

根据物品性质、包装规格采用适当的堆垛方法，要求货垛整齐，堆码牢固，数量准确，禁止倒置。

按出厂先后或批号分别堆码。堆垛高度在 1.5～3.5 m。

③毒害性物品不得就地堆码，货垛下应有隔潮设施，垛底一般不低于 15 cm。一般性可堆存大垛，挥发性液体毒品不宜堆大垛，可堆存行列式。要求货垛牢固、整齐、美观，垛高不超过 3 m。

（3）危险化学品储存安排

①危险化学品储存安排取决于危险化学品分类、分项、容器类型、储存方式和消防的要求。

②储存量及储存安排见表 2—31。

③遇火、遇热、遇潮能引起燃烧、爆炸或发生化学反应，产生有毒气体的危险化学品不得在露天或在潮湿、积水的建筑物中储存。

④受日光照射能发生化学反应引起燃烧、爆炸、分解、化合或能产生有毒气体的危险化学品应储存在一级建筑物中。其包装应采取避光措施。

表 2—31　　储存量及储存安排

储存类别 / 储存要求	露天储存	隔离储存	隔开储存	分离储存
平均单位面积储存量（t/m^2）	1.0～1.5	0.5	0.7	0.7
单一储存区最大储量（t）	2 000～2 400	200～300	200～300	400～600
垛距限制（m）	2	0.3～0.5	0.3～0.5	0.3～0.5
通道宽度（m）	4～6	1～2	1～2	5
墙距宽度（m）	2	0.3～0.5	0.3～0.5	0.3～0.5
与禁忌品距离（m）	10	不得同库储存	不得同库储存	7～10

⑤爆炸物品不准和其他类物品同储，必须单独隔离限量储存，仓库不准建在城填，还应与周围建筑、交通干道、输电线路保持一定安全距离。

⑥压缩气体和液化气体必须与爆炸物品、氧化剂、易燃物品、自燃物品、腐蚀性物品隔离储存。易燃气体不得与助燃气体、剧毒气体同储；氧气不得与油脂混合储存，盛装液化气体的容器，属压力容器的，必须有压力表、安全阀、紧急切断装置，并定期检查，不得超装。

⑦易燃液体、遇湿易燃物品、易燃固体不得与氧化剂混合储存，具有还原性的氧化剂应单独存放。

⑧有毒物品应储存在阴凉、通风、干燥的场所，不要露天存放，不要接近酸类物质。

⑨腐蚀性物品包装必须严密，不允许泄漏，严禁与液化气体和其他物品共存。

五、危险化学品出入库管理

危险化学品出入库必须严格按照出入库管理制度进行，同时对进入库区车辆，装卸、搬运物品都应根据危险化学品性质按规定进行。

（1）入库要求

①入库商品必须附有生产许可证和产品检验合格证，进口商品必须附有中文安全技术说明书或其他说明。

②商品性质、理化常数应符合产品标准，由存货方负责检验。

③保管方对商品外观、内外标志、容器包装及衬垫进行感官检验，验收后做出验收记录。

④验收在库外安全地点或验收室进行。

⑤每种商品拆箱验收 2～5 箱（免检商品除外），发现问题扩大验收比例，验收后将商品包装复原，并做标记。

（2）出库要求

①保管员发货必须以手续齐全的发货凭证为依据。

②按生产日期和批号顺序先进先出。

③对毒害性物品还应执行双锁、双人复核制发放，详细记录以备查用。

（3）其他要求

①进入危险化学品储存区域的人员、机动车辆和作业车辆，必须采取防火措施。

②装卸、搬运危险化学品时应按有关规定进行，做到轻装、轻卸。严禁摔、碰、撞击、拖拉、倾倒和滚动。

③装卸对人身有毒害及腐蚀性的物品时，操作人员应根据危险性，穿戴相应的防护用品。

④不得用同一车辆运输互为禁忌的物料。

⑤修补、换装、清扫、装卸易燃、易爆物料时，应使用不产生火花的铜制、合金制或其他工具。

第七节 危险化学品包装

工业产品的包装是现代工业中不可缺少的组成部分。一种产品从生产到使用者手中，一般要经过多次装卸、储存、运输的过程。在这个过程中，产品将不可避免地受到碰撞、跌落、冲击和振动。一个好的包装，将会很好地保护产品，减少运输过程中的破损，使产品安全地到达用户手中。1997 年 3 月 18 日凌晨，我国广西一辆满载 10 吨 200 桶氰化钠剧毒品的大卡车在梧州市翻入桂江，由于包装严密，打捞及时，包装无一破损，避免了一场严重的泄漏污染事故。这一点，对于危险化学品显得尤为重要。包装方法得当，就会降低储存、运输中的事故发生率，否则，就会有可能导致重大事故。

一、危险化学品包装的有关规定

《危险化学品安全管理条例》第六条（三）规定：质量监督检验检疫部门负责核发危险化学品及其包装物、容器（不包括储存危险化学品的固定式大型储罐，下同）生产企业的工业产品生产许可证，并依法对其产品质量实施监督，负责对进出口危险化学品及其包装实施检验。

二、包装类别

危险化学品的包装按其危险程度划分为三个包装类别：

Ⅰ类包装：货物具有大的危险性，包装强度要求高。

Ⅱ类包装：货物具有中等危险性，包装强度要求较高。

Ⅲ类包装：货物具有小的危险性，包装强度要求一般。

应当按照危险化学品的不同类项及有关的定量值确定其包装类别。

三、包装的基本要求

（1）危险货物运输包装应结构合理，具有一定强度，防护性能好。包装的材质、型式、规格、方法和单件质量（重量），应与所装危险货物的性质和用途相适应，并便于装卸、运输和储存。

（2）包装应质量良好，其构造和封闭形式应能承受正常运输条件下的各种作业风险，不应因温度、湿度或压力的变化而发生任何渗（撒）漏，包装表面应清洁，不允许黏附有害的危险物质。

（3）包装与内装物直接接触部分，必要时应有内涂层或进行防护处理，包装材质不得与内装物发生化学反应而形成危险产物或导致削弱包装强度。

（4）内容器应固定。如属易碎性的应使用与内装物性质相适应的衬垫材料或吸附材料衬垫妥实。

（5）盛装液体的容器，应能经受在正常运输条件下产生的内部压力。灌装时必须留有足够的膨胀余量（预留容积），除另有规定外，并应保证在温度55℃时，内装液体不致完全充满容器。

（6）包装封口应根据内装物性质采用严密封口、液密封口或气密封口。

（7）盛装需要浸湿或加有稳定剂的物质时，其容器封闭形式应能有效地保证内装液体（水、溶剂和稳定剂）的百分比，在储运期间保持在规定的范围以内。

（8）有降压装置的包装，其排气孔设计和安装应能防止内装物泄漏和外界杂质进入，排出的气体量不得造成危险和污染环境。

（9）复合包装的内容器和外包装应紧密贴合，外包装不得有擦伤内容器的凸出物。

（10）无论是新型包装、重复包装、还是修理过的包装均应符合危险货物运输包装性能试验的要求。

（11）盛装爆炸品包装的附加要求如下：

①盛装液体爆炸品容器的封闭形式，应具有防止渗漏的双重保护。

②除内包装能充分防止爆炸品与金属物接触外，铁钉和其他没有防护涂料的金属部件不得穿透外包装。

③双重卷边接合的钢桶，金属桶或以金属做衬里的包装箱，应能防止爆炸物进入隙缝。钢桶或铝桶的封闭装置必须有合适的垫圈。

④包装内的爆炸物质和物品，包括内容器，必须衬垫妥实，在运输过程中不得发生危险性移动。

⑤盛装有对外部电磁辐射敏感的电引发装置的爆炸物品，包装应具备防止所装物品受外部电磁辐射源影响的功能。

四、包装容器

危险化学品包装物、容器是根据危险化学品的特性，按照有关法规、标准专门设计制造的，用于盛装危险化学品的桶、罐、瓶、箱、袋等包装物和容器。

五、危险化学品包装标志及标记代号

1. 包装储运图示标志

国家标准 GB/T 191—2008《包装储运图示标志》规定了运输包装件上提醒储运人员注意的一些图示符号。如防雨、防晒、易碎等，如图 2—3 所示为包装储运图示标志，供操作人员在装卸时能针对不同情况进行相应的操作。

图 2—3　包装储运图示标志

2. 危险货物包装标志

国家标准《危险货物包装标志》（GB 190—2009）中，对危险货物包装图示标志的分类图形、尺寸、颜色及使用方法等做了规定。标志分为标记和标签。标记有 4 个；标签 26 个，其图形分别标示了 9 类危险货物的主要特性。

（1）标记。标记名称三项，图形四个。如图 2—4 所示为我国危险货物包装标记。

（2）标签。标签 9 个类别、18 个名称和 26 个图形。如图 2—5 所示为我国危险货物包装标签图示。

（符号：黑色。底色：白色）

危害环境物质和物品标记

（符号：正红色。底色：白色）

高温运输标记

（符号：黑色或正红色。底色：白色）

（符号：黑色或正红色。底色：白色）

方向标记

图 2—4　我国危险货物包装标记

（符号：黑色。底色：橙红色）

（符号：黑色。底色：橙红色）

（符号：黑色。底色：橙红色）

（符号：黑色。底色：橙红色）

**项号的位置——如果爆炸性是次要危险性，留空白。

*配装组字母的位置——如果爆炸性是次要危险性，留空白。

爆炸性物质或物品

（符号：黑色。底色：正红色）

（符号：白色。底色：正红色）

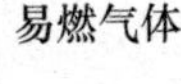

易燃气体

（符号：黑色。底色：绿色）

（符号：白色。底色：绿色）

非易燃无毒

（符号：黑色。底色：白色）

毒性气体

（符号：黑色。底色：正红色）

（符号：白色。底色：正红色）

易燃液体

（符号：黑色。底色：白色红条）

易燃固体

图 2—5　我国危险货物包装标签图示

第八节　废弃危险化学品的处置

危险化学品具有易燃、易爆、腐蚀、毒害等危险特性，如果对危险化学品及其废弃物管理、处置不当，不但会污染空气、水源和土壤，造成生态破坏，而且会对人体的安全与健康造成很大程度的危害。危险化学品处置按《危险化学品安全管理条例》第二十七条规定：生产、储存危险化学品的单位转产、停产、停业或者解散的，应当采取有效措施，及时、妥善处置其危险化学品生产装置、储存设施以及库存的危险化学品，不得丢弃危险化学品；处置方案应当报所在地县级人民政府安全生产监督管理部门、工业和信息化主管部门、环境保护主管部门和公安机关备案。安全生产监督管理部门应当会同环境保护主管部门和公安机关对处置情况进行监督检查，发现未依照规定处置的，应当责令其立即处置。

一、废弃危险化学品的处置原则

（1）区别对待、分类处置、严格控制危险废物和放射性废物。

（2）对危险废弃物实行集中处置，不仅可以节约人力、物力、财力，有利于监督管理，也是有效控制乃至消除危险废物污染危害的重要形式和主要技术手段。

（3）危险废弃物最终处置原则是合理地、最大限度地将危害废弃物与生物圈相隔离，减少有毒有害物质释放进入环境的速度和总量，将其在长期处置过程中对人类和环境的影响减至最低程度。

二、废弃危险化学品的处置方法

废弃危险化学品的处置，是指将废弃危险化学品焚烧和用其他改变其物理、化学、生物特性的方法，达到减少已产生的废物数量、缩小固体废物体积、减少或消除其危险成分的活动，或者将废弃危险物最终置于符合环境保护规定要求的场所或者设施并不再回收的活动。

废弃危险物处置办法主要有地质处置和海洋处置两大类。海洋处置包括深海投弃和海上焚烧。地质处置包括土地耕作、永久储存或储留地储存、土地填埋、深井灌注和深地层处置等几种，其中应用最多的是土地填埋处置技术。海洋处置现已被国际公约禁止，但地质处置至今仍是世界各国最常采用的一种废弃物处置方法。

第三章　危险化学品生产工艺安全技术

化工产品的制造一般要通过物理变化和化学反应来完成，不仅工艺复杂而且有些反应十分剧烈，极易失控，且大多在反应容器或管道中进行，难以监视，所以化工生产比其他工业生产更具有特殊的潜在危险性。一旦操作条件发生变化、工艺受到干扰产生异常，或因人的特性和素质欠佳等原因造成误操作，潜在危险就会发展成为灾害性事故。《国务院安委会办公室关于进一步加强危险化学品安全生产工作的指导意见》（安委办〔2008〕26 号）中指出："我国部分危险化学品从业单位工艺落后，设备简陋陈旧，自动控制水平低，本质安全水平低，从业人员素质低，安全管理不到位；有关危险化学品安全管理的法规和标准不健全，监管力量薄弱，危险化学品事故总量大，较大、重大事故时有发生，安全生产形势依然严峻。要把涉及硝化、氧化、磺化、氯化、氟化或重氮化反应等危险工艺的生产装置实现自动控制，纳入换（发）安全生产许可证的条件。"在《国家安全监管总局关于公布首批重点监管的危险化工工艺目录的通知》（安监总管三〔2009〕116 号）中公布了国家安全生产监督管理总局组织编制的《首批重点监管的危险化工工艺目录》和《首批重点监管的危险化工工艺安全控制要求、重点监控参数及推荐的控制方案》，同时指出："化工企业要按照《首批重点监管的危险化工工艺目录》《首批重点监管的危险化工工艺安全控制要求、重点监控参数及推荐的控制方案》要求，对照本企业采用的危险化工工艺及其特点，确定重点监控的工艺参数，装备和完善自动控制系统，大型和高度危险化工装置要按照推荐的控制方案装备紧急停车系统。"2013 年 1 月 15 日，国家安全生产监督管理总局再次公布了《第二批重点监管危险化工工艺目录》和《第二批重点监管危险化工工艺重点监控参数、安全控制基本要求及推荐的控制方案》，并对首批重点监管危险化工工艺中的部分典型工艺进行了调整。

所谓危险工艺就是指能够导致火灾、爆炸、中毒的工艺。其中，所涉及的化学反应包括：硝化、氧化、磺化、氯化、氟化、氨化、重氮化、过氧化、加氢、聚合、裂解等的反应。本章重点介绍重点监管的危险化工工艺的基本安全技术及安全控制要求。

第一节　光气及光气化工艺

一、光气、光气化工艺及其典型工艺

1. 工艺简介

光气及光气化工艺包含光气的制备工艺，以及以光气为原料制备光气化产品的工艺

路线，光气化工艺主要分为气相和液相两种。

2. 典型工艺

（1）一氧化碳与氯气的反应得到光气。

（2）光气合成双光气、三光气。

（3）采用光气作单体合成聚碳酸酯。

（4）甲苯二异氰酸酯（TDI）的制备。

（5）4，4′—二苯基甲烷二异氰酸酯（MDI）的制备。

（6）异氰酸酯的制备。

二、工艺危险特点

（1）反应介质本身有毒有害。光气为剧毒气体，在储运、使用过程中发生泄漏后，易造成大面积污染、中毒事故。氯气、一氧化碳均为有毒气体，一旦泄漏，就会导致人员中毒伤亡事故的发生。

（2）反应介质具有燃爆危险性。如间甲苯二胺（MTD）装置中氢气和二硝基甲苯的火灾危险为甲类。因此，生产过程中最大危险因素是二硝基甲苯在配料过程中因碰撞或打击而产生的爆炸危险。另一种危险物质是氢气。氢气在空气中的爆炸极限为 4%～75%（体积浓度），引燃温度在 450℃左右，因此氢气压缩的不正常运行和冷却水循环系统的故障都可能造成火灾、爆炸的潜在危险。TDI 装置中一氧化碳的火灾危险性为乙类，在空气中的爆炸极限为 12.5%～74.2%（体积浓度），一氧化碳造气工序中，一旦一氧化碳泄漏，遇火源有可能发生火灾、爆炸事故，并引起中毒事故。

（3）副产物氯化氢具有腐蚀性，易造成设备和管线泄漏使人员发生中毒事故。

三、重点监控工艺参数

（1）一氧化碳、氯气含水量。氯气含水分过高和一氧化碳含水分过高会导致设备及管道腐蚀。根据《光气及光气化产品生产安全规程》（GB 19041—2003）要求，一氧化碳含水量不宜大于 50 mg/m^3，氯气含水量不宜大于 50 mg/m^3。

（2）反应釜温度、压力。

（3）反应物质的配料比。

（4）光气进料速度。

（5）冷却系统中冷却介质的温度、压力、流量等。一氧化碳与氯气的反应得到光气，这是一个强烈放热的反应，一旦冷却系统出现问题会导致反应失控发生事故。

四、安全控制的基本要求

1. 基本要求

事故紧急切断阀；紧急冷却系统；反应釜温度、压力报警联锁；局部排风设施；有毒气体回收及处理系统；自动泄压装置；自动氨或碱液喷淋装置；光气、氯气、一氧化碳监测及超限报警；双电源供电。

2. 安全控制案例

以某企业光气合成及光气反应装置为例，介绍控制方式的方案。

（1）光气合成装置

①对尾气处理系统增加五级碱破坏装置。

②增设混合物高温报警及联锁切断一氧化碳、氯气装置。

③增设一氧化碳压力低报警及联锁切断氯气装置。

④增设光气总管压力高报警及联锁切断氯气、一氧化碳装置。

⑤增加光气冷凝装置冷冻盐水压力报警装置；光化反应釜搅拌电动机故障报警联锁装置。

（2）光气反应装置

①安装光气冷凝盐水温度上限报警装置。

②增设反应釜温度高报警及联锁切断光气进料装置。

③二苯甲酮水解釜安装超温报警装置。

五、控制方式

光气及光气化生产系统一旦出现异常现象或发生光气及其剧毒产品泄漏事故时，应通过自控联锁装置启动紧急停车并自动切断所有进出生产装置的物料，将反应装置迅速冷却降温，同时将发生事故设备内的剧毒物料导入事故槽内，开启氨水、稀碱液喷淋，启动通风排毒系统，将事故部位的有毒气体排至处理系统。具体处理步骤如下：

（1）切断所有进出生产装置的物料，将反应装置迅速冷却降温，且系统泄压，使生产装置处于能量最低状态。

（2）立即将发生事故设备内的剧毒物料导入事故槽内。

（3）如有溢漏的少量液体物料，可以使用氨水、稀碱液喷淋；也可以先用吸有煤油的锯末（硅藻土、活性炭均可）覆盖，然后再用氢氧化钙（消石灰）覆盖。

（4）启动通风排毒系统，将事故部位的有毒气体排至处理系统。该系统的装置处理能力应在 30 min 内消除事故部位绝大部分的有毒气体。

（5）可在事故现场进行喷氨或喷蒸汽，以加速有毒气体的破坏。在高空排放筒内喷入氨气或蒸汽，以中和残余的光气。

第二节　电解工艺

一、工艺简介及典型工艺

1. 工艺简介

电流通过电解质溶液或熔融的电解质时，在两个极上所引起的化学变化称为电解反应。涉及电解反应的工艺过程为电解工艺。许多基本化学工业产品（氢、氧、氯、烧碱、过氧化氢等）的制备，都是通过电解来实现的。

2. 典型工艺

（1）氯化钠（食盐）水溶液电解生产氯气、氢氧化钠、氢气。

（2）氯化钾水溶液电解生产氯气、氢氧化钾、氢气。

二、工艺危险特点

（1）电解食盐水过程中产生的氢气是极易燃烧的气体，氯气是氧化性很强的剧毒气体，两种气体混合极易发生爆炸，当氯气中含氢量达到5%以上，则随时可能在光照或受热情况下发生爆炸。

（2）如果盐水中存在的铵盐超标，在适宜的条件（pH<4.5）下，铵盐和氯作用可生成氯化铵，浓氯化铵溶液与氯还可生成黄色油状的三氯化氮。三氯化氮是一种爆炸性物质，与许多有机物接触或加热至90℃以上以及被撞击、摩擦等，即发生剧烈的分解而爆炸。

（3）电解溶液腐蚀性强。

（4）液氯的生产、储存、包装、输送、运输可能发生液氯的泄漏。

三、重点监控工艺参数

电解槽内液位；电解槽内电流和电压；电解槽进出物料流量；可燃和有毒气体浓度；电解槽的温度和压力；原料中铵含量；氯气杂质含量（水、氢气、氧气、三氯化氮等）等。

四、安全控制的基本要求

1. 基本要求

电解槽温度、压力、液位、流量报警和联锁；电解供电整流装置与电解槽供电的报警和联锁；紧急联锁切断装置；事故状态下氯气吸收中和系统；可燃和有毒气体检测报警装置等。

2. 安全控制案例

以某企业电解食盐水装置为例，介绍控制方式的方案。

（1）电解盐水高位槽增设液位自动检测、显示以及高、低液位声光报警装置。

（2）增设电解室电解储槽液位自动检测及报警联锁装置。

（3）在氯气总管上增设氯气压力三级报警联锁装置。

（4）增设氯气泵、氢气泵停止运转超时限联锁装置。

五、控制方式

将电解槽内压力、槽电压等形成联锁关系，系统设立联锁停车系统。

安全设施，包括安全阀、高压阀、紧急排放阀、液位计、单向阀及紧急切断装置等。

六、氢氧化钾生产装置危险有害因素分析

1. 主要危险有害部位

电解槽、氯氢处理系统、液氯储存及充装场所等。

2. 主要危险有害介质

氢氧化钾、氢气、氯气、硫酸等。

3. 主要危险有害因素

火灾、爆炸、中毒、灼烫、腐蚀、触电等。

4. 主要危险有害因素分析

氢氧化钾电解系统、氯氢处理系统、液氯储槽及液氯充装系统因设备、系统管线、法兰、阀门缺陷或锈蚀等造成氢气泄漏，与空气形成爆炸性混合物，遇明火、火星、高热物、静电火花等热源，存在火灾、爆炸的危险。氯气泄漏导致发生作业人员或周边环境人员中毒伤亡事故。

由于电解槽设备故障或违反操作规程，阴极出口渗透，氢气和阴极液外溢导致打火时氢气着火，如果处理不及时，可能引发火灾、爆炸事故。隔膜或离子膜质量不好、脱落，槽内阴阳极放电而烧毁隔膜，都有可能使阴极室和阳极室产生的气体互相渗透，而导致爆炸事故。隔膜法电解槽突然停电，有造成氢气与氯气相互混合而发生爆炸的危险。

电解产物氢气是易燃气体，黏度小、渗透性和扩散性强，极易泄漏。氢气系统不严密而逸出氢气，与空气形成爆炸性混合物，遇火源便会发生爆炸。氯气是一种剧毒气体，本身不会燃烧，但它能够助燃，与许多物质混合后能发生爆炸，氯气中含氢浓度达4%～96%（体积浓度），则随时有发生光化学或受热发生爆炸危险。氯气还能与乙炔、松节油、乙醚、氨、烃类、金属粉末等许多化学物质剧烈反应发生爆炸。

氯气总管含氢量大于0.5%，氯气液化后尾气含氢量大于4%，都有发生爆炸事故的可能。氢气管道出现负压，空气漏入，形成爆炸性混合气体。

氯气在液化时，由于氢气在氯气液化时的压力和温度下仍为气态，随着氯气液化量的增加，氢气在剩余氯气中的含量随氯气液化量就相对增加，极易构成爆炸性混合物。

氯气生产过程中设备、管线和附件管路堵塞或附件失灵，导致局部高温高压，就很容易发生超压爆炸。液氯储罐、计量槽、汽化器中液氯充装量超过总容积的80%；温度超过40℃，或者出现明火、蒸汽或超过45℃的热水直接对其加热，均易发生超压爆炸。

作业人员接触硫酸、氢氧化钾等腐蚀品有被化学灼伤和腐蚀的危险。

电解槽使用高电流的整流器，违反操作规程，或电气设施缺乏安全防护或保护设施，有导致作业人员触电的危险。

蒸发工序设备、管道较多，大多数设备、管道处于高温、带压状态，如果操作、防护不当，极易发生高温烫伤和高温碱液灼伤的危险。生产过程中接触的危险化学品主要是烧碱（氢氧化钠）或碱雾，烧碱（氢氧化钠）的腐蚀性强，存在对设备造成腐蚀、对操作人员造成化学灼伤的危险。蒸发器、储槽、片碱机等设备较高、较大，在生产操作

或检修时，存在高处坠落、物体打击的危险。

大量使用传动、吊运设备，防护不当，可致作业人员发生机械伤害事故。蒸发场所蒸汽大，比较潮湿，可能导致电器设施绝缘等级降低，存在触电的危险。

第三节 氯化工艺

一、工艺简介及典型工艺

1. 工艺简介

氯化是化合物的分子中引入氯原子的反应，包含氯化反应的工艺过程为氯化工艺，主要包括取代氯化、加成氯化、氧氯化等。

2. 典型工艺

(1) 取代氯化

①氯取代烷烃的氢原子制备氯代烷烃。

②氯取代苯的氢原子生产六氯化苯。

③氯取代萘的氢原子生产多氯化萘。

④甲醇与氯反应生产氯甲烷。

⑤乙醇和氯反应生产氯乙烷（氯乙醛类）。

⑥醋酸与氯反应生产氯乙酸。

⑦氯取代甲苯的氢原子生产苄基氯等。

(2) 加成氯化

①乙烯与氯加成氯化生产 1，2－二氯乙烷。

②乙炔与氯加成氯化生产 1，2－二氯乙烯。

③乙炔和氯化氢加成生产氯乙烯等。

(3) 氧氯化

①乙烯氧氯化生产二氯乙烷。

②丙烯氧氯化生产 1，2－二氯丙烷。

③甲烷氧氯化生产甲烷氯化物。

④丙烷氧氯化生产丙烷氯化物等。

(4) 其他工艺

①硫与氯反应生成一氯化硫。

②四氯化钛的制备。

③次氯酸、次氯酸钠或 N－氯代丁二酰亚胺与胺反应制备 N－氯化物。

④氯化亚砜作为氯化剂制备氯化物。

⑤黄磷与氯气反应生产三氯化磷、五氯化磷等。

二、工艺危险特点

（1）氯化反应是一个放热过程，尤其在较高温度下进行氯化，反应更为剧烈，速度快，放热量较大。例如在环氧氯丙烷生产中，丙烯预热至300℃左右进行氯化，反应温度可升至500℃，在这样的高温下，如果物料泄漏就会造成燃烧或引起爆炸。因此，氯化反应设备必须具备良好的冷却系统，并严格控制氯气的流量，以避免因流量过快、温度剧升而引起事故。

（2）所用的原料大多具有燃爆危险性。应严格控制各种点火源，电气设备应符合防火防爆的要求。

（3）常用的氯化剂氯气本身为剧毒化学品，氧化性强，储存压力较高，多数氯化工艺采用液氯生产是先汽化再氯化，一旦泄漏危险性较大。

（4）氯气中的杂质，如水、氢气、氧气、三氯化氮等，在使用中易发生危险，特别是三氯化氮积累后，容易引发爆炸危险。

（5）生成的氯化氢气体遇水后腐蚀性强，因此所用的设备必须防腐蚀，设备应保证严密不漏。因为氯化氢气体易溶于水，所以通过增设吸收和冷却装置可以除去尾气中绝大部分氯化氢。

（6）氯化反应尾气可能形成爆炸性混合物。

三、重点监控工艺参数

氯化反应釜温度和压力；氯化反应釜搅拌速率；反应物料的配比；氯化剂进料流量；冷却系统中冷却介质的温度、压力、流量等；氯气杂质含量（水、氢气、氧气、三氯化氮等）；氯化反应尾气组成等。

四、安全控制的基本要求

1. 基本要求

反应釜温度和压力的报警和联锁；反应物料的比例控制和联锁；搅拌的稳定控制；进料缓冲器；紧急进料切断系统；紧急冷却系统；安全泄放系统；事故状态下氯气吸收中和系统；可燃和有毒气体检测报警装置等。

2. 安全控制案例

以某企业二氯丁烯氯化装置为例，介绍控制方式的方案。

（1）在二氯丁烯计量槽增设超声波液位检测、显示仪。

（2）氯气缓冲罐增加压力变送器。

（3）将氯化釜、氯化釜的氯气通入阀、应急碱槽的放料阀进行报警联锁。

（4）在真空水箱处安装氯气泄漏报警。

五、控制方式

将氯化反应釜内温度、压力与釜内搅拌、氯化剂流量、氯化反应釜夹套冷却水进水阀形成联锁关系，设立紧急停车系统。

安全设施，包括安全阀、高压阀、紧急放空阀、液位计、单向阀及紧急切断装置等。

六、氯乙酸生产装置危险有害因素分析

1. 主要危险有害部位

醋酸储罐、氯化釜、氯气缓冲罐、水解塔、结晶机、离心机、降膜吸收塔、填料吸收塔等。

2. 主要危险有害介质

醋酸、氯气、硫黄、氯乙酸、盐酸、烧碱（氢氧化钠）等。

3. 主要危险有害因素

火灾、爆炸、中毒、腐蚀、灼伤、机械伤害、触电等。

4. 主要危险有害因素分析

醋酸为易燃物质。醋酸储槽及其管件、附件缺陷，醋酸泄漏，其蒸气与空气可形成爆炸性混合物，遇明火、高热能引起燃烧爆炸。

氯气缓冲罐、氯化釜及其管件、阀门等设备设施缺陷，违反操作规程等，导致氯气泄漏，无防护措施或不使用防护用品，存在致作业人员中毒伤亡的危险。

乙酸氯化反应过程是高温放热反应，可能产生易燃易爆物质氯乙酰氯。氯乙酰氯遇高热（加热）分解，生成有毒氯化物。

依据《剧毒化学品名录》，氯乙酸为剧毒危险化学品，经呼吸道、消化道及皮肤吸收入体内而中毒，严禁直接接触氯乙酸，防止作业人员中毒。生产过程中必须佩戴防护手套和防护服。

吸入高浓度的氯乙酸酸雾或粉尘会迅速发生严重中毒。生产过程中产生的氯化氢气体如泄漏，可致作业人员中毒和灼伤。

使用烧碱（氢氧化钠），会副产大约31%的盐酸，存在腐蚀和致作业人员灼伤的危险。

使用结晶机、离心机等机电运转设备，存在机械伤害和触电的危险。在高平台上操作或检修，平台护栏等防护设施缺乏，存在高处跌落的危险。

第四节　硝化工艺

一、工艺简介及典型工艺

1. 工艺简介

硝化是指在有机化合物分子中引入硝基（$—NO_2$）而生成硝基化合物的反应。硝化方法可分成直接硝化法、间接硝化法和亚硝化法，分别用于生产硝基化合物、硝胺、硝

酸酯和亚硝基化合物等。涉及硝化反应的工艺过程为硝化工艺。

2. 典型工艺

(1) 直接硝化法。即化合物中的氢原子用硝基直接取代的方法。

典型工艺有：丙三醇与混酸反应制备硝酸甘油；氯苯硝化制备邻硝基氯苯、对硝基氯苯；苯硝化制备硝基苯；蒽醌硝化制备1－硝基蒽醌；甲苯硝化生产三硝基甲苯(TNT)；浓硝酸、亚硝酸钠和甲醇制备亚硝酸甲酯；丙烷等烷烃与硝酸通过气相反应制备硝基烷烃等。

(2) 间接硝化法。即化合物中的原子或基团（如—Cl—、—R—、—SO_3 H、—COOH—、—N=N—等）用硝基置换的方法。

典型工艺有：硝酸胍、硝基胍的制备；苯酚采用磺酰基的取代硝化制备苦味酸等。

(3) 亚硝化法。向有机物分子的碳原子上引入亚硝基（—NO）的反应方法。

典型工艺有：2－萘酚与亚硝酸盐反应制备1－亚硝基－2－萘酚；二苯胺与亚硝酸钠和硫酸水溶液反应制备对亚硝基二苯胺等。

二、工艺危险特点

(1) 反应速度快，放热量大。大多数硝化反应是在非均相中进行的，反应组分的不均匀分布容易引起局部过热导致危险。尤其在硝化反应开始阶段，停止搅拌或由于搅拌叶片脱落等造成搅拌失效是非常危险的，一旦搅拌再次开动，就会突然引发局部激烈反应，瞬间释放大量的热量，引起爆炸事故。

(2) 反应物料具有燃爆危险性。如苯、甲苯、甘油（丙三醇）、脱脂棉等，不仅易燃，有的还兼有毒性，如使用或储存管理不当，很易造成火灾。

(3) 硝化剂具有强腐蚀性、强氧化性。常用硝化剂浓硝酸、硝酸、浓硫酸、发烟硫酸、混合酸等都具有较强的氧化性、吸水性和腐蚀性。它们与油脂、有机化合物，特别是不饱和的有机化合物接触即能引起燃烧或爆炸；在制备硝化剂时，若温度过高或落入少量水，会促使硝酸的大量分解和蒸发，不仅会导致设备的强烈腐蚀，还可造成爆炸事故。

(4) 硝化产物、副产物具有爆炸危险性。特别是多硝基化合物和硝酸酯，受热、摩擦、撞击或接触着火源，极易发生爆炸或着火。

三、重点监控工艺参数

硝化反应釜内温度、搅拌速率；硝化剂流量；冷却水流量；pH值；硝化产物中杂质含量；精馏分离系统温度；塔釜杂质含量等。

四、安全控制的基本要求

反应釜温度的报警和联锁；自动进料控制和联锁；紧急冷却系统；搅拌的稳定控制和联锁系统；分离系统温度控制与联锁；塔釜杂质监控系统；安全泄放系统等。

五、控制方式

将硝化反应釜内温度与釜内搅拌、硝化剂流量、硝化反应釜夹套冷却水进水阀形成联锁关系，在硝化反应釜处设立紧急停车系统，当硝化反应釜内温度超标或搅拌系统发生故障，能自动报警并自动停止加料。分离系统温度与加热、冷却形成联锁，温度超标时，能停止加热并紧急冷却。

硝化反应系统应设有泄爆管和紧急排放系统。

第五节　合成氨工艺

一、工艺简介及典型工艺

1. 工艺简介

氮和氢两种组分按一定比例（1∶3）组成的气体（合成气），在高温、高压下（一般为400～450℃，15～30 MPa）经催化反应生成氨的工艺过程。

2. 典型工艺

（1）节能氨五工艺法（AMV）。

（2）德士古水煤浆加压气化法。

（3）凯洛格法。

（4）甲醇与合成氨联合生产的联醇法。

（5）纯碱与合成氨联合生产的联碱法。

（6）采用变换催化剂、氧化锌脱硫剂和甲烷催化剂的“三催化”气体净化法等。

二、工艺危险特点

（1）高温、高压使可燃气体爆炸极限扩宽，气体物料一旦过氧（亦称透氧），极易在设备和管道内发生爆炸。

（2）高温、高压气体物料从设备管线泄漏时会迅速膨胀与空气混合形成爆炸性混合物，遇到明火或因高流速物料与裂（喷）口处摩擦产生静电火花引起着火和空间爆炸。

（3）气体压缩机等转动设备在高温下运行会使润滑油挥发裂解，在附近管道内造成积炭，可导致积炭燃烧或爆炸。

（4）高温、高压可加速设备金属材料发生蠕变、改变金相组织，还会加剧氢气、氮气对钢材的氢蚀及渗氮，加剧设备的疲劳腐蚀，使其机械强度减弱，引发物理爆炸。

（5）液氨大规模事故性泄漏会形成低温云团引起大范围人群中毒，遇明火还会发生空间爆炸。液氨由于汽化成氨气时会吸收大量的热量，所以液氨与人的皮肤接触时还会烧伤皮肤。

三、重点监控工艺参数

合成塔、压缩机、氨储存系统的运行基本控制参数，包括温度、压力、液位、物料流量及比例等。

四、安全控制的基本要求

合成氨装置温度、压力报警和联锁；物料比例控制和联锁；压缩机的温度、入口分离器液位、压力报警联锁；紧急冷却系统；紧急切断系统；安全泄放系统；可燃、有毒气体检测报警装置。

五、控制方式

将合成氨装置内温度、压力与物料流量、冷却系统形成联锁关系；将压缩机温度、压力、入口分离器液位与供电系统形成联锁关系；紧急停车系统。

合成单元自动控制还需要设置以下几个控制回路：

（1）氨分、冷交液位。

（2）废锅液位。

（3）循环量控制。

（4）废锅蒸汽流量。

（5）废锅蒸汽压力。

安全设施，包括安全阀、爆破片、紧急放空阀、液位计、单向阀及紧急切断装置等。

六、安全设施设备

合成氨企业应按照《危险化学品从业单位安全标准化通用规范》（AQ 3013—2008）的规定，配置符合国家标准、行业标准的安全设备设施。安全设备设施至少应包括以下种类。

1. 造气系统

（1）煤气化

①应设置原料煤皮带运输机紧急停车设施。

②应设置下行煤气阀和吹风阀安全联锁设施。

③煤气下行管、灰斗和炉底空气管道应安装爆破片，爆破片必须装防护罩。

④吹风阀应采取双阀或增装蝶阀。

⑤应设置煤气炉一次风管线自动放空设施，造气工段主要液压阀要安装阀位指示。

（2）重油气化

①应设置重油气化在线氧含量分析报警仪，自动放空联锁设施。

②应设置喷嘴冷却水出口超温报警及事故水箱设施。

③应设置氧气管止逆阀和加氮气保护设施。

④应设置入炉重油流量低限报警联锁停车设施。

⑤应设置气化炉超压报警设施。

⑥应设置煤气中氧含量超标报警设施。

⑦应设置煤气出口急冷室温度超标报警设施。

⑧应设置油罐液位、温度指示仪、高限报警、静电接地设施；油罐区应设置防火堤等设施。

⑨气化系统联锁装置中，重油入炉阀、氧气入炉阀、煤气出口总阀应选用气开式调节阀；蒸汽入炉阀、氮保护进口阀、重油回路阀、氧气放空阀、煤气放空阀应选用气闭式调节阀。

（3）天然气转化

①应设置二氧化碳吸收塔液位低限报警及联锁脱碳、合成停车设施。

②应设置天然气总管安全阀及压力高低限报警设施。

③应设置高压蒸汽包液位低限报警及流量低限、液位低限同时存在时联锁合成氨停车设施。

④应设置一段转化炉炉膛负压高限报警及联锁合成氨停车装置，现场设置联锁声光报警设施；设置环形蒸汽灭火管线。

⑤应设置一段转化炉引风机油泵润滑油压低限报警及联锁合成氨停车设施。

⑥应设置二段转化炉空气流量低限联锁转化紧急停车设施。

（4）气柜

①应设置气柜低限位与罗茨风机报警联锁。

②应在造气、脱硫、压缩岗位设置对气柜的远传监控设施；气柜应设有容积指示仪、高低限位报警器。

③应设置气柜煤气管道进出口氧含量超标报警联锁设施；气柜应装有手动、自动放空装置，放空管或顶部排放管应有阻火器、消除静电设施，应设独立的避雷设施；应设置消防设施和环形消防通道。

④应设置气柜进出口安全水封，水封要有排水设施。

2. 脱硫、净化系统

（1）应设置防止空气压缩机倒转的止逆装置。

（2）应设置脱硫塔压力、液位声光报警和自动排放联锁设施。

（3）应设置静电除焦器防止产生负压、氧气自动分析仪与静电除焦器断电联锁设施。

（4）高压铜液泵出口管道应安装止逆阀。

（5）应独立设置高压吸收和低压再生放空设施。

（6）应设置铜液再生系统超压报警设施、安全阀或防爆片。

（7）应设置脱碳塔、铜塔液位高、低限报警设施。

3. 醇烷化系统

（1）应设置净醇洗涤塔、甲醇分离器、甲醇吸收塔液位高低限报警。

（2）应设置净醇洗涤塔放液压力、甲醇中间槽压力、放醇管压力高限报警。

（3）应设置甲醇罐区可燃气体报警仪、泡沫消防和喷淋降温设施。

4. 合成、压缩系统

（1）应设置氢氮压缩机一段入口压力低限声光报警。

（2）应设置氨冷却器或闪蒸槽、液氨储槽液位高低报警及联锁冰机停车设施。

（3）应设置冰机液氨储槽区遮阳棚和应急喷淋设施。

（4）应设置液氨蒸发器、液氨储槽应压力高限报警设施。

（5）应设置压缩机润滑油系统油压低限报警、联锁装置。

（6）应设置合成系统的氨分离器高低限液位报警装置。

（7）合成系统的氨冷器、气氨总管、循环机出口、液氨储槽等部位，必须安装安全阀并定期校验，安全阀出口、导气管出口严禁放入室内，应引至回收系统。

5. 尿素系统

（1）尿素总控操作室应设置二氧化碳压缩机、液氨泵、甲铵泵紧急停车设施。

（2）应设置二氧化碳压缩机、液氨泵、甲铵泵低油压报警。

（3）应设置合成塔出口压力调节阀自锁装置。

（4）应设置尿素合成塔超压声光报警器，设置与液氨泵、甲铵泵、二氧化碳压缩机联锁设施。

（5）中压系统惰洗器前应设置压力高限报警、惰洗器后应设置应急放空设施。

（6）应设置氨冷凝器气相出口温度低限报警。

（7）应设置尿素合成塔入口二氧化碳气体中氧含量自动调节设施。

6. 其他

（1）应设置空分压缩机终端出口压力、膨胀机超速、冷却水中断等报警联锁装置。

（2）生产区域应设置风向标。

（3）易燃易爆场所设备液位计的现场照明须采用防爆型，并禁止安装在液位计正前。

（4）应设置合成氨全系统人工紧急停车设施。

（5）应设置造气、转化、合成系统人工紧急停车设施。

（6）应设置仪表风压力低限报警联锁合成氨停车设施。

（7）余热锅炉汽包应设置现场和远传液位设施、低限报警联锁装置、安全阀。

（8）凡有隔热衬里的设备（加热炉除外），其外壁应设置测温设施。

（9）各种传动设备的外露运转部位应安装防护设施；运转设备附有的联锁报警装置应全部投入使用。

（10）应在可能产生易燃易爆气体或粉尘的作业场所入口处，设置人体静电释放设施。

（11）应在可能泄漏氨、氢气、天然气、合成气、一氧化碳、二氧化硫、硫化氢等有毒有害、易燃易爆气体作业场所设置检测报警仪。

（12）企业应在高压设备和管线上设置相应的安全泄压设施。

(13) 存在放射性危害的液位计处应设置符合要求的保护设施和措施。

(14) 应采用独立的双回路电源供电，且双回路电源应有自动切换设施。

(15) 厂区应按照《建筑物防雷设计规范》(GB 50057—2010) 及《石油化工企业设计防火规范》(GB 50160—2012) 规定设置防雷和防静电设施。

(16) 有煤气设施的企业，还应执行《工业企业煤气安全规程》(GB 6222—2005) 规定。

第六节 裂解（裂化）工艺

一、工艺简介及典型工艺

1. 工艺简介

裂解是指石油系的烃类原料在高温条件下，发生碳链断裂或脱氢反应，生成烯烃及其他产物的过程。产品以乙烯、丙烯为主，同时副产丁烯、丁二烯等烯烃和裂解汽油、柴油等燃料油产品。裂解有时又称裂化，在600℃以上所进行的过程为裂解，在600℃以下所进行的过程为裂化。二者生产的目的不同，前者的目的产物为乙烯、丙烯、乙炔、联产丁二烯、苯、甲苯、二甲苯等化工产品；后者的目的产物是汽油、煤油等燃料油。

烃类原料在裂解炉内进行高温裂解，产出组成为氢气、低/高碳烃类、芳烃类以及馏分为288℃以上的裂解燃料油的裂解气混合物。经过急冷、压缩、激冷、分馏以及干燥和加氢等方法，分离出目标产品和副产品。

在裂解过程中，同时伴随缩合、环化和脱氢等反应。由于所发生的反应很复杂，通常把反应分成两个阶段。第一阶段，原料变成的目的产物为乙烯、丙烯，这种反应称为一次反应。第二阶段，一次反应生成的乙烯、丙烯继续反应转化为炔烃、二烯烃、芳烃、环烷烃，甚至最终转化为氢气和焦炭，这种反应称为二次反应。裂解产物往往是多种组分混合物。影响裂解的基本因素主要为温度和反应的持续时间。化工生产中用热裂解的方法生产小分子烯烃、炔烃和芳香烃，如乙烯、丙烯、丁二烯、乙炔、苯和甲苯等。

2. 典型工艺

(1) 热裂解制烯烃工艺。

(2) 重油催化裂化制汽油、柴油、丙烯、丁烯。

(3) 乙苯裂解制苯乙烯。

(4) 二氟一氯甲烷 (HCFC—22) 热裂解制得四氟乙烯 (TFE)。

(5) 二氟一氯乙烷 (HCFC－142b) 热裂解制得偏氟乙烯 (VDF)。

(6) 四氟乙烯和八氟环丁烷热裂解制得六氟乙烯 (HFP)。

二、工艺危险特点

(1) 在高温（高压）下进行反应，装置内的物料温度一般超过其自燃点，若漏出会立即引起火灾；热裂化过程中产生大量的裂化气，且有大量气体分馏设备，若漏出气体，会形成爆炸性气体混合物，遇加热炉等明火，有发生爆炸的危险。在炼油厂各装置中，热裂化装置发生的火灾次数是较多的。

（2）炉管内壁结焦会使流体阻力增加，影响传热，当焦层达到一定厚度时，因炉管壁温度过高，而不能继续运行下去，必须进行清焦，否则会烧穿炉管，裂解气外泄，引起裂解炉爆炸。

（3）如果由于断电或引风机机械故障而使引风机突然停转，则炉膛内很快变成正压，会从窥视孔或烧嘴等处向外喷火，严重时会引起炉膛爆炸。

（4）如果燃料系统大幅度波动，燃料气压力过低，则可能造成裂解炉烧嘴回火，使烧嘴烧坏，甚至会引起爆炸。

（5）有些裂解工艺产生的单体会自聚或爆炸，需要向生产的单体中加阻聚剂或稀释剂等。

三、重点监控工艺参数

裂解炉进料流量；裂解炉温度；引风机电流；燃料油进料流量；稀释蒸汽比及压力；燃料油压力；滑阀差压超驰控制；主风流量控制；外取热器控制；机组控制；锅炉控制等。

四、安全控制的基本要求

裂解炉进料压力、流量控制报警与联锁；紧急裂解炉温度报警和联锁；紧急冷却系统；紧急切断系统；反应压力与压缩机转速及入口放火炬控制；再生压力的分程控制；滑阀差压与料位控制；温度的超驰控制；再生温度与外取热器负荷控制；外取热器汽包和锅炉汽包液位的三冲量控制；锅炉的熄火保护；机组相关控制；可燃与有毒气体检测报警装置等。

五、控制方式

将引风机电流与裂解炉进料阀、燃料油进料阀、稀释蒸汽阀之间形成联锁关系，一旦引风机故障停车，则裂解炉自动停止进料并切断燃料供应，但应继续供应稀释蒸汽，以带走炉膛内的余热。

将燃料油压力与燃料油进料阀、裂解炉进料阀之间形成联锁关系，燃料油压力降低，则切断燃料油进料阀，同时切断裂解炉进料阀。

分离塔应安装安全阀和放空管，低压系统与高压系统之间应有逆止阀并配备固定的氮气装置、蒸汽灭火装置。

将裂解炉电流与锅炉给水流量、稀释蒸汽流量之间形成联锁关系；一旦水、电、蒸汽等公用工程出现故障，裂解炉能自动紧急停车。

反应压力正常情况下由压缩机转速控制，开工及非正常工况下由压缩机入口放火炬控制。

再生压力由烟机入口蝶阀和旁路滑阀（或蝶阀）分程控制。

再生、待生滑阀正常情况下分别由反应温度信号和反应器料位信号控制，一旦滑阀差压出现低限，则转由滑阀差压控制。

再生温度由外取热器催化剂循环量或流化介质流量控制。

外取热器汽包和锅炉汽包液位采用液位、补水量和蒸发量三冲量控制。

带明火的锅炉设置熄火保护控制。

大型机组设置相关的轴温、轴振动、轴位移、油压、油温、防喘振等系统控制。

在装置存在可燃气体、有毒气体泄漏的部位设置可燃气体报警仪和有毒气体报警仪。

六、裂解过程火灾爆炸危险分析与控制技术

裂解炉生产乙烯过程是大型、连续、各工序密切相关的生产过程，要求工艺系统稳定操作，只靠一般的测量仪表、手动调节或单回路自动调节已不能满足生产的要求。为此，近代大型工厂都广泛采用计算机来控制生产。裂解炉的计算机控制方案是对反应温度、稀释蒸汽比、运转周期等进行控制。除了配备大量的工艺参数测温和报警联锁系统外，还必须设置有关的调节系统。其中有总原料油温度调节系统；总稀释蒸汽压力调节系统；总燃料气压力调节系统；总燃料油压力调节系统，炉顶火嘴、侧壁火嘴用的燃料油压力调节系统；炉顶火嘴、侧壁火嘴用的燃料油与雾化蒸汽间压差调节系统；各组炉管进料流量调节系统；各组炉管稀释蒸汽注入流量调节系统；炉膛负压调节系统；裂解炉出口温度调节系统。

热裂化生成的焦炭会沉积在加热炉管等设备内，形成牢固的焦层，叫作结焦。炉管结焦后，由于焦层不易导热，使加热炉效率下降，炉管出现局部过热，甚至烧穿，这种事故应尽量避免，须备有蒸汽吹扫管线和灭火管线、设置紧急放空管和放空罐，防止因阀门不严或设备腐蚀漏气造成事故。如果停水和水压不足，或因误操作气体压力大于水压而冷却失效，会造成处于高温下的裂解气烧坏设备而引起火灾。应配备两路电源和两路水源。操作时，要保证水压大于气压，发现停水或气压大于水压时要紧急放空。

裂解后的产品多数都以液态储存，有一定的压力，如有不严之处，储罐中的物料就会大量散发出来，遇明火发生爆炸。高压容器和管线要求不泄漏，并应安装安全装置和事故放空装置。压缩机房应安装固定的蒸汽灭火装置，其开关设在外面易接近的地方，机械、设备、管线必须安装完备的静电接地和避雷装置。

分离操作主要是在气相下进行，所分离的气体均有火灾爆炸危险，如果设备系统不严密或操作错误泄漏可燃气体，遇着火源就会燃烧爆炸。分离又都是在压力下进行的，若设备材质不符合安全要求、误操作造成负压或超压，或者因压缩机冷却不好，因腐蚀、裂缝而泄露物料等，均会发生设备爆炸和冲料着火事故。分离操作温度有的低达－30～－100℃，在这样的低温条件下，如果原料气中或设备系统含水，就会发生冻结堵塞，以致引起爆炸起火。分离的物质均为电介质，在装置系统内流动，尤其在压力下输送时易产生静电火花，引起火灾。在分离系统中，分离塔应安装安全阀和放空管，低

压系统和高压系统之间应有逆止阀并配备固定的氮气装置、蒸汽灭火装置等，操作过程中要严格控制温度和压力，发现设备有冻堵现象时，可用甲醇解冻疏通。发生火灾事故需要停车时，要先停压缩机，关闭阀门；然后切断与其他系统的通路，并迅速开启系统放空阀；再用氮气或水蒸气、高压水扑救。放空时应先放液相，后放气相，防止系统减压闪蒸引起爆炸，必要时送至火炬。

第七节　氟化工艺

一、工艺简介及典型工艺

1. 工艺简介

氟化是化合物的分子中引入氟原子的反应，涉及氟化反应的工艺过程为氟化工艺。氟与有机化合物作用是强放热反应，放出大量的热可使反应物分子结构遭到破坏，甚至着火爆炸。氟化剂通常为氟气、卤族氟化物、惰性元素氟化物、高价金属氟化物、氟化氢、氟化钾等。

2. 典型工艺

(1) 直接氟化。黄磷氟化制备五氟化磷等。

(2) 金属氟化物或氟化氢气体氟化。SbF_3、AgF_2、CoF_3等金属氟化物与烃反应制备氟化烃；氟化氢气体与氢氧化铝反应制备氟化铝等。

(3) 置换氟化。三氯甲烷氟化制备二氟一氯甲烷；2，4，5，6—四氯嘧啶与氟化钠制备2，4，6—三氟—5—氟嘧啶等。

(4) 其他氟化物的制备。三氟化硼的制备；浓硫酸与氟化钙（萤石）制备无水氟化氢等。

二、工艺危险特点

(1) 反应物料具有燃爆危险性。氟化反应涉及的原料、产品、中间产品等部分具有燃爆性，如三氯乙烯遇明火高热能引起燃烧爆炸，黄磷受摩擦、撞击或与氧化剂接触能立即燃烧甚至爆炸。氟化使用的浓硫酸具有强氧化性，与有机物接触能剧烈反应，与普通金属反应放出氢气，极易发生爆炸。

(2) 氟化反应为强放热反应。尤其在较高温度下进行氟化，反应更为剧烈。如果放出的热量不能及时排出，就会造成反应温度的进一步升高，而氟化所用的原料多为有机易燃物和强氧化剂，容易造成泄漏，导致有毒物质扩散，并且在这样高的温度下，如果物料泄漏还会造成着火或引起爆炸。

另外，控制原料的投料量和氟化剂的投料速度、正确计量各种原料的投料比及投料顺序均有利于反应过程的平稳运行。

(3) 多数氟化剂如气态氟化氢、固体黄磷和各种浓度的酸等大多具有强腐蚀性、剧毒，在生产、储存、运输、使用等过程中，容易因泄漏、操作不当、误接触以及其他意外而造成危险。

三、重点监控工艺参数

氟化反应釜内温度、压力；氟化反应釜内搅拌速率；氟化物流量；助剂流量；反应物的配料比；氟化物浓度。

四、安全控制的基本要求

反应釜内温度和压力与反应进料、紧急冷却系统的报警和联锁；搅拌的稳定控制系统；安全泄放系统；可燃和有毒气体检测报警装置等。

五、控制方式

氟化反应操作中，要严格控制氟化物浓度、投料配比、进料速度和反应温度等。必要时应设置自动比例调节装置和自动联锁控制装置。

将氟化反应釜内温度、压力与釜内搅拌、氟化物流量、氟化反应釜夹套冷却水进水阀形成联锁控制，在氟化反应釜处设立紧急停车系统，当氟化反应釜内温度或压力超标或搅拌系统发生故障时自动停止加料并紧急停车。利用安全泄放系统进行控制。

六、氟氯代吡啶系列生产装置危险有害因素分析

1. 主要危险有害部位

氧化工序、氯化反应工序、氟化反应工序、环氯化反应工序、罐区、液氯库、库房、空压机、制冷机组等。

2. 主要危险有害介质

3－甲基吡啶、液氯、氟化氢、氯化氢、盐酸、二氯甲烷、三氯氧磷、双氧水、磷酸等。

3. 主要危险有害因素

火灾、爆炸、中毒、灼烫和腐蚀危害等。

4. 主要危险有害因素分析

生产中如果违反规章制度，违反工艺、安全技术规程，造成氯气、三氯氧磷、二氯甲烷、氯化氢、氟化氢等有毒有害物质泄漏，会引起中毒事故，造成人员伤亡。生产、储存或使用3－甲基吡啶等易燃、易爆危险化学品，存在火灾、爆炸的危险。生产或使用三氯氧磷、氯气、氟化氢、磷酸、氯化氢（盐酸）等腐蚀性危险化学品，存在灼伤和腐蚀的危险。

由于设备及其附件缺陷或安全设施缺乏、违反操作规程、操作失误等原因可能造成易燃、易爆、有毒、有害物质泄漏。易燃、易爆物质泄漏，与空气形成爆炸性混合物，遇明火、火星、静电火花、高热等可导致火灾和爆炸事故；有毒有害物质泄漏，若无防护措施或防护不力，或未使用安全防护用品等可造成作业人员中毒、化学灼伤及腐蚀的

危险。各类机电、泵类运转设备，若无安全防护措施或防护不力，易造成作业人员机械伤害及噪声危害等事故。操作高温设备存在灼烫的危险。

第八节　加 氢 工 艺

一、工艺简介及典型工艺

1. 工艺简介

加氢是在有机化合物分子中加入氢原子的反应，涉及加氢反应的工艺过程为加氢工艺，主要包括不饱和键加氢、芳环化合物加氢、含氮化合物加氢、含氧化合物加氢、氢解等。

2. 典型工艺

（1）不饱和炔烃、烯烃的三键和双键加氢；环戊二烯加氢生产环戊烯等。

（2）芳烃加氢。苯加氢生成环已烷；苯酚加氢生产环已醇等。

（3）含氧化合物加氢。一氧化碳加氢生产甲醇；丁醛加氢生产丁醇；辛烯醛加氢生产辛醇等。

（4）含氮化合物加氢。己二腈加氢生产己二胺；硝基苯催化加氢生产苯胺等。

（5）油品加氢。馏分油加氢裂化生产石脑油、柴油和尾油；渣油加氢改质；减压馏分油加氢改质；催化（异构）脱蜡生产低凝柴油、润滑油基础油等。

二、工艺危险特点

（1）反应物料具有燃爆危险性。氢气的爆炸极限为4%～75%，具有高燃爆危险特性；加氢反应的原料及产品多为易燃、可燃物质。例如，苯、萘等芳香烃类；环戊二烯、环戊烯等不饱和烃；硝基苯、乙二腈等硝基化合物或含氮烃类；一氧化碳、丁醛、甲醇等含氧化合物以及石油化工中馏分油、减压馏分油等油品。

（2）加氢工艺多为气液相或气相反应，在整个加氢过程中，装置内基本处于高压条件下。在操作条件下，氢腐蚀设备产生氢脆现象，降低设备强度。如操作不当，会发生事故和物理爆炸。

（3）催化剂再生和活化过程中易引发爆炸。部分加氢反应使用的催化剂如雷尼镍属于易燃固体可以自燃。

（4）加氢反应尾气中有未完全反应的氢气和其他杂质在排放时易引发着火或爆炸。在氢化反应过程中产生的副产物如硫化氢、氨气多为可燃物质。

（5）加氢反应中部分物料具有危险危害性。如苯酚、甲苯等为中低毒性物质，部分有腐蚀性。如硝基苯、苯胺等有较强的毒性。

（6）加氢反应为强烈的放热反应。当反应物反应不均匀、管式反应器堵塞、反应器受热不均匀等原因造成的反应器内温度、压力急剧升高导致爆炸或局部温度升高产生热应力导致反应器泄漏导致爆炸。

(7) 原料或产品本身带有腐蚀性。某些加氢工艺的原料或产品本身带有腐蚀性，如苯酚。在石油化工中加氢精制大多同时伴随脱硫脱氮过程，产生的副产品硫化氢、氨气等物质均有腐蚀性。

三、重点监控工艺参数

加氢反应釜或催化剂床层温度、压力；加氢反应釜内搅拌速率；氢气流量；反应物质的配料比；系统氧含量；冷却水流量；氢气压缩机运行参数、加氢反应尾气组成等。

四、安全控制的基本要求

温度和压力的报警和联锁；反应物料的比例控制和联锁系统；紧急冷却系统；搅拌的稳定控制系统；氢气紧急切断系统；加装安全阀、爆破片等安全设施；循环氢压缩机停机报警和联锁；氢气检测报警装置等。

五、控制方式

将加氢反应釜内温度、压力与釜内搅拌电流、氢气流量、加氢反应釜夹套冷却水进水阀形成联锁关系，设立紧急停车系统。加入急冷氮气或氢气的系统。当加氢反应釜内温度或压力超标或搅拌系统发生故障时自动停止加氢、泄压，并进入紧急状态。利用安全泄放系统进行控制。

第九节　重氮化工艺

一、工艺简介及典型工艺

1. 工艺简介

一级胺与亚硝酸在低温下作用，生成重氮盐的反应。通常是把含芳胺的有机化合物在酸性介质中与亚硝酸钠作用，使其中的氨基（$—NH_2$）转变为重氮基（—N＝N—）的化学反应。脂肪族、芳香族和杂环的一级胺都可以进行重氮化反应。涉及重氮化反应的工艺过程为重氮化工艺。通常重氮化试剂是由亚硝酸钠和盐酸作用临时制备的。除盐酸外，也可以使用硫酸、高氯酸和氟硼酸等无机酸。脂肪族重氮盐很不稳定，即使在低温下也能迅速自发分解，芳香族重氮盐较为稳定。

2. 典型工艺

(1) 顺法。顺法就是在色基中先加适量水调和，再加入规定量盐酸，在低温和不断搅拌下缓缓加入亚硝酸钠，使重氮化反应完成。大多数溶于稀无机酸的芳伯胺采用此法重氮化。

典型工艺有：对氨基苯磺酸钠与2－萘酚制备酸性橙－Ⅱ染料；芳香族伯胺与亚硝

酸钠反应制备芳香族重氮化合物等。

（2）反加法。反加法重氮化是将色基与亚硝酸钠和适量的冷水调成均匀糊状并加冰冷却，然后将它缓慢倾入不断搅拌的冰盐酸溶液中，使反应完成，色基红 B 等就是采用反加法重氮化的。在稀酸中难溶解的氨基苯磺酸等用此法重氮化。

典型工艺有：间苯二胺生产二氟硼酸间苯二重氮盐；苯胺与亚硝酸钠反应生产苯胺基重氮苯等。

（3）亚硝酰硫酸法。亚硝酰硫酸法用于在稀酸中难溶解的芳伯胺（碱性极弱）重氮化，即先将芳伯胺溶于浓硫酸或冰醋酸中，再向其中加入亚硝酰硫酸溶液。

典型工艺有：2－氰基－4－硝基苯胺、2－氰基－4－硝基－6－溴苯胺、2，4－二硝基－6－溴苯胺、2，6－二氰基－4－硝基苯胺和 2，4－二硝基－6－氰基苯胺为重氮组分与端氨基含醚基的偶合组分经重氮化、偶合成单偶氮分散染料；2－氰基－4－硝基苯胺为原料制备蓝色分散染料等。

（4）硫酸铜触媒法。邻、间氨基苯酚用弱酸（醋酸、草酸等）或易于水解的无机盐和亚硝酸钠反应制备邻、间氨基苯酚的重氮化合物等。

（5）盐析法。氨基偶氮化合物通过盐析法进行重氮化生产多偶氮染料等。

二、工艺危险特点

（1）重氮化反应的主要火灾危险性在于所产生的重氮盐。如重氮盐酸盐、重氮硫酸盐，特别是含有硝基的重氮盐，如重氮二硝基苯酚等，它们在温度稍高或光的作用下，即易分解，有的甚至在室温时亦能分解。一般每升高 10℃，分解速度加快两倍。在干燥状态下，有些重氮盐不稳定，活力大，受热或摩擦、撞击能分解爆炸。含重氮盐的溶液若洒落在地上、蒸汽管道上，干燥后亦能引起着火或爆炸。在酸性介质中，有些金属如铁、铜、锌等能促使重氮化合物激烈地分解，甚至引起爆炸。

（2）重氮化生产过程所使用的亚硝酸钠是无机氧化剂，175℃时能发生分解、与有机物反应导致着火或爆炸；亚硝酸钠当遇到比其氧化性强的氧化剂时，又具有还原性，故遇到氯酸钾、高锰酸钾、硝酸铵等强氧化剂时，有发生着火或爆炸的可能。

（3）反应原料具有燃爆危险性。作为重氮剂的芳胺化合物都是可燃有机物质，在一定条件下也有着火和爆炸的危险。

（4）在重氮化的生产过程中，若反应温度过高、亚硝酸钠的投料过快或过量，均会增加亚硝酸的浓度，加速物料的分解，产生大量的氧化氮气体，有引起着火和爆炸的危险。

三、重点监控工艺参数

重氮化反应釜内温度、压力、液位、pH 值；重氮化反应釜内搅拌速率；亚硝酸钠流量；反应物质的配料比；后处理单元温度等。

四、安全控制的基本要求

反应釜温度和压力的报警和联锁；反应物料的比例控制和联锁系统；紧急冷却系

统；紧急停车系统；安全泄放系统；后处理单元配置温度监测、惰性气体保护的联锁装置等。

五、控制方式

将重氮化反应釜内温度、压力与釜内搅拌、亚硝酸钠流量、重氮化反应釜夹套冷却水进水阀形成联锁关系，在重氮化反应釜处设立紧急停车系统，当重氮化反应釜内温度超标或搅拌系统发生故障时自动停止加料并紧急停车。利用安全泄放系统进行控制。

重氮盐后处理设备应配置温度检测、搅拌、冷却联锁自动控制调节装置，干燥设备应配置温度测量、加热热源开关、惰性气体保护的联锁装置。

安全设施，包括安全阀、爆破片、紧急放空阀等。

第十节 氧化工艺

一、工艺简介及典型工艺

1. 工艺简介

氧化为有电子转移的化学反应中失电子的过程，即氧化数升高的过程。多数有机化合物的氧化反应表现为反应原料得到氧或失去氢。涉及氧化反应的工艺过程为氧化工艺。常用的氧化剂有空气、氧气、双氧水、氯酸钾、高锰酸钾、硝酸盐等。

2. 典型工艺

(1) 乙烯氧化制环氧乙烷。

(2) 甲醇氧化制备甲醛。

(3) 对二甲苯氧化制备对苯二甲酸。

(4) 克劳斯法气体脱硫。

(5) 一氧化氮、氧气和甲（乙）醇制备亚硝酸甲（乙）酯。

(6) 双氧水或有机过氧化物为氧化剂生产环氧丙烷、环氧氯丙烷。

(7) 异丙苯经氧化—酸解联产苯酚和丙酮。

(8) 环己烷氧化制环己酮。

(9) 天然气氧化制乙炔。

(10) 丁烯、丁烷、C_4 馏分或苯的氧化制顺丁烯二酸酐。

(11) 邻二甲苯或萘的氧化制备邻苯二甲酸酐。

(12) 均四甲苯的氧化制备均苯四甲酸二酐。

(13) 苊的氧化制 1，8—萘二甲酸酐。

(14) 3—甲基吡啶氧化制 3—吡啶甲酸（烟酸）。

(15) 4—甲基吡啶氧化制 4—吡啶甲酸（异烟酸）。

(16) 2—乙基己醇（异辛醇）氧化制备 2—乙基己酸（异辛酸）。

（17）对氯甲苯氧化制备对氯苯甲醛和对氯苯甲酸。

（18）甲苯氧化制备苯甲醛、苯甲酸。

（19）对硝基甲苯氧化制备对硝基苯甲酸。

（20）环十二醇/酮混合物的开环氧化制备十二碳二酸。

（21）环己酮/醇混合物的氧化制己二酸。

（22）乙二醛硝酸氧化法合成乙醛酸。

（23）丁醛氧化制丁酸。

（24）氨氧化制硝酸等。

二、工艺危险特点

（1）反应原料具有燃爆危险性。如乙烯氧化制取环氧乙烷中，乙烯是易燃气体，爆炸极限为2.7%～34%，自燃点为450℃；甲苯氧化制取苯甲酸中，甲苯是易燃液体，其蒸气易与空气形成爆炸性混合物，爆炸极限为1.2%～7%；甲醇氧化制取甲醛中，甲醇是易燃液体，其蒸气与空气的爆炸极限是6%～36.5%。

（2）反应气相组成容易达到爆炸极限，具有闪爆危险。如氨、乙烯和甲醇蒸气在空中的氧化，其物料配比接近于爆炸下限，倘若配比失调、温度控制不当，极易爆炸起火。

（3）部分氧化剂具有燃爆危险性。如氯酸钾、高锰酸钾、铬酸酐等都属于氧化剂，如遇高温或受撞击、摩擦以及与有机物、酸类接触，皆能引起火灾爆炸。

（4）产物中易生成过氧化物，化学稳定性差，受高温、摩擦或撞击作用易分解、燃烧或爆炸。如乙醛氧化生产醋酸（乙酸）的过程中有过醋酸（过氧乙酸）生成，过醋酸（过氧乙酸）是有机过氧化物，性质极度不稳定，受高温、摩擦或撞击便会分解或燃烧。

三、重点监控工艺参数

氧化反应釜内温度和压力；氧化反应釜内搅拌速率；氧化剂流量；反应物料的配比；气相氧含量；过氧化物含量等。

四、安全控制的基本要求

反应釜温度和压力的报警和联锁；反应物料的比例控制和联锁及紧急切断动力系统；紧急断料系统；紧急冷却系统；紧急送入惰性气体的系统；气相氧含量监测、报警和联锁；安全泄放系统；可燃和有毒气体检测报警装置等。

五、控制方式

将氧化反应釜内温度和压力与反应物的配比和流量、氧化反应釜夹套冷却水进水阀、紧急冷却系统形成联锁关系，在氧化反应釜处设立紧急停车系统，当氧化反应釜内温度超标或搅拌系统发生故障时自动停止加料并紧急停车。配备安全阀、爆破片等安全设施。

六、氧化过程热与爆炸事故分析及控制技术

在基本有机化学工业中进行的催化氧化过程无论是均相的或是非均相的，都是以空气或纯氧为氧化剂，可燃的烃或其他有机物与空气或氧的气态混合物在一定的浓度范围内引燃（明火、高温或静电火花等）就会发生分支连锁反应，火焰迅速传播，在很短时间内，温度急速增高，压力也会剧增，而引起爆炸。此浓度范围称为爆炸极限，一般以体积浓度表示，是由实验方法求得。烃类和其他可燃有机物与空气或氧的气态混合物的爆炸极限的浓度范围可在有关手册上查到。但要注意，爆炸极限的浓度范围与试验条件（温度、压力、引燃方式等）有关，与气体混合物的组成也有关。

第十一节　过氧化工艺

一、工艺简介及典型工艺

1. 工艺简介

向有机化合物分子中引入过氧基（—O—O—）的反应称为过氧化反应，得到的产物为过氧化物的工艺过程为过氧化工艺。

2. 典型工艺

（1）双氧水的生产。

（2）叔丁醇与双氧水制备叔丁基过氧化氢。

（3）乙酸在硫酸存在下与双氧水作用，制备过氧乙酸水溶液。

（4）酸酐与双氧水作用直接制备过氧二酸。

（5）苯甲酰氯与双氧水的碱性溶液作用制备过氧化苯甲酰。

（6）异丙苯经空气氧化生产过氧化氢异丙苯等。

二、工艺危险特点

（1）过氧化物都含有过氧基（—O—O—），属含能物质，由于过氧键结合力弱，断裂时所需的能量不大，对热、振动、冲击或摩擦等都极为敏感，极易分解甚至爆炸。

（2）过氧化物与有机物、纤维接触时易发生氧化、产生火灾。

（3）反应气相组成容易达到爆炸极限，具有燃爆危险。

三、重点监控工艺参数

过氧化反应釜内温度；pH 值；过氧化反应釜内搅拌速率；（过）氧化剂流量；参加反应物质的配料比；过氧化物浓度；气相氧含量等。

四、安全控制的基本要求

反应釜温度和压力的报警和联锁；反应物料的比例控制和联锁及紧急切断动力系

统；紧急断料系统；紧急冷却系统；紧急送入惰性气体的系统；气相氧含量监测、报警和联锁；紧急停车系统；安全泄放系统；可燃和有毒气体检测报警装置等。

五、控制方式

将过氧化反应釜内温度与釜内搅拌电流、过氧化物流量、过氧化反应釜夹套冷却水进水阀形成联锁关系，设置紧急停车系统。

过氧化反应系统应设置泄爆管和安全泄放系统。

六、双氧水生产装置的危险有害因素分析

1. 主要危险有害部位

氢化工序、氧化工序、萃取、净化系统、重芳烃高位槽、氢气气柜、成品中间储槽、成品储槽等。

2. 主要危险有害介质

氢气、氢氧化钠、双氧水、重芳烃等。

3. 主要危险有害因素

火灾、爆炸、中毒、腐蚀、机械伤害等。

4. 主要危险有害因素分析

双氧水为爆炸性强氧化剂。本身不燃，但能与可燃物反应放出大量热量和氧气而引起着火爆炸。在碱性溶液中极易分解，遇强光，特别是短波射线照射时也分解。它与许多无机化合物或杂质接触会迅速分解而导致爆炸。

氢气极易燃烧，与空气混合能成为爆炸性混合物，遇火星、高热能引起燃烧爆炸。

该装置中的主要危险物质是氢气、氢氧化钠、双氧水及重芳烃等。氢气是易燃、易爆物质，操作中应加强通风，避免因设备、管道、阀门、法兰泄漏而造成氢气积聚，同时还应加强氢气气柜的管理，定期检测安全附件，严格动火制度，防雷、防静电设施应经常检查、定期检测，禁止烟火等。

氢氧化钠、双氧水是具有腐蚀性的物质，应加强管理和劳动保护，防止碱液、双氧水泄漏或违反规程所造成的对操作人员的伤害。双氧水还是强氧化性物质，虽然本身不燃，但能与可燃物反应放出大量热量和氧气而引起着火爆炸。公司应加强设备、设施的维护和保养，避免因设备、管道、阀门、法兰、仪器仪表的损坏或操作人员违反规程，导致双氧水等危险物质的泄漏，造成对操作人员的伤害。重芳烃有毒，且是可燃物质，在生产操作或设备维修时，应加强管理和劳动保护，严禁烟火。

氢化釜、氧化塔等设备应属于压力容器。压力容器、压力管道、阀门必须按《特种设备安全监察条例》的规定进行检测，以防因设备缺陷发生设备事故和管道爆裂而引发易燃、易爆、有毒介质泄漏，造成燃烧、爆炸、中毒事故。

该装置中氧化塔、萃取塔、纯水高位槽、净化塔、成品储槽等较高较大的设备较多，还有空气压缩机、物料泵等高速运转设备，操作人员在生产或检修时，应严格遵守工艺技术规程和安全操作规程，避免因违反规程所造成的设备爆炸、噪声伤害、机械伤

害、高处坠落等安全事故的发生。

第十二节 胺基化工艺

一、工艺简介及典型工艺

1. 工艺简介

胺化是在分子中引入胺基（R_2N-）的反应，包括R－CH_3烃类化合物（R：氢、烷基、芳基）在催化剂存在下，与氨和空气的混合物进行高温氧化反应，生成腈类等化合物的反应。涉及上述反应的工艺过程为胺基化工艺。

2. 典型工艺

(1) 邻硝基氯苯与氨水反应制备邻硝基苯胺。

(2) 对硝基氯苯与氨水反应制备对硝基苯胺。

(3) 间甲酚与氯化铵的混合物在催化剂和氨水作用下生成间甲苯胺。

(4) 甲醇在催化剂和氨气作用下制备甲胺。

(5) 1－硝基蒽醌与过量的氨水在氯苯中制备1－氨基蒽醌。

(6) 2，6－蒽醌二磺酸氨解制备2，6－二氨基蒽醌。

(7) 苯乙烯与胺反应制备N－取代苯乙胺。

(8) 环氧乙烷或亚乙基亚胺与胺或氨发生开环加成反应，制备氨基乙醇或二胺。

(9) 氯氨法生产甲基肼。

(10) 甲苯经氨氧化制备苯甲腈。

(11) 丙烯氨氧化制备丙烯腈。

二、工艺危险特点

(1) 反应介质具有燃爆危险性。

(2) 在常压下20℃时，氨气的爆炸极限为15%～27%，随着温度、压力的升高，爆炸极限的范围增大。因此，在一定的温度、压力和催化剂的作用下，氨的氧化反应放出大量热，一旦氨气与空气比失调，就可能发生爆炸事故。

(3) 由于氨呈碱性，具有强腐蚀性，在混有少量水分或湿气的情况下无论是气态或液态氨都会与铜、银、锡、锌及其合金发生化学作用。

(4) 氨易与氧化银或氧化汞反应生成爆炸性化合物（雷酸盐）。

三、重点监控工艺参数

胺基化反应釜内温度、压力；胺基化反应釜内搅拌速率；物料流量；反应物质的配料比；气相氧含量等。

四、安全控制的基本要求

1. 基本要求

反应釜温度和压力的报警和联锁；反应物料的比例控制和联锁系统；紧急冷却系统；气相氧含量监控联锁系统；紧急送入惰性气体的系统；紧急停车系统；安全泄放系统；可燃和有毒气体检测报警装置等。

2. 案例

以某企业生产盐酸普鲁卡因的代乙醇（酒精）装置为例，介绍安全控制的方案。

（1）在环氧乙烷进料管设置紧急切断阀，故障时紧急切断环氧乙烷进料。

（2）在反应釜的蒸汽进口管设置调节阀，调控反应釜温度。

（3）增加反应釜压力远传报警。

（4）增加反应釜温度报警。

（5）在反应釜可能泄露处安装有毒气体检测器。

五、控制方式

将胺基化反应釜内温度、压力与釜内搅拌、胺基化物料流量、胺基化反应釜夹套冷却水进水阀形成联锁关系，设置紧急停车系统。

安全设施，包括安全阀、爆破片、单向阀及紧急切断装置等。

第十三节　磺化工艺

一、工艺简介及典型工艺

1. 工艺简介

磺化是向有机化合物分子中引入磺酰基（$—SO_3H$）的反应。磺化方法分为三氧化硫磺化法、共沸去水磺化法、氯磺酸磺化法、烘焙磺化法和亚硫酸盐磺化法等。涉及磺化反应的工艺过程为磺化工艺。磺化反应除了增加产物的水溶性和酸性外，还可以使产品具有表面活性。芳烃经磺化后，其中的磺酸基可进一步被其他基团［如羟基（—OH）、氨基（$—NH_2$）、氰基（—CN）等］取代，生产多种衍生物。

2. 典型工艺

（1）三氧化硫磺化法

①气体三氧化硫和十二烷基苯等制备十二烷基苯磺酸钠。

②硝基苯与液态三氧化硫制备间硝基苯磺酸。

③甲苯磺化生产对甲基苯磺酸和对位甲酚。

④对硝基甲苯磺化生产对硝基甲苯邻磺酸等。

（2）共沸去水磺化法

①苯磺化制备苯磺酸。

②甲苯磺化制备甲基苯磺酸等。

(3) 氯磺酸磺化法

①芳香族化合物与氯磺酸反应制备芳磺酸和芳磺酰氯。

②乙酰苯胺与氯磺酸生产对乙酰氨基苯磺酰氯等。

(4) 烘焙磺化法

苯胺磺化制备对氨基苯磺酸等。

(5) 亚硫酸盐磺化法

①2，4－二硝基氯苯与亚硫酸氢钠制备2，4－二硝基苯磺酸钠。

②1－硝基蒽醌与亚硫酸钠作用得到α－蒽醌硝酸等。

二、工艺危险特点

(1) 反应原料具有燃爆危险性；磺化剂具有氧化性、强腐蚀性；如果投料顺序颠倒、投料速度过快、搅拌不良、冷却效果不佳等，都有可能造成反应温度异常升高，使磺化反应变为燃烧反应，引起火灾或爆炸事故。

(2) 氧化硫易冷凝、堵管，泄漏后易形成酸雾，危害较大。

三、重点监控工艺参数

磺化反应釜内温度；磺化反应釜内搅拌速率；磺化剂流量；冷却水流量。

四、安全控制的基本要求

反应釜温度的报警和联锁；搅拌的稳定控制和联锁系统；紧急冷却系统；紧急停车系统；安全泄放系统；三氧化硫泄漏监控报警系统等。

五、控制方式

将磺化反应釜内温度与磺化剂流量、磺化反应釜夹套冷却水进水阀、釜内搅拌电流形成联锁关系，紧急断料系统，当磺化反应釜内各参数偏离工艺指标时，能自动报警、停止加料，甚至紧急停车。

磺化反应系统应设有泄爆管和紧急排放系统。

第十四节　聚 合 工 艺

一、工艺简介及典型工艺

1. 工艺简介

聚合是一种或几种小分子化合物变成大分子化合物（也称高分子化合物或聚合物，

通常分子量为 $1\times10^4\sim1\times10^7$）的反应，涉及聚合反应的工艺过程为聚合工艺，不包括涉及涂料、黏合剂、油漆等产品的常压条件聚合工艺。聚合工艺的种类很多，按聚合方法可分为本体聚合、悬浮聚合、乳液聚合、溶液聚合等。

（1）本体聚合。本体聚合是在没有其他介质的情况下（如乙烯的高压聚合），用浸在冷却剂中的管式聚合釜（或在聚合釜中设盘管、列管冷却）进行的一种聚合方法。

这种聚合方法往往由于聚合热不易传导散出而导致危险。

（2）悬浮聚合。悬浮聚合是用水作分散介质的聚合方法。它是利用有机分散剂或无机分散剂，把不溶于水的液态单体，连同溶在单体中的引发剂经过强烈搅拌，打碎成小珠状，分散在水中成为悬浮液，在极细的单位小珠液滴（直径为 0.1 μm）中进行聚合，因此又叫珠状聚合。

这种聚合方法在整个聚合过程中，如果没有严格控制工艺条件，致使设备运转不正常，则易出现溢料，如若溢料，则水分蒸发后未聚合的单体和引发剂遇火源极易引起着火或爆炸事故。

（3）乳液聚合。乳液聚合是在机械强烈搅拌或超声波振动下，利用乳化剂使液态单体分散在水中（珠滴直径 0.001～0.01 μm），引发剂则溶在水里而进行聚合的一种方法。

这种聚合方法常用无机过氧化物（如过氧化氢）作引发剂，如若过氧化物在介质（水）中配比不当、温度太高、反应速度过快，会发生冲料，同时在聚合过程中还会产生可燃气体。

（4）溶液聚合。溶液聚合是选择一种溶剂，使单体溶成均相体系，加入催化剂或引发剂后，生成聚合物的一种聚合方法。

这种聚合方法在聚合和分离过程中，易燃溶剂容易挥发和产生静电火花。

2. 典型工艺

（1）聚烯烃生产

①聚乙烯生产。

②聚丙烯生产。

③聚苯乙烯生产等。

（2）聚氯乙烯生产

（3）合成纤维生产

①涤纶生产。

②锦纶生产。

③维纶生产。

④腈纶生产。

⑤尼龙生产等。

（4）橡胶生产

①丁苯橡胶生产。

②顺丁橡胶生产。

③丁腈橡胶生产等。

(5) 乳液生产

①乙酸乙烯（醋酸乙烯）乳液生产。

②丙烯酸乳液生产等。

(6) 氟化物聚合

①四氟乙烯悬浮法、分散法生产聚四氟乙烯。

②四氟乙烯（TFE）和偏氟乙烯（VDF）聚合生产氟橡胶和偏氟乙烯—全氟丙烯共聚弹性体（俗称26型氟橡胶或氟橡胶—26）等。

二、工艺危险特点

(1) 聚合原料具有自聚和燃爆危险性。

(2) 如果反应过程中热量不能及时排出，随物料温度上升，发生裂解和暴聚，所产生的热量使裂解和暴聚过程进一步加剧，进而引发反应器爆炸。

(3) 部分聚合助剂危险性较大。

三、重点监控工艺参数

聚合反应釜内温度、压力；聚合反应釜内搅拌速率；引发剂流量；冷却水流量；料仓静电、可燃气体监控等。

四、安全控制的基本要求

反应釜温度和压力的报警和联锁；紧急冷却系统；紧急切断系统；紧急加入反应终止剂系统；搅拌的稳定控制和联锁系统；料仓静电消除、可燃气体置换系统，可燃和有毒气体检测报警装置；高压聚合反应釜设有防爆墙和泄爆面等。

五、控制方式

将聚合反应釜内温度、压力与釜内搅拌电流、聚合单体流量、引发剂加入量、聚合反应釜夹套冷却水进水阀形成联锁关系，在聚合反应釜处设立紧急停车系统。当反应超温、搅拌失效或冷却失效时，能及时加入聚合反应终止剂。利用安全泄放系统进行控制。

第十五节 烷基化工艺

一、工艺简介及典型工艺

1. 工艺简介

把烷基引入有机化合物分子中的碳、氮、氧等原子上的反应称为烷基化反应。涉及烷基化反应的工艺过程为烷基化工艺，可分为C—烷基化反应、N—烷基化反应、O—烷基化反应等。

2. 典型工艺

（1）C一烷基化反应

①乙烯、丙烯以及长链 α一烯烃，制备乙苯、异丙苯和高级烷基苯。

②苯系物与氯代高级烷烃在催化剂作用下制备高级烷基苯。

③用脂肪醛和芳烃衍生物制备对称的二芳基甲烷衍生物。

④苯酚与丙酮在酸催化下制备 2，2一对（对羟基苯基）丙烷（俗称双酚 A)。

⑤乙烯与苯发生烷基化反应生产乙苯等。

（2）N一烷基化反应

①苯胺和甲醚烷基化生产苯甲胺。

②苯胺与氯乙酸生产苯基氨基乙酸。

③苯胺和甲醇制备 N，N一二甲基苯胺。

④苯胺和氯乙烷制备 N，N一二烷基芳胺。

⑤对甲苯胺与硫酸二甲酯制备 N，N一二甲基对甲苯胺。

⑥环氧乙烷与苯胺制备 N一（β一羟乙基）苯胺。

⑦氨或脂肪胺和环氧乙烷制备乙醇胺类化合物。

⑧苯胺与丙烯腈反应制备 N一（β一氰乙基）苯胺等。

（3）O一烷基化反应

①对苯二酚、氢氧化钠溶液和氯甲烷制备对苯二甲醚。

②硫酸二甲酯与苯酚制备苯甲醚。

③高级脂肪醇或烷基酚与环氧乙烷加成反应生成聚醚类产物等。

二、工艺危险特点

（1）反应介质具有燃爆危险性。如苯是中闪点易燃液体，闪点－11℃，爆炸极限 1.2%～8%；苯胺是毒害品，闪点 70℃，爆炸极限 1.3%～11.0%；丙烯是易燃气体，爆炸极限 1%～15%；甲醇是中闪点易燃液体，闪点 11℃，爆炸极限 5.5%～44%。

（2）烷基化催化剂具有自燃危险性，遇水剧烈反应，放出大量热量，容易引起火灾甚至爆炸。例如三氧化铝是遇湿易燃物品，有强烈的腐蚀性，遇水（或水蒸气）会发热分解，放出氯化氢气体，有时能引起爆炸，若接触可燃物则易着火。

（3）烷基化反应都是在加热条件下进行，原料、催化剂、烷基化剂等加料次序颠倒、加料速度过快或者搅拌中断停止等异常现象容易引起局部剧烈反应，造成跑料，引发火灾或爆炸事故。

三、重点监控工艺参数

烷基化反应釜内温度和压力；烷基化反应釜内搅拌速率；反应物料的流量及配比等。

四、安全控制的基本要求

1. 基本要求

反应物料的紧急切断系统；紧急冷却系统；安全泄放系统；可燃和有毒气体检测报警装置等。

2. 案例

以某企业生产N－甲基苯胺的烷基化装置为例，介绍安全控制的整改方案。

（1）增设反应温度报警及进料联锁系统。

（2）增设反应尾气系统压力报警及进料联锁系统。

（3）增设精馏塔液位低、釜温高报警及加热蒸汽联锁系统。

（4）增设反应尾气回收利用装置。

五、控制方式

将烷基化反应釜内温度和压力与釜内搅拌、烷基化物料流量、烷基化反应釜夹套冷却水进水阀形成联锁关系，当烷基化反应釜内温度超标或搅拌系统发生故障时自动停止加料并紧急停车。

安全设施包括安全阀、爆破片、紧急放空阀、单向阀及紧急切断装置等。

第十六节　新型煤化工工艺

一、工艺简介及典型工艺

1. 工艺简介

以煤为原料，经化学加工使煤直接或者间接转化为气体、液体和固体燃料、化工原料或化学品的工艺过程。

2. 典型工艺

（1）煤制油（甲醇制汽油、费—托合成油）。

（2）煤制烯烃（甲醇制烯烃）。

（3）煤制二甲醚。

（4）煤制乙二醇（合成气制乙二醇）。

（5）煤制甲烷气（煤气甲烷化）。

（6）煤制甲醇。

（7）甲醇制醋酸。

二、工艺危险特点

（1）反应介质涉及一氧化碳、氢气、甲烷、乙烯、丙烯等易燃气体，具有燃爆危险性。

（2）反应过程多为高温、高压过程，易发生工艺介质泄漏，引发火灾、爆炸和一氧化碳中毒事故。

（3）反应过程可能形成爆炸性混合气体。

（4）多数煤化工新工艺反应速度快，放热量大，易造成反应失控。

（5）反应中间产物不稳定，易造成分解爆炸。

三、重点监控工艺参数

反应器温度和压力；反应物料的比例控制；料位；液位；进料介质温度、压力与流量；氧含量；外取热器蒸汽温度与压力；风压和风温；烟气压力与温度；压降；H_2/CO比；NO/O_2比；NO/醇比；H_2、H_2S、CO_2含量等。

四、安全控制的基本要求

反应器温度、压力报警与联锁；进料介质流量控制与联锁；反应系统紧急切断进料联锁；料位控制回路；液位控制回路；H_2/CO 比例控制与联锁；NO/O_2比例控制与联锁；外取热器蒸汽热水泵联锁；主风流量联锁；可燃和有毒气体检测报警装置；紧急冷却系统；安全泄放系统。

五、控制方式

将进料流量、外取热蒸汽流量、外取热蒸汽包液位、H_2/CO 比例与反应器进料系统设立联锁关系，一旦发生异常工况启动联锁，紧急切断所有进料，开启事故蒸汽阀或氮气阀，迅速置换反应器内物料，并将反应器进行冷却、降温。

安全设施，包括安全阀、爆破片、紧急切断阀及紧急排放系统等。

第十七节　电石生产工艺

一、工艺简介及典型工艺

1. 工艺简介

电石生产工艺是以石灰（主要成分氧化钙）和碳素材料（焦炭、兰炭、石油焦、冶金焦、白煤等）为原料，在电石炉内依靠电弧热和电阻热在高温下进行反应，生成电石的工艺过程。电石炉型式主要分为两种：内燃型和全密闭型。

2. 典型工艺

石灰和碳素材料（焦炭、兰炭、石油焦、冶金焦、白煤等）反应制备电石。

二、工艺危险特点

（1）电石炉工艺操作具有火灾、爆炸、烧伤、中毒、触电等危险性。

（2）电石遇水会发生激烈反应，生成乙炔气体，具有燃爆危险性。

（3）电石的冷却、破碎过程具有人身伤害、烫伤等危险性。

（4）反应产物一氧化碳有毒，与空气混合到12.5%～74%时会引起燃烧和爆炸。

（5）生产中漏糊造成电极软断时，会使炉气出口温度突然升高，炉内压力突然增大，造成严重的爆炸事故。

三、重点监控工艺参数

炉气温度；炉气压力；料仓料位；电极压放量；一次电流；一次电压；电极电流；电极电压；有功功率；冷却水温度、压力；液压箱油位、温度；变压器温度；净化过滤器入口温度、炉气组分分析等。

四、安全控制的基本要求

设置紧急停炉按钮；电炉运行平台和电极压放视频监控、输送系统视频监控和启停现场声音报警；原料称重和输送系统控制；电石炉的炉压调节、控制；电极升降控制；电极压放控制；液压泵站控制；炉气组分在线检测、报警和联锁；可燃和有毒气体检测和声光报警装置；设置紧急停车按钮等。

五、控制方式

将炉气压力、净化总阀与放散阀形成联锁关系；将炉气组分氢、氧含量高与净化系统形成联锁关系；将料仓超料位、氢含量与停炉形成联锁关系。

安全设施，包括安全阀、重力泄压阀、紧急放空阀、爆破片等。

第十八节　偶氮化工艺

一、工艺简介及典型工艺

1. 工艺简介

合成通式为R－N＝N－R的偶氮化合物的反应为偶氮化反应，式中R为脂烃基或芳烃基，两个R基可相同或不同。涉及偶氮化反应的工艺过程为偶氮化工艺。脂肪族偶氮化合物由相应的肼经过氧化或脱氢反应制取。芳香族偶氮化合物一般由重氮化合物的偶联反应制备。

2. 典型工艺

（1）脂肪族偶氮化合物合成

①水合肼和丙酮氰醇反应，再经液氯氧化制备偶氮二异丁腈。

②次氯酸钠水溶液氧化氨基庚腈，或者甲基异丁基酮和水合肼缩合后与氰化氢反应，再经氯气氧化制取偶氮二异庚腈。

③偶氮二甲酸二乙酯（DEAD）和偶氮二甲酸二异丙酯（DIAD）的生产工艺。

（2）芳香族偶氮化合物合成

由重氮化合物的偶联反应制备的偶氮化合物。

二、工艺危险特点

（1）部分偶氮化合物极不稳定，活性强，受热或摩擦、撞击等作用能发生分解甚至爆炸。

（2）偶氮化生产过程所使用的肼类化合物，高毒，具有腐蚀性，易发生分解爆炸，遇氧化剂能自燃。

（3）反应原料具有燃爆危险性。

三、重点监控工艺参数

偶氮化反应釜内温度、压力、液位、pH 值；偶氮化反应釜内搅拌速率；肼流量；反应物质的配料比；后处理单元温度等。

四、安全控制的基本要求

反应釜温度和压力的报警和联锁；反应物料的比例控制和联锁系统；紧急冷却系统；紧急停车系统；安全泄放系统；后处理单元配置温度监测、惰性气体保护的联锁装置等。

五、控制方式

将偶氮化反应釜内温度、压力与釜内搅拌、肼流量、偶氮化反应釜夹套冷却水进水阀形成联锁关系。在偶氮化反应釜处设立紧急停车系统，当偶氮化反应釜内温度超标或搅拌系统发生故障时，自动停止加料，并紧急停车。

后处理设备应配置温度检测、搅拌、冷却联锁自动控制调节装置，干燥设备应配置温度测量、加热热源开关、惰性气体保护的联锁装置。

安全设施，包括安全阀、爆破片、紧急放空阀等。

第四章　化工设备安全知识

压力容器如塔、器、釜、槽、罐，在化学工业中有着广泛应用。由于压力容器在温度、压力、介质、环境等极为复杂、苛刻的条件下运行，有事故率高、危害性大的特点。瑞士在保险公司的统计资料显示，导致化学工业和石油工业事故的九大类型危险源中，设备缺陷问题居于第一位。由设备缺陷引发的事故，在化学工业中占 31.1%，在石油工业中占 46.0%。如果消除设备缺陷，会有效改善化学工业和石油工业的安全。

在化工生产中，几乎所有的化工设备与机械之间都是用管道相连接的，用以输送和控制流体介质，完成特定的化工工艺工程，工艺管道与机械设备一样，伴有介质的化学环境和热学环境，在复杂的工艺条件下运行，设计、制造、安装、检验、操作、维修的任何失误，都有可能导致管道的过早失效或发生事故。特别是高压工艺管道，由于承受高压，加上化工介质的易燃、易爆、有毒、强腐蚀和高、低温特性，一旦发生事故，就更具危险性。

在化学工业各类伤亡事故中，机械伤害和触电伤害占很大比例。据我国化工部门统计，1950 年到 1999 年的 50 年中，我国化工行业发生各类伤亡事故 23 425 起，死亡 8 313 人，重伤 17 401 人。其中，机械伤害的死亡人数占总死亡人数的 6.8%，而其重伤人数却占总重伤人数的 36.2%，居于各类重伤事故之首。触电伤害的死亡人数占总死亡人数的 8.7%，触电伤害死亡的比例是相当高的。

第一节　压力容器的安全知识

在化工生产过程中需要用容器来储存和处理大量的物料。由于物料的状态、物料的物理及化学性质不同以及采用的工艺方法不同，所用的容器也是多种多样的。在化工生产过程中使用的容器中，压力容器的数量多，工作条件复杂，危险性很大，因此压力容器状况的好坏对实现化工安全生产至关重要。

一、压力容器的分类及特点

所有承受压力载荷的密闭容器都可以称为压力容器。但是，并不是所有的压力容器都有很大的危险。事实上只有其中的一部分压力容器比较容易发生事故，并且事故的危害性较大。一般情况下，压力容器是指具备下列条件的容器：

①最高工作压力大于或等于 0.1 MPa（不含液体静压力，下同）。

②内直径（非圆形截面指断面最大尺寸）大于或等于 0.15 m，且容积（V）大于或

等于 $0.25\ m^3$。

③盛装介质为气体、液化气体或最高工作温度高于或等于标准沸点的液体。

1. 压力容器的分类

在化工生产过程中，为有利于安全技术监督和管理，根据容器的压力高低、介质的危害程度以及在生产中的重要作用，将压力容器进行分类。压力容器的分类方法很多。

(1) 按工作压力分类。按压力容器的设计压力分为低压、中压、高压、超高压四个等级。

低压（代号 L）	$0.1\ MPa \leqslant p < 1.6\ MPa$
中压（代号 M）	$1.6\ MPa \leqslant p < 10\ MPa$
高压（代号 H）	$10\ MPa \leqslant p < 100\ MPa$
超高压（代号 U）	$100\ MPa \leqslant p \leqslant 1\,000\ MPa$

(2) 按用途分类。按压力容器在生产工艺过程中的作用原理分为反应压力容器、换热压力容器、分离压力容器、储存压力容器。

①反应容器（代号 R）。主要用于完成介质的物理、化学反应的压力容器。如反应器、反应釜、分解锅、分解塔、聚合釜、高压釜、超高压釜、合成塔、铜洗塔、变换炉、蒸煮锅、蒸球、蒸压釜、煤气发生炉等。

②换热容器（代号 E）。主要用于完成介质的热量交换的压力容器。如管壳式废热锅炉、热交换器、冷却器、冷凝器、蒸发器、加热器、消毒锅、染色器、蒸炒锅、预热锅、蒸锅、蒸脱机、电热蒸气发生器、煤气发生炉水夹套等。

③分离容器（代号 S）。主要用于完成介质的流体压力平衡和气体净化分离等的压力容器。如分离器、过滤器、集油器、缓冲器、洗涤器、吸收塔、干燥塔、汽提塔、分气缸、除氧器等。

④储存容器（代号 C，其中球罐代号 B）。主要是盛装生产用的原料气体、液体、液化气体等的压力容器。如各种类型的储罐。

在一种压力容器中，如同时具备两个以上的工艺作用原理时，应按工艺过程中的主要作用来划分。

(3) 按危险性和危害性分类

①一类压力容器。非易燃或无毒介质的低压容器；易燃或有毒介质的低压分离容器和换热容器。

②二类压力容器。任何介质的中压容器；易燃介质或毒性程度为中度危害介质的低压反应容器和储存容器；毒性程度为极度和高度危害介质的低压容器；低压管壳式余热锅炉；搪瓷玻璃压力容器。

③三类压力容器。毒性程度为极度和高度危害介质的中压容器和 pV（设计压力×容积）$\geqslant 0.2\ MPa \cdot m^3$ 的低压容器；易燃或毒性程度为中度危害介质且 $pV \geqslant 0.5\ MPa \cdot m^3$ 的中压反应容器；易燃或毒性程度为中度危害介质且 $pV \geqslant 10\ MPa \cdot m^3$ 的中压储存容器；高压、中压管壳式余热锅炉；高压容器。

2. 压力容器的特点

(1) 种类繁多、应用面广。压力容器主要用于石油、化学和冶金工业，种类繁多、形式各异。如一个年产 30 万 t 的乙烯装置，其中有压力容器 281 台，占设备总量的 35.4%。

(2) 操作条件复杂、安全要求高。压力容器的操作条件极为复杂，有些甚至达到苛刻的地步。从 −100℃ 以下的低温到 1 000℃ 以上的高温；从大气压以下的真空到 100 MPa 以上的超高压，温度和压力变化范围相当宽广。处理的介质，多为易燃、易爆、有毒、腐蚀等有害物质，有数千个品种。如合成氨的操作压力为 10～100 MPa，高压聚乙烯装置的操作压力为 100～200 MPa。操作条件的复杂性使压力容器从设计、制造到使用、维护都不同于一般机械设备。

压力容器结构并不复杂，但因其承受各种静、动载荷或交变载荷，还有附加的机械或温度载荷，加工的物料多为有危险性的饱和液体或气体，容器一旦破裂就会卸压，导致液体蒸发或蒸气、气体膨胀，瞬间释放出极大量的破坏能量。承压容器多为焊接结构，容易产生各种焊接缺陷，一旦检验或操作失误，易发生爆炸破裂，容器内的易燃、易爆、有毒介质将向外喷泻，会造成灾难性后果。所以压力容器比一般机械设备有更高的安全要求。

二、压力容器的安全装置

安全装置是承压设备安全、经济运行不可缺少的一个组成部分。根据容器的用途、工作条件、介质性质等具体情况选用必要的安全附件，可提高压力容器的可靠性和安全性。

1. 压力容器安全管理

目前，压力容器管理推行的是系统工程管理方法，即把容器的科研、设计、制造、安装、操作、检验、修理、事故、报废和信息反馈各个环节作为一个系统工程加以研究。研究人与容器、容器与环境、环境与人的相互作用、相互依存关系，用信息论和控制论方法，掌握和控制容器的技术现状，防范事故，确保压力容器安全、经济地运行。

在压力容器的安全管理中，对设计资格、制造资格和安装资格的审核发证实行控制，以保证压力容器的质量。容器在使用前，使用单位应向国家或省级劳动部门办理登记手续，拟定压力容器的安全状况等级，领取压力容器使用证，严防不合格压力容器投入使用。压力容器安装后安装单位和使用单位进行交接验收时，要有当地劳动部门参加。科学研究、信息反馈和有关人员的技能教育和培训应该贯穿于安全系统管理的始终。

压力容器的综合管理分为前半寿命周期与后半寿命周期两部分，一般称为前半生管理和后半生管理。容器前半生管理的质量保证是容器投入运行、发挥经济效益的基础，是后半生管理的先决条件和科学依据。前半生管理的任何失控都会给后半生管理带来隐患或导致容器过早失效和发生事故，而后半生管理失控同样也会发生事故。目前，实施驻厂产品安全质量监督检验，监检产品质量，审查技术资料和检查质量管理系统的运转情况，以保证压力容器前半生的质量。

对在用压力容器在使用寿命周期内，根据容器安全状况等级确定定期检验周期实施定期检验。根据检验结果和修复情况可重新确定在用压力容器安全状况等级，以决定容器继续使用、监控使用、修复后使用或判废。总之，目前我国压力容器是按在用压力容器安全状况实施安全监察和安全管理的，同时实施检验单位检验资格认可和发证，以及实施在用压力容器检验员、无损检测人员和容器焊工发证，以保证在用压力容器检验质量和施焊质量，确保在用压力容器危及安全的隐患及时发现和处理，达到防患于未然的目的。

安全系统管理的实施将为我国压力容器的技术发展，在用压力容器的设计、制造和安全经济运行提供可靠的保证。

2. 安全泄压装置

压力容器在运行过程中，由于种种原因，可能出现容器内压力超过它的最高许用压力（一般为设计压力）的情况。为了防止超压，确保压力容器安全运行，一般都装有安全泄压装置，以自动、迅速地排出容器内的介质，使容器内压力不超过它的最高许用压力。压力容器常见的安全泄压装置有安全阀和爆破片（防爆片）。

（1）安全阀。压力容器在正常工作压力运行时，安全阀保持严密不漏；当压力超过设定值时，安全阀在压力作用下自行开启，使容器泄压，以防止容器或管线的破坏；当容器压力泄至正常值时，它又能自行关闭，停止泄放。

①安全阀的种类。安全阀按其整体结构及加载机构的不同来分，常用的有杠杆式和弹簧式两种。它们是利用杠杆与重锤或弹簧弹力的作用，压住容器内的介质，当介质压力超过杠杆与重锤或弹簧弹力所能维持的压力时，阀芯被顶起，介质向外排放，容器内压力迅速降低；当容器内压力小于杠杆与重锤或弹簧弹力后，阀芯再次与阀座闭合。

②安全阀的选用。《固定式压力容器安全技术监察规程》规定，安全阀的制造单位必须有国家劳动部颁发的制造许可证才可制造。产品出厂应有合格证，合格证上应有质量检查部门的印章及检验日期。

③安全阀的安装。安全阀应垂直向上安装在压力容器本体的液面以上气相空间部位，或与连接在压力容器气相空间上的管道相连接。安全阀确实不便装在容器本体上，而用短管与容器连接时，则接管的直径必须大于安全阀的进口直径，接管上一般禁止装设阀门或其他引出管。

④安全阀的维护和检验。安全阀在安装前应由专业人员进行水压试验和气密性试验，经试验合格后进行调整校正。安全阀的开启压力不得超过容器的设计压力。校正调整后的安全阀应进行铅封。安全阀要定期检验，每年至少校验一次。定期检验工作包括清洗、研磨、试验和校正。

（2）爆破片。又称防爆片、防爆膜、防爆板，是一种断裂型的安全泄压装置。爆破片具有密封性能好、反应动作快以及不易受介质中黏污物的影响等优点。但它是通过膜片的断裂来卸压的，所以卸压后不能继续使用，容器也被迫停止运行。因此它只是在不宜安装安全阀的压力容器上使用。

爆破片的设计压力一般为工作压力的 1.25 倍，对压力波动幅度较大的容器，其设计破裂压力还要相应大一些。但在任何情况下，爆破片的爆破压力都不得大于容器设计压力。

3. 防爆帽

防爆帽又称爆破帽，也是一种断裂型安全泄压装置。它的样式较多，但基本作用原理一样。它的主要元件是一个一端封闭、中间具有一薄弱断面的厚壁短管。当容器的压力超过规定时，防爆帽即从薄弱断面处断裂，气体从管孔中排出。为了防止防爆帽断裂后飞出伤人，在它的外面应装有保护装置。

4. 压力表

压力表是测量压力容器中介质压力的一种计量仪表。压力表的种类较多，按它的作用原理和结构，可分为液柱式、弹性元件式、活塞式和电量式四大类。压力容器大多使用弹性元件式的单弹簧管压力表。

(1) 压力表的选用。压力表应该根据被测压力的大小、安装位置的高低、介质的性质（如温度、腐蚀性等）来选择精度等级、最大量程、表盘大小以及隔离装置。

装在压力容器上的压力表，其表盘刻度极限值应为容器最高工作压力的 1.5～3 倍，最好为 2 倍。压力表量程越大，允许误差的绝对值也越大，视觉误差也越大。按容器的压力等级要求，低压容器一般不低于 2.5 级，中压及高压容器不应低于 1.5 级。为便于操作人员能清楚准确地看出压力指示，压力表盘直径不能太小。在一般情况下，表盘直径不应小于 100 mm。如果压力表距离观察地点远，表盘直径增大，距离超过 2 m 时，表盘直径最好不小于 150 mm；距离越过 5 m 时，不要小于 250 mm。超高压容器压力表的表盘直径应不小于 150 mm。

(2) 压力表的安装。安装压力表时，为便于操作人员观察，应将压力表安装在最醒目的地方，并要有充足的照明，同时要注意避免受辐射热、低温及振动的影响。装在高处的压力表应稍微向前倾斜，但倾斜角不要超过 30°。压力表接管应直接与容器本体相接。为了便于卸换和校验压力表，压力表与容器之间应装设三通旋塞。旋塞应装在垂直的管段上，并要有开启标志，以便核对与更换。蒸气容器，在压力表与容器之间应装有存水弯管。盛装高温、强腐蚀及凝结性介质的容器，在压力表与容器连接管路上应装有隔离缓冲装置，使高温或腐蚀介质不和弹簧弯管直接接触，并依据液体的腐蚀性选择隔离液。

(3) 压力表的使用。使用中的压力表应根据设备的最高工作压力，在它的刻度盘上划明警戒红线，但注意不要涂画在表盘玻璃上，一则会产生很大的视差，二则玻璃转动导致红线位置发生变化会使操作人员产生错觉，造成事故。

压力表应保持洁净，表盘上玻璃要明亮透明，使表内指针指示的压力值能清楚易见。压力表的接管要定期吹洗。在容器运行期间，如发现压力表指示失灵，刻度不清，表盘玻璃破裂，泄压后指针不回零位，铅封损坏等情况，应立即校正或更换。

压力表的维护和校验应符合国家计量部门的有关规定。一般每 6 个月校验一次。通常压力表上应有校验标记，注明下次校验日期或校验有效期。校验后的压力表应加铅封。未检验合格和无铅封的压力表均不准安装使用。

5. 液面计

液面计是压力容器的安全附件。一般压力容器的液面显示多用玻璃板液面计。石油化工装置的压力容器，如各类液化石油气体的储存压力容器，选用各种不同作用原理、构造和性能的液位指示仪表。介质为粉体物料的压力容器，多数选用放射性同位素料位仪表，指示粉体的料位高度。

另外，化工生产过程中，有些反应压力容器和储存压力容器还装有液位检测报警、温度检测报警、压力检测报警及联锁等，既是生产监控仪表，也是压力容器的安全附件，都应该按有关规定的要求，加强管理。

三、压力容器的操作与维护

压力容器设计的承压能力、耐蚀性能和耐高低温性能是有条件、有限度的。操作的任何失误都会使压力容器过早失效甚至酿成事故。国内外压力容器事故统计资料显示，因操作失误引发的事故占50%以上。特别是化工新产品不断开发、容器日趋大型化、高参数和中高强钢广泛应用的条件下，更应重视因操作失误引起的压力容器事故。

1. 压力容器工艺参数原则

压力容器的工艺规程、岗位操作法和容器的工艺参数应规定在压力容器结构强度允许的安全范围内。工艺规程和岗位操作法应控制下列内容：

①压力容器工艺操作指标及最高工作压力、最低工作壁温。

②操作介质的最佳配比和其中有害物质的最高允许浓度，以及反应抑制剂、缓蚀剂的加入量。

③正常操作法、开停车操作程序，升降温、升降压的顺序及最大允许速度，压力波动允许范围及其他注意事项。

④运行中的巡回检查路线，检查内容、方法、周期和记录表格。

⑤运行中可能发生的异常现象和相关的防治措施。

⑥压力容器的岗位责任制、维护要点和方法。

⑦压力容器停用时的封存和保养方法。

使用单位不得任意改变压力容器设计工艺参数，严防在超温、超压、过冷和强腐蚀条件下运行。操作人员必须熟知工艺规程、岗位操作法和安全技术规程，通晓容器结构和工艺流程，经理论和实际考核合格者方可上岗。

2. 压力容器操作维护

①应从工艺操作上制定措施，保证压力容器的安全经济运行。如完善平稳操作规定，通过工艺改革，适当降低工作温度和工作压力等。

②应加强防腐蚀措施，如喷涂防腐层、加衬里，添加缓蚀剂，改进净化工艺，控制腐蚀介质含量等。

③根据存在缺陷的部位和性质，采用定期或状态监测手段，查明缺陷有无发展及发展程度，以便采取措施。

3. 异常情况处理

发现下列情况之一者应停止运行。

①容器工作压力、工作壁温、有害物质浓度超过操作规程规定的允许值，经采取紧

急措施仍不能下降时。

②容器受压元件发生裂纹、鼓包、变形或严重泄漏等危及安全运行时。

③安全附件失灵，无法保证容器安全运行时。

④紧固件损坏、接管断裂，难以保证安全运行时。

⑤容器本身、相邻容器或管道发生火灾、爆炸或有毒有害介质外逸，直接威胁容器安全运行时。

在压力容器异常情况处理时，必须克服侥幸心理和短期行为，应谨慎、全面地考虑事故的潜在性和突发性。

第二节　工业锅炉安全知识

锅炉作为产生蒸汽的热力设备，在动力、热能和工艺用气的供应中，发挥着重要作用。锅炉由于设计、制造不合理，尤其是使用管理不当，导致事故的频率很高。据日本20世纪70年代的调查披露，日本当时运行的十万余台锅炉，在十年间共发生事故355起，其中由于管理不善而发生的事故有243起，占事故总数的70.8%。多年来锅炉的安全工作一直受到国家劳动部门的重视，相继颁发了许多安全和劳动保护工作的法令、规范和标准，收到了显著效果。

一、锅炉安全装置

1. 安全阀

安全阀是锅炉设备中的重要安全装置之一，它能自动开启排汽以防止锅炉压力超过规定限度。安全阀通常应该具有的功能是当锅炉中介质压力超过允许压力时，安全阀自动开启，排气降压，同时发出鸣叫声向工作人员报警；当介质压力降到允许工作压力之后，自动“回座”关闭，使锅炉能够维持运行；在锅炉正常运行中，安全阀保持密闭不漏。

安全阀必须有足够的排放能力，在开启排气后才能起到降压作用。否则，即使安全阀排气，锅炉内的压力仍会继续不断上升。因此，为保证在锅炉用汽单位全部停用蒸汽时也不致锅炉超压，锅炉上所有安全阀的总排汽量，必须大于锅炉的最大连续蒸发量。安全阀每年至少做一次定期检验，每天人为排放一次，排放压力最好为规定最高工作压力的80%以上。

2. 压力表

压力表是测量和显示锅炉汽水系统压力大小的仪表。严密监视锅炉各受压元件实际承受的压力，将它控制在安全限度之内，是锅炉实现安全运行的基本条件和基本要求，因而压力表是运行操作人员必不可少的耳目。锅炉没有压力表、压力表损坏或压力表的装设不符合要求，都不得投入运行或继续运行。

压力表的量程应与锅炉工作压力相适应，通常为锅炉工作压力的1.5～3倍，最好为 2 倍。压力表刻度盘上应该划红线，指出最高允许工作压力。压力表每半年至少应校验一次，校验后应该铅封。压力表的连接管不应有漏气现象，否则会降低压力指示值。

3. 水位表

水位表是用来显示汽包内水位高低的仪表。操作人员可以通过水位表观察和调节水位，防止发生锅炉缺水或满水事故，保证锅炉安全运行。

水位报警器用于在锅炉水位异常（高于最高安全水位或低于最低安全水位）时发出警报，提醒运行人员采取措施，消除险情。额定蒸发量≥2 t/h 的锅炉，必须装设高低水位报警器，警报信号应能区分高低水位。

二、锅炉安全的使用管理

1. 锅炉启动的安全要点

由于锅炉是一个复杂的装置，包含着一系列部件、辅机，锅炉的正常运行包含燃烧、传热、工质流动等过程，因而启动一台锅炉要进行多项操作，要用较长的时间使各个环节协同动作，逐步达到正常工作状态。

锅炉启动过程中，其部件、附件等由冷态（常温或室温）变为受热状态，由不承压转变为承压，其物理形态、受力情况等产生很大变化，最易发生各种事故。据统计，约有半数的锅炉事故是在启动过程中发生的。因而对锅炉启动必须进行认真的准备。

（1）全面检查。锅炉启动之前一定要进行全面检查，符合启动要求后才能进行下一步的操作。启动前的检查应按照锅炉运行规程的规定，逐项进行。主要内容：检查汽水系统、燃烧系统、风烟系统、锅炉本体和辅机是否完好；检查人孔、手孔、看火门、防爆门及各类阀门、接板是否正常；检查安全附件是否齐全、完好并使之处于启动所要求的位置；检查各种测量仪表是否完好等。

（2）上水。为防止产生过大热应力，上水水温最高不应超过 90～100℃；上水速度要缓慢，全部上水时间在夏季不小于 1 h，在冬季不小于 2 h。冷炉上水至最低安全水位时应停止上水，以防受热膨胀后水位过高。

（3）烘炉和煮炉。新装、大修或长期停用的锅炉，其炉膛和烟道的墙壁非常潮湿，一旦骤然接触高温烟气，就会产生裂纹、变形，甚至发生倒塌事故。为了防止这种情况发生，此种锅炉在上水后启动前要进行烘炉。

烘炉就是在炉膛中用文火缓慢加热锅炉，使炉墙中的水分逐渐蒸发掉。烘炉应根据事先制定的烘炉升温曲线进行，整个烘炉时间根据锅炉大小、型号不同而定，一般为 3～14 天。烘炉后期可以同时进行煮炉。

煮炉的目的是清除锅炉蒸发受热面中的铁锈、油污和其他污物，减少受热面腐蚀，提高锅水和蒸汽的品质。煮炉时，在锅水中加入碱性药剂，如 NaOH、Na_3PO_4 或 Na_2CO_3 等。步骤：上水至最高水位；加入适量药剂（2～4 kg/t）；燃烧加热锅水至沸腾但不升压（开启空气阀或抬起安全阀排汽），维持 10～12 h；减弱燃烧，排污之后适当放水；加强燃烧并使锅炉升压到 25%～100%工作压力，运行 12～24 h；停炉冷却，排除锅水并清洗受热面。

烘炉和煮炉虽不是正常启动，但锅炉的燃烧系统和汽水系统已经部分或大部分处于工作状态，锅炉已经开始承受温度和压力，所以必须认真进行。

(4) 点火与升压。一般锅炉上水后即可点火升压；进行烘炉、煮炉的锅炉，待煮炉完毕、排水清洗后再重新上水，然后点火升压。

锅炉点火是在做好点火前的一切准备工作后进行的。锅炉点火所需的时间应根据炉型、燃烧方式、水循环等情况确定。由于锅炉燃用燃料和燃烧方式不同，点火时的注意事项各异。燃用不同燃料锅炉点火安全要求列于表 4—1。

表 4—1 燃用不同燃料锅炉点火安全要求

燃料种类	点火安全要求
燃油锅炉	1. 点火前必须对烟道和炉膛系统，采用强制通风的方式进行置换，务必将可能积存的油气或可燃气彻底排净 2. 点火时应保持炉膛负压（30～50 Pa）或所需数值 3. 点火时人不能正对点火孔，应从侧面引燃 4. 严禁先喷油，后插入火把。用蒸汽雾化燃烧器，还应先排出冷凝水 5. 若一次点火不着或运行中突然熄火，必须先关闭油阀，按“1”通风换气后，重新点火
燃气锅炉	1. 点火前必须强制通风置换，保持炉膛负压（50～100 Pa）不少于 5 min 2. 通风置换前，严禁将明火带入炉膛和烟道中，点火时炉膛负压维持在（30～50 Pa） 3. 若一次点火不着必须立即关闭燃气阀，停止进气，待通风换气后重新点火，严禁用炉膛余火二次点火
燃煤锅炉	1. 点火前一般采用自然通风，彻底通风 10～15 min 2. 点火时如自然通风不足，可启动引风机 3. 点火有困难时，可在靠近烟囱底部堆烧木材，保持通风
燃煤粉锅炉	1. 点火前应对一次风管逐根吹扫，每根吹扫 2～3 min，以清除管内可能积存的煤粉 2. 点火前必须强制通风置换，保持炉膛负压（50～100 Pa）不少于 5 min 3. 若一次点火不着或发生熄火，应立即停止送粉，并对炉进行充分通风换气后，再次点火

从锅炉点火到锅炉蒸汽压力上升到工作压力，这是锅炉启动中的关键环节，需要注意以下问题：

①防止炉膛爆炸。即点火前开动风机数分钟给炉膛通风，分析炉膛内可燃物含量，低于爆炸下限时，才可点火。

②防止热应力和热膨胀造成破坏。为了防止产生过大的热应力，锅炉的升压过程一定要缓慢进行。如水管锅炉在夏季点火升压需要 2～4 h，在冬季点火升压需要 2～6 h；立式锅壳锅炉和快装锅炉需要时间较短，为 1～2 h。

③监视和调整各种变化。点火升压过程中，锅炉的蒸汽参数、水位及各部件的工作状况在不断变化，为了防止异常情况及事故出现，要严密监视各种仪表指示的变化。另外，也要注意观察各受热面，使各部位冷热交换温度变化均匀，防止局部过热，烧坏设备。

(5) 暖管与并汽。所谓暖管，即用蒸汽缓慢加热管道、阀门、法兰等元件，使其温度缓慢上升，避免向冷态或较低温度的管道突然供入蒸汽，以防止热应力过大而损坏管道、阀门等元件。同时将管道中的冷凝水驱出，防止在供汽时发生水击。冷态蒸汽管道的暖管时间一般不少于 2h，热态蒸汽管道的暖管一般为 0.5～1 h。

并汽也叫并炉、并列，即投入运行的锅炉向共用的蒸汽总管供汽。并汽时应燃烧稳定、运行正常、蒸汽品质合格以及蒸汽压力稍低于蒸汽总管内气压（低压锅炉低 0.02～0.05 MPa；中压锅炉低 0.1～0.2 MPa）。

2. 锅炉运行中的安全要点

锅炉正常运行时，主要是对锅炉的水位、汽压、汽水质量和燃烧情况进行监视和控制。锅炉水位波动应在正常水位范围内。水位过高，蒸汽带水，蒸汽品质恶化，易造成过热器结垢，影响汽机的安全；水位过低，下降管易产生汽柱或汽塞，恶化自然循环，易造成水冷壁管过热变形或爆破。

在锅炉运行中要保持汽压的稳定。对蒸汽加热设备，汽压过低，汽温也低，影响传热效果；汽压过高，轻者使安全阀动作，浪费能源，并带来噪声；重者则易超压爆炸。此外，汽压变化应力求平缓，汽压陡升、陡降都会恶化自然循环，造成水冷壁管损坏。

为了保证锅炉传热面的传热效能，锅炉在运行时必须对易积灰面进行吹灰。吹灰时应增大燃烧室的负压，以免炉内火焰喷出烧伤人。为了保持良好的蒸汽品质和受热面内部的清洁，防止发生汽水共腾和减少水垢的产生，保证锅炉安全运行，必须排污，给水也应预先处理。

锅炉运行中，保护装置与联锁不得停用，需要检验或维修时，应经有关主要领导批准。锅炉运行中，安全阀每天人为排汽试验一次。电磁安全阀电气回路试验每月应进行一次。安全阀排汽试验后，其开启压力、回座压力、阀瓣开启高度应符合规定，并作记录。

3. 锅炉停炉时的安全要点

锅炉停炉分正常停炉和紧急停炉（事故停炉）两种。

（1）正常停炉。正常停炉是计划内停炉。停炉中应注意的主要问题：防止降压降温过快，以避免锅炉元件因降温收缩不均匀而产生过大的热应力。停炉操作应按规定的次序进行。锅炉正常停炉时先停燃料供应，随之停止送风，降低引风。与此同时，逐渐降低锅炉负荷，相应地减少锅炉上水，但应维持锅炉水位稍高于正常水位。锅炉停止供汽后，应隔绝与蒸汽总管的连接，排汽降压。待锅内无气压时，开启空气阀，以免锅内因降温形成真空。为防止锅炉降温过快，在正常停炉的 4～6 h 内，应紧闭炉门和烟道接板。之后打开烟道接板，缓慢加强通风，适当放水。停炉 18～24 h，在锅水温度降至 70℃以下时，方可全部放水。

（2）紧急停炉。锅炉运行中出现下列情况：水位低于水位表的下部可见边缘；不断加大向锅炉给水及采取其他措施，但水位仍继续下降；水位超过最高可见水位（满水），经放水仍不能见到水位；给水泵全部失效或给水系统故障，不能向锅炉进水；水位表或安全阀全部失效；炉元件损坏等严重威胁锅炉安全运行的情况，则应立即停炉。

紧急停炉的操作次序是立即停止添加燃料和送风，减弱引风。与此同时，设法熄灭炉膛内的燃料，对于一般层燃炉可以用砂土或湿灰灭火，链条炉可以开快挡使炉排快速运转，把红火送入灰坑。灭火后即把炉门、灰门及烟道接板打开，以加强通风冷却。锅内可以较快降压并更换锅水，锅水冷却至70℃左右允许排水。但因缺水紧急停炉时，严禁给炉上水，并且不得开启空气阀及安全阀快速降压。

4. 停炉保养

锅炉停炉后，为防止腐蚀必须进行保养。常用的方法有干法、湿法和热法三种。

(1) 干法保养。干法保养只用于长期停用的锅炉。正常停炉后，水放净，清除锅炉受热面及锅筒内外的水垢、铁锈和烟灰，用微火将锅炉烘干，放入干燥剂。而后关闭所有的门、孔，保持严密。一月之后打开人孔、手孔检查，若干燥剂成粉状、失去吸潮能力，则更换新干燥剂。视检查情况决定缩短或延长下次检查时间。若停用时间超过三个月，则在内外部清扫后，在锅炉受热面内部涂以防锈漆，锅炉附件也应维修检查，涂油保护，再按上述方法保养。

(2) 湿法保养。湿法保养也适用于长期停用的锅炉。停用后清扫内外表面，然后进水（最好是软水），将适量氢氧化钠或磷酸钠溶于水后加入锅炉，生小火加热使锅炉外壁面干燥，内部由于对流使各部位碱浓度均匀，锅内水温达80～100℃时即可熄火。每隔5天对锅内水化验一次，控制其碱度在5～12 mg·L^{-1}范围内。

(3) 热法保养。停用时间在10天左右宜用热法保养。停炉后关闭所有门、孔、烟道闸门，使炉温缓慢下降，保持锅炉汽压在大气压以上（即水温在100℃以上）即可。若汽压保持不住，可生小火或用运行锅炉的蒸汽加热。

第三节　气瓶安全知识

气瓶是一种移动式压力容器，本章中关于压力容器的安全规定原则上对气瓶也是适用的，气瓶是指在正常环境下（－40～60℃）可重复充气使用的，公称工作压力为1.0～30 MPa（表压），公称容积为0.4～1 000 L的盛装永久气体、液化气体或溶解气体的移动式压力容器。

一、气瓶的分类

1. 按公称工作压力分类

气瓶按公称工作压力分为高压气瓶和低压气瓶。高压气瓶的工作压力大于8 MPa，多为30 MPa、20 MPa、15 MPa、10 MPa、8 MPa；低压气瓶的工作压力小于5 MPa，多为5 MPa、3 MPa、2 MPa、1.6 MPa、1 MPa。

2. 按容积分类

气瓶按容积（V，升）分为大、中、小三种。大容积气瓶的容积为100 L$<V\leqslant$1 000 L；中容积气瓶的容积为12 L$<V\leqslant$100 L；小容积气瓶的容积为0.4 L$\leqslant V\leqslant$12 L。

3. 按盛装介质的物理状态分类

按盛装介质的物理状态，气瓶可分为永久气体气瓶、液化气体气瓶和溶解乙炔气瓶。

（1）永久气体气瓶。永久气体是指临界温度低于－10℃，常温下呈气态的气体，如氢气、氧气、氮气、空气、一氧化碳气及惰性气体。

盛装永久气体的气瓶都是在较高压力下充装气体的钢瓶。常见的充装压力为15 MPa，也有充装压力为20～30 MPa的。

（2）液化气体气瓶。液化气体是指临界温度等于或高于－10℃的各种气体，它们在常温、常压下呈气态，而经加压和降温后变为液体。在这些气体中，有的临界温度较高，如硫化氢、氨、丙烷、异丁烯、环氧乙烷、液化石油气等。气体经加压、降温液化后充入钢瓶中，装瓶后在瓶内保持气相和液相平衡状态。这些气体的充装压力一般不超过10 MPa，常把充装这些气体的气瓶称为低压液化气体气瓶。《气瓶安全监察规程》规定，液化气体气瓶的最高工作温度为60℃。

有的液化气体的临界温度较低，在－10℃$\leqslant T \leqslant$70℃，如二氧化碳、氯化氢、乙烯、乙烷等，这些气体的充装压力较高，一般为12.5、15 MPa，充装后可能在环境温度的影响下全部气化，这类气瓶常称为高压液化气体气瓶。

（3）溶解乙炔气瓶。是专门用于盛装乙炔的气瓶。由于乙炔气体极不稳定，特别是在高压下，很容易聚合或分解，液化后的乙炔，稍有振动，即会引起爆炸。所以不能以压缩气体状态充装，必须把乙炔溶解在溶剂（常用丙酮）中，瓶内充满多孔物质（如硅酸钙多孔物质等）作为吸收剂。为了增加乙炔的充装量，乙炔气是以加压方式充装的。

4. 按制造方法分类

（1）钢制无缝气瓶。以钢坯为原料，经冲压拉伸制造，或以无缝钢管为材料，经热旋压收口收底制造的钢瓶。瓶体材料为采用碱性平炉、电炉或吹氧碱性转炉冶炼的镇静钢，如优质碳钢、锰钢、铬钼钢或其他合金钢。这类气瓶用于盛装压缩气体和高压液化气体。

（2）钢制焊接气瓶。以钢板为原料，经冲压卷焊制造的钢瓶。瓶体及受压元件材料为采用平炉、电炉或氧化转炉冶炼的镇静钢，要求有良好的冲压和焊接性能。这类气瓶用于盛装低压液化气体。

（3）缠绕玻璃纤维气瓶。是以玻璃纤维加黏结剂缠绕或碳纤维制造的气瓶。一般有一个铝制内筒，其作用是保证气瓶的气密性，承压强度则依靠玻璃纤维缠绕的外筒。这类气瓶由于绝热性能好、重量轻，多用于盛装呼吸用压缩空气，供消防、毒区或缺氧区域作业人员随身背挎并配以面罩使用。一般容积较小（1～10 L），充气压力多为15～30 MPa。

二、气瓶安全附件

1. 安全泄压装置

气瓶的安全泄压装置，是为了防止气瓶在遇到火灾等高温时，瓶内气体受热膨胀而发生破裂爆炸。

气瓶常见的泄压附件有爆破片和易熔塞。爆破片装在瓶阀上，其爆破压力略高于瓶内气体的最高温升压力。爆破片多用于高压气瓶上，有的气瓶不装爆破片。易熔塞一般装在低压气瓶的瓶肩上，当周围环境温度超过气瓶的最高使用温度时，易熔塞的易熔合金熔化，瓶内气体排出，避免气瓶爆炸。

2. 其他附件（防振圈、瓶帽、瓶阀）

气瓶装有两个防振圈，它们是气瓶瓶体的保护装置。气瓶在充装、使用、搬运过程中，常常会因滚动、振动、碰撞而损伤瓶壁，以致发生脆性破坏。这是气瓶发生爆炸事故常见的一种直接原因。

瓶帽是瓶阀的防护装置，它可避免气瓶在搬运过程中因碰撞而损坏瓶阀，保护出气口螺纹不被损坏，防止灰尘、水分或油脂等杂物落入阀内。

瓶阀是控制气体出入的装置，一般是用黄铜或钢制造。充装可燃气体的钢瓶的瓶阀，其出气口螺纹为左旋，盛装助燃气体的气瓶，其出气口螺纹为右旋。瓶阀的这种结构可有效地防止可燃气体与非可燃气体的错装。

三、气瓶的颜色

1. 气瓶的颜色标志

国家标准《气瓶颜色标记》对气瓶的颜色、字样、字色和色环做了严格的规定。其作用有两个：一是为了便于识别气瓶充填气体的种类和气瓶的压力范围，避免在充装、运输、使用和定期检验时混淆而发生事故；二是防止气瓶锈蚀。常见气瓶的颜色见表4—2。

表 4—2　　常见气瓶的颜色

序号	气瓶名称	化学式	外表面颜色	字样	字样颜色	色环
1	氢	H_2	深绿	氢	红	P=14.7 MPa 不加色环 P=19.8 MPa 黄色环一道 P=29.4 MPa 黄色环二道
2	氧	O_2	天蓝	氧	黑	P=14.7 MPa 不加色环 P=19.6 MPa 白色环一道 P=29.4 MPa 白色环二道
3	氨	NH_3	黄	液氨	黑	
4	氯	Cl_2	草绿	液氯	白	
5	空气		黑	空气	白	P=14.7 MPa 不加色环 P=19.6 MPa 白色环一道 P=29.4 MPa 白色环二道
6	氮	N_2	黑	氮	黄	
7	硫化氢	H_2S	白	液化硫化氢	红	
8	二氧化碳	CO_2	铝白	液化二氧化碳	黑	P=14.7 MPa 不加色环 P=19.6 MPa 黑色环一道

2. 气瓶的钢印标志

打在气瓶肩部的符号和数据钢印叫气瓶的钢印标志。气瓶的钢印标志是识别气体的依据。气瓶的钢印标志包括制造钢印标志（图 4—1）和检验钢印标志（图 4—2）。

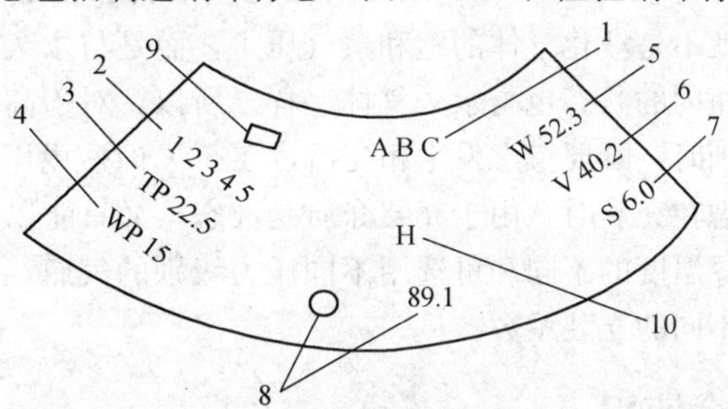

图 4—1　制造钢印标志

1—充装气体名称或化学分子式　2—气瓶编号　3—水压试验压力
4—公称工作压力　5—实际质量　6—实际容积　7—瓶体设计壁厚
8—制造单位检验标志和制造年月　9—监督检验标记　10—气瓶制造单位许可证编号

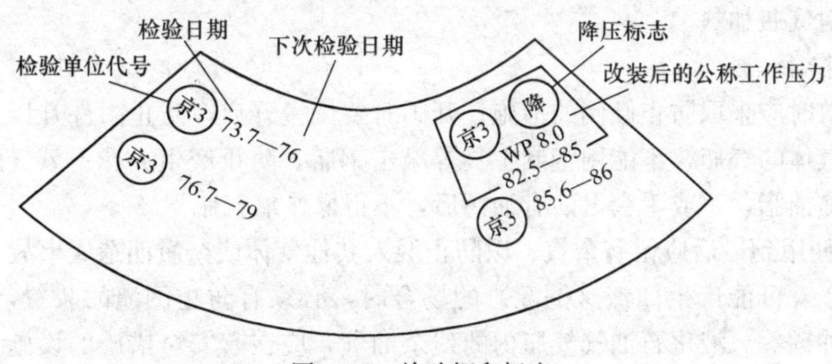

图 4—2　检验钢印标志

四、气瓶的充装量

对于永久气体是通过控制气瓶充装终了时的压力的方法来控制气体的充装量的。充装压力在不同的充装温度下是不同的。但其确定原则是使气瓶在基准温度（20℃）下瓶内气体压力不超过公称工作压力，在最高工作温度（60℃）下，不超过气瓶水压实验压力的 0.8 倍。所以永久气体的充装量是以气瓶在基准温度下的充装压力限定值来表示的。低压液化气体充装时，其压力与充装量并没有对应关系。当气瓶内没有充满液体时，其压力取决于液温对应的饱和蒸气压。当气瓶内充满液体时，其压力是液体被压缩的程度所决定的压力。所以低压液化气体充装时不能计压而必须计重。充液量是关系到气瓶经济和安全使用的重要问题。充液太少，不经济；而充液太多，则又极不安全。低压液化气体的气瓶爆炸事故大多是由于充液过量所引起的。因此经济合理地选择充液量是至关重要的。

高压液化气体由于其临界温度（t_c）低于气瓶的最高工作温度（绝大部分），而充装时温度一般较低（低于它的临界温度），压力较高，所以，基本上都是以液态装瓶。此时瓶内的压力就是饱和液体在此温度下的饱和蒸气压，这与低压液化气体是没有区别的。但在运输、使用和储存等过程，由于环境温度的影响，瓶内的液化气体温度可能会升高，当达到液化气体的临界温度时，瓶内的液化气体就会全部气化，压力将迅速升高，此时瓶内的压力就不是液化气体的饱和蒸气压了，而是与永久气体相同，取决于它的充装量了，这时气瓶内的状态也与永久气体一样。所以，对于高压液化气体气瓶，在选取公称工作压力级别时，既要考虑发生相变后，在60℃时瓶内压力不应超过气瓶的公称工作压力，又要考虑在充装时，由于充装介质是液态，又只能以充装系数去计量充装量。但由于气体的临界温度的不同和可选用不同压力级别的气瓶，所以，对应不同公称工作压力的气瓶又有不同的充装系数。

五、气瓶的安全使用

1. 防止气瓶受热

使用中的气瓶不应放在烈日下暴晒，不要靠近火源及高温区，距明火不应小于10 m；不得用高压蒸汽直接喷吹气瓶；禁止用热水解冻及明火烘烤，严禁用温度超过40℃的热源对气瓶加热。

2. 正确操作

气瓶立放时应采取防止倾倒的措施；开阀时要慢慢开启，防止附件升压过快产生高温；对可燃气体的气瓶，不能用钢制工具等敲击钢瓶，防止产生火花；氧气瓶的瓶阀及其附件不得沾油脂，手或手套上沾有油污后，不得操作氧气瓶。

3. 气瓶使用到最后应留有余气，以防止混入其他气体或杂质而造成事故

气瓶用于有可能产生回流（倒灌）的场合时，必须有防止倒灌的装置，如单向阀、止回阀、缓冲罐等。液化石油气气瓶内的残余油气，应在有安全措施的设施上回收，不得自行处理。

4. 加强气瓶的维护

气瓶外壁油漆层既能防腐，又是识别的标志，以防止误用和混装，要保持好漆面的完整和标志的清晰。瓶内混进水分会加速气瓶内壁的腐蚀，气瓶在充装前一定要进行干燥处理。

5. 气瓶使用单位不得自行改变充装气体的品种、擅自更换气瓶的颜色标志

确实需要更换时应提出申请，由气瓶检验单位负责对气瓶进行改装。负责改装的单位应根据气瓶制造钢印标志和安全状况，确定气瓶是否适合于所要换装的气体。改装时，应对气瓶的内部进行彻底清理、检验，打检验钢印和涂检验标志，换装相应的附件，更换改装气体的字样、色环和颜色。

六、气瓶事故及预防措施

造成气瓶爆炸事故除了气瓶的质量或使用不当外，主要是由于气瓶充装时的超装、错装、混装以及储运不当造成的。

1. 永久气体气瓶的充装

（1）对装瓶气体的要求。准备装瓶的各种气体，除应符合相应的气体质量标准外，更应注意安全方面的要求，要特别注意防止含有与所装气体起化学反应的杂质混入。下列气体禁止装瓶：

①氧气中的乙炔、乙烯及氢的总含量达到或超过2%（体积分数，下同），或易燃气体的总含量达到或超过4%者。

②氢气中的氧含量达到或超过0.5%，或氧气中氢含量达到或超过0.5%者。

③其他易燃气体中氧含量达到或超过4%者。

(2) 充装中的安全注意事项

①气瓶充装系统用的压力表，必须经检验合格，并在检验的有限期限内，压力表的精度应不低于1.5级，表盘直径应不小于150 mm。

②充气前必须检查确认气瓶是经过检查合格或经过妥善处理过的。

③用卡子连接代替螺纹连接进行充装时，必须认真仔细检查确认瓶阀出气口的螺纹与所装气体规定的螺纹型式相符。

④开启瓶阀时应缓慢操作，并应注意监听瓶内有无异常声音。

⑤气瓶的充气速度不得大于8 m^3/h（标准状态下气体），且充装的时间不应少于30 min。

⑥充装易燃气体的操作过程中，禁止用扳手等金属器具敲击瓶阀或管道。

⑦在瓶内气体压力达到充装压力的三分之一以前查气瓶的瓶体温度是否大体一致，瓶阀的密封是否良好，发现异常现象时应及时妥善处理。

⑧用充气排管按瓶组充装气瓶时，在瓶组压力达到充装压力的10%以后，禁止再插入空瓶进行充装。

⑨气瓶的充装压力（充装终了时的压力）必须在规定的范围之内。

(3) 充装后的检查。充装气体后的气瓶，应由专人负责，逐个进行检查，不符合要求时应进行妥善处理。检查内容应包括：

①瓶内压力是否在规定范围内。

②瓶阀及其与瓶口连接的密封是否良好。

③充装后的气瓶是否出现鼓包、变形或泄漏等严重缺陷。

④瓶体的温度是否有异常升高的迹象。

(4) 气体充装记录。充装单位应由专人负责填写气体充装记录，并妥善保管以备查考，记录保存时间不应少于半年。记录的内容至少应包括充气日期、瓶号、室温（或储气罐内气体实测温度）、充装压力、充装起止时间、有无发现异常情况等。

2. 液化气体气瓶的充装

液化气体气瓶的充装，除应符合气体充装的一般安全要求外，重点应防止充装过量和气体泄漏。

(1) 防止超量充装。所谓超量充装是指液化气体的装瓶量超过了按气瓶实际容积（L，升）与充装系数（以每升容积的千克数计）的乘积，或超过了瓶体所标注的公称容量的允许偏差。为防止液化气瓶充装过量，应遵守下列各项规定：

①充装计量用衡器的最大称量值不得大于气瓶质量（包括自身质量与装液质量）的3倍。衡器应按有关规定，定期进行校验，并且至少在每天使用前校正一次。

②充装前应认真计算核对充装量（气瓶容积乘充装系数）和实瓶质量（充装量加气瓶净质量）。

③气瓶的质量标志不清或经磨损而难以确认者不准充装。

④液化气体的充装量包括瓶内原有的残余气（液），不得把余气的质量忽略不计。

⑤不应用储罐减量法（即按液化气体储罐原有的质量减去装瓶后储罐的剩余质量）来确定气瓶的充装量。

⑥发现气瓶充装过量时，应及时将超量部分抽出，不准不作处理。

⑦气瓶充装后应由专人负责检查，核对充装量，防止超装的气瓶出厂。

（2）加强密封性检查。加强对充装系统和气瓶的密封性检查，以防止充装人员和用户中毒或火灾事故的发生。防漏检查应遵守以下各项规定：

①充装前应确认充装系统中管路、管件及气瓶和附件密封性能良好，新投入使用的系统管路及气瓶气密性试验合格。

②各种气体应按各自规定的充装速度和充装压力进行充装。

③充装过程中，应根据所装气体的特性采取特有的检漏方法，检查充装系统的渗漏情况，发现渗漏，应停止充装，进行处理。

④充装后的气瓶，应逐只进行检漏出厂。

石油液化气的充装量，因石油液化气组分差异较大，不易用充装系数来计量和控制，而以气瓶型号中用数字表明的公称容量（以千克计）来作为其最大充装量。

3. 乙炔气瓶的充装

乙炔是一种在化学性质上极不稳定的气体，特别是在压力较高的状态下，更容易发生聚合或分解反应。用气瓶充装乙炔，不能像充装永久气体那样，压缩充装。因为乙炔如果加压到一个大气压（表压）以上时，即使没有氧气或空气等助燃剂，也有可能发生爆炸。乙炔也不能像液化气体那样，经加压液化后装瓶，因为液化后的乙炔，遇到稍微的能量，如碰撞或振动等，就会引起爆炸，所以乙炔只能以溶解于溶剂中的状态装瓶。

丙酮是目前最为常用的一种溶剂，它具有乙炔溶解量大、化学性能稳定、价格比较便宜等优点，但用丙酮溶解乙炔，不能将丙酮装入空瓶内，因为这会给气体的充装和使用带来很大的麻烦，例如必须不断地搅拌溶剂等。

为便于乙炔的充装和使用，乙炔瓶内装有多孔性填料（现在通用的是硅酸盐固化物，过去也有用活性炭的），溶剂则充入填料的孔隙中。其目的是利用多孔性填料的微孔结构来分散溶解在溶剂中的乙炔，防止其发生分解或聚合反应，不致造成气瓶爆炸。

乙炔是以加压的方式进行充装的，装瓶后的乙炔溶解于溶剂中。加压充装的目的，是在保证安全的基础上，增大乙炔的充装量，因为丙酮中的乙炔溶解量，随着压力的升高而明显增加。

乙炔的充装过程，实质上就是乙炔在加压条件下溶解于丙酮的过程。因此，在充装过程中，瓶内丙酮的储存量、乙炔的充装量，以及充气速度等都关系着乙炔气瓶的安全问题。

从国内外大量乙炔充装事故来看，多是充装站着火爆炸事故，例如，1985 年 4 月河北省唐山市某电厂的乙炔站爆炸；1986年2月，北京某电石厂乙炔站爆炸等。其原因是乙炔瓶在充装过程中常有泄漏现象，例如夹具没装好，瓶阀出气口密封垫损坏等造成漏气。漏出的乙炔气与充装室内的空气组合成可爆性混合气体，这种气体可以在很小的点燃能量（0.02 mJ）下引爆，铁器碰击产生的火花，甚至是人体衣服摩擦产生的静电都足以导致着火爆炸事故，所以在乙炔气的充装过程中必须特别注意检查和防止泄漏。

（1）充装前的检查与准备。乙炔瓶在充装前除应按要求进行气瓶的外观检查和处理以外，重点是检查确定瓶内的剩余压力和溶剂补加量。

①乙炔瓶内必须留有足够的剩余压力，以防漏入空气。因此气瓶在充装前必须逐个用压力表测定其剩余压力，对剩余压力小于表4—3的乙炔气瓶，必须逐个分析瓶内剩余气体的纯度。

表4—3　乙炔气瓶剩余压力与环境温度关系

环境温度/℃	<0	0～15	15～25	25～40
剩余压力/MPa	0.05	0.1	0.2	0.3

②乙炔瓶内的溶剂在气瓶使用过程中，常常随着乙炔气体的放出而散失。因此气瓶充装前应逐个测定其实际质量，检查溶剂逸损情况，以确定其补加量。

气瓶补加溶剂后，必须对溶剂充装量进行复核。因为溶剂装得过少，瓶内气态乙炔增加，压力会不正常，容易发生事故；装得过多，安全空间减少，气瓶会产生“液压”现象，也易发生事故。对于公称容积为40 L以上的气瓶，如果多装溶剂0.5 kg，或不足量超过3 kg者，应作为不合格气瓶处理。

（2）充装过程的安全事项。乙炔的充装，应遵守以下各项规定：

①乙炔瓶的充装，宜分次进行，每次充装后的静置时间应不少于8 h。

②乙炔的充气压力，在任何情况下都不得超过2.4 MPa。

③应严格控制充装速度，充灌时的气体体积流量应小于0.015 m^3/（h·L）（气瓶容积）。

④充气过程中，应用冷却水均匀地喷淋气瓶，以防乙炔温度过高产生分解反应，并加速乙炔在丙酮中的溶解，还可避免产生静电。

⑤随时测试充气气瓶的瓶壁温度，如壁温超过40℃，应停止充装，另行处理。

⑥充气过程中，应每隔一定时间仔细检查气瓶瓶阀出气口、阀杆及易熔合金塞等部位有无泄漏，发现漏气时必须妥善处理。

（3）充装后的检查。充装后的气瓶，先静置24 h，使其压力稳定，温度均衡，然后按下列规定进行检查，不合格的气瓶严禁出厂。

①用符合有关标准规定、并在检验有效期限内的衡器，逐只测定乙炔的充装量。

②从同一充装台充装的气瓶中，任意抽取乙炔瓶2个，分析瓶内乙炔纯度。如其中有1只气瓶的乙炔纯度低于98%，则应逐只作纯度分析。

③从同一充装台充装的气瓶中，任意抽取乙炔瓶2个，测定其充装压力。乙炔瓶的限定压力规定见表4—4。

表 4—4　　不同环境温度下乙炔瓶的限定压力

环境温度/℃	0	5	10	15	20	25	30	35	40
限定压力/MPa	1.03	1.18	1.35	1.52	1.70	1.90	2.11	2.32	2.55

④逐个检查乙炔瓶阀（包括压紧螺母密封处和活门）及其与瓶口连接处、瓶肩部的易熔合金塞等部位有无渗漏。发现有漏气时，必须妥善处理，否则严禁出厂。

（4）充装记录。乙炔气的充装及充装后的检验，均应按工艺要求认真填写充装记录。充装记录的内容至少应包括：充装日期、充装间室温、乙炔瓶编号、气瓶实际容积、净质量、实际质量、剩余压力、剩余乙炽量、溶剂补加量、充装后质量、乙炔充装量、静置后压力、溶解乙炔质量、操作者姓名、发生的问题及处理结果等。

4. 气瓶的储运

（1）气瓶在运输过程中易受到冲击和振动，使原有的缺陷发生破裂，间或瓶阀被撞断，引起大量可燃气体喷出，发生火灾及人身伤亡事故。因此，要防止气瓶在运输中剧烈振动和冲击，运输气瓶的车辆和工具要有安全标志。装车要妥善加以固定，气瓶的瓶帽和防振圈应配备齐全，装卸气瓶时应轻装轻卸。

（2）防止气瓶受热或着火。气瓶运输时不得长时间在烈日下暴晒；可燃气体气瓶、易燃品、油脂和沾有油污的物品，不得与氧气瓶同车运输；装有液化石油气的气瓶不应长途运输；运输气瓶的车辆严禁烟火，且应配备灭火器；运输有毒气体气瓶的车辆还应配备防毒用具。

（3）气瓶的储存应设专用仓库，按气瓶所装气体的不同种类分别储存。气瓶仓库应符合《建筑设计防火规范》的有关规定，应特别注意以下几点：

①气瓶库房不应设在建筑物的地下室和半地下室内。气瓶仓库与其他建筑物应保持一定的安全距离，特别要远离民宅和公共场所。

②气瓶库房应通风干燥，避免阳光直射，并严禁烟火。可燃液化气体气瓶库房应设有防止液化气流散的设施，仓库内不得有地坑、地沟、暗道等地下设施。

③仓库应是单层建筑，轻型屋顶，并有足够的泄压面积。

④可燃气体气瓶的仓库中照明及电器设备应为防爆型，仓库不在避雷保护区的必须装设避雷装置。

⑤仓库内的空瓶与实瓶应分开摆放，并有明显标志，限期储存的气瓶应单独码放，注明日期。

5. 气瓶的定期检验

各种气瓶必须定期进行技术检验。盛装惰性气体的气瓶，每五年检验一次；盛装一般性气体的气瓶，每三年检验一次；盛装腐蚀性介质的气瓶，每两年检验一次。气瓶在检验过程中，发现有严重腐蚀或损伤时，应提前进行检验。对于盛装剧毒介质的气瓶，在按照《气瓶安全监察规程》进行定期技术检验的同时，还应进行气密性试验。

第四节　压力管道安全知识

压力管道是化工生产中必不可少的重要部件，用以连接化工设备与机械，输送和控制流体介质，共同完成化工工艺过程。化工压力管道，内部介质多为有毒、易燃、具有腐蚀性的物料，由于腐蚀、磨损使管壁变薄，极易造成泄漏而引起火灾、爆炸事故。因此，在化工生产中压力管道的安全与其他特种设备一样，具有极其重要的作用。

一、压力管道概述

1. 定义

压力管道是指利用一定的压力，用于输送气体或者液体的管状设备。其输送物质范围规定为最高工作压力大于或等于0.1 MPa（表压）的气体、液化气体、蒸汽介质或者可燃、易爆、有毒、有腐蚀性、最高工作温度高于或者等于标准沸点的液体介质，压力管道公称直径大于25 mm。

2. 分类

按管道的设计压力可分为低压管道（0.1 MPa$\leqslant p<$1.6 MPa）、中压管道（1.6 MPa$\leqslant p<$10 MPa）、高压管道（$p\geqslant$10 MPa）。

按管道的材质可分为碳钢管、合金钢管、铸铁管、有色金属管等。

3. 管路的管件、阀门及连接

化工管路包括管子、管件和阀门。管件的作用是连接管子，使管路改变方向，延长、分路、汇流缩小或扩大等。阀门的作用是控制和调节流量。管道的连接包括管子与管子、管子与阀门及管件和管子与设备的连接。

（1）管路的管件。管件的种类较多，改变流体方向的管件有45°、90°弯头和回弯管。连接管路支路的管件有各种三通、四通等。改变管路直径的管件有大小头等。连接两管的管件有外牙管、内牙管等。堵塞管路的管件有管塞、管帽等。

（2）阀门。阀门的种类较多，按其作用分，有截止阀、止逆阀、减压阀及调节阀等；按阀门的形状和结构分，有闸阀、旋塞阀、针形阀及蝶形阀等。截止阀又叫球形阀，用于调节流量，它启闭缓慢，是各种管道上常用的阀门。止逆阀又叫单向阀，当工艺管道只允许流体向一个方向流动时，就需要使用止逆阀。减压阀的作用是自动地将高压流体按工艺要求减压为低压流体，一般经减压后的压力要低于阀前压力的50%，通常用于蒸汽和压缩空气管道上。闸阀又称闸板阀，它利用闸板的起落来开启和关闭阀门，并通过闸板的高度来调节流量。闸阀广泛应用于各种压力管道上，但由于其闭合面易磨损，故不宜用于腐蚀性介质的管道。旋塞阀又叫考克，是利用旋塞孔和阀体孔两者的重合程度来截止和调节流量的，它启闭迅速，经久耐用，但由于摩擦面大，受热后旋塞膨胀，难以转动，不能精确调节流量，故只适用于压力小于1.0 MPa和温度不高的管道上。针形阀的结构与球形阀相似，只是将工艺阀盘做成锥形，阀盘与阀座接触面积大，密封性能好，易于启闭，特别适用于高压操作和精度调节流量的管道。

（3）管路的连接。常用的管路连接方式有三种：法兰连接、螺纹连接和焊接。无缝钢管一般采用法兰连接或管子间的焊接；水煤气管只用螺纹连接；玻璃钢管大多采用活套法兰连接。小口径管道和低压管道一般采用螺纹连接，其形式又分为固定螺纹连接和卡套连接两种。大口径管道、高压管道和需要经常拆卸的管道，常用法兰连接。用法兰连接管路时，必须加上垫片，以保证连接处的严密性。

二、压力管道的安全使用管理

压力管道的使用单位，应对其安全管理工作全面负责，防止因其泄漏、破裂而引起中毒、火灾或爆炸事故。

（1）贯彻执行《压力管道安全管理与监察规定》及压力管道的技术规范、标准，建立、健全本单位的压力管道安全管理制度。

（2）压力管道及其安全设施必须符合国家有关规定。

（3）应有专职或兼职专业技术人员负责压力管道安全管理工作；压力管道的操作人员和压力管道的检验人员必须经过安全技术培训。

（4）按规定对压力管道进行定期检验，并对其附属的仪器仪表、安全保护装置、测量调控装置等定期校验和检修。

（5）建立压力管道技术档案，并到单位所在地（市）级质量技术监督行政部门登记。

（6）对输送可燃、易爆或有毒介质的压力管道，应建立巡回线检查制度，制定应急措施和救援方案，根据需要建立抢救队伍，并定期演练。

（7）对事故隐患应及时采取措施进行整改，重大事故隐患应以书面形式报告主管部门和质量技术监督行政部门。

（8）按有关规定及时如实向主管部门和当地质量技术监督行政部门等有关部门报告压力管道事故，并协助做好事故调查和善后处理工作，认真总结经验教训，采取相应措施，防止事故重复发生。

三、压力管道安全技术

压力管道造成泄漏而引起火灾、爆炸事故在化工行业常有发生，其原因主要是介质腐蚀磨损使管壁变薄。因此，防止压力管道事故，应从防腐蚀入手。

1. 管道的腐蚀及预防

工业管道的腐蚀以全面腐蚀最多，其次是局部腐蚀和特殊腐蚀。遭受腐蚀最为严重的装置通常为换热设备、燃烧炉的配管。

（1）工业管道的腐蚀一般易出现在以下部位，需特别予以关注：

①管道的弯曲、拐弯部位，流线型管段中有液体流入而流向又有变化的部位。

②在排液管中经常没有液体流动的管段易出现局部腐蚀。

③产生汽化现象时，与液体接触的部位比与蒸汽接触的部位更易遭受腐蚀。

④液体或蒸汽管道在有温差的状态下使用，易出现严重的局部腐蚀。

⑤埋设管道外部的下表面容易产生腐蚀。

(2) 防止管道腐蚀应从三个方面入手

①设计足够强度的管道，管道设计应根据管内介质的特性、流速、压力、管道材质、使用年限等，计算出介质对管材的腐蚀速率，在此基础上选取适当的腐蚀裕度。

②合理选择管材，即依据管道内部介质的性质，选择对该种介质具有耐腐蚀性能的管道材料。

③采用合理的防腐蚀措施，如采用涂层防腐、衬里防腐、电化学防腐及使用缓蚀剂等。其中用得最为广泛的是涂层防腐，涂料涂层防腐最常见。

2. 管道的绝热

工业生产中，由于工艺条件的需要，很多管道和设备都要加以保温、保冷和加热保护，均属于管道和设备的绝热。

(1) 保温保冷。管道、设备在控制或保持热量的情况下应予保温、保冷。介质因为日晒或外界温度过高而引起蒸发的管线、设备应予保温。对于温度高于65℃的管道、设备，如果工艺不要求保温，但为避免烫伤，在操作人员可能触及的范围内也应保温。低温介质因为日晒或外界温度过高会引起冷损失的管线、设备应予保冷。

(2) 加热保护。对于连续或间断输送具有下列特性流体的管道，应采取加热保护：凝固点高于环境温度的流体管道；流体组分中能形成有害操作的冰或结晶；含有 H_2S、HCl、Cl_2等气体，能出现冷凝或形成水合物的管道；在环境温度下黏度很大的介质。加热保护的方式有蒸汽伴管、夹套管及电热带三种。

(3) 绝热材料。无论是管道保温、保冷，还是加热保护，都离不开绝热材料。材料的导热系数越小、单位体积的质量越大、吸水性越低，其绝热性能就越好。此外，材质稳定，不可燃，耐腐蚀，有一定的强度也是绝热材料所必备的条件。工业管道常用的绝热材料有毛毡、石棉、玻璃棉、石棉水泥、岩棉及各种绝热泡沫塑料等。

第五节 泵的操作安全知识

泵是输送液体的机械，其种类虽然多种多样，但基本上可以分为容积泵、叶片泵、喷射泵三大类型。容积泵、叶片泵和喷射泵分别依靠工作室容积的间歇改变、工作叶轮的旋转运动和工作液体的能量，达到输送液体的目的。容积泵又称作往复泵，叶片泵则包括离心泵和轴流泵。本节只介绍用得较多、易发生故障的往复泵和离心泵。

一、往复泵操作安全

1. 安全操作

(1) 泵在启动前必须进行全面检查，检查的重点是：盘根箱的密封性、润滑和冷却系统状况、各阀门的开关情况、泵和管线各连接部位的密封情况等。

(2) 盘车数周，检查是否有异常声响或阻滞现象。

（3）具有空气室的往复泵，应保证空气室内有一定体积的气体，应及时补充损失的气体。

（4）检查各安全防护装置是否完好、齐全，各种仪表是否灵敏。

（5）为了保证额定的工作状态，对蒸汽泵通过调节进汽管路阀门改变双冲程数；对动力泵则调节电动机转速或其他装置。

（6）泵启动后，应检查各传动部件是否有异常响声，泵负荷是否过大，一切正常后方可投入使用。

（7）泵运转时突然出现不正常，应停泵检查。

（8）结构复杂的往复泵必须按制造厂家的操作规程进行启动、停泵和维护。

2. 故障处理

往复泵的故障原因及处理方法见表 4—5。

表 4—5　往复泵的故障原因及处理方法

故障	原因	处理方法
不吸水	吸入高度过大 底阀的过滤器被堵或底阀本身有毛病 吸入阀或排出阀泄漏太厉害 吸入管路阻力太大 吸入管路漏气严重	降低吸入高度 清理过滤器或更换底阀 修研或更换吸入阀或排出阀 清理吸入管，吸入管减少弯头或加大弯头曲率半径，更换成较粗的管线 处理好漏气处
流量低	泵缸活塞磨损 吸入阀或排出阀泄漏 吸入管路漏气严重	更换活塞或活塞环 更换吸入阀、排出阀 处理漏气处
压力不足	泵缸活塞环及阀泄漏 动力不足，转动部分有故障（动力泵） 蒸汽不足，蒸汽部分漏气（蒸汽泵）	更换活塞环，修研或更换阀 处理转动部分故障 提高蒸汽压力，处理漏气处
蒸汽耗量大	蒸汽缸活塞环漏气 盘根箱漏气	更换蒸汽缸活塞环 更换盘根
有异常响声	冲程数超过规定数 阀的举高过大 固定螺母松动 泵内掉入杂物 吸入空气室空气过多排出，空气室空气太少	调整冲程数 修理阀 紧固螺母 停泵检查，取出杂物 调整空气室的空气量
零件发热	润滑油不足 摩擦面不干净	检查润滑油油质和油量，更换新油 修研或清洗摩擦面

二、离心泵操作安全

1. 安全操作

（1）开泵前，检查泵的进排出阀门的开关情况，泵的冷却和润滑情况，压力表、温度计、流量表等是否灵敏，安全防护装置是否齐全。

（2）盘车数周，检查是否有异常声响或阻滞现象。

（3）按要求进行排气和灌注。如果是输送易燃、易爆、有毒介质的泵，在灌注、排气时，应特别注意勿使介质从排气阀内喷出。如果是易腐蚀介质，勿使介质喷到电机或其他设备上。

（4）应检查泵及管路的密封情况。

（5）启动泵后，检查泵的转动方向是否正确。当泵达到额定转速时，检查空负荷电流是否超高。当泵内压力达到工艺要求后，立即缓慢打开出口阀。泵开启后，关闭出口阀的时间不能超过 3 min。因为泵在关闭排出阀运转时，叶轮所产生的全部能量都变成热能使泵变热，时间一长有可能把泵的摩擦部位烧毁。

（6）停泵时，应先关闭出口阀，使泵空转，然后停下原动机，关闭入口阀。

（7）泵运转时，应经常检查泵的压力、流量、电流、温度等情况，应保持良好的润滑和冷却，应经常保持各连接部位、密封部位的密封性。

（8）如果泵突然出现异声、振动、压力下降、流量减小、电流增大等不正常情况，应停泵检查，找出原因后再重新开泵。

（9）结构复杂的离心泵必须按制造厂家的要求进行启动、停泵和维护。

2. 故障处理

离心泵的故障原因及处理方法见表 4—6。

表 4—6　**离心泵的故障原因及处理方法**

故障	原因	处理方法
泵启动后不供液体	气未排净，液体未灌满泵 吸入阀门不严密 吸入管或盘根箱不严密 转动方向错误或转速过低 吸入高度大 盘根箱密封液管闭塞 过滤网堵塞	重新排气、灌泵 修研或更换吸入阀 更换填料，处理吸入管泄漏处 改变电动机接线，检查处理原动机 检查吸入管，降低吸入高度 检查、清洗密封管 检查、清理过滤网
启动时泵的负荷过大	排出阀未关死或内漏 从平衡装置引出液体的管道堵塞 叶轮平衡盘装得不正确 电动机短相	开泵前关闭排出阀，修研或更换排出阀 检查和清洗平衡管 检查和清除不正确的装配 检查电动机接线和熔丝
在运转过程中流量减小	转速降低 有气体进入吸入管或泵内 压力管路中阻力增加 叶轮堵塞 密封环、叶轮磨损	检查原动机 检查入口管，消除泄漏 检查阀门、管路、过滤器等可能堵塞处，并加以清理 检查和清洗叶轮 更换磨损的零部件

续表

故障	原因	处理方法
在运转过程中压力降低	转速降低 液体中含有气体 压力管破裂 密封环磨损或损坏，叶轮损坏	检查原动机，消除故障 检查和处理吸入管泄漏处，压紧或更换盘根，将气排出 关小排出阀，处理排气管泄漏处 更换密封环或叶轮
原动机过热	转速超过额定值 泵的流量大于许可流量而压力低于额定值 原动机或泵发生机械损坏	检查原动机，消除故障 关小排出阀门 检查、修理或更换损坏的零部件
发生振动或异响	机组装配不当 叶轮局部堵塞 机械损坏，泵轴弯曲，转动部分咬住，轴承损坏 排出管和吸入管紧固装置松动 吸入高度太大，发生汽蚀现象	重新装配、调整各部间隙 检查、清洗叶轮 检查或更换损坏的零部件 加固紧固装置 停泵，采取措施降低吸入高度

第六节　压缩机安全操作技术

压缩机可分为往复式压缩机、离心式压缩机和轴流式压缩机。往复式压缩机依靠活塞的往复运动达到对气体压缩的目的。离心式压缩机由蜗壳、叶轮、机座等组成，依靠离心力的作用压缩气体，达到输送气体的目的。轴流式压缩机也称作轴流风机，是通过旋转的叶片对气体产生推升力，使气体沿着轴向流动，产生压力，达到输送气体的目的。

一、压缩机操作中的危险因素

1. 机械伤害

压缩机的轴、联轴器、飞轮、活塞杆、带轮等裸露运动部件可造成对人的伤害。零部件的磨蚀、腐蚀或冷却、润滑不良及操作失误，超温、超压、超负荷运转，均有可能引起断轴、烧瓦、烧缸、烧填料、零部件损害等重大机械事故。这不仅造成机械设备损坏，对操作者和附近的人也会构成威胁。

2. 爆炸和着火

输送易燃、易爆介质的压缩机，在运转或开停车的过程中极易发生爆炸和着火事故。这是因为气体在压缩过程中温度和压力升高，使其爆炸下限降低，爆炸危险性增大；同时，温度和压力的变化，易发生泄漏。处于高温、高压的可燃介质一旦泄漏，体积会迅速膨胀并与空气形成爆炸性气体，加上泄漏点漏出的气体流速很高，极易在喷射口产生静电火花而导致着火爆炸。

3. 中毒

输送有毒介质的压缩机，由于泄漏、操作失误、防护不当等，易发生中毒事故。另外，在生产过程中对废气、废液的排放管理不善或违反操作规程进行不合理排放，操作现场通风、排气不好等，也易发生中毒。

4. 噪声危害

压缩机在运转时会产生很强的噪声。如空气鼓风机、煤气鼓风机、空气透平机等的工业噪声可达到 92～110 dB，大大超过国家规定的噪声标准，对操作者有很大危害。

5. 高温与中暑

压缩机操作岗位环境温度一般比较高，特别是夏季，常出现高温、高湿度、强热辐射的情况，影响人体的正常散热功能，引起体温调节障碍而中暑。

二、压缩机操作应遵守的安全原则

（1）时刻注意压缩机的压力、温度等各项工艺指标是否符合要求。如有超标现象应及时查找原因，及时处理。

（2）经常检查润滑系统，使之通畅、良好。所用润滑油的牌号必须符合设计要求。润滑油必须严格实行三级过滤制度，充分保证润滑油的质量。循环使用的润滑油，必须定期分析化验，并定期补加新油或全部更换，使润滑油的闪点、黏度、水分、杂质、灰分等各项指标保持在设计范围之内。采用循环油泵供油的，应注意油箱的油压和油位；采用注油泵自动注油的，则应注意各注油点的注油量。

（3）气体在压缩过程中会产生热量，这些热量是靠冷却器和气缸夹套中的冷却水带走的。必须保证冷却器和水夹套的水畅通，不得有堵塞现象。冷却器和水夹套必须定期清洗，冷却水温度不应超过 40℃。如果压缩机运转时，冷却水突然中断，应立即关闭冷却水入口阀，而后停机令其自然冷却，以防设备很热时，放进冷却水使设备骤冷发生炸裂。

（4）应随时注意压缩机各级出入口的温度。如果压缩机某段温度升高，则有可能是压缩比过大、活门坏、活塞环坏、活塞托瓦磨损、冷却或润滑不良等原因造成的。应立即查明原因，作相应的处理。如不能立即确定原因，则应停机全面检查。

（5）应定时（每 30 min）把分离器、冷却器、缓冲器分离下来的油水排掉。如果油水积蓄太多，就会带入下一级气缸。少量带入会污染气缸、破坏润滑，加速活塞托瓦、活塞环、气缸的磨损；大量带入则会造成液击，毁坏设备。

（6）应经常注意压缩机的各运动部件的工作状况。如有不正常的声音、局部过热、异常气味等，应立即查明原因，作相应的处理。如不能准确判断原因，应紧急停车处理。待查明原因，处理好后方可开车。

（7）压缩机运转时，如果气缸盖、活门盖、管道连接法兰、阀门法兰等部位漏气，需停机卸掉压力后再进行处理。严禁带压松紧螺栓，以防受力不均、负荷较大导致螺栓断裂。

（8）在寒冷季节，压缩机停车后，必须把气缸水夹套和冷却器中的水排净或使水在系统中强制循环，以防气缸、设备和管线冻裂。

(9) 压缩机开机前必须盘车。压缩可燃气体的压缩机开机前必须进行置换，分析合格方可开车。

第七节　起重机械安全技术

一、起重机械概述

起重机械是用来对物料进行起吊、运输、装卸和安装等作业以及对人员进行垂直运送的机械设备。起重机械以间歇、重复的工作方式，通过起重吊钩或其他吊具升起、下降或同时升降与运移重物。起重机械也是危险性较大，容易发生事故的特种设备，必须对其进行严格的安全管理。

1. 定义

起重机械是指用于垂直升降或垂直升降并水平移动重物的机电设备，其范围规定为额定起重量大于或等于 0.5 t 的升降机；额定起重量大于或者等于 1 t，且提升高度大于或者等于 2 m 的起重机和承重形式固定的电动葫芦等。

2. 化工行业常用的起重机械

在化工生产中起重机械主要用于工艺生产中物料的输送及设备修理时的吊装、拆卸。大量应用的是小型起重机械，如千斤顶、手拉葫芦、电动葫芦等；应用的大型起重机械主要有桥式起重机（也称“天车”）、臂架型起重机（如起重车、吊车）、升降机、电梯等；在化工设备安装和检修中，常用塔式起重机、桅杆式起重机等。

3. 起重机械的主要参数

(1) 额定起重量。指起重机械在各种情况下和规定的使用条件下，安全作业所允许的起吊物料连同可分吊具或索具质量的总和，单位为 t。

(2) 幅度。指旋转臂架型起重机的回转中心线与空载吊具铅直中心线之间的水平距离，单位为 m。

(3) 跨度。指桥架型起重机支承中心线（如运行轨道轴线）之间的水平距离，单位为米。

(4) 起升高度和下降深度。起升高度是指起重机械水平停车面至吊具允许最高位置的垂直距离，下降深度是指起重机械水平停车面至停车面以下吊具允许最低位置的垂直距离，单位为 m。

(5) 起重力矩。指幅度和相应的起吊载荷的乘积，单位为 N·m。这个参数综合了起重量和幅度两个因素，比较全面、准确地反映了臂架型起重机的起重能力和工作过程中的抗倾覆能力。

(6) 工作速度。包括起升速度、运行速度、变幅速度和回转速度。其中起升、运行、变幅速度的单位为 m/min，回转速度的单位为 rad/min。

二、起重机械的安全装置

起重机械对安全影响较大的零部件主要有滑轮和滑轮组、吊钩、钢丝绳、卷筒、减速装置及制动装置等。为保证起重机械的自身安全及操作人员的安全，各种类型的起重机械均设有安全防护装置，常见的防护装置有超载保护装置、缓冲器、极限位置限制器、防碰撞装置、防偏斜装置等。

1. 超载限制器

超载限制器是一种超载保护装置，其功能是当起重机超载时，使起升动作不能实现，从而避免过载。超载保护装置按其功能可分为自动停止型、报警型和综合型几种。额定起重量大于 20 t 的桥式起重机，大于 10 t 的门式起重机、装卸机、铁路起重机及门座起重机等均应设置超载限制器。

2. 力矩限制器

力矩限制器是臂架式起重机的超载保护装置，常用的有电子式和机械式等。当臂架式起重机的起重力矩大于允许极限时，会造成臂架折弯或折断，甚至还会造成起重机整机失稳而倾覆或倾翻。因此，履带式起重机、塔式起重机应设置力矩限制器。

3. 缓冲器

设置缓冲器的目的是吸收起重机或起重小车的运行动能，减缓运行到终点的起重机或主梁上的起重小车对止挡体的冲击力。因此，缓冲器应设置在起重机或起重小车与止挡体相碰撞的位置。在同一轨道上运行的起重机之间以及在同一起重机桥架上的两小车之间，也应设置缓冲器。

4. 极限位置限制器

上升极限位置限制器用于限制取物装置的起升高度。动力驱动的起重机，其起升机构均应装设上升极限位置限制器，以防止吊具起升至极限位置后继续上升，拉断起升钢丝绳。下降极限位置限制器在取物装置下降至最低位置时，能自动切断电源，使起升机构下降停止。运行极限位置限制器的功能是限制起重机或小车的运动范围，凡有轨道运行的各种类型起重机，均应设置运行极限位置限制器。

5. 防碰撞装置

当起重机运行到危险距离范围内时，防碰撞装置便发出警报，进而切断电源，使起重机停止运行，避免起重机之间的相互碰撞。

6. 防偏斜装置

大跨度的门式起重机和装卸桥应设置偏斜限制器、偏斜指示器或偏斜调整装置等，来保证起重机支腿在运行中不出现超偏现象，即通过机械和电气的连锁装置，将超前或滞后的支腿调整到正常位置，以防桥架被扭坏。跨度大于或等于 40 m 的门式起重机和装卸桥应设置偏斜调整和显示装置。

7. 夹轨器和锚定装置

夹轨器的工作原理是利用夹钳夹紧轨道头部的两个侧面，通过结合面的夹紧力将起重机固定在轨道上；锚定装置是将起重机与轨道基础固定，通常在轨道上每隔一段距离设置一个。露天工作的轨道式起重机，必须安装可靠的防风夹轨器或锚定装置，以防被大风吹走或吹倒而造成严重事故。

8. 其他安全装置

其他安全装置主要包括联锁保护装置、幅度指示器、水平仪、防止吊臂后倾装置、极限力矩限制、回转定位装置、风级风速报警器。

三、起重机械事故及原因分析

从事故统计资料看，吊物坠落、机体倾翻、挤压碰撞和触电，是起重机械最主要的事故类型。

1. 吊物坠落

吊物坠落造成的伤亡事故占起重伤害事故的比例最高，其中因吊索具有缺陷（如钢丝绳拉断、平衡梁失稳弯曲、滑轮破裂导致钢丝绳脱槽等）导致的事故最为严重；其次是吊装时捆扎方法不妥（如吊物重心不稳、绳扣结法错误等）造成的事故；再有就是因超载而导致的事故。

2. 机体倾翻

一种情况是由于操作不当（如超载、臂架变幅或旋转过快等）、支腿未找平或地基沉陷等原因使倾翻力矩增大，导致起重机倾翻；另一种情况是由于安全防护设施缺失或失效，在坡度或风载荷作用下，使起重机沿路面或轨道滑动而导致倾翻。

3. 挤压碰撞

一种情况是吊装作业人员在起重机和结构物之间作业时，因机体运行、回转挤压导致的事故，这种情况占挤压碰撞事故的比例最高；其次，由于吊物或吊具在吊运过程中晃动，导致操作者高处坠落或击伤造成的事故；再次，被吊物件在吊装过程中或摆放时倾倒造成的事故。

4. 触电

绝大多数发生在使用移动式起重机的作业场所，且多发生在起重机外伸、变幅、回转过程中。尤其在建筑工地或码头上，起重臂或吊物意外触碰高压架空线路的机会较多，容易发生触电事故，或由于与高压带电体距离过近，感应带电而引发触电事故。此外，司机与维修人员在进入桥式起重机驾驶室前爬梯时，因触及动力线路也会导致触电。

四、起重吊运的基本安全要求

（1）每台起重机械的司机，都必须经过专门培训，考核合格后，持有操作证才准予上岗操作。

（2）司机接班时，应检查制动器、吊钩、钢丝绳和安全装置，发现不正常，应在操作前排除。

（3）开车前，必须鸣铃或报警。确认起重机上或周围无人时，才能闭合主电源。闭合主电源前，应使所有控制器手柄置于零位。

(4) 流动式起重机，工作前应按说明书的要求平整停机场地，牢固可靠地打好支腿。

(5) 操作应按指挥信号进行。起重指挥人员发出的指挥信号必须明确，符合标准。动作信号必须在所有人员退到安全位置后发出。听到紧急停车信号，不论是何人发出，都应立即执行。

(6) 工作中突然断电时，应将所有的控制器手柄扳回零位；在重新工作前，应检查起重机动作是否都正常。

(7) 吊重物接近或达到额定起重量时，吊运前应检查制动器，并用小高度（200～300 mm)、短行试吊后，再平稳地吊运；吊运液态金属、有害液体及易燃、易爆物品时，也必须先进行小高度、短行程试吊。

(8) 不得在有载荷的情况下调整起升、变幅机构的制动器。起重机运行时，不得利用限位开关停车；对无反接制动机能的起重机，除特殊紧急情况外，不得打反车制动。

(9) 吊运重物不得从人头顶通过，吊臂下严禁站人。操作中接近人时，应有断续铃声或报警。

(10) 重物不得在空中悬停时间过长，且起落速度要平稳，非特殊情况下不得紧急制动和急速下降。

(11) 吊运重物时不准落臂；必须落臂时，应先把重物放在地上。吊臂仰角很大时，不准将被吊的重物骤然落下，防止起重机向一侧翻倒。

(12) 吊重物回转时，动作要平稳，不得突然制动。回转时，重物重量若接近额定起重量，重物距地面的高度不应太高，一般在 0.5 m 左右。

(13) 在厂房内吊运货物应走指定通道。在没有障碍物的线路上运行时，吊物（吊具）底面应吊离地面 2 m 以上；有障碍物需要穿越时，吊物（吊具）底面应高出障碍物顶面 0.5 m 以上。

(14) 无下降极限位置限制器的起重机，吊钩在最低工作位置时，卷筒上的钢丝绳必须保证有设计规定的安全圈数。

(15) 有下列情况之一时，司机不应进行操作：

①超载或物体重量不清时，如吊拔起重量或拉力不清的埋置物体，或斜拉斜吊等。

②信号不明确时。

③捆绑、吊挂不牢或不平衡，可能引起滑动时。

④被吊物上有人或浮置物时。

⑤结构或零件有影响安全工作的缺陷或损伤，如制动器或安全装置失灵、吊钩螺母防松动装置损坏、钢丝绳损伤达到报废标准时。

⑥工作场地昏暗，无法看清场地、被吊物情况和指挥信号时。

⑦重物棱角处与捆绑钢丝绳之间未加衬垫时。

⑧钢水（铁水）包装得过满时。

第八节　化工机械设备安全检修

在化工生产中，设备状况与企业生产效益密切相关，优质、高产、低耗、节能和安全都离不开完好的设备。设备维护保养不善，使用不当，必然要发生各种各样的事故，导致计划打乱乃至停产。跑、冒、滴、漏会导致损失资源，污染环境，恶化劳动条件。腐蚀、疲劳、蠕变等会造成设备破裂、爆炸，人员伤亡，财产损失。化工生产中的炉、塔、釜、器、机、泵以及罐、槽、池等大多是非定型设备，种类繁多，规格不一。要求操作人员和检修人员具有丰富的知识和技术，熟练掌握不同设备的结构、性能和特点。

化工生产的危险性决定了化工设备检修的危险性。化工设备和管道中大多残存着易燃、易爆、有毒的物质，化工抢修及检修又离不开动火、动土、进罐入塔等作业，故客观上具备了发生火灾、爆炸、中毒、化工灼烧等事故的条件，稍有疏忽就会发生重大事故。据统计资料表明，化工单位发生的事故中，停车检修作业或抢修作业中发生的事故占有相当大的比例。

化工设备的检修应由操作人员和检修人员交接配合，共同完成。因此，化工操作人员掌握设备检修的相关安全知识和技术是十分必要的。

一、检修前的准备

1. 成立检修指挥部

大修、中修时，为了加强停车检修工作的集中领导和统一计划，确保停车检修的安全顺利进行，检修前要成立检修指挥部。企业主要负责人为总指挥，主管设备、生产技术、人事保卫、物资供应及后勤服务等的负责人为副总指挥，工作人员为机动、生产、劳资、供应、安全、环保、后勤等部门的代表。针对装置检修项目及特点，指挥部成员应明确分工，分片包干，各司其职，各负其责。

2. 制订检修方案

无论是全厂性停车大检修、系统或车间的检修，还是单项工程或单个设备的检修，在检修前均须制定装置停车、检修、开车方案及其安全措施。

安全检修方案主要内容应包括检修时间、设备名称、检修内容、质量标准、工作程序、施工方法、起重方案、采取的安全技术措施，并明确施工负责人、检修项目安全员、安全措施的落实人等。方案中还应包括设备置换、吹洗、盲板抽堵流程示意图等。尤其要制定合理工期，确保检修质量。检修方案及检修任务书必须得到审批，全厂性停车大检修、系统或车间的大中修，以及生产过程中的抢修，应由总工程师（副总工程师）或厂长或机动设备部门主管审批；单项工程或单个设备的检修，由机动设备部门审批。审批部门对检修过程中的安全负责。

3. 检修前的安全教育

检修前，检修指挥部负责向参加检修的全体人员（包括外单位人员、临时工作人员等）进行检修技术方案交底，使其明确检修内容、步骤、方法、质量标准、人员分工、注意事项、存在的危险因素和由此而采取的安全技术措施等，达到分工明确、责任到人。同时还要组织检修人员到检修现场，了解和熟悉现场环境，进一步核实安全措施的可靠性。检修人员经安全教育并考试合格取得“安全（作业）合格证”后才能准许持证参加检修。安全教育内容主要包括：

（1）需检修部位的工艺特点、应注意的安全事项以及检修过程中可能存在或出现的不安全因素及对策。

（2）检修规程、安全制度、化工生产禁令。

（3）检修作业项目、任务、检修方案和检修安全措施。

（4）检修中已发生过的重大事故案例。

（5）检修各工种所使用的个体防护用具的正确使用和佩戴方法。

（6）检修人员必须遵守所在生产车间的安全规定，严禁乱动生产车间不需检修的生产设备、管道、阀门、仪表等安全要求。

（7）特种作业人员除学习上述安全内容外，还需进行本工种的专业安全教育培训。

4. 检修前的检查

装置停车检修前，应由检修指挥部统一组织，对停车前的准备工作进行一次全面的检查。检查内容主要包括检修方案、检修项目及相应的安全措施、检修机具和检修现场等。

二、装置停车后的安全处理

化工装置在停车后应进行盲板抽堵、设备吹扫、置换等工作。停车和吹扫置换工作进行的好坏，直接关系到装置的安全检修。因此，装置停车后的处理对于安全检修工作有着特殊的意义。

1. 盲板抽堵作业

检修设备和运行系统隔离的最保险的方法是将与检修设备相连的管道、管道上的阀门、伸缩接头可拆部分拆下，然后在管路侧的法兰上装设盲板。如果不可拆卸或拆卸十分困难，则应在和检修设备相连的管道法兰接头之间插入盲板。

抽堵盲板属于危险作业，须办理“盲板抽堵安全作业证”方可作业；高处抽堵盲板还应办理“高处安全作业证”。作业时应做好以下安全工作：

（1）制作盲板。根据阀门或管道的口径制作合适的盲板。

（2）现场管理。在易燃易爆场所作业时，作业地点 30 m 内不得有动火作业。工作照明应该使用防爆灯具，并应使用防爆工具。禁止使用铁器敲打管线、法兰等。在室内进行抽堵盲板作业时，必须打开门窗，或用符合安全要求的通风设备强制通风。在高处抽堵盲板作业时，确认安全可靠方准登高抽堵。

（3）泄压排尽。抽堵盲板前应仔细检查管道和检修设备的压力是否下降至规定值，余液是否排尽。在有毒气体的管道、设备上抽堵盲板时，非刺激性气体的压力应小于 26.66 kPa，刺激性气体的压力应小于 6.67 kPa，气体温度应低于 60℃。若温度、压力超过上述规定时，应有特殊的安全措施，并办理特殊的审批手续。

（4）器具和监护。抽堵可燃介质的盲板时，应使用铜质或其他撞击时不产生火花的工具。若必须用铁质工具时，应在其接触面上涂以石墨、黄油等不产生火花的介质。作业时应戴好隔离式防毒面具，并站在上风向。抽堵盲板应有专人监护，作业复杂、危险性大的场所，还应有消防队、医务人员到场。如涉及整个生产系统，生产调度人员和生产部门负责人必须在场。

（5）登记核查。抽堵盲板应有专人负责做好登记核查工作，以防漏抽、漏堵。抽堵多个盲板时，应按盲板位置图及盲板编号，由施工总负责人统一指挥作业。

2. 置换作业

为保证检修动火和设备内作业的安全，设备检修前内部的易燃、有毒气体应进行置换；酸碱等腐蚀性液体应该中和；为保证罐内作业安全和防止设备腐蚀，经过酸洗或碱洗后的设备，还应进行中和处理。

易燃、有毒有害气体的置换，大多采用蒸汽、氮气等惰性气体作为置换介质。也可采用“注水排气”法将易燃、有害气体压出，达到置换要求。设备经惰性气体置换后，若需要进入其内部工作，则事先必须用空气置换惰性气体，以防窒息。

（1）可靠隔离。被置换的设备，管道与运行系统相连处，除关紧连接阀门外，还应加上盲板，达到可靠隔离要求，并卸压和排余液。

（2）制订方案。置换前应制订置换方案，绘制流程图。根据置换和被置换介质密度不同，选择置换介质进入点和被转换置换介质的排出点，确定取样分析部位，以免遗漏，防止出现死角。操作人员须严格按照方案执行。

（3）置换要求。用注水排气法置换气体时，一定要保证设备内被水充满，所有易燃气体被全部排出。故一般应在设备顶部最高位置的接管口有水溢出，并外溢一段时间后，方可动火，严禁注水未满的情况下动火。用惰性气体置换时，设备内部易燃、有毒气体的排出，除合理选择排出点位置外，还应将排出气体引至安全场所。所需的惰性气体用量一般为被置换介质容积的三倍以上。被置换介质有滞留的性质或者其密度和置换介质相近时，还应注意防止置换的不彻底或者两种介质相混合。因此，置换作业是否符合安全要求，不能根据置换时间的长短或置换介质用量判断，而是依据气体分析化验结果是否合格。

（4）取样分析。在置换过程中应按照置换流程图上标明的取样分析点取样分析。

3. 设备清扫和清洗

经过置换等作业方法清除的沉积物，应用蒸汽、热水或碱液等采取蒸煮、溶解、中和等方法将沉积的可燃、有毒物质清除干净。

（1）人工揩擦或铲刮。对某些设备内部的沉积物可用人工揩擦铲刮的方法清除。进行此项作业时，设备应符合设备内作业安全规定。若沉积物是可燃物或酸性容器壁上的污物和残酸，则应用木质、铜质、铝质等不产生火花的铲、刷、钩等工具。若是有毒的沉积物，应做好个人防护，必要时戴好防毒面具后作业。应及时清扫并妥善处理铲刮下来的沉积物。

（2）用蒸汽或高压热水清扫。油罐的清扫通常采用蒸汽或高压喷射的方法清洗掉罐壁上的沉积物，但必须防止静电火花引起燃烧、爆炸。采用的蒸汽一般宜用低压饱和蒸汽，蒸汽和高压热水管道应用导线和槽罐连接起来并接地。用蒸汽或热水清扫后，入罐前应让其充分冷却，防止烫伤。油类设备管道的清洗可以用氢氧化钠溶液，用量为每千克水加入 80～120 g 氢氧化钠，用此浓度的碱液清洗几遍或通入蒸汽煮沸，然后将碱液放去，用水洗涤。溶解固体氢氧化钠时，应将碱片或碱碎块分批多次逐渐加入清水中，同时缓慢搅动，待全部碱块均加入溶解后，方可通蒸汽煮沸。绝不能先将碎碱块放入设备或管道内再加水。对汽油桶一类的油类容器，可以用蒸汽吹洗。

（3）化学清洗。为检修安全和防止设备的腐蚀、过热，对设备管道内的泥垢、油垢、水垢和铁锈等沉积物和附着物可以用化学清洗的方法除去。常用的有碱洗法，如在氢氧化钠溶液、磷酸钠、碳酸钠内加入适量的表面活性剂；酸洗法，如用盐酸加缓蚀剂、柠檬酸等有机酸清洗；还可用碱洗和酸洗交替等方法。对氧化铁类沉积物的清洗：如果设备内部有油垢时，先进行碱洗，然后清水洗涤，接着进行酸洗。对氧化铁、铜及氧化铜类沉积物清洗：沉积物中除氧化铁外还杂有铜或氧化铜等物质，仅用酸洗法不能清除，应先用氨溶液除去沉积物中的铜分，然后进行酸洗，因为铜和铜的氧化物和铁的氧化物大都呈现层叠状积附，故交替使用氨水和酸类进行清洗；如果铜或铜的氧化物积附较多，在酸洗时一定要添加铜离子封闭剂，以防因铜离子的电极沉积引起腐蚀。对硫化铁沉积物的清洗：在石油化工装置中大都积附氧化铁、硫化铁类沉积物，其中还含有少量油分，沉积物较为坚硬，清洗时，先加热到 300℃左右，时间为 2～3 h，使沉积物裂化，除去油分，然后再进行酸洗；加热时应控制温度，防止设备管道过热；酸洗时有硫化氢气体产生，必须另设管道处理，防止中毒。对碳酸盐类水垢的清洗：锅炉受热面上若结有碳酸盐水垢，可用盐酸加缓蚀剂的方法清洗。在配制酸洗液时应注意个人防护，酸洗液放入锅炉宜分两次，先灌入一半，若锅内作用不是很剧烈，则可将另一半灌入。打开锅筒上的放空阀（或其他阀门）以便使酸洗过程中产生的气体排出。采用化学清洗后的废液应予以处理方可排放。一般把废液进行稀释沉淀、过滤等，使污染物浓度降低到允许的排放标准后排放；或采用化学药品，通过中和、氧化、还原、凝聚、吸附以及离子交换等方法把酸性或碱性废液处理至符合排放标准后排放；或排入全厂性的污水处理系统，统一处理后排放。

三、检修中的特殊作业

1. 动火作业

动火作业指在禁火区进行焊接与切割作业及在易燃易爆场所使用喷灯、电钻、砂轮等进行可能产生火焰、火花和赤热表面的临时性作业。动火作业分为特殊危险动火作业、一级动火作业和二级动火作业三类。动火作业应办理动火证审批手续，落实安全措施。

化工生产设备和管道中的介质大多是易燃易爆物质，检修动火具有很大危险性，加强火种管理是化工企业防火防爆的一个重要环节。

动火作业安全要点：

(1) 审证。禁火区内动火应办理动火证的申请、审核和批准手续，明确动火的地点、时间、范围、动火方案、安全措施、现场监护人。没有动火证或动火手续不齐、动火证已过期不准动火；动火证上要求采取的安全设施没有落实不准动火；动火地点或内容更改时应重办审证手续，否则不准动火。进入设备内、高处进行动火作业，还要办理相关许可证。特殊危险动火作业和一级动火作业的“动火安全作业证”有效期为 24 h，二级动火作业的“动火安全作业证”有效期为 120 h。

(2) 联系。动火前要和生产车间、工段联系，明确动火的设备、位置。由生产部门指定人员负责动火设备的置换、扫线、清洗或清扫工作，并作书面记录。由审证的安全保卫部门通知邻近车间、工段或部门，提出动火期间的要求，如动火期间关闭门窗，不要进行放料，不要放空等。

(3) 拆迁。凡能拆迁到固定动火区或其他安全地方进行动火的作业不应在生产现场(禁火区)内进行，尽量减少禁火区内的动火工作量。

(4) 隔离。动火设备应与其他生产系统可靠隔离，防止运行中设备、管道内的物料泄漏入动火设备中，将动火地区与其他区域采用临时隔火墙等措施隔开，防止火星飞溅而引起事故。

(5) 移去可燃物。将动火地点周围 10 m 范围以内的一切可燃物，如溶剂、润滑油、未清洗的盛放过易燃液体的空桶、木柜、竹箩等转移到安全场所。

(6) 灭火措施。动火期间，动火地点附近的水源要保证充足，不能中断，动火现场准备好足够数量的适用灭火器具。在危险性大的重要地段动火，消防车和消防人员应到现场。

(7) 检查和监护。上述工作准备就绪后，根据动火制度的规定，厂、车间或安全保卫部门负责人现场检查。对照动火方案中提出的安全措施，检查是否落实，并再次明确落实现场监护人和动火现场指挥，交代安全注意事项。

(8) 动火分析。取样与动火间隔不得超过半小时，如果超过此间隔或动火作业中断时间超过半小时，必须重新取样分析。分析试样要保留到动火之后，分析数据应做记录，分析人员应在分析报告上签字。

(9) 动火。动火作业应由经安全考试合格的持特种作业上岗证的人员担任。

(10) 善后处理。动火结束后应清理现场，熄灭余火，做到不遗漏任何火种，切断动火作业所用的电源。

2. 动土作业

动土作业指挖土、打桩、地锚入土深度在 0.5 m 以上，地面堆放负重在 50 kg/m^2 以上，使用推土机、压路机等施工机械进行填土或平整场地的作业。

化工企业内外地下有用于动力、通信和仪表等不同用途、不同规格的电缆，有上水、下水、循环水、冷却水、软水和消防水等口径不一、材料各异的生产、生活用水管，还有煤气管、蒸汽管、各种化学物料管。电缆、管道纵横交错，编织成网。如果不明地下设施情况而进行动土作业，可能挖断电缆、击穿管道，造成人员伤亡或全厂停电等重大事故。因此，动土作业必须办理“动土安全作业证”，否则不准动土作业。

3. 设备内作业

进入化工区域内的各类塔、球、釜、槽、罐、炉膛、锅筒、管道、容器以及地下室、阴井、地坑、下水道或其他封闭场所内进行的作业称为设备内作业，常称罐内作业。化工检修及维护中的设备内作业十分频繁，和动火一样是危险性很大的作业。事前应办理“设备内安全作业证”方可作业。

设备内作业安全要点：

(1) 可靠隔离。进入设备内作业的设备必须和其他设备、管道可靠隔离，绝不允许其他系统中的介质进入检修的设备。

(2) 切断电源。有搅拌机等机械装置的设备，进行设备内作业前应把传动带卸下，启动机械的电机电源断开，如取下保险丝、拉下闸刀等，并上锁使其在检修中不能启动机械装置。还要在电源处挂上“有人检修，禁止合闸”的警告牌。

(3) 清洗和置换。凡用惰性气体置换过的设备，进入前必须用空气置换出惰性气体，并对设备内空气中的含氧量进行测定，氧含量应在18%～21%的范围。对设备进行清洗，使设备内有毒气体、可燃气体浓度符合《化工企业安全管理制度》的规定。涂漆、除垢、焊接等作业过程中能产生易燃、有毒、有害气体，作业时应加强通风换气，并加强取样分析。

(4) 设备外监护。设备内作业一般应指派两人以上做设备外监护。监护人应了解介质的理化性能、毒性、中毒症状和火灾、爆炸性；监护人应位于能经常看见设备内全部操作人员的位置，眼光不得离开操作人员；监护人除了向设备内作业人员递送工具、材料外，不得从事其他工作，更不准撤离岗位；发现设备内有异常时，应立即召集急救人员，设法将设备内人员救出。监护人应从事设备外的急救工作，即使没有人代替监护，监护人也不得自己进入设备内。凡进入设备内抢救的人员，必须根据现场的情况穿戴防护器具，决不允许不采取任何个人防护而冒险入设备救人。

(5) 用电安全。设备作业照明，使用的电动工具必须使用安全电压，若有可燃性物质存在，还应符合防爆要求。悬吊行灯时不能使导线承受张力，必须用附属的吊具来悬吊。行灯的防护装置和电动工具的机架等金属部分，应该用三蕊软线或导线等预先可靠接地。

(6) 个人防护。设备内作业前应使设备内及周围环境符合安全卫生要求。在不得已的情况下需戴防毒面具入罐作业，防毒面具务必在事前做严格检查，确保完好；并规定在罐内的停留时间，严密监护，轮换作业。当设备内空气中含氧量和有毒有害物质浓度均符合安全规定时，仍应正确穿戴相关劳动保护用品进入设备。

(7) 急救措施。根据设备的容积和形状、作业危险性大小和介质性质，作业前做好相应的急救准备工作。

(8) 升降机具。设备作业所用升降机具必须安全可靠。

(9) 防止疏漏。作业开始前有关部门负责人应检查各项安全措施的落实情况，作业罐的明显位置挂上“罐内有人作业”字样的牌子。作业结束，清除杂物，把所有的工具材料、垫板、梯子等都搬出设备外，防止遗漏在罐内。

4. 高处作业

距坠落基准面 2 m 及其以上，有可能坠落的高处进行的作业；距坠落基准面 2 m 以下，但在作业地段坡度大于 45°的斜坡下面，或附近有坑、井和有风雨袭击、机械振动的地方以及有转动机械或有堆放物易伤人的地段进行的作业，均称为高处作业。高处作业要办理“高处安全作业证”，方可作业。

高处作业安全要点：

(1) 作业人员。患有精神病、癫痫病、高血压、心脏病等疾病的人不准参加高处作业。工作人员饮酒、精神不振时禁止登高作业，患深度近视的人员也不宜从事高处作业。

(2) 作业条件。高处作业均须先搭脚手架或采取其他防止坠落的措施后方可进行。在没有脚手架或者没有栏杆的脚手架上工作，高度超过 1.5 m 时，必须使用安全带或采取其他可靠的安全措施。

(3) 现场管理。高处作业现场应设有围栏或其他明显的安全界标。除有关人员外，不准其他人在作业地点的下面通行或逗留。进入高处作业现场的所有工作人员必须戴好安全帽。高处作业应与地面保持联系，根据现场情况配备必要的联络工具，并指定专人负责联系。

(4) 防止工具材料坠落。高处作业时一律应用工具袋。较大的工具用绳拴牢在坚固的构件上，不准随便乱放。工作过程中除指定的、已采取防护围栏处或落料管槽可以倾倒废料外，严禁向下抛掷物料。

(5) 防止触电和中毒。脚手架搭建时应避开高压线。高处作业地点如靠近放空管，如发现有毒、有害气体排放，应按计划路线迅速撤离现场，并根据可能出现的意外情况采取应急安全措施。

(6) 注意结构的牢固性和可靠性。在槽顶、罐顶、屋顶等设备或建筑物、构筑物上作业时，除了临空一面装设安全网或栏杆等防护措施外，事先应检查其牢固可靠程度，防止失稳或破裂等可能出现的危险。严禁不采取任何安全措施，直接站在石棉瓦、油毛毡等易碎裂材料的屋顶上作业。若必须在此类结构上作业，应架设人字梯或铺上木板以防止坠落。

第五章　职业危害及防护

无论是工业发达国家还是发展中国家，无一例外地发生过不同程度的工伤事故和职业病。据 ILO（国际劳工组织）统计数据显示：近年来，全球发生各类事故 125 亿人次，死亡 110 万人，平均每秒有 4 人受到伤害，每 100 个死者中有 7 人死于职业事故；欧盟每年有 8 000 人死于事故和职业病，发展中国家每年有 21 万人死于职业事故，1.5 亿工人遭受职业伤害；各种事故和职业病造成的经济损失，相当于世界各国国民生产总值的 5%。我国职业危害状况十分令人担忧，改革开放 30 多年来，我国的国民经济发展速度举世瞩目，但与此同时由于经济发展的不平衡，高新技术和传统工业带来的职业危害及其后果也日益凸显，已经成为制约我国国民经济和社会文明进一步发展的因素之一。全国 50 多万个厂矿存在不同程度的职业危害，实际接触职业病危害的劳动者达 2 500 万人以上。我国政府对职工的职业健康非常重视，先后在职业卫生和职业病防治方面颁布了一系列的法律、法规文件。因此，了解和掌握危险化学品的各种危害及预防知识，对危险化学品从业人员来说，具有十分重要的意义。

第一节　职业卫生基础知识

一、职业卫生

1. 职业卫生

职业卫生又称劳动卫生，是劳动保护的重要组成部分，也是预防医学中的一个专门学科。它主要是研究劳动条件对劳动者（及环境居民）健康的影响以及对职业危害因素进行识别、评价、控制和消除，以保护劳动者的健康为目的的一门学科。

2. 职业卫生的研究对象

（1）研究和识别劳动生产过程中对劳动者及环境居民的健康产生不良影响的各种因素（职业危害因素），为改善劳动条件提出措施及卫生要求。

（2）研究和确定职业病及与职业有关疾病的病因，提出诊断标准和防治对策。

（3）研究和制定职业卫生法律、法规及标准，并付诸实施。

3. 职业卫生的基本任务

改善生产职业活动中的劳动环境，控制和消除有害因素对人体的危害，防止职业病的发生，以达到保护劳动者身体健康，提高劳动生产效率，促进生产发展的目的。

二、职业病范围

1. 概念

《中华人民共和国职业病防治法》（以下简称《职业病防治法》）中规定："职业病是指企业、事业单位和个体经济组织等用人单位的劳动者在职业活动中，因接触粉尘、放射性物质和其他有毒、有害因素而引起的疾病。"

2. 职业病的分类

目前，我国法定的职业病是由国务院卫生行政部门会同国务院劳动保障行政部门规定、调整公布的。据《职业病分类和目录》（国卫疾控发［2013］48号）的规定，我国职业病共分为十大类，132种。

（1）尘肺病13种：如矽肺、煤工尘肺、石棉肺、水泥工尘肺、电焊工尘肺等。

（2）职业性放射性疾病11种：如外照射急性、亚急性、慢性放射病，放射性皮肤病等。

（3）职业性化学中毒60种：如铅、苯、汞、锰、有机磷农药中毒等。

（4）物理因素所致职业病7种：如中暑、高原病等。

（5）职业性传染病5种：如布鲁氏菌病、森林脑炎等。

（6）职业性皮肤病9种：如接触性皮炎、光敏性皮炎、电光性皮炎等。

（7）职业性眼病3种：如职业性白内障、电光性眼炎等。

（8）职业性耳鼻喉口腔疾病4种：如噪声聋、铬鼻病等。

（9）职业性肿瘤11种：如苯所致的白血病、石棉所致的肺癌、间皮瘤等。

（10）其他呼吸系统疾病6种：如职业性哮喘、棉尘病、过敏性肺炎等（注：与尘肺病归为一类）。

（11）其他职业病3种：如金属烟热、煤矿井下工人滑囊炎等。

3. 职业病的特点

职业病是由于职业有害因素作用于人体的强度和时间超过一定限度，人体不能代偿而造成的功能性或器质性病理改变，从而出现相应的临床表现，影响劳动力。职业病具有五个特点：

（1）病因明确。职业病都有明确的致病因素即职业有害因素，消除该有害因素后，可以完全控制职业病的发生。

（2）发病具有接触反应关系，大多数病因是可以通过监测手段衡量的，接触和效应指标之间有明确的剂量—反应关系。

（3）发病具有聚集性。在不同的接触人群中，常有不同的发病群体。

（4）可以预防。如能早诊断，合理处理，预后较好。

（5）大多数职业病目前尚缺乏特效治疗手段，因此保护职业人群的预防措施显得格外重要。

三、职业病的预防

在新建、扩建、改建厂房，或采用新工艺、使用新原料前，应认真考虑预防职业病的问题，认真做好卫生设计工作，对已投产的厂房应从以下措施着手。

1. 生产技术

大搞技术革新、工艺改造。这是预防职业病的重要途径，从根本上改善劳动条件，控制和消除某些职业性毒害；开展废气、废水和废渣的综合利用，变“三废”为“三宝”，不仅可回收化工原料，而且大大减少毒物的危害。

2. 技术措施

增加通风排气设备，对少数高毒物质，必须严格密闭、隔离式操作，以避免或减少直接接触。

3. 预防措施

建立劳动卫生职业病防治网。由各级领导负责，有关方面大力协作，建立一个专业防治机构以及劳动保护专职人员组成的防护网，开展职业病的防治工作。建立空气中毒物浓度测定制度，定期测定，以提供改进预防措施的依据。建立工作前体检、定期体检制度。定期体检目的在于早期发现毒物对人体的影响，早期诊断，早期治疗。

4. 合理使用个人防护用品

使用个人防护用品是预防职业中毒的一种辅助措施，个人防护用品包括：防护服、口罩、面具、袖套、眼镜等。

四、职业卫生的三级预防原则

职业卫生属于预防医学的范畴，其工作应遵循预防医学的三级预防原则。

1. 一级预防

不接触职业危害因素的损害。采取措施改进生产工艺、生产过程及治理作业环境的职业危害因素，使劳动条件达到国家标准，创造对劳动者的健康没有危害的生产劳动环境。

2. 二级预防

在一级预防达不到要求，职业危害因素已经开始损及劳动者健康的情况下，应尽早地发现职业危害作业点及职业病病症，对接触职业危害因素的职工进行定期身体检查，以便及早发现问题和病情，迅速采取补救措施。

3. 三级预防

对已患职业病者，正确诊断，及时处理，及时调离有害作业岗位，积极给予综合治疗和康复治疗，防止恶化，以恢复健康。

五、职业病患者的确认和待遇

职业病的诊断与职业病病人保障应按国家颁发的《职业病防治法》及其有关规定执行。凡被确诊患有职业病的职工，职业病诊断机构应发给《职业病诊断证明书》，享受国家规定的工伤保险待遇或职业病待遇。

职工被确诊患有职业病后其所在单位应根据职业病诊断机构的意见，安排其医治或疗养。在医治或疗养后被确认不宜继续从事原有害作业或工作的，应在确认之日起的两个月内将其调离原工作岗位，另行安排工作。

从事有害作业的职工，其所在单位必须为其建立健康档案。变动工作单位时，事先须经当地职业病防治机构进行健康检查，其检查材料装入健康档案。

各级工会组织有权监督检查患职业病的职工有关待遇的处理情况，对于不按国家规定处理，损害职工合法权益的单位，应出面进行交涉，直至代表职工本人向法院起诉。

第二节　职业中毒及防护

职业危害因素主要包括了化学性因素、物理性因素和心理性因素，而其中化学性因素中职业中毒最为广泛研究，也最为重视。在生产劳动过程中，由于接触生产性毒物所引起的中毒称为职业中毒。

一、职业中毒与防毒

1. 职业中毒的类型

(1) 急性中毒。急性中毒是由于在短时间内有大量毒物进入人体后突然发生的病变，具有发病急、快和病情重的特点。急性中毒可能在当班或下班几个小时内最多1～2天内发生，多数为生产事故或工人违反安全操作规程所引起的，所具有的危害主要有：

①对呼吸系统的危害：刺激性气体、有害蒸气、烟雾和粉尘等毒物，吸入后会引起窒息、呼吸道炎症和肺水肿等病症。

②对神经系统的危害：如四乙基铅、有机汞化合物、苯二硫化碳、环氧乙烷、甲醇及有机磷农药等，作用于人体会引起中毒性脑病、中毒性周围神经炎和神经衰弱症候。出现头晕、头痛、乏力、恶心、呕吐、嗜睡、视力模糊、幻视、视觉障碍、复视，出现植物神经失调以及不同程度的意识障碍、昏迷、抽搐等，甚至出现精神分裂、狂躁、忧郁等症。

③对血液系统的危害：如苯、硝基苯、苯肼等，作用于人体可导致白细胞数量变化、高血红蛋白和溶血性贫血。

④对泌尿系统的危害：如汞、四氯化碳等，作用于人体可引起急性肾小球坏死，造成肾损坏。

⑤对循环系统的危害：如锑、砷、有机汞农药、汽油、苯等，均可引起心律失常等心脏病症。

⑥对消化系统的危害：如经口的汞、砷、铅等中毒，均会引起严重恶心、呕吐、腹痛、腹泻等症；硝基苯、三硝基甲苯等会引起中毒性肝炎。

⑦对皮肤的危害：如二硫化碳、苯、硝基苯、萘等，会刺激皮肤，造成皮炎、湿疹、痤疮、毛囊炎、溃疡、皮肤干裂、瘙痒等症。

⑧对眼睛的危害：化学物质接触眼部或飞溅入眼部，可造成色素沉着、过敏反应、

刺激炎症、腐蚀灼伤等。

（2）慢性中毒。慢性中毒是指长时间内有低浓度毒物不断进入人体，逐渐引起的病变。慢性中毒的毒物作用于人体的速度缓慢，要经过较长的时间才会发生病变或出现症状，或长期接触少量毒物，毒物在人体内积累到一定程度引起病变或出现症状，如慢性铅、汞、锰等中毒。慢性中毒一般潜伏期比较长，发病缓慢，因此容易被忽视。由于慢性中毒病理变化缓慢，往往在短期内很难治愈。因此防治慢性中毒和防止急性中毒一样，是化工生产劳动保护职业中毒管理十分重要的内容。

慢性中毒依不同的毒物的毒性不同，造成的危害也不同。常见的慢性中毒引起的病症有中毒性脑脊髓损坏、神经衰弱、精神障碍、贫血、中毒性肝炎、肾衰、支气管炎、心血管病变、癌症、畸形、基因突变等。

（3）亚急性中毒。亚急性中毒介于急性与慢性中毒之间，病变较急性的时间长，发病症状较急性缓和的中毒，如二硫化碳、汞中毒等。

（4）亚临床型职业中毒。是指工业毒物在人体内蓄积至一定量，对机体产生了一定损害，但在临床表现上尚无明显症状和阳性体征，则称为亚临床型职业中毒。它是职业中毒发病的前期，在此期间若能及时发现，与毒物脱离接触，并进行适当疗养和治疗，可以不发病而很快恢复正常。

2. 职业中毒特点

职业中毒有明确的工业毒物职业接触史，包括接触毒物的工种、工龄，以及接触毒物的种类和方式等，都是有案可查的。职业中毒具有群发性的特点，即同车间同工种的工人接触某种工业毒物，若有人发现中毒，则可能会有多人发生中毒。职业中毒症状有特异性，即毒物会有选择性地作用于某系统或某器官，出现典型的系统症状。

慢性职业中毒发病慢，从开始接触毒物到发病要持续很长一段时间，而且症状是逐渐加重。急性职业中毒发病快，接触毒物后即有一定刺激症状，随即症状消失，经过并无明显症状的潜伏期，突然发生严重症状。多数职业中毒只要能早期诊断，及时恰当治疗，都可以做到预后良好。

3. 职业中毒诊断依据

职业中毒诊断要有职业史、劳动卫生调查、体格检查三方面的详细资料作为依据。

（1）职业史。职业史是职业中毒诊断的主要依据。职业史包括现在工种和既往工种，各工种起止年、月和专业工龄，接触毒物的种类、方式和接触剂量等。

（2）劳动卫生调查。劳动卫生调查包括工艺过程、生产方式、劳动环境、防毒措施、劳动组织等多方面的内容。对于工艺过程，包括其中的原料、中间体、产品以及其他毒物。对于生产方式，包括是敞开式还是封闭式，是连续生产还是间歇生产，是直接操作还是间接操作，以及机械化自动化程度。对于劳动环境，包括空气中毒物的平均、最低和最高浓度，以及符合最高允许浓度标准的合格率。对于防毒措施，包括防毒、排风、净化等。对于劳动组织，包括作业时间、倒班制度、轮休制度等。同时还要调查同车间、同工种职业中毒的发病情况，个人防护用品的种类和使用情况，以及个人卫生习惯等。

（3）体格检查。包括症状、体征和实验室检查。症状是患者本人自我感觉到的不适感。体征是医生通过望、闻、触、叩等物理检查能看到或感觉到的异常变化。实验室检查也是职业中毒诊断中不可缺少的手段。如测定尿汞、尿铅含量对汞中毒、铅中毒的诊断；测定全血胆碱酯酶活性对有机磷中毒的诊断；测定变性血红蛋白和变性珠蛋白小体，对苯的氨基硝基化合物中毒的诊断；通过X光片检查骨骼变化，对氟、磷中毒的诊断等。

4. 职业中毒的预防

生产性毒物的种类繁多，影响面大，职业中毒数约占职业病总数的五分之一，我国在职业中毒防治方面已取得巨大成就和可贵的经验。

预防职业中毒必须采取综合措施，分清主次，着重从探本上解决，而又不放松辅助性措施。防毒措施的具体办法多种多样，总体可以归纳为六个方面：组织措施、防毒技术措施、个体防护措施、提高机体抵抗力、安全卫生管理、环境监测与健康监护。“预防为主、防治结合”应是开展防毒工作的基本方针。

（1）组织措施

①严格执行有关法律法规、标准和规定。这些法律制度，集中反映了对防治急性职业中毒的要求，各部门和企业必须严格遵照执行。

②加强安全卫生管理，将预防急性职业中毒列入企业系统管理内容，各个环节都不应疏忽预防工作。其主要措施包括：建立安全操作规程并且加以严格实施，建立检修、清理安全作业程序，严格执行监控和监护制度，建立健全化学品安全管理制度。

③卫生宣教普及防毒知识，在有关人员中开展防毒知识的宣传，使人人懂得预防方法，自觉遵守防毒的规章制度和执行安全操作规程。同时，关心工人健康，使其培养成良好卫生习惯，对预防中毒能起到较好效果。

④建立群众性组织，开展群众性的防治工作。车间内可建立安全员和班组卫生员，并经常培训，内容包括防毒的常识，安全操作制度，使用和保养防护用品，以及急性中毒时的自救、互救知识。此外也应配置必需的急救设备，如冲洗皮肤和黏膜用的水龙头或用水、敷料器材、解毒药物、应急救援用的呼吸保护器等。

（2）防毒技术措施。防毒技术措施包括预防措施和净化回收措施两部分。预防措施是指尽量减少与工业毒物直接接触的措施；净化回收措施是指由于受生产条件的限制，仍然存在有毒物质散逸的情况下，可采用通风排毒的方法将有毒物质收集起来，再用各种净化法消除其危害。

①预防措施

a. 以无毒低毒的物料代替有毒高毒的物料。在化工生产中使用原料及各种辅助材料时，尽量以无毒、低毒物料代替有毒、高毒物料，尤其是以无毒物料代替有毒物料，是从根本上解决工业毒物对人体造成危害的最佳措施。例如采用无苯稀料（用抽余油代替苯及其同系物作为油漆的稀释剂）、无铅油漆［在防锈底漆中，用氧化铁红（Fe_2O_3）代替铅丹（Pb_3O_4）］、无汞仪表（用热电偶温度计代替水银温度计）等措施。

b. 改革工艺。改革工艺即在选择新工艺或改造旧工艺时，应尽量选用生产过程中不产生（或少产生）有毒物质或将这些有毒物质消灭在生产过程中的工艺路线。在选择工艺路线时，应把有毒无毒作为权衡选择的主要条件，同时要把此工艺路线中所需的防毒费用纳入技术经济指标中去。改革工艺大多是通过改动设备、改变作业方法、或改变生产工序等，以达到不用（或少用）、不产生（或少产生）有毒物质的目的。

c. 生产过程的密闭。防止有毒物质从生产过程散发、外逸，关键在于生产过程的密闭程度。生产过程的密闭包括设备本身的密闭及投料、出料，物料的输送、粉碎、包装等过程的密闭。如生产条件允许，应尽可能使密闭的设备内保持负压，以提高设备的密闭效果。

d. 隔离操作。隔离操作就是把工人操作的地点与生产设备隔离开来。可以把生产设备放在隔离室内，采用排风装置使隔离室内保持负压状态；也可以把工人的操作地点放在隔离室内，采用向隔离室内输送新鲜空气的方法使隔离室内处于正压状态。前者多用于防毒，后者多用于防暑降温。当工人远离生产设备时，就要使用仪表控制生产或采用自行调节，以达到隔离的目的。如生产过程是间歇的，也可以将产生有毒物质的操作时间安排在工人人数最少时进行，即所谓的“时间隔离”。

②净化回收措施。生产中采用一系列防毒技术预防措施后，仍然会有有毒物质散逸，如受生产条件限制使得设备无法完全密闭，或采用低毒代替高毒而并不是无毒等，此时必须对作业环境进行治理，以达到国家卫生标准。治理措施就是将作业环境中的有毒物质收集起来，然后采取净化回收的措施。

a. 通风排毒。对于逸出的有毒气体、蒸气或气溶胶，要采用通风排毒的方法收集或稀释。将通风技术应用于防毒，以排风为主。在排风量不大时可以依靠门窗渗透来补偿，排风量较大时则需考虑车间进风的条件。

通风排毒可分为局部排风和全面通风换气两种。局部排风是把有毒物质从发生源直接抽出去，然后净化回收；而全面通风换气则是用新鲜空气将作业场所中的有毒气体稀释到符合国家卫生标准。前者处理风量小，处理气体中有毒物质浓度高，较为经济有效，也便于净化回收；而后者所需风量大，无法集中，故不能净化回收。因此，采用通风排毒措施时应尽可能地采用局部排风的方法。

局部排风系统由排风罩、风道、风机、净化装置等组成。涉及局部排风系统时，首要的问题是选择排风罩的形式、尺寸以及所需控制的风速，从而确定排风量。

全面通风换气适用于低毒物质、有毒气体散发源过于分散且散发量不大的情况；或虽有局部排风装置但仍有散逸的情况。全面通风换气可作为局部排风的辅助措施。采用全面通风换气措施时，应根据车间的气流条件，使新鲜气流先经过工作地点，再经过污染地点。数种溶剂蒸气或刺激性气体同时散发于空气中时，全面通风换气量应按各种物质分别稀释至最高容许浓度所需的空气量的总和计算；其他有害物质同时散发于空气中时，所需风量按需用风量最大的有害物质计算。

全面通风量可按换气次数进行估算，换气次数即每小时的通风量与通风房间的容积之比。不同生产过程的换气次数可通过相关的设计手册确定。

对于可能突然释放高浓度有毒物质或燃烧爆炸物质的场所，应设置事故通风装置，以满足临时性大风量送风的要求。考虑事故排风系统的排风口的位置时，要把安全作为重要因素。事故通风量同样可以通过相应的事故通风的换气次数来确定。

b. 净化回收。局部排风系统中的有害物质浓度较高，往往高出容许排放浓度的几倍甚至更多，必须对其进行净化处理，净化后的气体才能排入大气中。对于浓度较高具有回收价值的有害物质应进行回收并综合利用、化害为利。具体的净化方法在此不再赘述。

③建筑布局卫生。不同生产工序的布局：不仅要满足生产的需要，而且要考虑卫生上的要求。有毒物逸散的作业，应设在单独的房间内；可能发生剧毒物质泄漏的生产设备应隔离。使用容易积存或被吸附的毒物（如汞）或能发生有毒粉尘飞扬的工房，其内部装饰应符合卫生要求，例如，地面、墙壁要光滑、无缝隙等。

(3) 个体防护措施。搞好个体防护与个人卫生，对于预防职业中毒虽不是根本性措施，但在许多情况下起着重要作用。

①防护服装。除普通工作服外，对某些特殊作业工人尚需提供特殊质地或样式的防护服。接触剧毒或经皮进入能力强的化学物的工人，尚应提供衬衣；接触局部作用强或经皮中毒危险性大的物质的工人，要提供相应质地的防护手套；对毒物溅入眼内有灼伤危险的作业，应给工人提供防护眼镜。

②防护面具。包括防毒口罩与防毒面具。有毒物质呈粉尘、烟、雾形态时，可使用机械过滤式防毒口罩；如呈气体、蒸气形态，则必须使用化学过滤式防毒口罩或防毒面具，而且不同型号防毒面具装填的滤料不同，一定的滤料只对一定类别的毒物有效，必须合理选用。在毒物浓度过高或氧气含量过低的特殊情况下，则要采用隔离式防护面具。

③个人卫生设施。应设置盥洗设备、淋浴室及存衣室、配备个人专用更衣箱。接触经皮吸收及局部作用危险性大的毒物，要有皮肤洗消和冲洗眼的设施。

(4) 提高机体抵抗力。合理实施有毒作业保健待遇制度，因地制宜地开展体育活动，注意安排夜班工人的休息睡眠，组织青年进行有益身心的活动，以及做好季节性多发病的预防等，对提高机体抵抗力有重要意义。

(5) 安全卫生管理。生产设备的维修和管理，特别是化工生产中防止跑、冒、滴、漏，对于预防职业中毒具有重要意义。各种防毒措施必须辅以必要的规章制度才能取得应有效果。特殊有毒作业应考虑调整劳动制度与劳动组织。此外，还需做好劳动卫生知识的宣传教育，提高作业人员对防毒工作的意识和自觉性。

(6) 环境监测与健康监护。要定期监测作业场所空气中毒物浓度。特别是经常性监测可以掌握毒物的发生源及其分布、危害水平等。必要时，可以在危险岗位放置监测警报装置。

实施就业前健康检查，排除有职业禁忌证者参加接触毒物的作业，尤其是接触有害物质的作业工人在就业前应做一次全面体检。检查目的一是掌握工人接触毒物前的健康状态，为以后动态观察进行比较；二是发现不适合接触有关毒物的工人。同时坚持定期健康检查，早期发现工人健康受损情况并及时处理。

二、防毒教育

1. 有毒作业环境管理

有毒作业环境管理的目的是为了控制甚至消除作业环境中的有毒物质，使作业环境中有毒物质的浓度降低到符合国家卫生标准要求，从而减少甚至消除对劳动者的危害。有毒作业环境的管理主要包括以下几个方面内容。

（1）组织管理措施

①健全组织机构。企业应有分管安全的领导，并设有专职或兼职人员当好领导的助手。一个企业应该有健全的经营理念：要发展生产，必须排除妨碍生产的各种有害因素。这样不但保证了劳动者及环境居民的健康，也会提高劳动生产率。

②调查了解企业当前的职业毒害的现状，制定不断改善劳动条件的不同时期的规划，并予实施。调查了解企业的职业毒害现状是开展防毒工作的基础，只有在对现状正确认识的基础上，才能制定正确的规划，并予正确实施。

③建立健全有关防毒的规章制度，如有关防毒的操作规程、宣传教育制度、设备定期检查保养制度、作业环境定期监测制度、毒物的储运与废弃制度等。企业的规章制度是企业生产中统一意志的集中体现，是进行科学管理必不可少的手段，做好防毒工作更是如此。防毒操作规程是指操作规程中的一些特殊规定，对防毒工作有直接的意义。如工人进入容器或低坑等的监护制度，是防止急性中毒事故发生的重要措施；下班前清扫岗位制度，则是消除“二次尘毒源”危害的重要环节。“二次尘毒源”是指有毒物质以粉尘、蒸气等形式从生产或储运过程中逸出，散落在车间、厂区后，再次成为有毒物质的来源。易挥发物料和粉料物料，“二次尘毒源”的危害就更为突出。

④对职工进行防毒的宣传教育，使职工既清楚有毒物质对人体的危害，又了解预防预施，从而使职工主动地遵守安全操作规程，加强个人防护。必须指出，建立健全有关防毒的规章制度及对职工进行防毒的宣传教育是《中华人民共和国劳动法》对企业提出的基本要求。

（2）定期进行作业环境监测。车间空气中有毒物质的监测工作是搞好防毒工作的重要环节。通过测定可以了解生产现场受污染的程度、污染的范围及动态变化情况，是评价劳动条件、采取防毒措施的依据；通过测定有毒物质浓度的变化，可以判明防毒措施实施的效果；通过对作业环境的测定，可以为职业病的诊断提供依据，为制定和修改有关法规积累资料。

（3）严格执行“三同时”方针。《中华人民共和国劳动法》（以下简称《劳动法》）第六章第五十三条明确规定：“劳动安全卫生设施必须符合国家规定的标准。新建、改建、扩建工程的劳动安全卫生设施必须与主体工程同时设计、同时施工、同时投入生产和使用。”将“三同时”写进《劳动法》充分说明其重要性。个别新、老企业正是因为没有认真执行“三同时”方针，才导致新污染源不断产生，形成职业中毒得不到有效控制的局面。

（4）及时识别作业场所出现的新有毒物质。随着生产的不断发展，新技术、新工艺、新材料、新设备、新产品等的不断出现和使用，明确其毒害机理、毒害作用，以及寻找有效的防毒措施具有非常重要的意义。对于一些新的工艺和新的化学物质，应请有关部门协助进行卫生学的调查，以搞清是否存在致毒物质。

2. 有毒作业管理

有毒作业管理是针对劳动者个人进行的管理，使之免受或少受有毒物质的危害。在化工生产中，劳动者个人的操作方法不当、技术不熟练、身体过负荷、或作业性质等，都是构成毒物散逸甚至造成急性中毒的原因。

对有毒作业进行管理的方法是对劳动者进行个别的指导，使之掌握正确的作业方法。在操作中必须按生产要求严格控制工艺参数的数值，改变不适当的操作姿势和动作，以消除操作过程中可能出现的差错。

通过改进作业方法、作业用具及工作状态等可防止劳动者在生产中身体过负荷而损害健康。有毒作业管理还应教会和训练劳动者正确使用个人防护用品。

3. 健康管理

健康管理是针对劳动者本身的差异进行的管理，主要应包括以下内容。

(1) 对劳动者进行个人卫生指导。如指导劳动者不在作业场所吃饭、饮水、吸烟等，坚持饭前漱口、班后淋浴、工作服清洗制度等。这对于防止有毒物质污染人体，特别是防止有毒物质从口腔、消化道进入人体，有着重要意义。

(2) 由卫生部门定期对从事有毒作业的劳动者做健康检查。特别要针对有毒物质的种类及可能受损的器官系统地进行健康检查，以便能对职业中毒患者早期发现、早期治疗。

(3) 对新员工入厂进行体格检查。由于人体对有毒物质的适应性和耐受性不同，因此就业健康检查时，发现有禁忌证的，不要分配到相应的有毒作业岗位。

(4) 对于有可能发生急性中毒的企业，其企业医务人员应掌握中毒急救的知识，并准备好相应的医药器材。

(5) 对从事有毒作业的人员，应按国家有关规定，按期发放保健费及保健食品。

三、个体防护措施

根据有毒物质进入人体的三条途径，即呼吸道、皮肤、消化道，相应地采取各种有效措施保护劳动者个人。

1. 呼吸防护

正确使用呼吸防护器是防止有毒物质从呼吸道进入人体引起职业中毒的重要措施之一。需要指出的是，这种防护只是一种辅助性的保护措施，而根本的解决办法在于改善劳动条件、降低作业场所有毒物质的浓度。

用于防毒的呼吸器具，大致可分为过滤式防毒呼吸器和隔离式防毒呼吸器两类。

(1) 过滤式防毒呼吸器。过滤式防毒呼吸器主要有过滤式防毒面具和过滤式防毒口罩。它们的主要部件是一个面具或口罩、一个滤毒罐。它们的净化过程是先将吸入空气中的有害粉尘等物阻止在滤网外，过滤后的有毒气体在经滤毒罐时进行化学或物理吸附

（吸收）。滤毒罐中的吸附（收）剂可分为以下几类：活性炭、化学吸收剂、催化剂等。由于罐内装填的活性吸附（收）剂是使用不同方法处理的，所以不同滤毒罐的防护范围是不同的，因此，防毒面具和防毒口罩均应选择性使用。

①过滤式防毒面具是由面罩、吸气软管和滤毒罐组成的，使用时要注意以下几点：

a. 面罩按头型大小可分为 5 个型号，佩戴时要选择合适的型号，并检查面具及塑胶软管是否老化，气密性是否良好。

b. 使用前要检查滤毒罐的型号是否适用，滤毒罐的有效期一般为两年，所以使用前要检查是否已失效。滤毒罐的进、出气口平时应盖严，以免受潮或与岗位低浓度有毒气体作用而失效。

c. 有毒气体含量超过 1%或者空气中含氧量低于 18%时，不能使用。

目前过滤式防毒面具以其滤毒罐内装填的吸附（收）剂类型、作用、预防对象进行系列性的生产，并统一编成 8 个型号，只要罐号相同，其作用与预防对象也相同。不同型号的罐制成不同颜色，以便区别使用。

②过滤式防毒口罩的工作原理与防毒面具相似，采用的吸附（收）剂也基本相同，只是结构形式与大小等方面有些差异，使用范围有所不同。由于滤毒盒容量小，一般用于防御低浓度的有害物质。使用防毒口罩时需要注意以下几点：

a. 注意防毒口罩的型号应与预防的毒物相一致。

b. 注意有毒物质的浓度与氧的浓度。

c. 注意使用时间。

（2）隔离式防毒呼吸器。所谓隔离式是指供气系统和现场空气相隔绝，因此可以在有毒物质浓度较高的环境中使用。隔离式呼吸器主要有各种氧气呼吸器和各种蛇管式防毒面具。

氧气呼吸器因供氧方式不同，可分为 AHG 型氧气呼吸器和隔绝式生氧器。前者由氧气瓶中的氧气供人呼吸（气瓶容量有 2 h、3 h、4 h 之分，相应的型号为 AHG－2、AHG－3、AHG－4）；而后者是依靠人呼出的 CO_2 和 H_2O 与面具中的生氧剂发生化学反应，产生的氧气供人呼吸。前者安全，可用于检修设备或处理事故，但较为笨重；后者由于不携带高压气瓶，因而可以在高温场所或火灾现场使用。

①AHG－2 型氧气呼吸器。AHG－2 型氧气呼吸器的工作原理是：人体从肺部呼出的气体经面罩、呼吸软管、呼气阀进入清净罐，呼出气体中的 CO_2 被吸收剂吸收，然后进入气囊。另外由氧气瓶储存的高压氧气经高压导管、减压器也进入气囊，互相混合，重新组成适合于呼吸的含氧气体。当吸气时，适当量的含氧气体由气囊经吸气阀、吸气软管、面罩而被吸入人体肺部完成了呼吸循环。由于呼气阀和吸气阀都是单向阀，因此整个气囊的方向是一致的。

AHG－2 型氧气呼吸器使用及保管时的注意事项如下：

a. 使用氧气呼吸器的人员必须事先经过培训，能正确使用。

b. 使用前氧气压力必须在 7.85 MPa 以上。戴面罩前要先打开氧气瓶，使用中要注意检查氧气压力，当氧气压力降到 2.9 MPa 时，应离开毒区，停止使用。

c. 使用时避免与油类、火源接触，防止撞击，以免引起呼吸器燃烧、爆炸。如闻到有酸味儿，说明清净罐吸收剂已经失效，应立即退出毒区，予以更换。

d. 在危险区作业时，必须有两人以上进行配合监护，以免发生危险。有情况应以信号或手势进行联系，严禁在毒区内摘下面罩讲话。

e. 使用后的呼吸器，必须尽快恢复到备用状态。若压力不足，应补充氧气。若吸收剂失效应及时更换。对其他异常情况，应仔细检查消除缺陷。

f. 必须保持呼吸器的清洁，放置在不受灰尘污染的地方，严禁油污污染，防止和避免日光直接照射。

②HSG—79 型生氧器。HSG—79 型生氧器生氧罐内装有特制的生氧药剂超氧化物（Na_2O_2或 K_2O_2），快速供氧盒内装有快速启动药，以确保防护性能。

生氧器工作原理是：生氧器是在与大气隔离的情况下进行工作的，人体呼出的二氧化碳和水分经导管进入生氧罐，与化学生氧剂发生化学反应产生氧气，储存于气囊中，使人呼出的气体达到净化再生。当人吸气时，气体由气囊经散热器、导气管、面罩进入人体肺部，完成整个呼吸循环。

HSG—79 型生氧器使用时的注意事项如下：

a. 使用前将面罩、导气管、生氧罐等部件连接起来，并装入启动药盒和玻璃瓶，然后检查气密性，确认良好时，存放在清洁、干燥、没有阳光直接照射的地方以备用。

b. 备用期间应定期检查气密性、启动药盒和生氧罐内药物的情况，如表面有泡沫时就不能使用。但平时不得任意打开生氧罐，以免药物受潮变质。

c. 使用时，打开面罩堵气塞，戴好面罩，面罩上部要紧贴鼻梁，下部应在下颚。如镜片上有雾水出现，说明面罩与面部贴合不够紧密，需调整重戴。

d. 戴好面罩后，立即用手按快速供氧盒供氧，即可进行工作。

e. 使用完毕，生氧罐因反应聚热而烫手，换取要小心。使用后的生氧罐、快速供氧盒以及玻璃瓶，需重新装新药或更换后才能第二次使用。

③蛇管式防毒面具是利用长管将较远地点的新鲜空气导入以供人呼吸，这种面具又分为卧吸式和送风式两种。前者是依靠使用人员自己吸入清洁空气，因此要求保证面具的气密性好，软管不能过长，不能发生吸气受阻现象，实际中使用很少。后者是将过滤后的压缩空气经减压再送入工作面盔，使面盔内气体保持正压状态，以供人呼吸。送风面盔常用于目前无法采取其他防毒措施的地方，如工人到油罐或反应釜中工作而又无法通风时。

选择一种合适的呼吸防护器具将取决于下面所述的因素：

• 由污染物浓度所提供的足够的警告（通常是靠闻其味或视觉觉察）。

• 有害物质的特性，即是否为颗粒物、有害气体、蒸气或缺氧，以及这些因素的综合。

• 污染物的浓度。

• 危害的剧烈程度，例如，万一呼吸器失效，是否会造成严重伤害。

• 在有害的大气中，穿戴者大概停留的时间。

•已经受到污染的空气和可供呼吸的洁净空气源的相对位置。

•接近工作场所的途径和工作环境的性质。

•对穿戴者活动能力和机动能力的要求。

•呼吸（滤毒器）是作为正常性使用，还是作为紧急状况下或救援目的使用。

2. 皮肤防护

皮肤防护主要依靠个人防护用品，如工作服、工作帽、工作鞋、手套、口罩、眼镜等，这些防护用品可以避免有毒物质与人体皮肤的接触。对于外露的皮肤，则需涂上皮肤防护剂。

由于工种不同，个人防护用品的性能也有所区别。操作者应按工种要求穿用工作服等防护用品，对于裸露的皮肤，也应视其所接触的不同物质，采用相应的皮肤防护剂。

皮肤被有毒物质污染后，应立即清洗。许多污染物是不易被普通肥皂洗掉的，而应按不同的污染物分别采用不同的清洗剂。但最好不用汽油、煤油作清洗剂。处理和处置腐蚀性化学品、致敏性化学品和当全身性有毒物质有可能渗透皮肤时，需要对皮肤进行适当防护。当选择化学防护服和其他防护用品时，应注意下面几点：

①化学品或迟或早会渗透过防护层，它的发生可能在防护服表面不会留下任何看得见的痕迹。

②一种防护材料可能对一种化学品起到很好的防护作用，但对其他化学品的防护就差。没有哪一种防护材料对化学品能够起到绝对的防护作用。

③在较高温度下化学品穿透防护层的时间会缩短。而且某些材料比其他材料对温度的变化更加敏感。

④总的说来，厚的防护衣物对防止化学品渗透的效果比较好。

皮肤防护剂主要有以下几种：

①防护药膏。在穿戴防护衣物可能不合适或不舒服的地方，例如靠近旋转的机械设备的地方可使用防护药膏，防护膏只应该用于相对不活泼或低毒性化学品的防护。在工作时间内，应经常性地在清洁干燥的手上使用这些防护膏。在使用前，对防护药膏的有效性应进行评估；同样在使用过后，亦要做定期性的评价。当接触有毒或有害物质时，不应该用防护药膏代替手套。

②润湿膏。润湿膏应该提供给接触能对皮肤产生温和刺激的化学品的工人使用。软膏应在每个工作日开始和结束时使用。当工作中存在有毒或有害物质时，不应该用软膏代替手套。

其他防护用品还有手套、防护靴和防护衣物，其注意事项如下：

①使用有危害性的化学品，像酸、碱和全身性毒物可能使皮肤受伤害时，应该使用手套。应该选择和测试适用于特定种类化学品的手套。选择和测试的依据是防护手套的抗渗透性和长期接触化学品之后是否还能保持相应的强度。处理和搬运腐蚀性化学品或过敏性和全身性毒物，应使用橡胶或聚氯乙烯（PVC）制作的手套。处理烃类化学品，应使用腈类物制造的手套，耐酸、耐切割和耐磨损。接触油类化学品，应使用氯丁橡胶制造的手套。

②防护靴用于防护酸、碱、热和熔融的金属。

③对于有机溶剂、油类物和润滑脂的防护来说，可以使用氯丁橡胶或者涂有尼龙或涤纶的聚氨基甲酸乙酯制作的大衣、罩衫和围裙。对于大多数油类物和酸的防护，可以使用涂有尼龙或涤纶的聚氯乙烯（PVC）制作的夹克衫、裤子和围裙，它们同样耐磨和耐撕。

3. 消化道防护

防止有毒物质从消化道进入人体，最主要的是搞好个人卫生，其主要内容前面已涉及，此处不再赘述。

四、物理性危害因素及预防

在正常条件下，物理因素（噪声、振动、辐射、高温等）对机体的作用，若强度低、剂量小，或作用时间短则对人体无害，有些是人体各器官系统生理功能活动所必需的外界条件。当强度、剂量超过一定限度或接触时间过长，则会对人体产生不良影响，甚至引起病损。在一般情况下多为功能性改变，脱离接触后可恢复，但严重时也能引起永久性的不可恢复的损害。除非特异作用外，由于各因素所具有的各自的物理特性不同，而表现出各自特殊的生物学作用特点。

噪声、辐射、高温均将在以后的章节中进行详细阐述，这里主要介绍振动及其危害与预防。

1. 振动及其类型

振动是指在力的作用下，物体沿直线经过一个中心（平衡位置）往返重复运动。按振动作用到人体的方式，振动分为局部振动和全身振动两种类型。局部振动是指局部作用到手、足或局部，传送的范围较局限；全身振动是指通过身体的某一支撑部位传送到全身，并作用到全身大部分器官。

风动工具（铆钉机、凿岩机、风锤等），电动工具（电钻、砂、轮、电锯、电刨、压缩机、电动机等），运输工具（内燃机车、摩托车等），其他机械（如混凝土搅拌机、化纤厂编织机等）都能产生振动。

2. 振动对人体的危害

长期接触强烈振动一般会引起以肢端血管痉挛、上肢骨及关节骨质改变和周围神经末梢感觉障碍为主要表现的神经系统、心血管系统和骨骼方面的病症。主要症状有手麻、发僵、疼痛、四肢无力、关节痛、手对寒冷敏感、遇冷手指出现明显的缺血发白，表现为白指白手、手冷水试验阳性，并伴有头痛、头晕、耳鸣和入睡困难等神经衰弱综合征。重症可见手指及关节变形，甚至累及下肢、冠状动脉和脑血管，引起阵发性眩晕和半昏厥状态，以及引起心肌能改变，导致节律和传导方面的异常，出现心动过缓，并伴有窦性心律不齐等病变。

振动对听觉构成的损伤以低频 120～250 Hz 为主。长时期的振动，耳蜗顶部容易受到损伤，致使螺旋神经节细胞发生萎缩性病变，导致语言听力下降。

振动能引起人体机能障碍，一般以性机能下降、气体代谢增加较为多见。妇女表现为子宫下垂、流产及异常分娩等。

3. 振动对人体影响的主要因素

振动对人体的影响与危害，主要和下列因素有关。

（1）振动本身的特性

①频率。人体能够感受得到的振动频率为 1～1 000 Hz，20 Hz 以下大振幅的振动全身作用时，主要影响前庭和内脏器官；而当局部受振时骨关节和局部肌肉组织受损较明显。高频率（40～300 Hz）振动对末梢循环和神经功能损害明显。

②振幅。在一定的频率下，振幅越大，对机体的影响越大。大振幅、低频率的振动作用于前庭，并使内脏移位。高频率、低振幅的振动主要对组织内的神经末梢其作用。

③加速度。加速度越大，振动性白指的发生频率越高，从接触到出现白指的时间越短。

（2）接振时间。接振时间越长，危害越大。

（3）体位和操作方式。对全身振动而言，立位时对垂直振动敏感，卧位时对水平振动敏感。强制体位如手持工具过紧、手抱振动工具紧贴胸腹部时，使机体受振过大或血循环不畅，促使局部振动病的发生。

（4）环境温度和噪声。寒冷和噪声均可促使振动病的发生。

（5）工具重量和被加工件的硬度。工具重量和被加工件的硬度均可增加作业负荷和静力紧张程度，加剧对人体的损伤。

4. 振动的预防

振动的预防措施要采取综合性措施，即消除或减弱振动工具的震动，限制接触振动的时间，改善寒冷等不良作业条件，有计划地对从业人员进行健康检查，采取个体防护等项措施。

（1）消除或减少振动源的振动。是控制噪声危害的根本性措施。通过工艺改革尽量消除或减少产生振动的工艺过程，如焊接代替铆接，水力清砂代替风铲清砂。采取减振措施，减少手臂直接接触振动源。

（2）限制作业时间。在限制接触振动强度还不理想的情况下，限制作业时间是防止和减轻振动危害的重要措施。制定合理的作息制度和工间休息。

（3）改善作业环境。是指控制工作场所的寒冷、噪声、毒物、高气湿，特别是注意防寒保暖。

（4）加强个人防护。合理使用防护用品也是防止和减轻振动危害的一项重要措施。如戴减振保暖的手套。

（5）医疗保健措施。就业前查体，检出职业禁忌证。定期体检争取早期发现手振动危害的个体，及时治疗和处理。

（6）职业卫生教育和职业培训。进行职工健康教育，对新工人进行技术培训，尽量减少作业中的静力作用成分。

（7）卫生标准。国家对局部振动作业制定了卫生标准，标准限值的保护率可达 90%。所以通过预防性卫生监督和经常性卫生监督，严格执行国家标准，也可预防振动危害。

第三节　灼伤及防护

一、灼伤及其分类

灼伤是工业生产、战争和日常生活常见的损伤，一般是指高温（火焰、沸水、蒸气、热油、灼热金属）、化学物质（强酸、强碱）、电流（高压电）及放射线（X 射线、γ 射线）等引起的局部组织损伤，并进一步导致病理和生理改变的过程。按发生原因的不同分为化学灼伤、热力灼伤、复合性灼伤、辐射灼伤和电灼伤。

1. 化学灼伤

凡由于化学物质直接接触皮肤所造成的损伤，均属于化学灼伤。导致化学灼伤的物质形态有固体（如氢氧化钠、氢氧化钾、硫酸酐等）、液体（如硫酸、硝酸、高氯酸、过氧化氢等）和气体（如氟化氢、氮氧化合物等）。化学物质与皮肤或黏膜接触后产生化学反应并具有渗透性，对细胞组织产生吸水、溶解组织蛋白质和皂化脂肪组织的作用，从而破坏细胞组织的生理机能而使皮肤组织致伤。

2. 热力灼伤

由于接触炙热物体、火焰、高温表面、过热蒸汽等所造成的损伤称为热力灼伤。此外，在化工生产中还会发生由于液化气体、干冰等接触皮肤后迅速蒸发或升华，同时吸收大量热量，以致引起皮肤表面冻伤，人们称这种情况为冷冻灼伤，归属于热力灼伤。

3. 复合性灼伤

由化学灼伤和热力灼伤同时造成的伤害，或化学灼伤兼有中毒反应等都属于复合性灼伤。比如固体磷落在皮肤上引起的灼伤，由于磷的燃烧造成热力灼伤，而磷燃烧后生成磷酸会造成化学灼伤，同时当磷通过灼伤部位侵入血液和肝脏时，会引起全身磷中毒，该灼伤即为复合灼伤。其他如硫化氢、苯及其化合物等都有接触后造成灼伤同时中毒的情况。

4. 辐射灼伤

通常是因皮肤过度暴露于太阳的紫外线照射所致（晒伤），但也可因长期或强烈暴露于其他紫外辐射源（如晒黑床）或 X 射线源及其他辐射源所致的灼伤称为辐射灼伤。

5. 电灼伤

电灼伤，又称电弧烧伤，是电流通过人体对人体的伤害之一。多由电流的热效应引起，但与一般的水、火烫伤性质不同。主要是局部的热、光效应，轻者只见皮肤灼伤，严重的面积大并可深达肌肉、骨骼。电流入口处较出口处严重，组织出现黑色炭化。

二、化学灼伤的现场急救

化学灼伤的症状与病情和热力灼伤大致相同。但对化学灼伤的中毒反应特性应给予特别的重视。在化工生产中，经常发生由于化学物料的泄漏、外喷、溅落引起接触性外伤。主要原因有：由于管道、设备及容器的腐蚀、开裂和泄漏引起化学物质外喷或流泄；由火灾爆炸事故而形成的次生伤害；没有安全操作规程或操作规程不完善；违章操作；没有穿戴必需的个人防护用具或穿戴不完全；操作人员误操作或疏忽大意，如在解除压力之前开启设备。

发生化学灼伤，由于化学物质的腐蚀作用，如不及时将其除掉，就会继续腐蚀下去，从而加剧灼伤的严重程度，某些化学物质如氢氟酸的灼伤初期无明显的疼痛，往往不受重视而贻误处理时机，加剧了灼伤程度。及时进行现场急救和处理，是减少伤害、避免严重后果的重要环节。

1. 化学灼伤现场急救的基本方法

化学灼伤程度同化学物质的物理、化学性质有关。酸性物质引起的灼伤，其腐蚀作用只在当时发生，经急救处理，伤势往往不再加重。碱性物质引起的灼伤会逐渐向周围和深部组织蔓延。因此现场急救应首先判明化学致伤物质的种类、侵害途径、致伤面积及深度，采取有效的急救措施。某些化学致伤，可以从被致伤皮肤的颜色加以判断，如苛性钠和石炭酸的致伤表现为白色，硝酸致伤表现为黄色，氯磺酸致伤表现为灰白色，硫酸致伤表现为黑色，磷致伤局部皮肤呈现特殊气味，有时在暗处可看到磷光。

化学致伤的程度也同化学物质与人体组织接触时间的长短有密切关系，接触时间越长所造成的致伤就会越严重。因此，当化学物质接触人体组织时，应迅速脱去衣服，立即用大量清水冲洗创面，不应延误，冲洗时间不得小于 15 min，以利于将渗入毛孔或黏膜内的物质清洗出去。清洗时要遍及各受害部位，尤其要注意眼、耳、鼻、口腔等处。对眼睛的冲洗一般用生理盐水或用清洁的自来水，冲洗时水流不宜正对角膜方向，不要揉搓眼睛，也可将面部浸入清洁的水盆里，用手把上下眼皮撑开，用力睁大两眼，头部在水中左右摆动。其他部位的灼伤，先用大量水冲洗，然后用中和剂洗涤或湿敷，用中和剂时间不宜过长，并且必须再用清水冲洗掉，然后视病情予以适当处理。完成冲洗后，应根据受伤情况及时就医，由医生进行适当处理。小面积化学灼伤创面经冲洗后，如确实致伤物已消除，可根据灼伤部位及灼伤深度采取包扎疗法或暴露疗法。中、大面积化学灼伤，经现场抢救处理后应送往医院处理。

2. 常见化学灼伤的急救处理方法

在发生化学灼伤事故时，需要及时迅速地移离现场，脱去被化学物污染的衣服、手套、鞋袜等，并立即用大量流动清水彻底冲洗。冲洗时间一般要求 20～30 min。碱性物质灼伤后冲洗时间应延长。应特别注意眼及其他特殊部位如头面、手、会阴的冲洗。灼伤创面经水冲洗处理后，必要时可进行合理中和治疗。下面将常见化学灼伤的急救处理方法列出，供大家参考。常见化学灼伤的急救处理方法见表 5—1。

三、化学灼伤的预防措施

化学灼伤常常是伴随生产中的事故或由于设备发生腐蚀、开裂、泄漏等造成的，与安全管理、操作、工艺和设备等因素有密切关系。因此，为避免发生化学灼伤，必须采取综合性管理和技术措施，防患于未然。

表 5—1　　常见化学灼伤的急救处理方法

灼伤物质名称	急救处理方法
碱类：氢氧化钠、氢氧化钾、氨、碳酸钠、碳酸钾、氧化钙等	立即用大量水冲洗，然后用2%乙酸溶液洗涤中和，也可用2%以上的硼酸水湿敷。氧化钙灼伤时，可用植物油洗涤
酸类：硫酸、盐酸、硝酸、乙酸、高氯酸、磷酸、甲酸、草酸、苦味酸等	立即用大量水冲洗，再用5%碳酸氢钠水溶液洗涤中和，然后用清水冲洗
碱金属、氰化物、氢氰酸	先用大量的水冲洗，然后用0.1%高锰酸钾溶液冲洗，再用5%硫化铵溶液冲洗
溴	用水冲洗后，再用10%硫代硫酸钠溶液洗涤，然后涂碳酸氢钠糊剂或用1体积（25%）+1体积松节油+10体积乙醇（95%）的混合液处理
铬酸	先用大量的水冲洗，然后用5%硫代硫酸钠溶液或1%硫酸钠溶液洗涤
氢氟酸	立即用大量水冲洗，直至伤口表面发红，再用5%碳酸氢钠溶液洗涤，之后涂以甘油与氧化镁（2∶1）悬浮剂，或调上如意金黄散，然后用消毒纱布包扎
磷	如有磷颗粒附着在皮肤上，应将局部浸入水中，用刷子清除，不可将创面暴露在空气中或用油脂涂抹，再用1%～2%硫酸铜溶液冲洗数分钟，然后以5%碳酸氢钠溶液洗去残留的硫酸铜，最后用生理盐水湿敷，用绷带扎好
苯	用大量清水冲洗，再用肥皂水彻底清洗
苯酚	用大量水冲洗，或用4体积乙醇（7%）与1体积氯化铁（1/3 mol/L）混合液洗涤，再用5%碳酸氢钠溶液湿敷
氯化锌	用大量清水冲洗，再用2%～5%碳酸氢钠（小苏打）溶液洗涤，然后涂上油膏及磺胺粉
硝酸银	用大量清水冲洗，再用肥皂水彻底清洗
氨水	溅入眼睛，立即用大量清水冲洗，再用肥皂水彻底清洗
三氯化砷	用大量水冲洗，再用2.5%氯化铵溶液湿敷，然后涂上2%二巯基丙醇软膏
焦油、沥青（热灼伤）	以棉花沾乙醚或二甲苯，消除粘在皮肤上的焦油或沥青，然后涂上羊毛脂

制定完善的安全操作规程。对生产中所使用的原料、中间体和成品的物理化学性质，它们与人体接触时可造成的伤害作用及处理方法都应明确说明并做出规定，使所有作业人员都了解和掌握并严格执行。

设置可靠的预防设施。在使用危险物品的作用场所，必须采取有效的技术措施和设施，这些措施和设施主要包括以下几个方面。

1. 采取有效的防腐措施

为防止设备管道由于受到介质腐蚀而发生泄漏，加强对设备管道的防腐处理，是预防灼伤的重要措施之一。在化工生产中，由于强腐蚀介质的作用及生产过程中高温、高压、高流速等条件对机器设备会造成腐蚀，加强防腐，杜绝“跑、冒、滴、漏”也是预防灼伤的重要措施。

2. 改革工艺和设备结构

在使用具有化学灼伤危险物质的生产场所，在设计时就应预先考虑防止物料外喷或飞溅的合理工艺流程、设备布局、材质选择及必要的控制、输导和防护装置。

（1）物料输送实现机械化、管道化。

（2）储槽、储罐等容器采用安全溢流装置。

（3）改革危险物质的使用和处理方法，如用蒸汽溶解氢氧化钠代替机械粉碎，用片状物代替块状物。

（4）保持工作场所与通道有足够的活动余量。

（5）使用液面控制装置或仪表，实行自动控制。

（6）装设各种形式的安全联锁装置，如保证卸压前不能打开设备的联锁装置等。

3. 加强安全性预测检查

如使用超声波测厚仪、磁粉与超声探伤仪、X射线仪等定期对设备进行检查，或采用将设备开启进行检查的方法，以便及时发现并正确判断设备的损伤部位与损坏程度，及时消除隐患。

4. 加强设备管道日常检查和管理

加强对设备管道的检查管理，尤其是设备管道接口处的检查和管理，杜绝“跑、冒、滴、漏”也是预防灼伤的重要措施之一。

5. 加强安全防护措施

如储槽敞开部分应高于地面1 m以上，如低于1 m时，应在其周围设置护栏并加盖，防止操作人员不小心跌入；禁止将危险液体盛入非专用和没有标志的容器内；搬运酸、碱槽时，要两人抬，不得单人背运等，这也是预防灼伤的措施之一。

6. 加强个人防护

在处理有灼伤危险的物质时，必须穿戴工作服和防护用具，如护目镜、面罩或面具、手套、毛巾、工作帽等。

从事故的发生原因分析，80%～90%是由于操作人员违章和误操作引起的，其中通过对违章人员调查和事故案例的分析表明，违章时的心理状态更是罪魁祸首。一般违章者的心态主要有以下6种：

（1）习以为常，麻痹侥幸心理。由于把自己的工作习惯当作经验，并不感到有什么危险，不重视规章制度和规范。有这种心理活动时，违章人的头脑是清醒的，但是他们没有注意到客观条件的复杂性，结果发生事故。

（2）情绪干扰心理。如人逢喜事精神爽，高兴、满意、愉快，使人观察敏锐，反应迅速，动作灵活，操作准确（但也不排除乐极生悲）。相反，当操作人员在心情不舒畅的心境下进行工作，由于精神不集中或忘了按照程序进行作业，结果导致事故发生。

（3）好胜逞强、冒险蛮干心理。这种人经验不足，能力不大却过于自信，喜欢逞强，冒险蛮干。例如为了抢时间，保竣工，或遇到影响生产的关键问题又亟待解决时，具有火爆禀性或血气方刚的人，容易铤而走险不计后果。

(4) 心情紧张、判断失误心理。操作人员由于某些原因心理紧张，对外界情况尚未正确反应，就急急忙忙地操作而发生事故。

(5) 逆反、对抗心理。对领导和同事的教育和提醒感到厌烦，无视规章制度，把情绪带到工作中。

(6) 技术不熟、盲目乐观心理。由于缺乏安全知识，技术不熟、经验不足而轻率地做出错误的判断。特别是只看到作业条件好的一面，而忽视了客观条件的复杂、多变、有潜在危险的一面。在思想上掉以轻心，盲目乐观，事故临头，手忙脚乱，措手不及。

由此不难看出生产者的不良心理是日常生产中的大敌，更是我们最为需要关注和认真对待的重要问题。针对以上生产者的不良心理活动，一般可以采取以下的对策：一是深入广泛地开展安全第一的思想教育，大力宣传安全生产工作方针、政策，提高认识，加强主人翁责任感。严格执行操作规程，坚持岗前教育，提高职工防止违章作业的自觉性；二是安全管理科学化，实现目标管理和网络化管理，将目标管理层层分解；三是定期开展安全生产检查，对发现的隐患及时进行整改；四是坚持安全教育培训，并使之制度化。

第四节　工业粉尘危害及防护

空气污染物中存在着许多粒状的污染物，数量大、成分复杂，它本身可以是有毒物质或是其他污染物的运载体，其主要来源于煤及其他燃料的不完全燃烧而排出的煤烟、工业生产过程中产生的粉尘、建筑和交通扬尘、风的扬尘等，以及气态污染物经过物理化学反应形成的盐类颗粒物。这部分粒状的污染物对人体的伤害是非常巨大的，给社会造成沉重的负担。由此对于这部分粒状的污染物的研究和整治是非常重要的事情。

一、工业粉尘及危害

1. 工业粉尘来源及分类

(1) 工业粉尘的来源。工业粉尘是指生产过程中使用、产生的，能较长时间悬浮于作业环境中的固体微粒。在工业生产过程中，工业粉尘的主要来源有：矿藏的开采；固体机械粉碎、研磨、切割等过程；固体不完全燃烧产生的烟尘；固体颗粒搬运、混合；粉状产品包装、运输；物质加热产生的蒸气在空气中的凝结或氧化等。

(2) 工业粉尘的理化性质。粉尘的理化性质是指粉尘本身固有的各种物理、化学性质。粉尘具有的与防尘技术关系密切的特性有密度、分散度、湿润性、黏附性、燃爆性、荷（带）电性、溶解度、比重、形状和硬度等。其中粉尘的化学组成决定其对机体的作用性质和危害程度。

①粉尘的分散度。粉尘是由粒径不同的尘粒组成，粉尘的分散度是指不同粒径的粉尘所占的质量百分比。粉尘中微细颗粒占的百分比大，表示分散度高，粗颗粒占的百分

比大，表示分散度低，分散度高的粉尘不易被除尘器捕集。粉尘的分散度与粉尘在空气中的悬浮性有直接关系。粉尘颗粒越小，在空气中的沉降速度越慢，悬浮时间越长，被人体吸入的机会越多。粉尘的分散度还与粉尘在呼吸道中的阻留部位有密切关系。直径为 10 μm 左右的大颗粒粉尘，绝大部分被上部呼吸道所阻留；而直径为 0.5 μm 以下的粉尘颗粒，又因弥散作用而使阻留率再度升高。

②粉尘的密度。指单位体积内粉尘的质量，单位为 mg/m^3，有堆积密度和真密度之分。自然堆积状态下单位体积粉尘的质量，称为粉尘堆积密度（或称容积密度）。密实状态下单位体积粉尘的质量，称为粉尘真密度（或称尘粒密度）。

③粉尘的黏附性。粉尘之间或粉尘与固体表面（如器壁、管壁等）之间的黏附性质称为粉尘黏附性，粉尘的粒径越小，黏附性越强。粉尘相互间的凝并与粉尘在固体表面上的堆积都与粉尘的黏附性相关，前者会使尘粒增大，在各种除尘器中都有助于粉尘的捕集；后者易使粉尘设备或管道发生故障和堵塞。粉尘的含水率、形状、分散度等对它的黏附性均有影响。

④粉尘的荷电性。高分散度的粉尘常带有电荷，电荷可由粉碎过程和流动中相互摩擦而产生，或由吸附空气中的离子获得。荷电的粉尘颗粒易被阻留肺内，并影响细胞吞噬速度。

⑤粉尘的湿润性。粉尘粒子被水（或其他液体）湿润的难易程度称为粉尘湿润性。有的粉尘（如锅炉飞灰、石英砂等）容易被水湿润，与水接触后会发生凝并、增重，有利于粉尘从气流中分离，这种粉尘称为亲水性粉尘。有的粉尘（如炭黑、石墨等）很难被水湿润，这种粉尘称为憎水性粉尘。粉尘的湿润性是选择除尘器的主要依据之一。例如，用湿式除尘器处理憎水性粉尘，除尘效率不高。如果在水中加入某些湿润剂（如皂角素），可减少固液之间的表面张力，提高粉尘的湿润性，从而达到提高除尘效率的目的。粉尘是否容易被水湿润，对除尘器的效能有很大影响。

⑥粉尘的燃爆性。高分散度、高浓度的可氧化的粉尘，遇到明火、火花或放电时，可发生爆炸；有些粉尘（如镁粉、碳化钙粉）与水接触后会引起自燃或爆炸；有些粉尘在空气中达到一定浓度时，若存在着能量足够的火源，也会引起爆炸。爆炸危险性粉尘（如泥煤、松香、铝粉、亚麻等）在空气中的浓度只有达到某一范围时才会发生爆炸，这个爆炸范围的最低浓度叫作爆炸下限，最高浓度叫作爆炸上限。粉尘的粒径越小，比表面积越大，粉尘和空气的湿度越小，爆炸危险性越大。对于有爆炸危险的粉尘，在进行通风除尘系统设计时必须予以充分注意，采取必要的防爆措施。例如，对使用袋式除尘器的通风除尘系统可采取控制除尘器入口含尘浓度，在系统中加入惰性气体（仅用于爆炸危险性很大的粉尘）或不燃性粉料，在袋式除尘器前设置预除尘器和冷却管，消除滤袋静电等措施来防止粉尘爆炸。防爆门（膜）虽然不能防止爆炸，但可控制爆炸范围和减少爆炸次数，在发生爆炸时能及时地泄压，可防止或减轻设备的破坏程度，降低事故造成的损失。

⑦粉尘的溶解度。具有化学毒性的粉尘（如铅、锰及其化合物等），随溶解度的增加，对人体的危害增强。无毒粉尘则相反，随溶解度的增加，对人体的危害减弱。致纤

维化作用的粉尘（如硅尘、石棉尘等），虽然在体内溶解度很低，但可引起尘肺。

⑧粉尘的比重、形状和硬度。粉尘颗粒的比重大小和形状与粉尘的沉降速度有一定的关系，比重越大、越接近于球形，沉降速度越快。边缘锐利、呈锯齿状坚硬的大颗粒粉尘（如铁尘等），易引起上呼吸道黏膜和眼睛的局部刺激和损伤。长而柔软的纤维状粉尘（如棉尘等），易沉降黏附于呼吸道黏膜，可引起慢性炎症。

（3）工业粉尘的分类。工业粉尘按来源的分类见表5—2。

表5—2　　工业粉尘的分类

属性	类别	举例
无机性	矿物性	石英、金属矿石（金、铜、钨等）、煤、滑石、石棉等粉尘
	金属性	冶炼或加工中形成的金属及其氧化物如铝、铁、钡等粉尘
	人工性	水泥、炭黑、玻璃纤维等粉尘
有机性	植物性	棉、麻、谷物、蔗渣、烟草、茶叶等粉尘
	动物性	动物的皮、毛、骨、角等粉尘
	人工性	有机染料、塑料、合成纤维及合成橡胶等粉尘
混合性		各种粉尘的混合存在

工业粉尘按粉尘粒度可分为：

①尘埃：粒径大于10 μm，在静止空气中可加速下降。

②尘雾：粒径在0.1～10 μm之间，在静止空气中下降缓慢。

③尘烟：粒径小于0.1 μm，在空气中自由运动，在静止空气中几乎完全不降落。

2. 工业粉尘进入人体的途径

人体对进入呼吸道的粉尘具有防御机能，能通过各种途径将大部分尘粒清除掉。其作用大体分为三种：滤尘机能、传送机能和吞噬机能。这三种机能互有联系，不能截然分开。

尘粒进入呼吸道时，首先由于上呼吸道的生理解剖结构、气流方向的改变和黏液分泌，使大于10 μm的尘粒在鼻腔和上呼吸道沉积下来而被清除掉。据研究，鼻腔滤尘效能为吸气中粉尘总量的30%～50%。由于粉尘对上呼吸道黏膜的作用，使鼻腔黏膜机能亢进，毛细血管扩张，大量分泌黏液，借以直接阻留更多的粉尘。这是机体的一种保护性反应，但在病理学上已属于肥大性鼻炎。此后黏膜细胞由于营养供应不足而萎缩，逐渐形成萎缩性鼻炎，则滤尘机能显著下降。由于类似的变化，还可引起咽炎、喉炎、气管炎及支气管炎等。

在下呼吸道，由于支气管的逐级分支、气流速度减慢和方向改变，可使尘粒沉积黏着在支气管及其分支管壁上。这部分尘粒直径在2～10 μm。其中大多数尘粒通过黏膜上皮的纤毛运动伴随黏液往外移动而被传送出去，并通过咳嗽反射排出体外。

进入肺泡内的粉尘，一部分随呼气排出；另一部分被吞噬细胞吞噬后，通过肺泡上皮表面的一层液体的张力，被移送到具有纤毛上皮的呼吸性细支气管的黏膜表面，并由此传送出去；还有一部分粉尘被吞噬细胞吞噬后，通过肺泡间隙进入淋巴管，流入肺门。直径小于 3 μm 的尘粒，大多数是通过吞噬作用而被清除的。

由此可见，人体通过各种清除机能，可将进入肺脏的绝大多数尘粒排出体外，而进入和残留在肺门淋巴结内的粉尘，只是吸入粉尘的一小部分。虽然人体有良好的防御机能，但在一定条件下，如果防尘措施不好，长期吸入浓度较高的粉尘，则仍可产生不良影响。

3. 工业粉尘的危害

粉尘对人体的危害，根据其理化性质、进入人体的量的不同，可引起不同的病变。如呼吸性系统疾病、局部作用、中毒作用等。

（1）尘肺。尘肺是我国危害最严重的职业病，是长期吸入较高浓度的粉尘沉积在肺内后引起的，以肺组织纤维化病变为主的全身性疾病。我国《职业病分类和目录》列出了 13 种法定尘肺：矽肺、煤工尘肺、石墨尘肺、炭黑尘肺、石棉肺、滑石尘肺、水泥尘肺、云母尘肺、陶工尘肺、铝尘肺、电焊工尘肺、铸工尘肺以及其他尘肺病。其中患病率最高的是矽肺和煤工尘肺。尘肺发病缓慢，一般是接触几年后才发病。一旦患上尘肺，即使脱离粉尘环境，病情仍可继续发展，日益严重，严重影响身体健康，影响劳动能力。尘肺是难以治愈的，如矽肺和石棉肺，一旦得病，轻则慢性致残，重则死亡。自 20 世纪 50 年代我国建立职业病报告制度以来，仅全国县以上全民和大集体所有制企业已累计报告尘肺病人达 58 万多例，其中死亡 14 万多例，现有尘肺病人 44 万多例，每年新增尘肺病例约 1 万例。

（2）呼吸系统损害。粉尘进入呼吸道后，可引起黏膜刺激。石棉尘、二氧化硅粉尘可引起上呼吸道炎症，棉尘、麻尘等植物性粉尘可引起呼吸道阻塞性疾病。茶、枯草、皮毛等粉尘可引起过敏性体质人员发生支气管哮喘。霉变枯草可致“农民肺”，甘蔗渣可致“蔗渣肺”。

（3）中毒。吸入铅、砷、锰、农药、化肥、助剂等有毒粉尘，能经呼吸道溶解吸收，引起全身中毒。

（4）皮肤、眼部病变。长期接触粉尘可使皮肤及眼受到损害，如沥青尘可致光感性皮炎，金属性粉尘可致角膜损伤，导致角膜感觉迟钝和角膜混浊。

（5）致癌。石棉粉尘、镍及其氧化物粉尘、铬、砷等金属性粉尘可导致肺癌，放射性粉尘进入人体也会引起癌变。

粉尘对人体健康的危害程度与其理化性质有关，诸如化学成分、分散度、形状、密度、溶解度、荷电性、吸附性等。粉尘中游离二氧化硅含量越高，对肺脏致纤维化作用越强。分散度越高，即微小粒子越多，越容易进入肺部的深处。质量、形状和密度决定了粉尘在空气中的沉降速度，沉降速度小的粉尘可长期浮游于空气中，增加了吸入的可能性。粉尘的形状还可能影响其致肺纤维化作用。溶解性越小，机械刺激作用越大。荷电粉尘更易被吸附于体内，荷电量的大小可能影响巨噬细胞吞噬粉尘的速度。空气中的有毒有害物质吸附于粉尘表面，会增强其危害作用。

为保证广大职工身体健康，国家对生产环境粉尘浓度含量做了严格限制，制定了相应的国家职业卫生标准，如《工业企业设计卫生标准》（GBZ 1—2010）等。

二、防粉尘措施

防止粉尘危害仍是当前劳动卫生工作的重要任务。为了防止粉尘危害保护工人健康，我国政府颁布了一系列政策、法令、条例。1956 年国务院颁布了《关于防止厂矿企业中的矽尘危害的决定》，规定含 10%以上游离二氧化硅粉尘最高容许浓度为 2 mg/m^3。1958 年原卫生部、劳动部等联合发布了《工厂防止矽尘危害技术措施办法》《矿山防止矽尘危害技术措施暂行办法》。近年来，国务院又颁布了《中华人民共和国尘肺病防治条例》（简称条例）和经过修订的《粉尘作业工人医疗预防措施实施办法》等，使尘肺防治工作已逐步纳入法制轨道。多年来各级厂矿企业和卫生防疫机构，在防尘工作上，结合国情已经做了不少工作，总结出“革、水、密、风、护、管、教、查”八字经验，取得了很大成就。革，即工艺改革和技术革新；水，是湿式作业；密，即密闭尘源；风，是通风除尘；护，即个人防护；管，是建立规章制度，维护管理；教，是宣传教育；查，是定期检查评比、总结，定期健康检查。除此，还制定、修订了粉尘卫生标准，为卫生监督管理工作提供了科学依据。这样，使得不少厂矿作业场所粉尘浓度逐年下降，尘肺发病率降低，发病工龄和死亡年龄均有延长。但我国工农业发展速度增长很快，新的厂矿尤其是乡、镇工业的厂矿增长迅猛，接尘作业工人日渐增多，而其中一些厂矿企业防尘措施尚不完善，从而造成环境污染严重，尘肺发病例数日渐增多，粉尘危害仍十分严重，值得引起重视。

1. 预防与控制技术

防尘对策需要对工艺、工艺设备、物料、操作条件、劳动卫生防护设施、个人防护用品等技术措施进行优化组合，采取综合对策。综合措施包括技术措施、组织措施和管理措施。技术措施是关键，是控制、消除粉尘污染源的根本措施，组织措施和管理措施是技术措施的保障。防尘综合措施主要包括宣传教育、技术革新、湿法防护、密闭尘源、通风除尘、个体防护、维护管理、监督检查等。

（1）工艺选用。工艺和物料选用不产生或少产生粉尘的工艺，采用无危害或危害小的物料，是消除、减弱粉尘危害的根本途径。例如，用湿法生产工艺代替干法生产工艺。

（2）限制、抑制扬尘和粉尘扩散

①采用密闭管道输送、密闭自动（机械）称量、密闭设备加工，防止粉尘外逸；不能完全密闭的尘源，在不妨碍操作的条件下，尽可能采用半封闭罩、隔离室等设施来隔绝、减少粉尘与工作场所空气的接触，将粉尘限制在局部范围内，减弱粉尘的存在。

②通过降低物料落差、适当降低溜槽倾斜度、隔绝气流、减少诱导空气量和设置空间（通道）等方法，抑制由于正压造成的扬尘。

③对亲水性、弱黏性的物料和粉尘应尽量采用增湿、喷雾、喷蒸汽等措施，可有效地减少物料在装卸、运转、破碎、筛分、混合和清扫过程中粉尘的产生和扩散；厂房喷雾有助于室内飘尘的凝聚和降落。

④为消除二次尘源、防止二次扬尘，应在设计中合理布置、尽量减少积尘平面，地

面、墙壁应平整光滑，墙角呈圆角，便于清扫；使用副压清扫装置来消除逸散、沉积在地面、墙壁、构件和设备上的粉尘；对炭黑等污染大的粉尘作业及大量散发沉积粉尘的工作场所，则应采用防水地面、墙壁、顶棚、构件和水冲洗的方法，清理积尘。严禁用吹扫方式清尘。

⑤对污染大的粉状辅料宜用小包装运输，连同包装袋一并加料和加工，限制粉尘扩散。

(3) 通风除尘建筑设计。通风除尘建筑设计时要考虑工艺特点及排尘的需要，利用风压、热压差、合理组织气流，充分发挥自然通风改善作业环境的作用，当自然通风不能满足要求时，应设置全面或局部机械通风排尘装置。通风除尘设施是尘源控制与隔离的重要手段。工业通风按通风系统的工作动力分为自然通风、机械通风。自然通风分为热压和风压自然通风；机械通风分为机械排风和机械送风。自然界的风力能为通风提供动力，当有风吹向车间时，在迎风面形成正压，而背风面形成负压，产生压差，外界空气从迎风面进入车间，将污浊空气从背风面门窗压出，达到通风目的。热压自然通风是依靠室内外的空气的密度不同，车间外密度大的空气压入车间内密度小的空气，形成压差，造成空气流动，达到通风目的。机械通风是利用通风机产生的压力，使进入车间的新鲜空气与车间内被污染的空气沿风道、主支网路流动，沿程的流体阻力由风机克服。机械通风能根据不同的要求，提供动力，能对空气进行加热、冷却、加湿、净化处理，并将相应设备用风道连接起来，组成一个机械通风系统。

按组织车间内的换气原则有全面通风、局部通风、混合通风。全面通风是车间内全面进行通风换气，以便稀释车间内的空气，达到职业卫生标准。全面通风适合于尘源不固定场所，实际起到稀释作用。全面通风换气中需要注意的两个问题：全面通风换气量、全面通风换气次数的计算。

①全面机械通风除尘。全面机械通风是对整个厂房进行的通风换气，是把清洁空气不断地送入车间，将车间空气中的粉尘浓度稀释并将污染的空气排到室外，使室内空气中的有害物质浓度达到国家卫生标准。

②局部机械通风除尘。局部机械通风是对厂房内的尘源进行通风除尘，使局部作业环境得到改善，是目前工业生产中控制粉尘扩散、消除粉尘危害的最有效的一种办法。局部机械通风是通过各种吸尘罩实现的，吸尘罩是局部机械通风的关键部件。

对局部吸尘罩的要求：形式适宜、位置正确、风量适中、强度足够、检修方便。

局部吸尘罩的种类有：

a. 密闭吸尘罩。局部密闭罩适用于产尘点固定、气流速度不大的连续产尘点，观察操作方便。如胶带运输机，整体密闭罩罩子容积大，中小修可在罩内进行，适用于气流分散或局部气流速度较大的产尘设备如振动筛。

b. 旁侧吸尘罩。当生产条件不适宜用密闭吸尘罩时，可选用旁侧吸尘罩。旁侧吸尘罩设计时要考虑罩口吸气速度、尘源与罩口的距离。旁侧吸尘罩应用广泛，如喷漆、焊接、翻砂。

c. 接受式吸尘罩。特点是接受罩迎着粉尘散发的方向并尽量靠近尘源，适用于砂轮机、抛光机、磨床等设备的防尘。

d. 下部吸尘罩。优点是不占据空间、不妨碍操作、工人体位舒适；缺点是需敷设地下风道、粉尘易堵塞、设计存在困难。

2. 常用的除尘设备

除尘器的形式很多，基本上可以分成干式、湿式两大类。主要利用重力、惯性力、离心力、热力、扩散黏附力和电力等。除尘器是将粉尘从含尘气流中分离出来的净化设备。除尘器的主要参数可分为技术参数（除尘风量、除尘效率、阻力）、经济参数（设备费、运行费、使用寿命、占地面积、空间体积）。

（1）重力沉降室。通过粉尘本身的重力使尘粒从气流中分离出来。重力沉降室仅适用于 50 μm 以上的粉尘。由于其除尘效率低、占地面积大，现在很少使用。常作为高浓度含尘气体系统中的一级除尘。

（2）旋风除尘器。旋风除尘器是利用气流旋转过程中作用在粉尘尘粒上的惯性离心力，使尘粒从气流中分离。从结构上，旋风分离器分为回流式、旁路式、平旋式、直流式和旋流式五种。旋风除尘器结构简单、体积小、维护方便、制造方便，在工业上应用很广，主要用于 10～20 μm 粉尘，用作多级除尘器的第一级除尘器。常作为高浓度含尘气体系统中的一级除尘。

（3）湿式除尘器。湿式除尘器又称洗涤器，是通过含尘气体与液滴或液膜的接触使尘粒从气流中分离。优点是结构简单、投资低、占地面积小、除尘效率高、能同时对有害气体进行净化。工业上常用的有喷淋塔（主要用于处理浓度高的含尘气体）、水浴除尘器（用于亲水性和较粗的粉尘处理）、文丘里除尘器（用于清除微细粉尘效率很高）等，适宜处理有爆炸危险性或同时含有多种有害物的气体。缺点是有用物料不能干法回收，泥浆处理困难。

（4）过滤除尘器。过滤除尘器是含尘空气通过织物的过滤层或通过由填充材料构成的过滤层时，粉尘尘粒会阻留下来。织物过滤层通常做成袋形，也称布袋除尘器。常用的袋滤器是高频振动式，填充材料主要是合成纤维、金属丝、丝网等。袋式除尘器除尘效率高、应用广泛。但不适于处理高温高湿含尘气体。

（5）电除尘器。电除尘器是利用高压电场产生的静电力，使尘粒从空气中分离。电除尘器是一种高效干式除尘器，阻力低，可处理高温、高湿气体，适用于大型工程，造价高。根据收尘极形式，电除尘器分为管式和板式两种。

（6）除尘管道主要作用。输送含尘气体，连接除尘器、吸尘罩及风机。企业应充分考虑管道阻力平衡、管道材质、管道内气体流速、粉尘性质和含尘气体的性质是否相近，以利于回收利用。风机是克服系统阻力、输送含尘气体的机械设备，主要有离心式、轴流式、横流式。风机选择主要考虑有用效率、转速、噪声等。

3. 强化管理

我国职工的安全和健康是受《中华人民共和国宪法》和其他有关法律如《中华人民共和国劳动法》《中华人民共和国矿山安全法》《中华人民共和国尘肺病防治条例》等保护的。当前，针对我国严峻的职业病形势，根据国际的经验，结合我国安全卫生工作的实际情况，国家制定出台了一系列职业卫生工作或职业安全卫生工作的法律，如《中华人民共和国职业病防治法》，尤其是在中国加入WTO之后，已逐步完善了我国的安全卫生法律体系。同时随着生产的发展，新工艺、新流程的开发，以及多年的实践经验，很多标准、规范已得到了修订、补充、完善，标准、规范的整体构架也在进一步建构、健全、完善，使其更适于目前职业卫生工作发展的需要。在健全法律、法规、标准、规范的同时，必须保证法律、法规、强制性标准、规范的约束力，做到有法可依、有法必依、执法必严。

化工企业应按照《工业企业设计卫生标准》（GBZ 1—2010）的有关要求，建立职业卫生管理机构，配备必要的人员和装备。贯彻国家法律、法规、标准、规范和有关部门的规定，根据企业的具体情况，制定相应的规章制度。

从事尘毒作业的职工，就业前应进行体格检查，有禁忌证的不得从事相应作业。就业后，按规定发放保健品，定期体检。建立个人健康监护档案。采取防尘教育、定期检测、加强防尘设施维护检修、对从业人员定期体检等管理措施。

4. 做好个体防护

由于工艺、技术的原因，通风除尘设施无法达到卫生标准要求时，操作工人必须佩戴防尘口罩等个人防护用品。

在事故状态、抢修设备作业时，做好个体防护是避免发生大量吸入粉尘的有效方法。值得注意的是，当必须采取个体防护手段时，也就表明外部危险性处于不可控状态，一旦个体防护措施失效，就可能导致机体损害。

呼吸防护用品可分为过滤式和隔离式两大类。前者包括防尘口罩等；后者包括送风式头盔、自吸式面罩、空气呼吸器、氧气呼吸器等。

皮肤防护用品包括防护手套、防护眼镜、防护鞋、防护服、防护油膏等。

防护用品的选择要根据现场情况（如粉尘的性质、浓度、氧气含量）及其防护特性确定。

第五节 噪声污染及防护

噪声污染早已成为人类环境的一大公害。国外早就出现了“噪声病”一词，世界卫生组织（WHO）最近进行的全世界噪声污染调查认为，噪声污染已经成为影响人们身体健康和生活质量的严重问题。

在我们日常生产生活中，噪声可谓无孔不入。世界卫生组织的研究表明：当室内的持续噪声污染超过30 dB时，人的正常睡眠就会受到干扰；而持续生活在70 dB以上的噪声环境中，人的听力及身体健康都会受到影响。在工业中，噪声会妨碍通信、干扰警报讯号的接收，进而会诱发各类工业事故。人长期暴露在声频范围广泛的噪声中，会损伤听觉神经，甚至造成职业性失聪。为能更好地生活、工作，了解噪声的形成、危害与防治是非常必要的。

一、噪声及其危害

噪声是指人们在生产和生活中一切令人不快或不需要的声音。噪声除令人烦躁外，还会降低工作效率，特别是需要注意力高度集中的工作，噪声的破坏作用会更大。

1. 噪声的特性

环境噪声是感觉公害，其特性为：具有局限性、分散性、暂时性、无污染物存在、无能量积累、传播不远、不能集中治理等。噪声虽然不能长时间存留在环境之中，一旦发生，人们就能感觉到它的存在，会给人们的身心健康带来威胁。噪声会随着声源消失而立即消失，其影响也会随之消除，不会持久，也不会积累。

人的听觉最敏感的声频在 2 000～5 000 Hz，能听到的声频范围为 20～20 000 Hz。低于 20 Hz 的声音称为次声，高于 20 000 Hz 的声音称为超声。次声和超声人的听觉都感觉不到。通常噪声都是由无数声频的声音组成的。

2. 噪声源及其分类

产生噪声的声源很多，按产生机理可以分为机械噪声、空气动力性噪声和电磁性噪声三类；按污染源种类可以分为工厂噪声、交通噪声、施工噪声、社会生活噪声和自然噪声五类；按噪声源随时间的变化可分为稳态噪声和非稳态噪声两类。

化工企业的噪声源主要有以下五类：

（1）机泵噪声。包括电机本身的电磁振动发出的电磁性噪声、电机尾部风扇的空气动力性噪声及机械噪声，一般为 83～105 dB。

（2）压缩机噪声。包括主机的气体动力噪声和辅机的机械噪声，一般为 84～102 dB。

（3）加热炉噪声。主要是燃气喷嘴喷射燃气时与周围空气摩擦产生的噪声、燃料在炉膛内燃烧产生的压力波激发周围气体产生的噪声，一般为 101～106 dB。

（4）风机噪声。包括风扇转动产生的空气动力噪声、机械传动噪声、电机噪声，一般为 82～101 dB。

（5）排气防空噪声。主要是由带压气体高速冲击排气管产生的气体动力噪声及突然降压引起周围气体扰动发出的噪声，最高可达 150 dB。

3. 噪声的危害

噪声对人的危害是多方面的。而产生噪声的作业，几乎遍及各个工业部门，噪声已成为污染环境的严重公害之一。化学工业的某些生产过程，如固体的输送、粉碎和研磨，气体的压缩与传送，气体的喷射及机械的运转等都能产生相当强烈的噪声。当噪声超过一定值时，对人会造成明显的听觉损伤，并对神经、心脏、消化系统等产生不良影响，而且妨害听力、干扰语言，成为引发意外事故的隐患。容易受到关注的是对听力的损害，引起耳部不适，如耳鸣、耳痛和听力下降。若在 80 dB 以上的噪声环境中生活，造成耳聋者可达 50%。除此之外，噪声还可损伤心血管、神经系统等。长期在噪声中，特别是在夜间噪声中生活的冠心病患者，心肌梗死的发病率会增加。噪声还可导致女性生理机能紊乱、月经失调、流产率增加等。噪声的心理效应多体现在噪声影响人的休息、睡眠和工作，从而使人感到烦躁、萎靡不振，影响工作效率。对于正处于生长发育阶段的婴幼儿来说，噪声危害尤其明显。经常处在嘈杂环境中的婴儿不仅听力受到损伤，智力发展也会受到影响。

（1）听力损失。长年累月在强噪声下工作，日积月累，内耳器官发生器质性病变，从而导致噪声性耳聋。在强噪声环境下数分钟，当脱离噪声后，会造成听觉疲劳、失去听觉，导致暂时性耳聋，经过一段时间休息，听力恢复。在 170 dB 以上高强度噪声（如爆炸、爆破时产生的噪声）冲击下，强大的声压和冲击波作用于耳鼓膜，使鼓膜内外形成很大的压差，致使耳鼓膜破裂出血，双耳完全失去听力，称为爆震性耳聋。

（2）神经衰弱。噪声最广泛的危害就是作用于人的中枢神经系统，造成基本生理机能失调。表现为头晕、恶心、失眠、心悸、脑胀、头痛、耳鸣、多梦、全身疲乏无力等症状，这些症状就是医学上所说的神经衰弱症或神经官能症。

（3）肠胃疾病。噪声作用于人的中枢神经系统，还会引起肠胃机能阻滞，消化液分泌异常，胃酸减少，造成消化不良、食欲不振、恶心呕吐，容易导致胃溃疡等症。

（4）心脏异常。噪声作用于人的心血管系统，会使交感神经紧张、心跳过速、心律不齐、血压增高、血管痉挛等，可能导致冠心病和动脉硬化。

（5）危害胎儿。极强噪声会影响胎儿发育，可能造成胎儿畸形，妨碍儿童智力发展。

（6）危及生命。强噪声还能直接造成人和动物的死亡。

（7）降低劳动生产率。在噪声刺激下，工作人员的注意力不易集中，大脑思维和语言传递等都会受到干扰，工作时容易出现差错。

为了明确噪声管理，原国家卫生部和劳动部门颁发了《工业企业噪声卫生标准》（试行草案），对允许噪声限值做了规定：工业企业的生产车间和作业场所的工作地点的噪声标准为 85 dB，不得超过 90 dB；对接触噪声不超过 8 h 的工种，允许噪声为 85 dB 左右；对接触时间不超过 4 h 的工种；允许噪声为 88 dB 左右；对接触时间不超过 2 h 的工种，允许噪声为 91 dB 左右；对接触时间不超过 1 h 的工种，允许噪声为 94 dB 左右；噪声最高不得超过 115 dB。

二、噪声污染控制预防措施

噪声是由噪声源产生的，并通过一定的传播途径，被接受者接受，才能形成危害或干扰。其中最根本的办法就是从声源上控制用无声或低噪声的工艺和设备代替高噪声的工艺和设备，可以从根本上解决生产中的噪声问题。但由于技术或经济上的原因，直接从声源上控制噪声往往是不可能的。因此，控制噪声的基本措施是消除或降低声源噪声、隔离噪声及接受者的个人防护。

1. 噪声源的控制

工业噪声一般是由机械振动或空气扰动产生的。应该采用新工艺、新设备、新技术、新材料及密闭化措施，从声源上根治噪声，使噪声降低到对人无害的水平。

（1）选用低噪声设备和改进生产工艺。如用压力机代替锻造机，用焊接代替铆接，用电弧气刨代替风铲等。

（2）提高机械设备的加工精度和装配技术。如校准中心，维持好动态平衡，注意维护保养，并采取阻尼减振措施等。

（3）对于高压、高速管道辐射的噪声，应通过降低压差和流速、改进气流喷嘴形式降低噪声。

（4）控制声源的指向性。对环境污染面大的强噪声源，要合理地选择和布置传播方向。对车间内小口径高速排气管道，应引至室外，让高速气流向上空排放。

2. 噪声传播途径控制

噪声隔离是在噪声源和接受者之间进行屏蔽、吸收或疏导，阻止噪声的传播。在新建、改建或扩建企业时，应充分考虑有效地防止噪声，采取合理布局，及采用屏障、吸声等措施。

（1）合理布局。应该把强噪声车间和作业场所与职工生活区分开；把工厂内部的强噪声设备与一般生产设备分开。也可把相同类型的噪声源，如空压机、真空泵等集中在一个机房内，既可以缩小噪声污染面积，同时也便于集中密闭化处理。

（2）利用地形、地物设置天然屏障。利用地形如山岗、土坡等，地物如树木、草丛及已有的建筑物等，阻断或屏蔽一部分噪声的传播。种植有一定密度和宽度的树丛和草坪，导致噪声的衰减。

（3）噪声吸收。这一过程主要有吸声、消声等方式。其中吸声多用于室内噪声和混响的控制。其原理是使用多孔、透气的材料，布置在房间的内表面，或悬挂在室内空间，房间内的反射声就会被吸收掉，室内噪声就会降低，混响就会消除。这种控制方法就叫吸声，比如会议礼堂、电影院、大教室等都有吸声装置。

常用的吸声材料有无机纤维材料（如玻璃丝、玻璃棉、岩棉）、泡沫塑料（如脲醛泡沫塑料、聚氨酯泡沫塑料）、有机纤维材料（如工业毛毡、棉絮、木屑、稻草板）、建筑材料（泡沫微孔砖、泡沫混凝土）四类。

吸声材料对于高频噪声有很好的吸收效果，但对于低频噪声不是很有效。对于低频噪声可以采用共振吸声的方法进行控制，其原理是设置一个薄板或穿孔板（通常可以用金属板、薄木板），背后留有一定厚度的空气层，当外来声波碰到薄板时，就会引起一系列的振动，薄板振动时会将一部分声波转变为热能，这样就消耗了声能，起到了降低噪声强度的效果。当外来入射声波的频率与薄板振动的频率发生共振时，吸收效果最显著。常用的共振吸声结构有穿孔板共振结构、薄板共振结构、复合吸声结构。

消声是消除空气动力性噪声的方法。将消声器（一种阻止或减弱噪声传播而允许气流通过的装置）安装在空气动力设备的气流通道上，就可以降低这种设备的噪声。

消声器的结构形式有很多，按消声原理可以分为阻性消声器、抗性消声器、阻抗复合消声器和微穿孔板消声器、变频消声器五类。

①阻性消声器。阻性消声器利用吸声材料消声。将吸声材料固定在气流流动的管道内壁，或者按一定方式在管道内排列组合，就构成了阻性消声器。当声波进入阻性消声器，一部分声能就会被吸声材料吸收，起到了消声的目的。对于管径比较大的空气动力

设备，可以把消声器做成蜂窝式、片式、折板式和声流（波浪式）等。阻性消声器对低频噪声消声效果较差。

②抗性消声器。抗性消声器不用吸声材料，而是利用管道内声学特性突变的界面，把部分声波向声源反射回去，起到声波过滤作用，只有一部分声波从管道中传播出去，达到消声目的。如采用扩张室形式、设置弯头形式、管内设置屏障或穿孔片等形式，都可以起到消声作用。抗性消声器对高频噪声消声较差。

③阻抗复合消声器。阻抗复合消声器将阻性消声器和抗性消声器的特点综合在一起，是既有吸声材料又有扩张室等滤波形式的消声器。这种消声器消除噪声效果很好，应用也最广泛。

④微穿孔板消声器。微穿孔板消声器利用微穿孔板吸声结构制成。通过在管道中设置不同穿孔率和板后不同的腔深相组合的微穿孔板，可以在较宽的声频范围内获得较好的消声效果。

⑤变频消声器。排气放空噪声是化工生产中常见的噪声源，消除这种噪声可以采用变频的方法达到消声目的。根据喷注噪声的声频与排出口径成反比的理论，将排出口径变小，当口径小到一定程度（一般在 mm 级），喷注噪声的频率将增大到人的听觉不敏感的范围。根据这一原理，用许多小孔代替一个大的排出口，既可以保证气体排出量，又达到了消声的目的。因此，变频消声器又称小孔喷注型消声器。

（4）隔声。隔声是指在噪声传播途径中设置一定的隔声材料或结构，减少声能的传递，从而达到降低噪声的目的，是控制噪声很有效的措施。其方法是把声源封闭在有限的空间内，使其与周围环境隔绝，如采用隔声间、隔声罩等。隔声结构一般采用密实、重质的材料，如砖墙、钢板、混凝土、木板等。对隔声壁要防止共振，尤其是机罩、金属壁、玻璃窗等轻质结构，具有较高的固有振动频率，在声波作用下往往发生共振，必要时可在轻质结构上涂一层损耗系数大的阻尼材料。采用多层壁形式，如在两层单层壁中间留一个空气层或充填吸声材料，其隔声效果会更好。

（5）隔振与阻尼减振。在机械设备下面铺设具有一定弹性的软材料，如橡胶板、软木、毛毡、纤维板等，将设备振动时产生的部分能量转变成热能耗散掉，降低了振动的传递，起到了隔振的作用，或在机械设备上安装设计合理的减振器，可减弱振动的传递。隔振与阻尼减振通常用于机器噪声的控制。减振器主要有橡胶减振器、弹簧减振器、空气减振器等。

3. 噪声的个人防护

对某一具体的噪声问题而言，采用何种方法来解决，要依实际情况而定。一般来说，在经济条件和技术上可行的情况下，应鼓励优先考虑采取工程措施，从声源或传播路径上来降低生产场所的噪声。但是，尚有许多场所，从经济或技术上考虑，目前还不可能采用声源降噪或声传播路径降噪的措施，这些场所应及时采用个人防护措施来控制噪声的危害。再如有些车间的机械设备或管道很多、很复杂，而受噪声影响的操作工人却较少，这种情况下，暂考虑使用个人防护用品的办法来解决噪声问题要经济得多。常用的个人防护用品有耳塞、耳罩、耳棉、隔声帽等，其中耳塞的隔声值可达 20～30 dB。

市面上的防音防护具种类繁多，按照其基本功能可分为耳罩、耳塞与特殊防音防护具三大种类。而此三种护具各有各的遮音性能、方便性及实用性，故在使用时应视需要的不同来加以选择。由于防音防护具被经常使用，因此应定期维护与保养防音防护具，以避免防音性能降低、皮肤过敏及其他耳朵疾病等现象的发生。维护与保养的信息必须要定期传递给所有将来需要佩戴防音防护具的人员。定期接受听力检查，可早期预防听力损害。

另外，还有些地方虽然在声源上或声传播路径上采取了一定的降噪措施，但噪声级仍未能降到 85～90 dB 以下，其所遗留的问题更多的需借助护耳器来补充解决。

在控制职业噪声危害方面，护耳器目前在世界范围内仍然发挥着重要的作用，使用面很广。即使在业余活动的场合，只要有强噪声存在，护耳器也可大派用场。使用护耳器是一种既简便又经济的办法。国外有关噪声的法规标准一般都明文规定：在噪声达到或超过 90 dB 的场合，工人必须使用护耳器；任何人（包括工厂的上司、来厂参观的贵宾）只要进入该场所，也都必须佩戴护耳器；对那些对噪声较敏感的工人，即使在 85～90 dB 的环境下工作，也必须使用护耳器。

护耳器主要包括耳塞与耳罩。目前在国外较为流行使用的是一种慢回弹泡沫塑料耳塞。这种耳塞具有隔声值高、佩戴舒适简便等优点。

护耳器的使用在我国远未受到应有的重视。许多地方早就应当使用护耳器，但至今仍没有采用。因此，应当提高对使用护耳器意义的认识。

4. 卫生保健措施

定期对接触噪声的工人进行健康检查，特别是听力的检查，发现听力损伤应及时采取有效的防护措施。进行就业前体检，取得听力的基础资料，并对患有明显听觉器官、心血管及神经系统器质性疾病者，禁止其参加强噪声的工作。

合理安排工间休息并尽可能暂离噪声车间。经常检测作业场所噪声情况，监督检查预防措施执行情况及效果。

第六节　辐射的危害及防护

随着现代科技的高速发展，一种看不见、摸不着的污染源日益受到各界的关注，这就是被人们称为“隐形杀手”的电磁辐射。今天，越来越多的电子、电气设备的投入使用使得各种频率的不同能量的电磁波充斥着地球的每一个角落乃至更加广阔的宇宙空间。对于人体这一良导体，电磁波不可避免地会构成一定程度的危害。同时随着各类辐射源日益增多，危害相应增大，因此，必须正确了解各类辐射源的特性，加强防护，以免作业人员受到辐射的伤害。

以粒子或者以波的形式进行的能量传递、传播及吸收活动，称为辐射。辐射包括电离辐射和非电离辐射两类。能够引起物质电离的辐射称为电离辐射。电离辐射的种类很多，常见的有电磁辐射（包括 X 射线和 γ 射线）、带电粒子射线（包括 β 射线、β^+ 射线、电子束、α射线、质子射线、氘核射线、重离子束、介子束等）以及不带电粒子射线（中子）。非电离辐射系指紫外线、可见光、红外线、激光和射频辐射而言，它们都属于电磁辐射谱中的特定波段。表5—3给出了几种辐射形式产生的原因以及对人体的危害。

表5—3　辐射产生的原因以及对人体的危害

辐射类型	来源	危害
无线电波及微波	通信、烹饪	烧伤人体暴露部分
红外	任何热源	烧伤皮肤、白内障
可见光辐射	可见光、激光束	烧伤、组织破坏
紫外线	焊接、某些激光、弧光	烧伤、皮肤癌、臭氧
X射线及其他离子辐射	离子辐射流、X光机	烧伤、皮炎、癌、体细胞伤害

一、电离辐射的卫生防护

1. 电离辐射的种类及来源

电磁辐射是由振荡的电磁波产生的。在电磁振荡的发射过程中，电磁波在自由空间以一定的速度向四周传播，这种以电磁波传递能量的过程或现象称为电磁波辐射，简称电磁辐射。

电磁辐射以其产生方式可分为自然和人工两种。自然产生的电磁辐射主要来自地球的热辐射、太阳的辐射、宇宙射线和雷电等。自然产生的电磁辐射和人工产生的辐射相比很小，一般可以忽略不计。

人工产生的电磁辐射，一是为传递信息而发射的，如无线广播通信和电视发送、微波发射等；二是工业、医学等利用电磁辐射能加热时泄漏的，如高频变压器、高频熔炼、大功率电路、微波加热、微波理疗、荧光灯、雷达定位、无线导航等。

在工业活动中，所出现的电离辐射有α、β、γ射线及X射线。α射线及β射线是从放射性材料发射的高能高速粒子流。放射性材料是不稳定的，总是在改变自己的原子排列，从而发射出稳定的缓慢衰减的能量。

（1）α粒子是具有两个正电荷（质子）的氦原子，所以它们相对较大而且容易吸引电子。它们在密度较高的材料中，行程较短，从而只能穿透皮肤。然而，当吸入或吞入可以发射α粒子的物质时，就会把α粒子源引入靠近容易受损的组织上，从而造成重要器官的伤害。

（2）β粒子是快速运动的电子，它比α粒子的质量小，但穿透的距离长，这样就会对人体造成伤害。它们具有相当大的穿透力，但电离能力要弱些。

（3）γ射线具有很强的穿透能力，它是原子核蜕变释放能量时产生的。当γ射线穿过一个正常的原子时，有时会使原子失去一个电子，从而使原子带上正电荷成为正离子，它与释放出来的电子统称为一个离子对。γ射线的作用与X射线非常相似。

（4）X射线通常是在受控条件下，高速电子流撞击特定目标使带电粒子突然加速或减速而产生的。用来加速电子达到产生X射线的电压，至少在15 kV。当设备的电压小于这个数值时，就不可能产生X射线。因此，当存在着高于上述数值的电压时，就有可能出现这种形式的辐射危害。X射线及γ射线具有高的能量和穿透能力，能穿过相当厚的材料。在低密度物质（如空气）中，它们穿透的距离很长。

工业生产中，电离辐射源最常见的是X射线机和用于无损测试（NDT）的同位素。实验室工作及通信中，也会存在这种辐射源。

随着科学技术的发展，射频技术已经得到了广泛的应用。电磁辐射已经开始渗透到人们生活的各个角落。作为一种的新的污染，电磁辐射已经给人类的生活造成了现实和可预见的危害。

2. 电磁辐射的危害

(1) 引燃引爆。极高频辐射场可使导弹系统控制失灵，造成导弹起爆提前或滞后；高频电磁的振荡可使金属器件之间相互碰撞打火，引起爆炸物品、易燃物品燃烧爆炸。

(2) 干扰信号。电磁辐射可直接影响电子设备、仪器仪表的正常工作，造成信息失真、控制失灵，并可能酿成大的事故。如在飞机上随意拨打移动电话可能干扰飞机正常飞行，甚至造成坠机事故；在医院随意拨打移动电话可能干扰医院的脑电图、心电图等检查，造成信息失真，可能直接影响病人的治疗、抢救。

(3) 危害人体健康。通过多年以来的案例对比，电磁辐射可对人体产生不良影响，其影响程度与电磁辐射强度、辐射接触时间等有直接关系。长期接受电磁辐射对人体的危害主要有：

①造成中枢神经系统及植物神经系统机能障碍与失调，出现头晕、头痛、乏力、睡眠障碍、记忆力减退等。

②影响人的生殖系统，如可能造成男性精子质量降低，女性月经紊乱，孕妇发生自然流产和胎儿畸形等。

③影响人的循环系统，如出现心悸、心律不齐、心动过缓、心搏血量减少、白细胞减少、免疫力下降等。

④对人的视觉有不良影响，会引起视力下降，导致白内障等。

⑤可能导致儿童智力下降甚至残缺。

⑥可能诱发癌症并加速人体癌细胞增殖。

⑦可能造成儿童血液、淋巴液和细胞原生质发生变化，导致儿童患上白血病。

3. 电磁辐射的预防

(1) 电磁辐射预防的基本原则

①减少泄漏。各类高频与微波设备的机箱挡板及防护装置对防止电磁波泄漏都是有效的，工作期间应按要求装备妥当，不要随意拆除或敞开。在调试大功率高频及微波设备时，应在系统终端安接功率吸收器或等效天线，防止能量向空间泄漏。

②合理布局。在居民密集生活区、生活点不宜设置高频与微波设备，不要建微波发射天线；在各类辐射源附近应尽量卸除不必要的金属体，避免电磁感应成为二次辐射源。

③采取有效预防措施。对不同类型的辐射源应根据具体情况分别采取不同的预防措

施，如屏蔽、隔离、吸收等。

④加强个人防护。岗位在大功率设备附近的操作人员，应注意穿戴专门配备的防护服、防护眼罩等防护用品。

（2）电磁辐射预防的方法

①屏蔽法。屏蔽原理是利用金属板或金属网等良性导体或导电性能良好的非金属组成屏蔽体，并与地连接，使辐射的电磁能所引发的屏蔽体电磁感应通过地线传入地下。屏蔽法的实施有两种：一是将辐射源加以屏蔽，称为主动或有源场屏蔽，特点是辐射源与屏蔽体之间的距离小，可用于强度较大的辐射源；二是将指定范围内的人员或设备加以屏蔽，使其不受电磁辐射干扰和危害，称为被动或无源场屏蔽，特点是与辐射源距离远，屏蔽可以不接地线。一般常用的屏蔽材料有铜和铝，也可以用铁。屏蔽体的形式有罩式、屏风式、隔离墙式等多种，可根据实际情况选择。

②接地法。将辐射源屏蔽部分或屏蔽体通过感应产生的射频电流由接地极导入地下，以免成为二次辐射源。接地极埋入地下的方式有板式、棒式、网格式等多种，通常采用前两种。具体做法是将具有一定厚度、面积约 1 m^2 的铜板埋于地下 1.5～2 m 深的土壤中，将接地线的一端固定在屏蔽体上，另一端与钢板焊牢。或将 3～5 根长约 2 m、直径为 5～10 cm 的金属棒，以每根间距 3～5 m 埋入地下 2 m 深的土壤中，金属棒顶端与屏蔽体连接。

③吸收法。吸收法是指选用适宜的具有吸收电磁辐射能的材料，将泄漏的能量吸收并转化为热能。石墨、铁氧体、活性炭等都是较好的辐射吸收材料。

（3）电磁辐射防护管理。2005 年国务院发布了《放射性同位素与射线装置安全和防护条例》（国务院令第 449 号），该条例是目前我国放射卫生防护管理的重要行政法规。其中规定：从事放射工作的单位需获得许可，进行登记，并划定放射性工作场所；要定期进行放射卫生防护监测，包括个人剂量监测、工作场所监测、环境监测和电离辐射源监测；要做好放射工作人员的健康监护，包括就业前健康检查和就业后的定期健康检查，并建立健康档案，要积极开展放射卫生防护知识的宣传教育，特别是在乡镇工业格外重要。

二、非电离辐射的卫生防护

1. 非电离辐射的种类、来源及危害

一般来讲，非电离辐射不会造成物质的电离。这种类型的辐射包括了在电磁波谱段中，从紫外到无线电波段的电磁波以及激光。

（1）紫外辐射。来自阳光，另外诸如焊接设备等也产生紫外辐射。由于大气臭氧层的存在，大气中的大部分紫外光都被挡住了。强烈的紫外光会造成人体烧伤及眼睛失明。紫外光的热力学及光化学作用会产生烧伤、皮肤增厚乃至皮肤癌。电弧及紫外光被眼结膜吸收后会产生一种光化学作用，从而导致“电弧眼”和白内障。

（2）红外辐射。红外辐射很容易转变成热，其暴露效应是烧伤及体内液体的损失，眼睛也会受到伤害。在红外辐射时，视网膜也有可能会受到损坏。总而言之，当红外辐

射以集中光束的形式出现时，它对人体主要是产生热伤害的作用。

（3）射频辐射。这是由无线电设备及微波设备发射的。人体是通过血液循环来减少其暴露部分的温度的。这种由血液循环来降低射频辐射温度效应的机制对有些器官不起作用，因此，这样器官暴露在诸如射频辐射的环境中就有危险。例如，眼睛在这种地方，它所吸收的辐射能量因为没有血液循环、出汗蒸发、传热等机制，积聚热量不可能被降低或传走。射频辐射对金属感应而产生的热，也会造成烧伤。

（4）激光。激光能烧伤生物组织，尤其对视网膜的灼伤为多见。因为激光束能通过眼自身的屈光系统在视网膜上聚焦成一个非常小的光斑，使光能高度集中而导致灼伤。眼睛受激光照射后，可突然有眩光感，出现视力模糊，或眼前出现固定黑影，甚至视觉丧失。激光对视网膜的损伤是无痛的，易被忽视。激光对眼的意外损伤，除个别人发生永久性视力丧失外，多数经治疗后均有不同程度的恢复。激光对皮肤的危害仅次于眼睛。大功率激光器在较大距离即可灼伤皮肤。皮肤损伤的表现为多种形式，从红斑到水泡以至焦化、溃疡、结疤。

2. 非电离辐射的预防

非电离辐射对人体的危害程度，除取决于量子能量水平外，还取决于束（流）的强度（功率密度）、辐射能在组织中的吸收程度、单一波长（单色）或宽频谱以及相干光或非相干光、光束或场源是扩散的或是点源等因素。这些因素都可影响其对机体作用的强弱。

（1）高频电磁场与微波的预防

①高频电磁场的防护。对高频加热设备来说，高频电磁场源有高频振荡管、振荡回路（电容器组和电感线圈）、高频馈线、高频感应线圈或工作电容极板。

a. 场源的屏蔽：屏蔽就是用金属材料包围场源，以吸收和反射场能，使操作地点电磁场强度减低。屏蔽材料吸收的场能可转为感应电流经接地装置引入地下。

b. 远距离操作：如操作岗位距场源较远就不一定都要求屏蔽，但在其周围要有明显标志。对一时难以屏蔽的场源，可采用自动或半自动的远距离操作。

c. 合理的车间布局：高频加热车间要求较一般车间宽敞。各高频机之间需要有一定的距离。安装高频机时，应使场源尽可能远离操作岗位和休息地点。馈线不宜过长，特别是一机多用时，更应充分考虑到场源与作业点的合理布局。

②微波的防护。在工厂装机调试过程中，微波辐射源为磁控管、速调管、调制管，偶有敞开的波导管和发射天线。在使用时，发射天线为主要辐射源，其次是波导管连接处的泄漏。微波加热设备的缝隙、物料出入口可有微波漏出。

a. 微波辐射能吸收：调试微波机时，需安装功率吸收天线（如等效天线）吸收微波能量，使其不向空间发射。需要在屏蔽小室内调试微波机时，小室内四周上下各面均应敷设微波吸收材料。

b. 合理配置工作位置：根据微波发射有方向性的特点，工作点应置于辐射强度最小的部位，尽量避免在辐射束的正前方进行工作。

c. 个体防护用品：一时难以采取其他有效防护措施，短时间作业可穿戴防微波专用的防护衣帽和防护眼镜。

（2）红外辐射的预防。严禁裸眼观看强光源。生产操作中应戴绿色玻片防护镜，镜片中需含有氧化亚铁或其他可有效滤过红外线的成分。必要时穿戴防护手套和面罩，以防止皮肤灼伤。

（3）紫外辐射的预防。采用自动或半自动焊接可增大与辐射源的距离。做好安全卫生知识教育，合理使用防护用品，电焊工与助手操作时密切配合有重要意义。电焊工及其辅助工必须佩戴专用的防护面罩、防护眼镜以及适宜的防护手套，不得有裸露皮肤。焊工操作时应使用可移动屏障围住操作区，以免其他工种工人受到紫外线照射。电焊时产生的有害气体和烟尘，宜采用局部排风等措施加以排除。

（4）激光的预防

①安全教育与安全制度。参加激光作业的人员需接受激光危害及其安全防护的教育。作业场所应制定安全操作规程，必须确定操作区与危险带，要有醒目的警告标志。对激光进行光学调试时，要先切断电源。工作人员就业前后应做健康检查，以眼为重点。

②防护设施。操作室围护结构用吸光材料制成，色调宜稍暗。工作区照明宜充足。室内不得设置和安放能较强反射、折射光束的设备、用具和物件。激光束防光罩应用耐热、防燃、不透光材料制成，它的开启应与光束制动闸、光束放大系统截断器相连。

③个体防护用品。穿着防燃工作服，颜色略深可减少反光。防护眼镜使用前必须经专业人员选择、鉴定，并需定期测试其效率。

第七节　防暑降温

随着地球环境的恶化，全球变暖，温室效应越来越强烈，特别是夏季气温年年创新高。持续高温天气已经给人们的生产和生活带来严重影响，人们渐渐意识到，高温已经成为一场灾害，必须立刻采取相应的防范措施应对。

一、中暑与现场救治

1. 中暑及其分类

当外界温度很高或热辐射很强时，会引起人体体温调节功能紊乱，使体温升高。此时人体会排出大量的汗液，致使水盐代谢发生紊乱，血液浓缩，尿量减少，心脏、肾脏负担加重，消化机能减退，耗氧量增大，能量消耗增多，基础代谢增高，这种情况称为中暑。

中暑是炎热夏季常见的急性热病之一，轻的病人可出现头昏、头痛、恶心、口渴、大汗、心慌及面色潮红，体温可升高到38℃以上，甚至有血压下降、脉搏增快等虚脱表现。重者出现高热（体温超过41℃）、无汗、言语及神志不清、手足抽搐及意识障碍等症状，严重时出现休克、心力衰竭、肺水肿、脑水肿等危症。严重中暑者需及时进行抢救，否则可能出现生命危险。

中暑的原因有很多，在高温作业的车间工作，如果再加上通风差，则极易发生中暑；农业及露天作业时，受阳光直接暴晒，再加上大地受阳光的暴晒，使大气温度再度升高，使人的脑膜充血，大脑皮层缺血而引起中暑，空气中湿度的增强易诱发中暑；在公共场所、家中，人群拥挤集中，产热集中，散热困难。

中暑在我国法定职业病名单中规定有热射病、日射病及热痉挛三种。

(1) 热射病。在高温环境下作业，由于大量出汗，盐分流失，体内组织与血液中氯离子减少，造成水盐代谢紊乱，引起肌肉疼痛及痉挛。患者体温上升或轻微上升，属于重症中暑。一般在闷热的室内易发生，初感头痛、头晕、口渴，然后体温迅速升高，脉快、面红、甚至昏迷。

(2) 日射病。在烈日下活动或停留时间过长，由于日光直接暴晒所致，或者在高温环境而引起的急性病症，表现为体温调节发生障碍，体内热量蓄积。轻者有虚弱表现，重者高温虚脱，严重者会出现意识不清、狂躁不安、昏睡或昏迷，并有癫痫性痉挛，大量出汗，尿量减少，头部温度有时增高到39℃以上，体温可高达41℃以上。

(3) 热痉挛。在烈日和高热辐射环境下露天作业，由于在高温环境中人体大量出汗，丢失大量氯化钠，使血钠过低，引起腿部、甚至四肢及全身肌肉痉挛，严重者会出现惊厥、昏迷及呼吸系统、循环系统衰竭。

但实际常按临床表现分为先兆中暑、轻症中暑和重症中暑。

先兆中暑是在高温作业场所劳动过程中，作业人员有轻微头晕、头疼、眼花、耳鸣、心悸、脉搏频数加快、恶心、四肢无力、注意力不集中、动作不协调等症状，体温正常或略有升高，但尚能勉强坚持工作。

轻症中暑是作业人员具有前述中暑症状而一度被迫停止工作，但经短时休息，症状消失，并能恢复工作。

重症中暑是作业人员具有前述中暑症状被迫停止工作，并在该工作日未能恢复工作或在工作中出现突然晕厥及热痉挛。

在实际生活中还有“阴暑”这一现象，“阴暑”是夏日过于避热贪凉引起，即所谓“静而得之者为阴暑”。由于夏季暑热湿盛，人们毛孔开张、腠理疏松，人们睡眠、午休和纳凉之时，若过于避热趋凉，如夜间露宿室外，或坐卧于阴寒潮湿之地，或在树阴下、水亭中、阳台上乘凉时间过长，或运动劳作后立即用冷水浇头冲身，或立即快速饮进大量冷开水或冰镇饮料，或睡眠时被电扇强风对吹，均可导致风、寒、湿邪侵袭机体而引发“阴暑”，出现身热头痛、无汗恶寒、关节酸痛、腹痛腹泻等症。

夏季一般在诸如冶金工业的炼铁、炼钢、铸造、轧钢岗位，机械制造业的铸工、锻工、热处理等岗位，陶瓷、玻璃、造纸、印染、制糖、砖瓦等行业的主要车间，化工企业的合成、氧化及烈日下进行操作的岗位等场所进行作业，都很容易发生中暑。

在高温环境下，作用于人体的热源热量传递一般有对流、辐射、传导三种方式。一般情况下人体不会直接与热源接触，传导的作用比较小。

2. 现场抢救

高温中暑常发人群为：高温作业工人、夏天露天作业工人、夏季旅游者、家庭中的老年人、长期卧床不起的人、产妇和婴儿。若有人员中暑，其救护办法为：

（1）立即将病人移到通风、阴凉、干燥的地方，如走廊、树阴下。

（2）让病人仰卧，解开衣扣，脱去或松开衣服。如衣服被汗水湿透，应更换干衣服，同时开电扇或开空调，以尽快散热。

（3）尽快冷却体温，降至38℃以下。具体做法有用凉湿毛巾冷敷头部、腋下以及腹股沟等处；用温水或酒精擦拭全身；冷水浸浴15～30 min。

（4）意识清醒的病人或经过降温清醒的病人可饮服绿豆汤、淡盐水等解暑。

（5）可服用人丹和藿香正气水等。另外，对于重症中暑病人，要立即拨打120电话，以求助医务人员紧急救治。

二、防暑降温措施

要做好防暑降温工作，必须采用综合性措施，主要措施包括组织措施、技术措施、保健措施等。

1. 组织措施

（1）加强领导，是做好防暑降温的保障。企业领导要对防暑降温工作做到有布置、有检查、有指导，并协调好各职能部门的工作。安全生产监督管理、劳动、卫生行政执法部门应依据国家卫生标准及《防暑降温措施执行办法》对企业防暑降温工作进行监督检查。企业卫生和安全技术人员在入暑前应做好计划和具体落实措施，及早做好设备的保养和维修以及降温设备的安装和添置工作。

（2）加强宣传教育。教育职工遵守高温作业安全规程和卫生保健制度。制定合理的作息制度。应尽量缩短高温下作业时间，采取小换班、增加工作休息次数、延长午休时间等方法。休息地点应远离热源，备有清凉饮料、风扇、洗澡设备等。有条件的可在休息室安装空调或采取其他的防暑降温措施。

2. 技术措施

（1）改革工艺过程。合理设计或改革生产工艺过程，改进生产设备和操作方法，尽量实现机械化、自动化、仪表控制，消除高温和热辐射对人的危害。工艺流程设计时，应尽可能将热源置于外面；采用热压为主的自然通风时，尽量将热源布置于天窗下面，采用穿堂风的通风厂房，应将热源布置在主导风向的下风侧，使室外空气进入车间时，先通过操作者工作点，后经过热源。

（2）隔热。以水隔热效果最好，能最大限度地吸收辐射热。利用石棉、玻璃纤维等导热系数小的材料包敷热源也有较好的效果。

（3）通风。利用自然通风或机械通风的方法，交换车间内外的空气。

3. 保健措施

（1）供给含盐饮料。向高温作业人员提供足量符合卫生要求的含盐饮料，以补充人体所需的水分和盐分。

（2）发放保健食品。高温环境下作业，能量消耗增加，应增加蛋白质、热量、维生素等的摄入，以减轻疲劳，提高工作效率。

(3) 加强个人防护。高温作业的工作服应结实、耐热、宽大、活动方便，应按不同作业需要，及时供给工作帽、防护眼镜、隔热面罩、隔热靴等。

(4) 医疗预防。对高温作业人员应进行就业前和入暑前体检，凡患有心血管系统疾病、高血压、溃疡病、肺气肿、肝病、肾病等疾病的人员不宜从事高温作业。

4. 避免心理中暑

持续高温、闷热的天气，不但使很多的人出现了生理上的中暑，而且"心理中暑"的人也越来越多。人的情绪和气候有着密切关系，尤其是夏天，当气温超过 35℃、日照超过 12 h、湿度高于 80％的时候，气候条件对人体情绪调节中枢的影响就明显增强。高温下心烦意乱是正常现象，据了解，在正常人群中约有 10％的人会在夏季莫名其妙地出现情绪和行为异常，影响日常工作、学习和生活。高温引发的种种"心理中暑"问题，已经越来越成为严重的"高温风暴"，它滋生的危害再也不能够忽视了。

为了避免"心理中暑"，可以采取自我调节的方式：一是要宣泄，宣泄不是找人吵架，而是找人说出心中的烦恼，要和外界多交流、要和家人多聊天，这是减负；二是多活动，做一些自己喜欢的体育运动，把心里的火发散出来；三是要自找愉悦，寄情于山水之间，宁静的自然情景可以更好地调节情绪。

三、防暑技术控制措施

1. 隔热

隔热是消除热辐射的主要方法，指在热源与人体之间设置阻挡热辐射的隔热层，消除热辐射直接作用于人体的措施。隔热措施可以分为两种情况：一是对热室内热源进行隔离；二是对室外热源进行隔离。

(1) 对室内热源隔离。利用热绝缘性能良好或反射热辐射能力强的材料，设置在热源表面、热源周围或人体表面（如隔热工作服），阻挡和削弱热辐射对人体的作用。采取隔离措施还可以降低热对流。

常用的隔热材料有石棉制品（如石棉水泥板、锯末石棉板）、沥青制品（如沥青纤维板、沥青稻草板）、石膏制品（如填充石膏、泡沫石膏板）、填充料（如硅藻土、陶土、多孔黏土）、木材制品（如实木板、高密刨花板、锯末、胶合板）、玻璃制品（如玻璃板、玻璃丝、泡沫玻璃）、矿物制品（如油制毛毡、矿渣砖）、高分子材料制品（如泡沫塑料板、合成纤维板）以及稻草、棉花等。有的也用水幕作为隔离。

人体隔热的有效措施是穿戴专门的隔热工作服。

(2) 对室外热源隔离。削弱室外热源对室内的影响，主要的措施是增强建筑物外围结构的隔热性能。屋顶可以采用双层结构，中间可以通风，也可以采用屋顶淋水。窗户可以设置遮阳设施，减少直射阳光。

2. 通风

通风是消除热对流的主要方法。通风有自然通风和强制通风两种。

(1) 自然通风。自然通风是不使用机械设备，借助于热压或风压让空气流动，使室内外空气进行交换的通风方式。采用自然通风，可以大大减少设备投资，是防暑降温首选的方法。

（2）强制通风。强制通风是借助于机械作用促使空气流动，将空气或冷气直接吹向操作者的通风方式。最常见的是风扇和空调。对于自然通风不好的比较小的操作空间，采用强制式很有效。

3. 绿化和清凉饮料

（1）绿化。在建筑物周围绿化，可以遮蔽太阳直射，形成荫凉环境，达到防暑降温的目的。

（2）清凉饮料。在高温下的作业人员，出汗量大，失水、失盐，很容易中暑。配制符合卫生要求、凉爽可口的含盐饮料，提供给高温作业的人员，也是防暑的一个重要措施。

高温作业工人排汗量明显增加，其增加量与劳动强度成正比。排出的汗中含有大量盐分，大量排汗使体内盐分丢失，因此，高温作业工人在排汗量较大情况下，及时补充适量的水分和盐分对维持身体健康是十分必要的。

饮水是最常见，也是最简便的补充水分方式，但不恰当的饮水不但不能使高温作业者补充已丢失的水分，反而会损害健康，甚至诱发中暑。高温作业工人恰当的饮水应遵循三条原则：

①补足补够原则。一般来说，要比平常每天多饮水 3～5 L，食盐 20 g。

②饮水方式以少量多饮为宜，暴饮会加重心、肾和胃肠道负担，又促使大量排汗。

③饮水和补盐同时进行，不能单纯补充水分。单纯暴饮淡水会引起热痉挛（中暑）的发生，故以含盐饮料为佳。含盐饮料种类很多，既可自制，也可直接购买成品。含盐茶水、绿豆汤既方便自制，效果也十分可靠。

第六章　风险控制与事故应急处置

第一节　危险化学品生产过程风险控制

生产过程中的事故隐患是生产事故形成的前奏和征兆。“海恩法则”告诉我们：一起事故背后有29个事故征兆，1个事故征兆背后有300个事故隐患，可见，大量事故隐患的存在为生产事故的发生提供了酝酿的温床。危险化学品生产过程流程长、工艺复杂、高温高压，涉及易燃易爆、腐蚀、毒性危险物质数量大，其固有危险性非常大，作业人员的不安全行为、工艺设备缺陷、生产过程配套安全卫生设施缺失或者发生故障，导致事故的风险很大。对于人们所不能接受的事故风险必须进行有效的控制，风险控制的实质就是通过技术、管理等手段消除事故隐患。

一、风险控制的基本知识

1. 风险控制的基本目标

现代安全管理利用系统安全工程的思想，在风险评价的基础上，进行科学系统的风险控制。人们运用有效的资源，发挥智慧，努力实现以下控制目标：

(1) 能消除或减弱生产过程中产生的危险、危害。

(2) 处置危险和有害物，并降低到国家规定的限值内。

(3) 预防生产装置失灵和操作失误产生的危险、危害。

(4) 能有效地预防重大事故和职业危害的发生。

(5) 发生意外事故时，能为遇险人员提供自救和互救条件。

2. 风险控制措施的等级顺序

风险控制的措施包括安全技术和安全管理两个方面，在考虑风险控制措施时应遵循如下等级顺序原则。

(1) 直接安全技术措施。生产设备本身应具有本质安全性能，不出现任何事故和危害。

(2) 间接安全技术措施。若不能或不完全能实现直接安全技术措施时，必须为生产设备设计出一种或多种安全防护装置，最大限度地预防、控制事故或危害的发生。

(3) 指示性安全技术措施。间接安全技术措施也无法实现或实施时，须采用检测报警装置、警示标志等措施，警告、提醒作业人员注意，以便采取相应的对策措施或紧急撤离危险场所。

(4) 安全管理和个体防护。如果间接、指示性安全技术措施仍然不能避免事故发生，则应采用安全操作规程、安全教育、培训和个体防护用品等措施来规定人的行为、明确人与机（物）接触的规则，预防、减弱系统的危险、危害程度。

3. 风险控制的基本顺序原则

采用安全技术措施进行风险控制时，应遵循以下基本顺序原则：

（1）消除。通过合理的设计和科学的管理，尽可能从根本上消除危险、有害因素，如采用无害化工艺技术，生产中以无害物质代替有害物质，实现自动化作业、遥控作业等。

（2）预防。当消除危险、有害因素确有困难时，可采取预防性技术措施，预防危险、危害的发生，如使用安全阀、安全屏护、漏电保护装置、安全电压、熔断器、防爆膜、事故排放装置等。

（3）减弱。在无法消除危险、有害因素和难以预防的情况下，可采取减少危险、危害的措施，如采用局部通风排毒装置、生产中以低毒性物质代替高毒性物质、降温措施、避雷装置、消除静电装置、减振装置、消声装置等。

（4）隔离。在无法消除、预防、减弱的情况下，应将人员与危险、有害因素隔开，将不能共存的物质分开，如遥控作业，设安全罩、防护屏、隔离操作室、安全距离、事故发生时的自救装置（如防护服、各类防毒面具）等。

（5）联锁。当操作者失误或设备运行一旦达到危险状态时，应通过联锁装置终止危险、危害发生。

（6）警告。在易发生故障和危险性较大的地方，配置醒目的安全色、安全标志；必要时设置声、光或声光组合报警装置。

二、安全技术控制

1. 工艺过程风险控制要点

（1）物料的控制。控制生产过程中所有的危险有害原材料、中间物料及成品（包括各种杂质），对其主要的化学性能及物理化学性能（如爆炸极限、密度、闪点、自燃点、引燃能量、燃烧速度、导电率、介电常数、腐蚀速度、毒性、热稳定性、反应热、反应速度、热容量等）进行综合分析研究，有效加以控制。

（2）工艺流程的控制

①火灾爆炸危险性较大的工艺流程，应控制容易发生火灾爆炸事故的部位和开车、停车及操作切换等作业。

②控制设备及管线的设计压力及安全阀、防爆膜的设定压力。

③控制停水、停电及停汽等事故状态下安全泄压设备的可靠性。

④控制进入火炬的物料处理量、物料压力、温度、堵塞、爆炸等因素。

⑤控制操作参数的监测仪表、自动控制回路的正常可靠。

⑥确保控制室结构及设施牢固，确保能实施紧急停车、减少事故的蔓延和扩大。

⑦确保工艺操作的计算机控制，考虑分散控制系统、计算机备用系统及计算机安全系统在任何状况下能正常操作。

⑧控制工艺生产装置的供电、供水、供风、供汽等公用设施与防火、防爆等法律、

法规、标准、规范的符合性，满足正常生产和事故状态下的要求。

⑨控制产生静电和静电积聚的各种因素，采取各种规范的防静电措施。

⑩控制安全连锁设施的完好运行，确保各种自控检测仪表、报警信号系统及自动和手动紧急泄压排放安全联锁。非常危险的部位，应设置常规检测系统和异常检测系统的双重检测体系。

（3）工艺管线的控制

①控制工艺管线安全可靠，便于操作。控制工艺管线的剧烈振动、脆性破裂、温度、应力、失稳、高温蠕变、腐蚀破裂及密封泄漏问题。

②控制工艺管线上的安全阀、防爆膜、泄压设施、自动控制检测仪表、报警系统、安全连锁装置及卫生检测设施的安全可靠。

③控制工艺管线的防雷电、暴雨、洪水、冰雹等自然灾害以及防静电设施的完好可靠。

④控制工艺管线的工艺取样、废液排放、废气排放的安全设施可靠。

⑤控制工艺管线的绝热保温、保冷问题。

2. 电气设施设备风险控制要点

（1）触电的控制

①控制接零和接地系统，保证电气设备正常运行、防止人员触电。

②控制漏电保护装置，确保规定的设备、场所范围的漏电保护器、报警式漏电保护器完好。

③绝缘控制。保证在潮湿、高温、有导电性粉尘、腐蚀性气体、金属占有系数大的工作场所选用加强绝缘或双重绝缘的电动工具、设备和导线，采用绝缘防护用品，确保带电体与工作者之间完全隔离，避免造成人身和设备事故。

④电气隔离控制。确保工作回路（二次回路）与其他回路电气的隔离。

⑤安全电压控制。确保在规定作业环境和条件使用特定电源所供电压系列。

⑥屏护控制。确保屏蔽和障碍装置无缺损。

⑦安全距离控制。确保带电部位与地面、建筑物、人体、其他设备、其他带电体、管道之间的最小电气安全空间距离符合相关标准。

⑧连锁保护控制。配置防止误操作、误入带电间隔等造成触电事故的安全连锁保护装置完好。

（2）电气火灾爆炸的控制

①控制电气设施设备场所的爆炸性混合物浓度，降低环境的危险等级。

②控制电气设施设备场所与火灾爆炸物质及场所的隔离和间距。

③按规定选用火灾爆炸危险环境的电气设备，消除电气火花。

④控制爆炸危险环境接地和接零。

（3）静电控制

①工艺控制。从工艺流程、材料选择、设备结构和操作管理等方面采取措施，减少、避免静电荷的产生和积累。

②泄漏控制。所有存在静电引起爆炸和静电影响生产的场所，其生产装置（设备和装置外壳、管道、支架、构件、部件等）都必须接地，使已产生的静电电荷尽快对地泄漏、散失。

③中和控制。采用各类感应式、高压电源式和放射源式等静电消除器（中和器）消除（中和）、减少非导体的静电。

④屏蔽控制。用导电材料做的屏蔽装置根据要求对静电体进行局部或全部屏蔽。

⑤综合控制。综合采取工艺控制、泄漏、中和、屏蔽等措施，使系统的静电电位、泄漏电阻、空间平均电场强度、面电荷密度等参数控制在各行业、专业标准规定的限值范围内。

（4）雷电控制

①直击雷防护。控制相应建筑物、设施或堆料、高压架空电力线路、发电厂和变电站等场所装设的避雷针、避雷线、避雷网、避雷带完好，并有二次放电防护措施。

②控制火灾爆炸危险建构筑物的雷电感应的防护。

③控制雷电侵入波防护。

④控制电子设备防雷。

3. 机械设备的风险控制要点

（1）通用机械设备控制。通过设计减小风险，在机械设计阶段从零件材料到零部件的合理形状和相对位置，从限制操纵力、运动件的质量与速度到减小噪声和振动。采用本质安全技术与动力源，应用零部件间的强制机械作用原理，结合人机工程学原则等多项措施，通过选用适当的设计结构，尽可能避免或减小危险。通过提高设备的可靠性、操作机械化或自动化，以及实行在危险区之外的调整、维修等措施，通过选用适当的设计结构，尽可能避免或减小风险。

（2）特种设备控制。《特种设备安全监察条例》（373 号令）及《国务院关于修改〈特种设备安全监察条例〉的决定》（549 号令）将涉及生命安全、危险性较大的锅炉、压力容器（含气瓶）、压力管道、电梯、起重机械、客运索道、大型游乐设施及场（厂）内专用机动车辆进行严格的监管，明确了特种设备使用单位的职责，并按照特种设备的相关安全技术监察规程进行安全技术管理控制。

①采购。特种设备的使用单位应当使用符合安全技术规范要求的特种设备。

②登记。特种设备投入使用前或投入使用后 30 日内，使用单位应当向直辖市或设区的市的特种设备安全监督管理部门登记。登记标志应当置于或附着于该特种设备的显著位置。

③建档。使用单位应当建立特种设备安全技术档案：特种设备的设计文件、制造单位、产品质量合格证明、使用维护说明等文件以及安装技术文件和资料；特种设备的定期检验和定期自行检查的记录；特种设备的日常使用状况记录；特种设备及其安全附件、安全保护装置、测量调控装置及有关附属仪器仪表的日常维护保养记录；特种设备运行故障和事故记录；特种设备的事故应急措施和救援预案。

④自检。使用单位对在用特种设备应当至少每月进行一次自行检查，并做出记录。

⑤定检。使用单位应当按照安全技术规范的定期检验要求，在安全检验合格有效期届满前1个月向特种设备检验检测机构提出定期检验要求。未经定期检验或者检验不合格的特种设备，不得继续使用。

⑥注销。特种设备存在严重事故隐患，无改造、维修价值，或者超过安全技术规范规定使用年限，使用单位应当及时予以报废，并应当向原登记的特种设备安全监督管理部门办理注销。

⑦作业人员。经过培训、考核合格、持证上岗。

4. 其他风险控制要点

(1) 安全色、安全警示标志控制。企业中存在危险、有害因素的部位，都必须按照《安全色》(GB 2893—2008)、《安全标志》(GB 2894—2008)、《消防安全标志》(GB 13495—1992) 等标准的规定悬挂醒目的标牌。应保证这些标牌在夜间仍能起到警示作用。

(2) 高处坠落、物体打击控制。高处作业应执行国家安全标准，落实安全措施，落实"十不登高"要求：患有禁忌证者不登高；未经批准者不登高；未戴好安全帽、未系安全带者不登高；脚手架、跳板、梯子不符合要求不登高；攀爬脚手架、设备不登高；穿易滑鞋、携带笨重物体不登高；石棉、玻璃钢瓦上无垫脚板不登高；高压线旁无可靠隔离安全措施不登高；酒后不登高；照明不足不登高。

(3) 机械伤害控制。建立健全安全操作规程和规章制度，加强操作人员的安全管理；控制机械设备的布局合理；提高机械设备零部件的安全可靠性；加强危险零部件的安全防护；重视作业环境的改善。

三、危险化学品安全管理控制

严格执行国家相关法律、法规、规章、标准，实现危险化学品的安全管理控制。按照中华人民共和国国务院令第591号《危险化学品安全管理条例》等，对危险化学品生产、储存、使用、经营和运输进行安全管理控制。严格执行国家相关标准，贯彻《危险化学品从业单位安全标准化通用规范》(AQ 3013—2008) 等，推进安全生产标准化管理。

第二节　重大危险源的辨识

目前重大危险源辨识的标准及依据主要是《危险化学品重大危险源辨识》(GB 18218—2009) 和安监管协调字〔2004〕56号文件《关于开展重大危险源监督管理工作的指导意见》。

一、重大危险源的定义

危险化学品重大危险源是指长期地或临时地生产、加工、使用或储存危险化学品，且危险化学品的数量等于或超过临界量的单元。单元是指一个（套）生产装置、设施或场所，或同属一个生产经营单位的且边缘距离小于 500 m 的几个（套）生产装置、设施或场所。临界量是指对于某种或某类危险化学品规定的数量，若单元中危险化学品数量等于或超过该数量，则该单元定为重大危险源。

二、重大危险源的分类

按国家标准《危险化学品重大危险源辨识》（GB 18218—2009）和《关于开展重大危险源监督管理工作的指导意见》，将重大危险源分为九个大类。

（1）贮罐区（贮罐）。

（2）库区（库）。

（3）生产场所。

（4）压力管道。

（5）锅炉。

（6）压力容器。

（7）煤矿（井工开采）。

（8）金属非金属地下矿山。

（9）尾矿库。

三、重大危险源的辨识

重大危险源的辨识通常是根据危险、有害物质的种类及其限量来确定，应从是否存在一旦发生泄漏可能导致火灾、爆炸和中毒等重大危险的物质出发进行分析。生产过程中的危险、有害因素往往不是单一的，且各危险、有害因素之间又是相互关联的，辨识时不能顾此失彼，遗漏隐患，应确定不同危险、有害因素的相关关系、相关程度和危及范围。

1. 贮罐区（贮罐）重大危险源的确定

贮罐区或单个贮罐重大危险源，系指存在按标准所列类别的危险物品，且储存量达到或超过其临界量的贮罐区或单个贮罐。

储存量达到或超过其临界量包括两种情况。

（1）贮罐区（贮罐）内有一种危险物品的储量达到或超过其临界量。

（2）贮罐区内储存多种危险物品，且每一种危险物品的储量均未达到或超过其对应临界量，但满足下面公式：

$$\frac{q_1}{Q_1}+\frac{q_2}{Q_2}+\cdots+\frac{q_n}{Q_n}\geqslant 1$$

式中 q_1，q_2，…，q_n——每一种危险物品的实际储存量；

Q_1，Q_2，…，Q_n——相对应危险物品的临界量。

2. 库区（库）重大危险源的确定

库区或单个库房重大危险源，系指存在按标准所列类别的危险物品，且储存量达到或超过其临界量的库区或单个库房。

储存量达到或超过其临界量包括以下两种情况。

（1）库区（库）内有一种危险物品的储存量达到或超过其临界量。

（2）库区（库）内储存多种危险物品，且每一种危险物品的储存量均未达到或超过其对应临界量，但满足下面的公式：

$$\frac{q_1}{Q_1}+\frac{q_2}{Q_2}+\cdots+\frac{q_n}{Q_n}\geqslant 1$$

式中 q_1，q_2，…，q_n——每一种危险物品的实际储存量；

Q_1，Q_2，…，Q_n——相对应危险物品的临界量。

3. 压力管道重大危险源的确定

压力管道重大危险源系指符合以下条件之一的压力管道。

（1）工业管道重大危险源

①输送 GB 5044 中毒性程度为极度、高度危害气体、液化气体介质，且公称直径≥100 mm 的管道。

②输送 GB 5044 中毒性程度为极度、高度危害液体介质；输送 GB 50160 及 GBJ 16 中火灾危险性为甲、乙类可燃气体或甲类可燃液体介质，且公称直径≥100 mm，设计压力≥4 MPa 的管道。

③输送其他可燃、有毒流体介质，且公称直径≥100 mm，设计压力≥4 MPa，设计温度≥400℃的管道。

（2）公用管道重大危险源。中压和高压燃气管道，且公称直径≥200 mm 的管道。

（3）长输管道重大危险源

①输送有毒、可燃、易爆气体介质，且设计压力＞1.6 MPa 的管道。

②输送有毒、可燃、易爆液体介质，输送距离≥200 km，且公称直径≥300 mm 的管道。

4. 锅炉重大危险源的确定

锅炉重大危险源系指符合以下条件之一的锅炉。

（1）蒸汽锅炉。额定蒸汽压力＞2.5 MPa，且额定蒸发量≥10 t/h。

（2）热水锅炉。额定出水温度≥120℃，且额定功率≥14 MW。

5. 压力容器重大危险源的确定

压力容器重大危险源是指符合下列条件之一的压力容器。

（1）容器内介质毒性程度为极度、高度或中度危害的三类压力容器。

（2）易燃介质，最高工作压力≥0.1 MPa，且 PV≥100 MPa·m^3 的压力容器或压力容器群。

第三节　事故调查与处理

事故报告与调查处理是事故管理的重要内容，主要是指对已发生事故的分析、处理等一系列管理活动。工作内容主要有事故报告、事故应急救援、事故调查、事故分析、事故责任人的处理和事故赔偿等。

为了规范生产安全事故的报告和调查处理，落实生产安全事故责任追究制度，防止和减少生产安全事故，国务院发布第 493 号令《生产安全事故报告和调查处理条例》（以下简称《条例》），《条例》明确了生产经营活动中发生的造成人身伤亡或者直接经济损失的生产安全事故的报告和调查处理的相关要求。

安全生产工作的根本目的和最终目标就是防止和减少生产安全事故。避免事故发生的有效方法是危险预知、风险评估以及风险控制。

一、事故概述

事故：造成死亡、疾病、伤害、损坏或其他损失的意外情况。

生产安全事故：生产经营活动中发生的造成死亡、疾病、伤害、损坏或其他损失的意外情况。

责任事故：因有关人员的过失而造成的事故。

非责任事故：因自然原因造成的人力不可抗拒的事故，或在技术改造、发明创造、科学实验活动中，因科学技术条件限制无法预测而发生的事故。

事故具有因果性、必然性、偶然性、潜在性、再现性、规律性、预测性等基本特性，掌握事故的基本特性有助于科学预防和控制事故。

因果性：事故是一系列原因综合作用的结果。

必然性：只要存在着发生的条件，事故终究将要发生。

偶然性：相同条件下，事故可能发生，可能不发生；相同事故的后果存在巨大的差异。

潜在性：事故发生的条件常常隐藏在许多表面现象之下。

再现性：同样的事故可能不断重复发生。

规律性：事故是一种客观现象，其内部各因素之间有着必然的联系。

预测性：对未来的某段时间、某个范围内发生事故的可能性大小及造成的后果是可以预测的。

人类一直在探索总结事故发生的原因，至今，事故致因理论主要包括因果连锁论、人机轨迹交叉理论以及能量意外释放理论，这些理论从不同的角度总结了事故发生的原因。总之，人的不安全行为和物的不安全状态是导致事故的根本原因，人的不安全行为和物的不安全状态可能是由于管理缺陷所导致。据统计，既没有不安全状态，也没有不安全行为的事故（不可抗力）所占比例仅为 1.9%。可见，事故是可以预防的，避免事故发生的有效方法是：对生产经营过程中存在的危险有害因素进行辨识，对其带来的危险进行评价，并对产生的风险进行科学有序的控制。

二、安全生产事故的分级

依据 2007 年 6 月 1 日实施的《生产安全事故报告和调查处理条例》第三条规定，生产安全事故造成的人员伤亡或者直接经济损失，事故一般分为以下等级：

（1）特别重大事故，是指造成30人以上死亡，或者100人以上重伤（包括急性工业中毒），或者1亿元以上直接经济损失的事故。

（2）重大事故，是指造成10人以上30人以下死亡，或者50人以上100人以下重伤，或者5 000万元以上1亿元以下直接经济损失的事故。

（3）较大事故，是指造成3人以上10人以下死亡，或者10人以上50人以下重伤，或者1 000万元以上5 000万元以下直接经济损失的事故。

（4）一般事故，是指造成3人以下死亡，或者10人以下重伤，或者1 000万元以下直接经济损失的事故。

三、事故报告制度

企业发生事故后，必须及时向相关部门如实报告。发生事故不报告，甚至故意隐瞒事故真相，有关责任人将受到法律制裁。

事故发生后，事故现场有关人员应当立即向本单位负责人报告；单位负责人接到报告后，应当于1 h内向事故发生地县级以上人民政府安全生产监督管理部门和负有安全生产监督管理职责的有关部门报告；安监及相关职能部门根据事故等级在2 h内完成逐级上报工作。情况紧急时，事故现场有关人员可以直接向事故发生地县级以上人民政府安全生产监督管理部门和负有安全生产监督管理职责的有关部门报告。

报告事故应当包括下列内容：

（1）事故发生单位概况。

（2）事故发生的时间、地点以及事故现场情况。

（3）事故的简要经过。

（4）事故已经造成或者可能造成的伤亡人数（包括下落不明的人数）和初步估计的直接经济损失。

（5）已经采取的措施。

（6）其他应当报告的情况。

四、事故调查

1. 事故调查的原则

（1）事故调查必须以事实为依据，以科学为手段，在充分调查研究的基础上科学、公正、实事求是地给出事故调查结论。

（2）事故调查必须遵循“四不放过”的原则，即事故原因不查清不放过、事故责任者和群众没有受到教育不放过、事故责任者没有受到追究不放过、没有采取相应的预防改进措施不放过。

（3）依靠专家与科学技术手段。

（4）第三方的原则。

（5）不干涉、不阻碍的原则。

2. 事故调查的内容

主要了解发生事故的具体时间和具体地点；检查现场，做好详细记录；统计受害人数、伤害程度；分析事故原因；向事故当事人及现场人员了解事故事前的生产情况（包括作业人员的任务、分工及工艺条件、设备完好情况等）；了解受害者情况、经济损失情况等。

3. 事故调查程序

（1）成立事故调查小组。

（2）事故调查物资准备。

（3）事故现场处理。

（4）事故现场勘查与物证获取。

（5）其他有关事故资料的收集。

（6）事故分析。

（7）编写事故调查报告。

五、事故处理

有关监察机关应当按照人民政府的批复，依照法律、行政法规规定的权限和程序，对事故发生单位和有关人员进行行政处罚，对负有事故责任的国家工作人员进行处分。事故发生单位应当按照负责事故调查的人民政府的批复，对本单位负有事故责任的人员进行处理。负有事故责任的人员涉嫌犯罪的，依法追究其刑事责任。

六、事故赔偿

企业职工因工作遭受事故伤害或者患职业病后，无论企业是否参加了工伤保险，职工的伤亡赔偿、医疗费用、工伤待遇等均按照国家《工伤保险条例》处理。如果企业参加了社会工伤保险，按照要求交纳了工伤保险金，上述费用将由保险公司支付；如果没有参加工伤保险，则由企业按照工伤保险标准支付各种费用。

第四节 事故应急救援

事故应急救援是指在应急响应过程中，为消除、减少事故危害，防止事故扩大或恶化，最大限度地降低事故造成的损失或危害而采取的救援措施或行动。其基本任务是：控制危险源；抢救受害人员；指导群众防护，组织群众撤离；排除现场灾患，消除危险后果。《中华人民共和国安全生产法》及《危险化学品安全管理条例》对事故应急救援和应急措施作出了明确的规定。

《生产经营单位安全生产事故应急预案编制导则》（AQ/T 9002—2006）由国家安全生产监督管理总局于 2006 年 9 月 20 日发布，2006 年 11 月 1 日正式实施。本标准适用于中华人民共和国领域内从事生产经营活动的单位，标准规定了生产经营单位编制安全生产事故应急预案的程序、内容和要素等基本要求。生产经营单位结合本单位的组织结构、管理模式、风险种类、生产规模等特点，可以对应急预案框架结构等要素进行调整。

一、应急救援预案的基本要求

（1）科学性：科学的态度制定出系统、完整的应急预案。

（2）实用性：符合实际情况，具有可操作性。

（3）权威性：明确救援工作的组织管理体系、组织指挥权限及职责、任务等；上报批准备案，确保其权威性及合法性。

二、应急救援预案体系的构成

事故应急救援预案是针对可能发生的事故，为迅速、有序地开展应急行动而预先制订的行动方案。应急预案应形成体系，针对各级各类可能发生的事故和所有危险源制定专项应急预案和现场应急处置方案，并明确事前、事发、事中、事后的各个过程中相关部门和有关人员的职责。

1. 综合应急预案

综合应急预案是从总体上阐述事故的应急方针、政策，应急组织结构及相关应急职责，应急行动、措施和保障等基本要求和程序，是应对各类事故的综合性文件。

2. 专项应急预案

专项应急预案是针对具体的事故类别（如煤矿瓦斯爆炸、危险化学品泄漏等事故）、危险源和应急保障而制定的计划或方案，是综合应急预案的组成部分，应按照综合应急预案的程序和要求组织制定，并作为综合应急预案的附件。专项应急预案应制定明确的救援程序和具体的应急救援措施。

3. 现场处置方案

现场处置方案是针对具体的装置、场所或设施、岗位所制定的应急处置措施。现场处置方案应具体、简单、针对性强。现场处置方案应根据风险评估及危险性控制措施逐一编制，做到事故相关人员应知应会，熟练掌握，并通过应急演练，做到迅速反应、正确处置。

生产规模小、危险因素少的生产经营单位，综合应急预案和专项应急预案可以合并编写。

三、应急救援预案的主要内容

《生产经营单位安全生产事故应急预案编制导则》明确了综合应急预案、专项应急预案及现场处置方案的主要内容。

综合应急预案主要包括以下 11 项主要内容：

（1）总则。包括编制目的、编制依据、适用范围、应急预案体系、应急工作原则。

（2）生产经营单位的危险性分析。包括生产经营单位概况、危险源与风险分析。

（3）组织机构及职责。包括应急组织体系、指挥机构及职责。

（4）预防与预警。包括危险源监控、预警行动、信息报告与处置。

（5）应急响应。包括响应分级、响应程序、应急结束。

（6）信息发布。明确事故信息发布的部门，发布原则。事故信息应由事故现场指挥部及时准确向新闻媒体通报事故信息。

（7）后期处置。主要包括污染物处理、事故后果影响消除、生产秩序恢复、善后赔偿、抢险过程和应急救援能力评估及应急预案的修订等内容。

（8）保障措施。包括通信与信息保障、应急队伍保障、应急物资装备保障、经费保障、其他保障。

（9）培训与演练。包括培训及演练的相关计划方案等。

（10）奖惩。明确事故应急救援工作中奖励和处罚的条件和内容。

（11）附则。包括术语和定义、应急预案备案、维护和更新、制定与解释、应急预案实施。

四、应急救援预案的演练

有了应急救援预案，如果响应人员不能充分理解自己的职责与预案实施步骤，如果应急人员没有足够的应急经验与实战能力，那么预案的实施效果将会大打折扣，达不到预案的制定目的。为了提高应急救援人员的技术水平与整体能力，使救援快速、有序、有效，有计划地开展应急救援培训、演练是非常必要的。

国家安全生产监督管理总局将于近期发布中华人民共和国安全生产行业标准《安全生产应急演练指南》，该标准对安全生产应急演练的基本程序、内容、组织、实施、监控与评估等方面作出一般性规定，各级政府及其组成部门、生产经营单位组织开展安全生产应急演练活动时可参照执行。

第七章　防火防爆及电气安全知识

第一节　防火防爆安全技术

一、燃烧及燃烧条件

1. 燃烧的含义

燃烧是可燃物与助燃物（氧或氧化剂）发生的一种发光发热的化学反应，是在单位时间内产生的热量大于消耗热量的反应。燃烧过程具有两个特征：一是有新的物质产生，即燃烧是化学反应；二是燃烧过程中伴随有发光发热现象。

2. 燃烧的条件

燃烧必须同时具备下列三个条件：

（1）有可燃性的物质，如木材、乙醇、甲烷、乙烯等。

（2）有助燃性物质，常见的为空气和氧气。

（3）有能导致燃烧的能源，即点火源，如撞击、摩擦、明火、电火花、高温物体、光和射线等。

可燃物、助燃物和点火源构成燃烧的三要素，缺少其中任何一个燃烧便不能发生。上述三个条件同时存在也不一定会发生燃烧，只有当三个条件同时存在，且都具有一定的“量”，并彼此作用时，才会发生燃烧。对于已经进行着的燃烧，若消除其中任何一个条件，燃烧便会终止，这就是灭火的基本原理。

二、火灾及其分类

凡是在时间或空间上失去控制的燃烧所造成的灾害，都叫火灾。国家标准对火灾的分类在国家标准《火灾分类》（GB/T 4968—2008）中，根据物质燃烧特性将火灾分为4类。

（1）A类火灾。指固体物质火灾，如木材、棉、毛、麻、纸张火灾等。

（2）B类火灾。指液体火灾和可熔化的固体物质的火灾，如汽油、煤油、柴油、乙醇、沥青、石蜡火灾等。

（3）C类火灾。指气体火灾，如煤气、天然气、甲烷、乙烷、氢气火灾等。

（4）D类火灾。指金属火灾，如钾、钠、镁、铝镁合金火灾等。

三、引燃源

能够引起可燃物燃烧的热能源叫引燃源。主要的引燃源有以下几种：

1. 明火

有生产性用火，如乙炔火焰等，有非生产性用火，如烟头火、油灯火等。明火是最常见而且是比较强的着火源，它可以点燃任何可燃性物质。

2. 电火花

包括电器设备运行中产生的火花，短路火花以及静电放电火花和雷击火花。随着电器设备的广泛使用和操作过程的连续化，这种火源引起的火灾所占的比例越来越大。如加压气体在高压泄漏时会产生静电火花，人体静电放电产生静电火花，液体燃料流动时的静电着火，加注燃料时的摩擦。由于燃料和输油管道、容器以及其他注油工具的互相摩擦，能产生大量的静电荷，注油的速度越快，产生的静电越多。

3. 火星

火星是在铁与铁、铁与石、石与石之间的强烈摩擦、撞击时产生的，是机械能转化为热能的一种现象。这种火星的温度一般有 1 200℃左右，可以引起很多物质的燃烧。

4. 灼热体

灼热体是指受高温作用，由于蓄热而具有较高温度的物体。灼热体与可燃物质接触引起的着火有快有慢，这主要是决定于灼热体所带的热量和物质的易燃性、状态，其点燃过程是从一点开始扩及全面的。

5. 聚集的日光

指太阳光、凸玻璃聚光热等。这种热能只要具有足够的温度就能点燃可燃物质。

6. 化学反应热和生物热

指由于化学变化或生物作用产生的热能。这种热能如不及时散发掉就会引起着火甚至燃烧爆炸。

四、燃烧产物

1. 燃烧产物的含义

燃烧产物是指有燃烧或热解作用而产生的全部物质，也就是说可燃物质燃烧时，生成的气体、固体和蒸气等物质均为燃烧产物。物质燃烧后产生不能继续燃烧的新物质（如 CO_2、SO_2、水蒸气等），这种燃烧叫作完全燃烧，其产物为完全燃烧产物；物质燃烧后产生还能继续燃烧的新物质（如 CO、未燃尽的碳、甲醇、丙酮等），则叫作不完全燃烧，其产物为不完全燃烧产物。燃烧得完全还是不完全与氧化剂的供给程度以及其他燃烧条件有直接关系。燃烧产物的成分是由可燃物的组成及燃烧条件所决定的。无机可燃物大多数为单质，其燃烧产物的组成较为简单，主要是它的氧化物，如 CaO、H_2O、SO_2等。有机可燃物的主要组成为碳（C）、氢（H）、氧（O）、硫（S）、磷（P）和氮（N），完全燃烧时主要生成二氧化碳（CO_2）、水（H_2O）、二氧化硫（SO_2）和五氧化二磷（P_2O_5）。如果空气不足或温度较低，则会发生不完全燃烧，不完全燃烧不仅会产生上述完全燃烧产物，同时还会生成一氧化碳（CO）、酮类、醛类、醇类、酚类、醚类等。

2. 燃烧产物的危害

二氧化碳（CO_2）是窒息性气体；一氧化碳（CO）是有强烈毒性的可燃气体；二氧

化硫（SO_2）有毒，是大气污染中危害较大的一种气体，它严重伤害植物，刺激人的呼吸道，腐蚀金属等；一氧化氮（NO）、二氧化氮（NO_2）等都是有毒气体，对人存在不同程度的危害，甚至会危及生命。烟灰是不完全燃烧产物，由悬浮在空气中未燃尽的细碳粒及分解产物构成。烟雾是由悬浮在空气中的微小液滴形成，都会污染环境，对人体有害。

五、爆炸

爆炸是物质的一种急剧的物理、化学变化。在变化过程中伴有物质所含能量的快速释放，变为对物质本身、变化产物或周围介质的压缩能或运动能。爆炸时物系压力急剧升高。

一般说来，爆炸具有以下特征：

（1）爆炸过程进行得很快。

（2）爆炸点附近压力急剧升高，这是爆炸最主要的特征。

（3）发出或大或小的声音。

（4）周围介质发生震动或邻近物质遭到破坏。

火灾与爆炸事故的关系在一般情况下，火灾起火后火势逐渐蔓延扩大，随着时间的增加，损失急剧增加。对于火灾来说，初期的救火尚有意义。而爆炸则是突发性的，在大多数情况下，爆炸过程在瞬间完成，人员伤亡及物质损失也在瞬间造成。火灾可能引发爆炸，因为火灾中的明火及高温能引起易燃物爆炸。如油库或炸药库失火可能引起密封油桶、炸药的爆炸；一些在常温下不会爆炸的物质，如醋酸，在火场的高温下有变成爆炸物的可能。爆炸也可以引发火灾，爆炸抛出的易燃物可能引起大面积火灾。如密封的燃料油罐爆炸后由于油品的外泄引起火灾。因此，发生火灾时，要防止火灾转化为爆炸；发生爆炸时，又要考虑到引发火灾的可能，及时采取防范抢救措施。

六、防火防爆的基本安全措施

防止火灾、爆炸事故，必须坚持“预防为主、防治结合”的方针。防火防爆的基本安全措施主要有技术措施和组织管理措施两个方面。

1. 防火防爆的技术措施

（1）防止形成燃爆的介质。可用通风的办法来降低燃爆物质的浓度，使它达不到燃烧、爆炸极限。也可以用不燃或难燃物质来代替易燃物质。

（2）防止产生着火源，使火灾、爆炸不具备发生的条件。

（3）安装防火防爆安全装置。如安装灭火器、安全阀等装置。

2. 防火防爆的组织管理措施

（1）加强对防火防爆工作的领导。

（2）建立健全防火防爆制度。

（3）开展经常性的安全教育和检查。

（4）不得占用和堵塞消防通道。

(5) 配备足够的消防器材。

(6) 加强值班，严格进行巡回检查。

七、火灾爆炸事故的处置要点

1. 火灾事故处置要点

(1) 发生火灾事故后，首先要正确判断着火部位和着火介质，立足于现场的便携式、移动式消防器材，立足于在火灾初起时及时扑救。

(2) 如果是电器着火，则要迅速切断电源，保证灭火的顺利进行。

(3) 如果是单台设备着火，在甩掉和扑灭着火设备的同时，改用和保护备用设备，继续维持生产。

(4) 如果是高温介质漏出后自燃着火，则应首先切断设备进料，尽量安全地转移设备内储存的物料，然后采取进一步的生产处理措施。

(5) 如果是易燃介质泄漏后受热着火，则应在切断设备进料的同时，降低高温物体表面的温度，然后再采取进一步的生产处理措施。

(6) 如果是大面积着火，要迅速切断着火单元的进料、切断与周围单元生产管线的联系。停机、停泵，迅速将物料倒至罐区或安全的储罐，做好蒸汽掩护。

(7) 发生火灾后，要在积极扑灭初起之火的同时迅速拨打火警电话向消防队报告，以得到专业消防队伍的支援，防止火势进一步扩大和蔓延。

2. 泄漏事故处置要点

(1) 临时设置现场警戒范围。发生泄漏、跑冒事故后，要迅速疏散泄漏污染区人员至安全区，临时设置现场警戒范围，禁止无关人员进入污染区。

(2) 熄灭危险区内一切火源。可燃液体物料泄漏的范围内，首先要绝对禁止使用各种明火。特别是在夜间或视线不清的情况下，不要使用火柴、打火机等进行照明；同时也要注意不要使用刀闸等普通型电器开关。

(3) 防止静电的产生。可燃液体在泄漏的过程中，流速过快就容易产生静电。为防止静电的产生，可采用堵洞、塞缝和减少内部压力的方法，通过减缓流速或止住泄漏来达到防静电的目的。

(4) 避免形成爆炸性混合气体。当可燃物料泄漏在库房、厂房等有限空间时，要立即打开门窗进行通风，以避免形成爆炸性混合气体。

(5) 如果是油罐液位超高造成跑冒，应急人员要按照规定穿防静电的防护服，佩带自给式呼吸器立即关闭进料阀门，将物料输送到相同介质的待收罐。

3. 爆炸事故处置要点

(1) 发生重大爆炸事故后，岗位人员要沉着、镇静，不要惊慌失措，在班长的带领下，迅速安排人员报警，同时积极组织人员查找事故原因。

(2) 在处理事故过程中，岗位人员要穿防护服，必要时佩戴防毒面具和采取其他防护措施。

(3) 如果是单个设备发生爆炸，首先要切断进料，关闭与之相邻的所有阀门，停机、停泵、停炉、除净塔器及管线的存料，做好蒸汽掩护。

（4）当爆炸引起大火时，在岗人员应要利用岗位配备的消防器材进行扑救，并及时报警，请求灭火和救援，以免事态进一步恶化。

（5）爆炸发生后，要组织人员对临近的设备和管线进行仔细检查，避免再次发生灾害。

第二节　电气安全基础知识

现代生产企业，特别是石油化工、危险化学品生产等连续性生产的企业，对电力供应、电气设备的正常运行的要求越来越高，一旦发生电击类电气事故不仅影响生产的正常运行，而且可能导致重大的人身伤亡事故。

一、电气事故类型及危害

1. 触电事故

触电又称电击，是电流通过人体而引起的病理、生理效应。当电流转换成其他形式的能量（如热能）作用于人体时，人体将受到不同形式、不同程度的伤害。

2. 静电危害事故

当两个物体相互紧密接触或分离时，造成两物体各自正、负电荷过剩，形成静电带电。在生产过程中，某些材料的相对运动、接触与分离很容易产生静电。产生的静电能量一般不大，不会对人体造成直接伤害，但其放电过程中电压可能高达数十千伏以上，容易产生火花，引发火灾或爆炸。

3. 雷电灾害事故

雷电是大气中的放电现象，具有电流大、电压高的特点，有较大的破坏力，可引起火灾、爆炸及直接造成人体伤害。

4. 电气系统故障事故

电能在输送、分配、转换过程中，失去有效控制而产生的事故，如断线、短路、异常接地、漏电、设备或元器件损坏、干扰、误操作等。电气系统故障可引发火灾、爆炸、异常带电、停电、人员伤亡及设施设备损失。

二、触电及防护

1. 触电伤害

触电伤害是指电流对人体的伤害，分为电击和电伤两种。

电击是指电流通过人体，破坏人的心脏、肺及神经系统的正常功能。电流对人体造成死亡的原因主要是电击。如在 100 V 以下的低压系统中，电流会引起人的心室颤动，遭受电击后，使心脏由原来的正常跳动变为每分钟数百次以上的细微颤动，致使心脏不能再压送血液，导致血液终止循环和大脑缺氧，发生窒息死亡。

电伤是指电流的热效应、化学效应或机械效应对人体的伤害，主要有电灼伤、熔化金属溅出烫伤、爆裂碎片划伤等。电伤主要发生在局部。

（1）电灼伤。人体与带电体直接接触，电流通过人体时产生热效应，造成皮肤灼伤。而电气设备电压较高时会产生强烈的电弧或电火花，灼伤人体，甚至击穿部分组织或器官，并使深部组织烧死或烧焦。此时，触电者会因人体表面大面积灼伤或因呼吸麻痹而死。

（2）电标志。电流通过人体时，在皮肤上留下青色或浅黄色斑痕。

（3）机械损伤。电流通过人体时，产生机械—电动力效应，致使肌肉抽搐收缩，造成肌肉、皮肤、血管及神经组织断裂。

2. 触电形式

触电事故可分成两类：一是电气设备正常运行时，如在生产或检修中，人体触及运行中通电的导体，包括中性体所造成的直接触电；二是在故障条件下人体触及带电的外露可导电部分和外界可导电部分所致，这种触电也叫间接触电。

触电的方式有三种：低压触电、高压放电和跨步电压。

（1）低压触电。单相低压触电是指人体某部位接触地面，而另一部位触及一相带电体的触电事故。在低压供电系统中相电压为 220 V 是确定的，因此触电电流取决于人体电阻。大部分触电事故是单相触电事故。

两相低压触电是指人体两部分同时触及两相带电体的触电事故，两相触电多发生在检修过程中。由于两相触电加在人体上的电压是线电压，为相电压的 1.73 倍，即 380 V，因此触电危害远大于单相触电。

（2）高压放电。当人体靠近 1 000 V 以上高压带电体时，会发生高压放电而导致触电，而且电压越高放电距离越远。

（3）跨步电压。当带电体发生接地故障时，在接地点附近会形成电位分布，如果人位于接地点附近，两脚所处的电位不同，这种电位差即为跨步电压。跨步电压的大小取决于接地电压的高低和人距接地点的距离。高压线落地会产生一个以落地点为中心的半径为 8～10 m 的危险区域。

3. 触电原因

影响触电危险程度的主要因素为通过人体电流的大小、电流途径、触电电压高低、人体阻抗、电流通过人体持续的时间、电流的频率等。从手到脚的电流途径最危险，因为电流将会通过人体的重要器官；其次是一只手到另一只手；最后是一只脚到另一只脚。

产生触电的原因：缺乏电器安全意识和知识；违反操作规程；维护不良；电气设备存在安全隐患。

4. 触电救护

（1）触电急救的重要性。人体触电后通常出现神经麻痹、呼吸中断、心脏停止跳动等症状。当发现触电者呈现为昏迷不醒的假死状态时，切不可放弃急救。据统计资料表明，触电后 1 min 开始抢救，有 90％效果；触电后 6 min 开始抢救有 10％的效果；触电后 12 min 开始抢救，救活的可能很小，可见及时抢救相当重要。

（2）脱离电源的方法。迅速使触电者脱离电源是触电急救的首要步骤，方法如下：立即断开触电电源的开关或拔下其插头；如未发现开关，应借助附近干燥的木棍、绳索等绝缘物将触电者与电源分开。高压触电则必须通知变电所切断电源后，方可靠近触电者抢救。

（3）抢救措施。触电者脱离电源应立即对其在现场抢救，措施要适当。触电者伤害较轻，未失去知觉，仅在触电时一度昏迷过，则应使其就地安静休息 1～2 h，但要继续观察。

触电者伤害较重，有心脏跳动而无呼吸则应立即对其做人工呼吸；有呼吸而无心脏跳动则应采取人工体外心脏挤压术救治。

触电者伤害很重，呼吸、心脏跳动均已停止，瞳孔放大，此时必须同时采取口对口人工呼吸和胸外心脏挤压术，进行人工复苏术抢救。尽可能耐心坚持 6 h 以上，直到救活或确诊死亡为止。应注意在转送医院途中也不可中断抢救措施。

三、触电防护技术

触电事故具有突发性和隐蔽性，但也具有一定的规律性。在实践的基础上，不断研究其规律性，采取相应的防护措施，可以有效地预防触电事故的发生。合理选用电气装置是减少触电危险和火灾爆炸危害的重要措施，在干燥少尘的环境中，可采用开启式或封闭式电气设备；在潮湿和多尘的环境中，应采用封闭式电气设备；在腐蚀性气体的环境中，必须采用封闭式电气设备；在易燃易爆的环境中，必须采用防爆式电气设备。

1. 屏蔽和障碍防护

某些开启式开关电器的活动部分不便绝缘，或高压设备的绝缘不能保证人在接近时的安全，应设立屏蔽或障碍防护措施。

将带电部分用遮栏或外壳与外界完全隔开，以避免人们从经常接近的方向或任何方向直接触及带电部分。

设置阻挡物用于防止无意的直接接触，如在生产现场采用板状、网状、筛状阻挡物。由于阻挡物的防护功能有限，因此在采用时应附设警告信号灯、警告信号标志等。必要时可设置声、光报警信号及联锁保护装置。

2. 绝缘防护

用绝缘材料将带电部分全部包裹起来，防止在正常工作条件下与带电部分的任何接触，所采取的绝缘保护应根据所处环境和应用条件，对绝缘材料规定绝缘性能参数，其中绝缘电阻、泄漏电流、介电强度是最主要的参数。常见的绝缘材料有瓷、云母、橡胶、塑料、棉布、纸、矿物油等。电气设备的绝缘性能由绝缘材料和工作环境决定，其指标为绝缘电阻，绝缘电阻越大，则电气设备泄漏的电流越小，绝缘性能越好。

除设备的绝缘防护外，工作人员应根据需要配备相应的绝缘防护用品，如绝缘手套、绝缘鞋、绝缘垫等。

3. 漏电保护

漏电保护器是一种在设备及线路漏电时，保证人身和设备安全的装置，其作用在于防止由于漏电引起的人身伤害，同时可防止由于漏电引起的设备火灾。通常用在故障情况下的触电保护，但可作为直接触电防护的补充措施，以便在其他直接防护措施失败或操作者疏忽时实行直接触电防护。

按照国家标准规定的要求，在电源中性直接接地的保护系统中，在规定的场所、设备范围内必须安装漏电保护器和实现漏电保护器的分级保护。对一旦发生漏电切断电源时，会造成事故和重大经济损失的装置和场所，应安装报警式漏电保护器。

4. 安全间距

为了防止人体、车辆触及或接近带电体造成事故，防止过电压放电和各种短路事故，国家规定了各种安全间距。大致可分为四种：各种线路的安全距离、变配电设备的安全距离、各种用电设备的安全距离、检修维修时的安全距离。为了防止各种电气事故的发生，带电体与地面之间、带电体与带电体之间、带电体与人体之间、带电体与其他设施设备之间，均应保持安全距离。

厂区内起重作业时起重臂可能会触及架空线，导致起重作业区内形成跨步电压，严重威胁作业人员安全。因此在架空线附近进行起重作业，应严格管理，起重机具及重物与线路导线的最小距离应符合规定。

5. 安全电压

安全电压是按人体允许承受的电流和人体电阻值的乘积确定的。一般情况下视摆脱电流 10 mA（交流）为人体允许电流，但在电击可能造成严重二次事故的场合，如水中或高空，允许电流应按不引起人体强烈痉挛的 5 mA 来考虑。人体电阻一般为 1 000～2 000 Ω，但在潮湿、多汗、多粉尘的情况下，人体电阻只有数百欧姆。因此，当电气设备需要采用安全电压来防止触电事故时，应根据使用环境、人员和使用方式等因素选用不同等级的安全电压。安全电压的等级为 42 V、36 V、24 V、12 V 和 6 V。

国内过去多采用 36 V、12 V 两种等级的安全电压。手提灯、危险环境的携带式电动工具和局部照明灯，高度不足 2.5 m 的一般照明灯，如无特殊安全结构或安全措施，宜采用 36 V 安全电压。凡工作地狭窄、行动不便以及周围有大面积接地导体的环境（如金属容器、管道内）的手提照明灯，应采用 12 V。

安全电压应由隔离变压器供电，使输入与输出电路隔离；安全电压电路必须与其他电气系统和任何无关的可导电部分实现电气上的隔离。

6. 保护接地与接零

保护接地是把用电设备在故障情况下可能出现的危险的金属部分（如外壳等）用导线与接地体连接起来使用电设备与大地紧密连通。在电源为三相三线制的中性点不直接接地或单相制的电力系统中，应设保护接地线。

保护接零是把电气设备在正常情况下不带电的金属部分（外壳），用导线与低压电网的零线（中性线）连接起来。在电压为三相四线制的变压器中性点直接接地的电力系统中，应采用保护接零。

第三节　危险场所电气安全

一、火灾爆炸危险场所电气安全

1. 火灾爆炸危险场所

电气系统正常工作或发生故障可能产生电火花、电弧和发热，在一定的外部环境和危险物料条件下，容易发生火灾爆炸危险事故。火灾爆炸危险分为三类，即气体爆炸、粉尘爆炸及火灾危险。要预防火灾爆炸事故的发生，首先要识别火灾爆炸危险场所。对于火灾爆炸危险场所的分析判断，首先应识别危险物料，然后考虑释放源及其布置，再分析释放源的性质以及通风条件，综合分析危险场所的危险等级，采取相应的安全技术措施，选择适合的防爆电气设备。

（1）危险物料。首先应识别危险物料的种类，其次考虑危险物料的理化性质。如物料的闪点、密度、引燃温度、爆炸极限等，以及该物料工作温度、工作压力、数量及与其他物料的组合等因素。

（2）释放源。考虑该物质释放源的分布和工作状态，关注泄漏或排放危险物品的速度、量及浓度，尤其应注意物料的扩散情况和形成爆炸性混合物的范围。

（3）通风。室内一般视为阻碍通风场所，如安装了有效的通风设备，则不视为阻碍通风场所。但是，地处室外的危险源周围如有障碍，则应视为阻碍通风场所。

2. 防爆电气设备

合理选用电气装置是减少触电危险和火灾爆炸危害的重要措施。选择电气设备时主要根据危险场所的具体情况，在干燥少尘的环境中，可采用开启式或封闭式电气设备；在潮湿和多尘的环境中，应采用封闭式电气设备；在腐蚀性气体的环境中，应采用封闭式电气设备；在易燃易爆危险场所中，必须采用防爆式电气设备。

（1）防爆电气设备分类。防爆电气设备是能在爆炸危险场所中安全使用而不会引起燃爆事故的特种电气设备。常用的电气（包括电机、照明灯具、开关、断路器、仪器仪表、通信设备、控制设备等）均可制成防爆型的产品。我国将防爆设备分为三类：Ⅰ类防爆电气设备适用于煤矿井下；Ⅱ类防爆电气设备适用于爆炸性气体环境；Ⅲ类防爆电气设备适用于爆炸性粉尘环境。而石油化工企业所用的防爆电气设备多为Ⅱ类防爆电气设备。

（2）防爆电气的安全技术要求

①在爆炸危险场所运行时，具备不引燃爆炸物质的性能。

②必须经国家认可的检验单位检验合格，并取得防爆合格证。

③铭牌、标志齐全。应设置标明防爆检验合格证号和防爆标志铭牌，在明显部位应有永久性防爆标志“EX”。

④在爆炸危险环境里，选用防爆电气的允许最高表面温度不得超过作业场所爆炸危

险物质的引燃温度。

二、电气防火防爆技术

1. 电气火灾爆炸原因

（1）电气设备过热

①短路。不同相的相线之间、相线与零线之间造成金属性接触即为短路。发生短路时，线路中电流增加为正常值的几倍乃至几十倍，温度急剧升高，引起绝缘材料燃烧而发生火灾。

②过载。电气线路或设备上所通过的电流值超过其允许的额定值即为过载。过载可以引起绝缘材料不断升温直至燃烧，烧毁电气设备或酿成火灾。

③接触不良。电气设备或线路上常有连接部件或接触部件。连接部件多用焊接或螺栓连接，当用螺栓连接时，若螺栓生锈松动，则连接部分接触电阻增加而导致接头过热。接触部件多为触头、接点，多靠磁力或弹簧压力接触，接触不好同样发热。

④铁芯发热。电气设备的铁芯，由于磁滞和涡流损耗而发热。正常时，其发热量不足以引起高温。当设计不合理、铁芯绝缘损坏时则铁损增加，同样会产生高温。

⑤散热不良。电气设备温升不只是和发热量有关，也和散热条件好坏有关。如果电气设备散热措施受到破坏，同样会造成设备过热。如电机缺少风叶、油浸设备缺油等。

（2）电火花和电弧

①电火花电弧是电极间的击穿放电。电弧是大量的电火花汇集而成的。一般电火花温度都很高，特别是电弧，温度可达 6 000℃。因此电火花和电弧不但能引起绝缘材料燃烧，而且可以引起金属熔化、飞溅，构成火灾、爆炸的危险火源。

②电火花可分为工作火花和事故火花。工作火花是指电气设备正常工作时或正常操作过程中产生的火花。如直流电机电刷与整流片接触处、开关或接触器触头开合时的火花等。

事故火花是线路或设备发生故障时出现的火花。如发生短路或接地时产生的火花、绝缘损坏或保险丝熔断时出现的闪络放电等。

2. 电气火灾爆炸的预防

（1）合理选用电气设备。在易燃易爆场所必须选用防爆电器。防爆电器在运行过程中具备不引爆周围爆炸性混合物的性能。防爆电器有各种类型和等级，应根据场所的危险性和不同的易燃易爆介质正确选用合适的防爆电器。

（2）保持防火间距。电气火灾是由电火花或电器过热引燃周围易燃物形成的，电器安装的位置应适当避开易燃物。在电焊作业的周围以及天车滑触线的下方不应堆放易燃物。使用电热器具、灯具要防止烤燃周围易燃物。

（3）保持电器、线路正常运行。保持电器、线路正常运行主要指保持电器和线路的电压、电流、温升不超过允许值，保持足够的绝缘强度，保持连接或接触良好。这样可以避免事故火花和危险温度的出现，消除引起电气火灾的根源。

（4）电气灭火器材的选用。电气火灾有两个特点：一是着火电气设备可能带电；二是有些电气设备充有大量的油，可能发生喷油或爆炸，造成火焰蔓延。

带电灭火不可使用普通直流水枪和泡沫灭火器，以防扑救人员触电。应使用二氧化碳、七氟丙烷及干粉灭火器等。带电灭火一般只能在 10 kV 及以下的电器设备上进行。

电机着火时，可用喷雾水灭火，使其均匀冷却，以防轴承和轴变形，也可用二氧化碳、七氟丙烷等灭火，但不宜用干粉、砂子、泥土灭火，以免损坏电机。

变压器等电器发生喷油燃烧时，除切断电源外，有事故储油坑的应设法将油导入储油坑，坑内和地上的燃油可用泡沫扑灭，要防止燃油流入电缆沟并蔓延，电缆沟内的燃油也只能用泡沫覆盖扑灭。

第四节 静电危害及控制

在工业生产中，产生静电现象较为普遍，人们一方面利用静电进行某些生产活动，如利用静电进行除尘、喷漆、植绒、选矿和复印等，另一方面防止静电给生产和人身带来危害。近期美国公布了涉及 10 多个行业因静电造成的损失，调查结果显示，平均每年的直接经济损失高达 200 多亿美元。我国仅石化行业近几年就发生了几十起较大的静电事故，影响了生产的正常进行，甚至诱发火灾、爆炸等恶性事故，造成人员伤亡、财产损失。因此，如何进行静电防护及控制是各行业最为关注的安全问题之一。

一、静电的产生

1. 静电原理

静电简单地说是对观测者而言处于相对静止的电荷。当两个物体相互紧密接触时，在接触面产生电子转移，而分离时造成两物体各自正、负电荷过剩，由此形成了两物体带静电。两种不同的物质相互之间接触和分离后带的电荷的极性与各种物质的逸出功有关。所谓逸出功是使电子脱离原来的物质表面所需要做的功。两物体相接触，甲的逸出功比乙的逸出功大，则甲对电子的吸引力强于乙，电子就会从乙转移到甲，于是逸出功较小一方失去电子带正电，而逸出功大的一方就获得电子带负电。如果带电体电阻率高，导电性能差，则该项物体中的电子移动困难，静电荷易于积聚。

产生静电的因素有许多种，而且往往是多种因素综合作用。除两物体直接接触、分离起电外，带电微粒附着到绝缘固体上，使之带静电；感应起电；固定的金属与流动的液体之间会出现电解起电；固体材料在机械力作用下产生压电效应；流体、粉末喷出时，与喷口剧烈摩擦而产生喷出带电等。

当物体被外力破坏、感应、极化、吸附等都可带静电，接触分离的两物质的种类及组合不同，会影响静电产生的大小和极性。通过大量实测试验，按照不同物质相互摩擦时带电极性的顺序，人们排出了静电带电序列表。在序列表中任何两物体紧密接触后迅速分开，靠前面的物体带正电靠后面的物体带负电。在序列表中两物体所处位置相隔越远，静电起电量越多。

2. 物体电阻率

物体上产生了静电，能否积聚起来主要取决于电阻率。静电导体难于积聚静电，而静电非导体在其上能积聚足够的静电而引起各种静电现象。

一般汽油、苯、乙醚等物质的电阻率在 10^{10}～10^{13} Ω·m 之间，它们容易积聚静电。金属的电阻率很小，电子运动快，所以两种金属分离后，显不出静电。

水是静电良导体，但当少量的水混杂在绝缘的液体中，因水滴液晶相对流动时要产生静电，反而使液晶静电量增多。金属是良导体，但当它被悬空后就和绝缘体一样，也会带上静电。

3. 静电种类

(1) 固体静电。固体物质大面积的摩擦，如纸张与辊轴、橡胶或塑料碾制、传动皮带与皮带轮或传送皮带与导轮摩擦等，固体物质在压力下接触而后分离，如塑料压制、上光等，固体物质在挤出过滤时与管道、过滤器等发生的摩擦，如塑料、橡胶的挤出等，固体物质的粉碎、研磨和搅拌过程中其他一些类似的工艺过程均可能产生静电。

(2) 粉体静电。粉体是固体的一种特殊形态，与整块固体相比，粉体具有分散性和悬浮状态的特点。由于它的分散性表面积增加使得更容易产生静电。粉体的悬浮性又使得铝粉、镁粉等金属粉体通过空气与地绝缘，也能产生和积聚静电，因此粉体比一般固体有着更大的静电危险性。粉体静电与粉体材料性质、输送管道、搅拌器或料槽材料性质、粉体的颗粒大小和表面几何特征、工艺输送速度、运动时间长短、载荷量等有关。

(3) 液体静电。液体在输送、喷射、混合、搅拌、过滤、灌注、剧烈晃动过程中，会产生带电现象。如在石油炼化企业中，从原油的储运、半成品和成品油的加工过程中，都需反复地加温、加压、喷射、输送、灌注运输等过程，都会产生大量的静电，有时达到数千至数万伏，一旦放电可造成非常严重的后果。液体的带电与液体的电阻率（电导率）、液体所含杂质、管道材料和管道内壁情况、注液管、容器的几何形状、过滤器的规格与安装位置、流速和管径等有关。

(4) 气体（蒸汽）静电。纯净的气体在通常条件下不会引起静电，但由于气体中往往含有悬浮液体微粒或灰尘等固体颗粒，当高压喷出时相互间摩擦、分离、能产生较强的静电，如二氧化碳气由钢瓶喷出时静电可达 8 kV。

气体静电与气体的性质、喷出速度、管径及材质、固体或液体微粒的性质及几何形态、压力、密度、温度等有关。

(5) 人体静电。通常情况下，人体电阻在数百欧姆至数千欧姆之间，可以说人体是一个静电导体。当人们穿着一般的鞋袜、衣服时，在干燥环境中人体就成了绝缘导体。当人进行各种活动时，由于衣服之间、皮肤与衣服、鞋与地面、衣服与接触的各种介质间发生摩擦，可产生几千伏甚至上万伏的静电。如在相对湿度 39% 的情况下，人体从铺有 PVC 薄膜的软椅上突然起立时人体电位可达 18 kV。

人体在静电场中也会感应起电，如果人体与地绝缘，就成为独立的带电体。如果空间存在带电颗粒，人们在此环境中可产生吸附带电。人体静电的极性和数值受人们所处的环境的温湿度、所穿的内外衣的材质、鞋、袜、地面、运动速度、人体对地电容等因素影响。

二、静电的危害

静电放电是带电体周围的场强超过周围介质的绝缘击穿场强时，因介质电离而使带电体上的电荷部分或全部消失的现象。其静电能量变为热量、声音、光、电磁波等而消耗，这种放电能量较大时，就会成为火灾、爆炸的点火源。

（1）爆炸和火灾。在有可燃液体的作业场所（如油料装运等），可能由静电火花引起火灾；在有气体、蒸气爆炸性混合物或有粉尘纤维爆炸性混合物的场所，如氧、乙炔、煤粉、铝粉、面粉等，可能由静电引发爆炸。

（2）电击。当人体接近带电体时，或带静电的人体接近接地体时，都可能产生静电电击。虽然静电的电击能量较小，不足以直接伤害人体，但可能导致坠落、摔倒等，造成第二次事故。

（3）影响生产。静电的存在，可能干扰正常的生产过程，损坏设备，降低产品质量。如静电使粉尘吸附在设备上，影响粉尘的过滤和输送，降低设备的寿命；静电放电能引起计算机、自动控制设备的故障或误动，造成各种损失。

三、静电控制技术

1. 防静电的主要场所

静电的主要危险是引起火灾和爆炸，因此，静电可能引起安全事故的场所必须采取防静电措施。

（1）生产、使用、储存、输送、装卸易燃易爆物品的生产装置。

（2）产生可燃性粉尘的生产装置、干式集尘装置以及装卸料场所。

（3）易燃气体、易燃液体槽车和船的装卸场所。

（4）有静电电击危险的场所。

2. 静电控制措施

（1）工艺控制法。工艺控制法就是从工艺流程、设备结构、材料选择和操作管理等方面采取措施限制静电的产生或控制静电的积累，使之不能到达危险的程度。具体方法有：限制输送速度；对静电的产生区和逸散区采取不同的防静电措施，正确选择设备和管理的材料；合理安排物料的投入顺序；消除产生静电的附加源，如液流的喷溅、冲击、粉尘在料斗内的冲击等。增加空气湿度的主要作用是降低绝缘体的表面电阻率，从而便于绝缘体通过自身泄放静电。因此，如工艺条件许可，可增加室内空气的相对湿度至50％以上。

（2）泄漏导走法。泄漏导走法是将静电接地，使之与大地连接，消除导体上的静电。这是消除静电最基本的方法。可以利用工艺手段对空气增湿、添加抗静电剂，使带电体的电阻率下降或规定静置时间和缓冲时间等，使所带的静电荷得以通过接地系统导入大地。

常用的静电接地连接方式有静电跨接、直接接地、间接接地三种。静电跨接是将两个以上、没有电气连接的金属导体进行电气上的连接，使相互之间大致处于相同的静电电位。直接接地是将金属体与大地进行电气上的连接，使金属体的静电电位接近于大地，简称接地。间接接地是将非金属全部或局部表面与接地的金属相连，从而获得接地的条件。一般情况下，金属导体应采用静电跨接和直接接地。在必要的情况下，为防止导走静电时电流过大，需在放电回路中串接限流电阻。

所有金属装置、设备、管道、储罐等都必须接地。不允许有与地相绝缘的金属设备或金属零部件。各专设的静电接地端子电阻不应大于 100 Ω。

不宜采用非金属管输送易燃液体。如必须采用，应采用可导电的管子或内设金属丝、网的管子，并将金属丝、网的一端可靠接地或采用静电屏蔽。

加油站管道与管道之间，如用金属法兰连接，可不另接跨接线，但必须有五个以上螺栓可靠连接。

平时不能接地的汽车槽车和槽船在装卸易燃液体时，必须在预设地点按操作规程的要求接地，所用接地材料必须在撞击时不会发生火花。装卸完毕，必须按规定待物料静置一定时间后，才能拆除接地线。

（3）静电中和法。静电中和法是利用静电消除器产生的消除静电所必需的离子来对异性电荷进行中和。非导体，如橡胶、胶片、塑料薄膜、纸张等在生产过程中产生的静电，应采用静电消除器消除。

不宜采用非金属管输送易燃液体。如必须采用，应采用可导电的管子或内设金属丝、网的管子，并将金属丝、网的一端可靠接地或采用静电屏蔽。

3. 人体防静电措施

人体带电除了能使人遭到电击和影响安全生产外，还能在精密仪器或电子器件生产中造成质量事故。

（1）人体接地。在人体必须接地的场所，工作人员应随时用手接触接地棒，以清除人体所带的静电。在重点防火防爆岗位场所的入口处、外侧，应有裸露的金属接地物，如采用接地的金属门、扶手、支架等。属 0 区或 1 区的爆炸危险场所，且可燃物的最小点燃能量在 0.25 mJ 以下时，工作人员应穿防静电鞋、工作服。禁止在爆炸危险场所穿脱衣服、鞋帽。

（2）工作地面导电化。特殊场所的地面，应是导电性或具备导电条件。这个要求可通过洒水或铺设导电地板来实现。

（3）安全操作。工作中应尽量不进行可使人体带电的活动，如接近或接触带电体；操作应有条不紊，避免急骤性动作；在有静电危险的场所，不得携带与工作无关的金属物品，如钥匙、硬币、手表等；合理使用规定的劳动保护用品和工具，不准使用化纤材料制作的拖布或抹布擦洗物体或地面。

第五节　雷电的防护

雷电是一种大气中的放电现象，也就是正负电荷的中和过程。雷云在形成过程中，某些云积累起正电荷，另一些云积累起负电荷。随着电荷的积累，电压逐步升高，当带不同电荷的雷云互相接近到一定距离时，将发生激烈放电，出现耀眼的闪光。由于闪光时温度高达 20 000℃，空气受热膨胀，发出震耳轰鸣。这就是闪电和雷鸣。有时雷云很低，在地面凸出物上将感应出异性电荷，到一定程度时也将出现雷云对地面凸出物的放电，这就是常说的雷击。

一、雷电的危害

1. 雷电的分类

从危害角度考虑，雷电可分为直击雷、感应雷（包括静电感应和电磁感应）和雷电侵入波三种。

（1）直击雷。直击雷是闪电直接击在建筑物其他物体、大地或防雷装置上，产生电效应、热效应和机械力。

（2）感应雷。感应雷有静电感应和电磁感应两种起因，静电感应是由于雷云接近地面，在地面感应物上感应出大量异性电荷，当雷云与其他物体放电后，凸出物顶部电荷失去束缚，产生对地面很高的静电电位，以雷电波形式沿凸出物极快泄放，此时极易产生火花放电。电磁感应是雷击时幅度和陡度都很大的雷电流，在周围空间产生迅速变化的磁场，导致附近的金属导体上感应出高电压，一旦与其他金属设备接触或接近时，则可能产生火花放电。

（3）雷电侵入波。雷电侵入波是雷击在架空线路或金属管道上产生的冲击电压，沿着线路或管道迅速传播侵入建筑物内，危及人身安全或损坏设备。

2. 雷电破坏

雷电破坏可归纳为电性质破坏、热性质破坏、机械性质破坏三种。

（1）电性质破坏。雷电放电产生极高的冲击电压，数十万乃至百万伏高电压可能会毁坏发电机、变压器及线路绝缘子等电气设备的绝缘，引起短路，甚至导致大规模停电。绝缘损坏会引起短路，导致火灾或爆炸事故。

（2）热性质破坏。强大的雷电流通过导体时，在极短的时间内发出大量热量，产生的高温会造成易燃物燃烧或金属熔化飞溅，从而引起火灾、爆炸。

（3）机械性质破坏。当强大的雷电流通过被击物时，被击物缝隙中的空气急剧膨胀，缝隙中的水分迅速蒸发，致使被击物破坏或爆裂。

3. 雷电危害

（1）雷电感应。雷电的强大电流所产生的强大交变电磁场，会使导体感应出较大的电动势，还会在构成闭合回路的金属物中感应出电流。如回路中有的地方接触电阻较大，就会局部发热或发生火花放电，可引燃易燃、易爆物品。

（2）雷电侵入波。雷电在架空线路、金属管道上会产生冲击电压，使雷电波沿线路或管道迅速传播。若侵入建筑物内，可将配电装置和电气线路的绝缘层击穿，产生短路或使建筑物内易燃、易爆物品燃烧和爆炸。

（3）反击作用。当防雷装置受雷击时，在接闪器引下线和接地体上部具有很高的电压，如果防雷装置与建筑物的电气设备、电气线路或其他金属管道的距离很近，它们之间就会产生放电，这种现象称为反击。反击可能引起电气设备绝缘破坏，金属管道烧穿。

(4) 雷电对人体的危害。雷击电流迅速通过人体，可立即使呼吸中枢麻痹，心室纤颤，心跳骤停，以致使脑组织及一些主要脏器受到严重损害，出现休克或突然死亡。雷击时产生的火花、电弧，还可以使人遭到不同程度的烧伤。

二、防雷技术

1. 防雷装置

防雷装置包括接闪器、引下线、接地装置、电涌保护器及其他连接导体。

(1) 接闪器。用于直接接受雷击的金属体，如避雷针、避雷线、避雷带、避雷网，安装在被保护设施的上方，它更接近于雷云，雷云首先对接闪器放电，使强大的雷电流沿接闪器、引下线和接地装置导入大地，从而使被保护设施免遭雷击。

(2) 引下线。应满足机械强度、耐腐蚀和热稳定的要求，通常采用圆钢或扁钢制成，并采取镀锌或刷漆等防腐措施，绝对不可采用铝线作引下线。

引下线应取最短途径，尽量避免弯曲，并每隔 1.5～2 m 设 1 个固定点加以固定。可以利用建筑物的金属结构作为引下线，但金属结构的连接点必须焊接可靠。

引下线在地面以上 2 m 至地面以下 0.2 m 的一段应该用角钢、钢管、竹管或塑料管等加以保护，角钢、钢管应与引下线连接，以减小通过雷电流时的电抗。

(3) 接地装置。接地装置具有向大地泄放雷电流的作用。接地装置与接闪器一样应有防腐要求，接地体一般采用镀锌钢管或角钢制作，其长度宜为 2.5 m，垂直打入地下，其顶端低于地面 0.6 m。接地体之间用圆钢或扁钢焊接，并采用沥青漆防腐。

(4) 电涌保护器。电涌保护器也叫过电压保护器。它是一种限制瞬态过电压和分走电涌电流的器件。

2. 防雷基本措施

(1) 防直击雷。防直击雷的主要措施是装设避雷针、避雷线、避雷网和避雷带。

①避雷针。避雷针分独立和附设两种。独立避雷针是离开建筑物单独安装的，其接地装置一般也是独立的，接地电阻一般不超过 10 Ω。严格禁止通信线、广播线和低压线架设在避雷针构架上。独立避雷针构架上若装有照明灯，其电源线应采用金属护套电缆或穿铁管，并将其埋在地中长度 10 m 以上，深度 0.5～0.8 m，然后才能引进室内。

附设安装在建筑物上的避雷针，其接地装置可以与其他接地装置共用，可以沿建筑物四周敷设。附设避雷针与建筑物顶部的其他接闪器应互相连接起来。

露天装设的金属封闭容器，其壁厚大于 4 mm 时，一般可以不装避雷针，而利用金属容器本身做接闪器，但至少做两个接地点，其间距不应大于 30 m。

避雷针的高度和支数，应按不同保护对象和保护范围选择。太高的避雷针往往起不到预期的效果，反而增加了雷击的概率。

②避雷线。避雷线主要用来保护架空线路免受直接雷破坏。它架设在架空线的上

方，并与接地装置连接，所以也称架空地线。

③避雷带和避雷网。它能保护面积较大的建筑物避免直击雷。在避雷带和避雷网下方的被保护物，一般均能得到很好保护，不必计算其保护范围。避雷带一般可取两带间距为 6～10 m。避雷网的网格边长一般可取 6～12 m。易受雷击屋脊、屋角、屋檐等处应设避雷带加以保护。

（2）防电磁感应及雷电波入侵。雷电感应能产生很高的冲击电压，在电力系统中应与其他过电压同样考虑，在化工厂主要考虑放电火花引起的火灾和爆炸。

为防止雷电感应产生的高电压放电，应将建筑物内的金属设备、金属管道、钢筋构架、电缆钢铠外皮以及金属屋顶等均作等电位良好接地，钢筋混凝土层面应将钢筋焊接成避雷网，并每隔 18～24 m 采用引下线与接地装置连接。

金属管道和架空电线遭到雷击产生的高电压若不能就近导入地下，则必沿着管道或线路，传入相连接的设施，危害人身和设备。因此防雷电侵入波危害的主要措施是在雷电波未侵入前先将其导入地下。具体措施有：

①架空管道进厂房处及邻近 100 m 内，采取 2～4 处接地措施。

②在架空电力线路的进户端安装避雷器，避雷器的上端接线路，下端接地。平时避雷器的绝缘间隙保持绝缘状态，不影响电力线路的正常运行。当雷电波传来时，避雷器的间隙被高电压击穿而接地，雷电波就不能侵入设施。雷击后，避雷器的间隙恢复绝缘状态，电力系统仍然正常工作。

③建筑物的进出线应分类集中布线，穿金属管保护并与其他金属体做等电位联结。

④对建筑物内电子设备分区保护、层层设防，通过接闪、分流、接地、防闪络、屏蔽等电位及合理布线等措施，将雷电侵入途径分割若干能量区域并使冲击能量逐次减小，达到保护目的。

第八章　安全标准化与环境保护

第一节　安全生产标准化

危险化学品安全标准化是国家对每一个危险化学品生产、经营单位的要求，是根据本单位的具体情况按国家要求进行评审、登记。

安全标准化包括：企业安全生产管理概述，企业安全生产管理的组织机构及其职责，安全生产规章制度（安全生产规章制度的内容、安全生产规章制度的制定、安全生产规章制度的实施），安全生产教育（安全教育的目的和作用、内容、形式、方法），安全生产检查（安全生产检查的目的、作用、内容、形式，检查工作的组织领导，安全检查表），事故管理（事故报告和应急救援、事故调查、处理、归档）等。

安全标准化采用计划（P）、实施（D）、检查（C）、改进（A）动态循环、持续改进的管理模式（见图 8—1）。

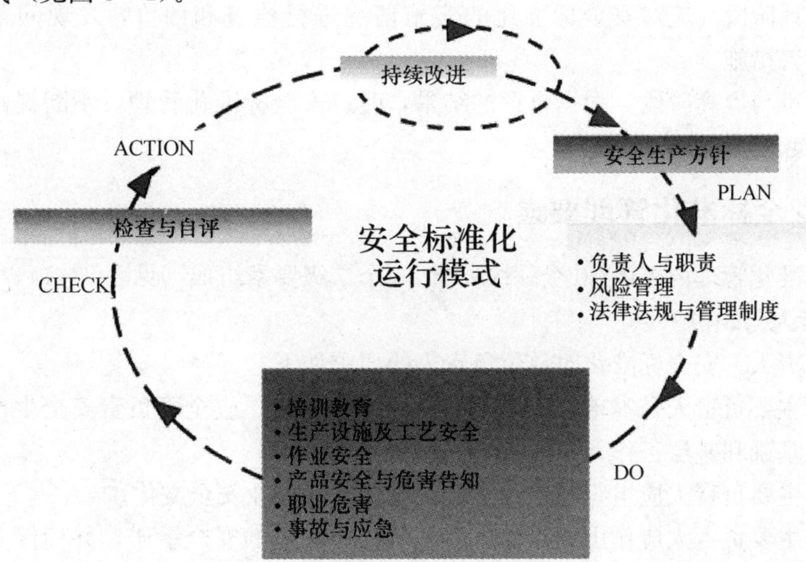

图 8—1　安全标准化 PDCA 管理模式

一、安全标准化建设原则

企业应结合自身特点，依据规范的要求，开展安全标准化建设。

安全标准化的建设，应当以危险、有害因素辨识和风险评价为基础，树立任何事故都是可以预防的理念，与企业其他方面的管理有机地结合起来，注重科学性、规范性和系统性。

安全标准化的实施，应体现全员、全过程、全方位、全天候的安全监督管理原则，通过有效方式实现信息的交流和沟通，不断提高安全意识和安全管理水平。

安全标准化采取企业自主管理、安全标准化考核机构考评、政府安全生产监督管理部门监督的管理模式，持续改进企业的安全绩效，实现安全生产长效机制。

二、安全标准化实施步骤

安全标准化的建立过程，包括初始评审、策划、培训、实施、自评、改进与提高6个阶段。

（1）初始评审阶段。依据法律法规及规范要求，对企业安全管理现状进行初始评估，了解企业安全管理现状、业务流程、组织机构等基本管理信息，发现差距。

（2）策划阶段。根据相关法律法规及规范的要求，针对初始评审的结果，确定建立安全标准化方案，包括资源配置、进度、分工等；进行风险分析；识别和获取适用的安全生产法律法规、标准及其他要求；完善安全生产规章制度、安全操作规程、台账、档案、记录等；确定企业安全生产方针和目标。

（3）培训阶段。对全体从业人员进行安全标准化相关内容培训。

（4）实施阶段。根据策划结果，落实安全标准化的各项要求。

（5）自评阶段。应对安全标准化的实施情况进行检查和评价，发现问题，找出差距，提出完善措施。

（6）改进与提高阶段。根据自评的结果，改进安全标准化管理，不断提高安全标准化实施水平和安全绩效。

三、安全标准化管理要素

安全标准化管理内容由10个一级要素53个二级要素组成（见表8—1）。

1. 负责人与职责

（1）负责人。安全标准化对单位负责人的要求如下：

①企业主要负责人是本单位安全生产的第一责任人，应全面负责安全生产工作，落实安全生产基础和基层工作。

②企业主要负责人应组织实施安全标准化，建设企业安全文化。

③企业主要负责人应作出明确的、公开的、文件化的安全承诺，并确保安全承诺转变为必需的资源支持。

④企业主要负责人应定期组织召开安全生产委员会（以下简称安委会）或领导小组会议。

（2）方针目标。企业应坚持“安全第一，预防为主”的安全生产方针。主要负责人应依据国家法律法规，结合企业实际，组织制定文件化的安全生产方针和目标。安全生产方针和目标应满足：

①形成文件，并得到本单位所有从业人员的贯彻和实施。

表 8—1 安全标准化管理要素表

一级要素	二级要素	一级要素	二级要素
1. 负责人与职责	1.1 负责人	2. 风险管理	2.1 范围与评价方法
	1.2 方针目标		2.2 风险评价
	1.3 机构设置		2.3 风险控制
	1.4 职责		2.4 隐患治理
	1.5 安全生产投入及工伤保险		2.5 重大危险源
			2.6 风险信息更新
3. 法律法规与管理制度	3.1 法律法规	4. 培训教育	4.1 培训教育管理
	3.2 符合性评价		4.2 管理管理人员培训教育
	3.3 安全生产规章制度		4.3 从业人员培训教育
	3.4 操作规程		4.4 新从业人员培训教育
	3.5 修订		4.5 其他人员培训教育
			4.6 日常安全教育
5. 生产设施及工艺安全	5.1 生产设施建设	6. 作业安全	6.1 作业许可
	5.2 安全设施		6.2 警示标志
	5.3 特种设备		6.3 作业环节
	5.4 工艺安全		6.4 承包商与供应商
	5.5 关键装置及重点部位		6.5 变更
	5.6 检维修		
	5.7 拆除和报废		
7. 产品安全与危害告知	7.1 危险化学品档案	8. 职业危害	8.1 职业危害申报
	7.2 化学品分类		8.2 作业场所职业危害管理
	7.3 化学品安全技术说明书和安全标签		8.3 劳动防护用品
	7.4 化学事故应急咨询服务电话		
	7.5 危险化学品登记		
	7.6 危害告知		
9. 事故与应急	9.1 事故报告	10. 检查与自评	10.1 安全检查
	9.2 抢险与救护		10.2 安全检查形式与内容
	9.3 事故调查和处理		10.3 整改
	9.4 应急指挥系统		10.4 自评
	9.5 应急救援器材		
	9.6 应急救援预案与演练		

②符合或严于相关法律法规的要求。

③与企业的职业安全健康风险相适应。

④与企业的其他方针和目标具有同等的重要性。

⑤公众易于获得。

企业应签订各级组织的安全目标责任书，确定量化的年度安全工作目标，并予以考核。各级组织应制订年度安全工作计划，以保证年度安全目标的有效完成。

(3) 机构设置。企业应建立安全生产委员会（以下简称安委会）或领导小组，设置安全生产管理机构或配备专职安全生产管理人员，并按规定配备注册安全工程师。根据生产经营规模大小，设置相应的管理部门。建立、健全从安委会或领导小组到基层班组的安全生产管理网络。

(4) 职责。企业应制定安委会或领导小组和管理部门的安全职责。制定主要负责人、各级管理人员和从业人员的安全职责。并建立安全责任考核机制，对各级管理部门、管理人员及从业人员安全职责的履行情况和安全生产责任制的实现情况进行定期考核，予以奖惩。

(5) 安全生产投入及工伤保险。企业应依据国家、当地政府的有关安全生产费用提取规定，自行提取安全生产费用，专项用于安全生产。按照规定的安全生产费用使用范围，合理使用安全生产费用，建立安全生产费用台账。并依法参加工伤社会保险，为从业人员缴纳工伤保险费。

2. 风险管理

(1) 范围与评价方法。企业应组织制定风险评价管理制度，明确风险评价的目的、范围和准则。企业风险评价的范围应包括：

①规划、设计和建设、投产、运行等阶段。

②常规和异常活动。

③事故及潜在的紧急情况。

④所有进入作业场所的人员的活动。

⑤原材料、产品的运输和使用过程。

⑥作业场所的设施、设备、车辆、安全防护用品。

⑦人为因素，包括违反操作规程和安全生产规章制度。

⑧丢弃、废弃、拆除与处置。

⑨气候、地震及其他自然灾害。

企业可根据需要，选择有效、可行的风险评价方法进行风险评价。

(2) 风险评价。企业应依据风险评价准则，选定合适的评价方法，定期和及时对作业活动和设备设施进行危险、有害因素识别和风险评价。企业在进行风险评价时，应从影响人、财产和环境三个方面的可能性和严重程度分析。企业各级管理人员应参与风险评价工作，鼓励从业人员积极参与风险评价和风险控制。

(3) 风险控制。企业应根据风险评价结果及经营运行情况等，确定不可接受的风险，制定并落实控制措施，将风险尤其是重大风险控制在可以接受的程度。企业在选择风险控制措施时，应考虑可行性、安全性和可靠性。具体措施应包括工程技术措施、管理措施、培训教育措施和个体防护措施。

企业应将风险评价的结果及所采取的控制措施对从业人员进行宣传、培训，使其熟悉工作岗位和作业环境中存在的危险、有害因素，掌握、落实应采取的控制措施。

(4) 隐患治理。企业应对风险评价出的隐患项目，下达隐患治理通知，限期治理，做到定治理措施、定负责人、定资金来源、定治理期限。企业应建立隐患治理台账。对确定的重大隐患项目建立档案。

企业无力解决的重大事故隐患，除采取有效防范措施外，应书面向企业直接主管部门和当地政府报告。企业对不具备整改条件的重大事故隐患，必须采取防范措施，并纳入计划，限期解决或停产。

(5) 重大危险源。企业应按照 GB 18218 辨识并确定重大危险源，建立重大危险源档案。按照有关规定对重大危险源设置安全监控报警系统，定期对重大危险源进行安全评估，对重大危险源的设备、设施定期检查、检验，并做好记录，制定重大危险源应急救援预案，配备必要的救援器材、装备，每年至少进行 1 次重大危险源应急救援预案演练。将重大危险源及相关安全措施、应急措施报送当地县级以上人民政府安全生产监督管理部门和有关部门备案。重大危险源的防护距离应满足国家标准或规定。不符合国家标准或规定的，应采取切实可行的防范措施，并在规定期限内进行整改。

(6) 风险信息更新。企业应适时组织风险评价工作，识别与生产经营活动有关的危险、有害因素和隐患。定期评审或检查风险评价结果和风险控制效果。

3. 法律法规与管理制度

(1) 法律法规。企业应建立识别和获取适用的安全生产法律法规、标准及其他要求的管理制度，明确责任部门，确定获取渠道、方式和时机，及时识别和获取，并定期进行更新。将适用的安全生产法律、法规、标准及其他要求及时对从业人员进行宣传和培训，提高从业人员的守法意识，规范安全生产行为。将适用的安全生产法律、法规、标准及其他要求及时传达给相关方。

(2) 符合性评价。企业应每年至少 1 次对适用的安全生产法律、法规、标准及其他要求进行符合性评价，消除违规现象和行为。

(3) 安全生产规章制度。企业应制定健全的安全生产规章制度，规范从业人员的安全行为。将安全生产规章制度发放到有关的工作岗位。制定的安全生产规章制度，至少包括安全生产职责、识别和获取适用的安全生产法律法规和标准、安全生产会议管理、安全生产费用、安全生产奖惩管理、安全培训教育、特种作业人员管理、重大危险源管理、事故管理、消防管理、检维修管理、应急救援管理等 32 项。

(4) 操作规程。企业应根据生产工艺、技术、设备设施特点和原材料、辅助材料、产品的危险性，编制操作规程，并发放到相关岗位。在新工艺、新技术、新装置、新产品投产或投用前，组织编制新的操作规程。

(5) 修订。企业应明确评审和修订安全生产规章制度和操作规程的时机和频次，定期进行评审和修订，确保其有效性和适用性。在发生以下情况时，应及时对相关的规章制度或操作规程进行评审、修订。

①当国家安全生产法律、法规、规程、标准废止、修订或新颁布时。

②当企业归属、体制、规模发生重大变化时。

③当生产设施新建、扩建、改建时。

④当工艺、技术路线和装置设备发生变更时。

⑤当上级安全监督部门提出相关整改意见时。

⑥当安全检查、风险评价过程中发现涉及规章制度层面的问题时。

⑦当分析重大事故和重复事故原因，发现制度性因素时。

⑧其他相关事项。

企业应组织相关管理人员、技术人员、操作人员和工会代表参加安全生产规章制度和操作规程评审和修订，注明生效日期。及时组织相关管理人员和操作人员培训学习修订后的安全生产规章制度和操作规程。保证使用最新有效版本的安全生产规章制度和操作规程。

4. 培训教育

（1）培训教育管理。企业应严格执行安全培训教育制度，依据国家、地方及行业规定和岗位需要，制定适宜的安全培训教育目标和要求。根据不断变化的实际情况和培训目标，定期识别安全培训教育需求，制订并实施安全培训教育计划。组织培训教育，保证安全培训教育所需人员、资金和设施。建立从业人员安全培训教育档案。安全培训教育主管部门应对培训教育效果进行评价；安全培训教育计划变更时，应记录变更情况。企业应确立终身教育的观念和全员培训的目标，对在岗的从业人员进行经常性安全培训教育。

（2）管理人员培训教育。企业主要负责人和安全生产管理人员应接受专门的安全培训教育，经安全生产监管部门对其安全生产知识和管理能力考核合格，取得安全资格证书后方可任职，并按规定参加每年再培训。其他管理人员，包括管理部门负责人和基层单位负责人、专业工程技术人员的安全培训教育由企业相关部门组织，经考核合格后方可任职。

（3）从业人员培训教育。企业应对从业人员进行安全培训教育，并经考核合格后方可上岗。从业人员每年应接受再培训，再培训时间不得少于国家或地方政府规定学时。特种作业人员应按有关规定参加安全培训教育，取得特种作业操作证，方可上岗作业，并定期复审。从事危险化学品运输的驾驶员、船员、押运人员，必须经所在地设区的市级人民政府交通部门考核合格（船员经海事管理机构考核合格），取得从业资格证，方可上岗作业。在新工艺、新技术、新装置、新产品投产前，对有关人员进行专门培训，经考核合格后，方可上岗。

（4）新从业人员培训教育。企业应按有关规定，对新从业人员进行厂级、车间（工段）级、班组级安全培训教育，经考核合格后，方可上岗。新从业人员安全培训教育时间不得少于国家或地方政府规定学时。

（5）其他人员培训教育。企业从业人员转岗、脱离岗位一年以上（含一年）者，应进行车间（工段）、班组级安全培训教育，经考核合格后，方可上岗。外来参观、学习人员应进行有关安全规定及安全注意事项的培训教育。对承包商的作业人员进行入厂安全培训教育，经考核合格发放入厂证，保存安全培训教育记录。进入作业现场前，作业现场所在基层单位应对施工单位的作业人员进行进入现场前安全培训教育，保存安全培训教育记录。

(6) 日常安全教育。企业管理部门、班组应按照月度安全活动计划开展安全活动和基本功训练。班组安全活动每月不少于2次，每次活动时间不少于1学时。班组安全活动应有负责人、有计划、有内容、有记录。企业负责人应每月至少参加1次班组安全活动，基层单位负责人及其管理人员应每月至少参加2次班组安全活动。管理部门安全活动每月不少于1次，每次活动时间不少于2学时。安全生产管理部门或专职安全生产管理人员应每月至少1次对安全活动记录进行检查，并签字。安全生产管理部门或专职安全生产管理人员应结合安全生产实际，制定管理部门、班组月度安全活动计划，规定活动形式、内容和要求。

5. 生产设施及工艺安全

(1) 生产设施建设。企业应确保建设项目安全设施与建设项目的主体工程同时设计、同时施工、同时投入生产和使用。按照建设项目安全许可有关规定，对建设项目的设立阶段、设计阶段、试生产阶段和竣工验收阶段规范管理。对建设项目的施工过程实施有效安全监督，保证施工过程处于有序管理状态。建设项目建设过程中的变更应严格执行变更管理规定，履行变更程序，对变更全过程进行风险管理。企业应采用先进的、安全性能可靠的新技术、新工艺、新设备和新材料。

(2) 安全设施。企业应严格执行安全设施管理制度，建立安全设施台账。确保安全设施配备符合国家有关规定和标准，做到：

①宜按照SH 3063在易燃、易爆、有毒区域设置固定式可燃气体和/或有毒气体的检测报警设施，报警信号应发送至工艺装置、储运设施等控制室或操作室。

②按照GB 50351在可燃液体罐区设置防火堤，在酸、碱罐区设置围堤并进行防腐处理。

③宜按照SH 3097在输送易燃物料的设备、管道安装防静电设施。

④按照GB 50057在厂区安装防雷设施。

⑤按照GB 50016、GB 50140配置消防设施与器材。

⑥按照GB 50058设置电力装置。

⑦按照GB 11651配备个体防护设施。

⑧厂房、库房建筑应符合GB 50016、GB 50160。

⑨在工艺装置上可能引起火灾、爆炸的部位设置超温、超压等检测仪表、声和/或光报警和安全联锁装置等设施。

企业的各种安全设施应有专人负责管理，定期检查和维护保养。安全设施应编入设备检维修计划，定期检维修。安全设施不得随意拆除、挪用或弃置不用，因检维修拆除的，检维修完毕后应立即复原。对监视和测量设备进行规范管理，建立监视和测量设备台账，定期进行校准和维护，并保存校准和维护活动的记录。

(3) 特种设备。企业应按照《特种设备安全监察条例》管理规定，对特种设备进行规范管理。建立特种设备台账和档案。特种设备投入使用前或者投入使用后30日内，企业应当向直辖市或者设区的市特种设备监督管理部门登记注册。对在用特种设备进行经常性日常维护保养，至少每月进行1次检查，并保存记录。对在用特种设备及安全附件、安全保护装置、测量调控装置及有关附属仪器仪表进行定期校验、检修，并保存记录。在特种设备检验合格有效期届满前1个月向特种设备检验检测机构提出定期检验要求。未经定期检验或者检验不合格的特种设备，不得继续使用。企业应将安全检验合格标志置于或者附着于特种设备的显著位置。企业特种设备存在严重事故隐患，无改造、维修价值，或者超过安全技术规范规定使用年限，应及时予以报废，并向原登记的特种设备监督管理部门办理注销。

（4）工艺安全。企业操作人员应掌握工艺安全信息，主要包括：

①化学品危险性信息：物理特性、化学特性、毒性、职业接触限值。

②工艺信息：流程图、化学反应过程、最大储存量、工艺参数安全上下限值。

③设备信息：设备材料、设备和管道图纸、电气类别、调节阀系统、安全设施。

企业应保证下列设备设施运行安全可靠、完整：

①压力容器和压力管道，包括管件和阀门。

②泄压和排空系统。

③紧急停车系统。

④监控、报警系统。

⑤联锁系统。

⑥各类动设备，包括备用设备等。

企业应对工艺过程进行风险分析：

①工艺过程中的危险性。

②工作场所潜在事故发生因素。

③控制失效的影响。

④人为因素等。

企业生产装置开车前应组织检查，进行安全条件确认。安全条件应满足下列要求：

①现场工艺和设备符合设计规范。

②系统气密测试、设施空运转调试合格。

③操作规程和应急预案已制订。

④编制并落实了装置开车方案。

⑤操作人员培训合格。

⑥各种危险已消除或控制。

企业生产装置停车应满足下列要求：编制停车方案；操作人员能够按停车方案和操作规程进行操作。

企业生产装置紧急情况处理应遵守下列要求：

①发现或发生紧急情况，应按照不伤害人员为原则，妥善处理，同时向有关方面报告。

②工艺及机电设备等发生异常情况时，采取适当的措施，并通知有关岗位协调处理，必要时，按程序紧急停车。

企业生产装置泄压系统或排空系统排放的危险化学品应引至安全地点并得到妥善处理。

企业操作人员应严格执行操作规程，对工艺参数运行出现的偏离情况及时分析，保证工艺参数控制不超出安全限值，偏差及时得到纠正。

（5）关键装置及重点部位。企业应加强对关键装置、重点部位安全管理，实行企业领导干部联系点管理机制。联系人对所负责的关键装置、重点部位负有安全监督与指导责任。

联系人应每月至少到联系点进行一次安全活动，活动形式包括参加基层班组安全活动、安全检查、督促治理事故隐患、安全工作指示等。

企业应建立关键装置、重点部位档案，建立企业、管理部门、基层单位及班组监控机制，明确各级组织、各专业的职责，定期进行监督检查，并形成记录。制定关键装置、重点部位应急预案，至少每半年进行一次演练，确保关键装置、重点部位的操作、检修、仪表、电气等人员能够识别和及时处理各种事件及事故。企业关键装置、重点部位为重大危险源时，还应按重大危险源相关管理标准执行。

（6）检维修。企业应严格执行检维修管理制度，实行日常检维修和定期检维修管理。制订年度综合检维修计划，落实“五定”，即定检修方案、定检修人员、定安全措施、定检修质量、定检修进度原则。在进行检维修作业时，应执行下列程序：

①检维修前：进行危险、有害因素识别；编制检维修方案；办理工艺、设备设施交付检维修手续；对检维修人员进行安全培训教育；检维修前对安全控制措施进行确认；为检维修作业人员配备适当的劳动保护用品；办理各种作业许可证。

②对检维修现场进行安全检查。

③检维修后办理检维修交付生产手续。

（7）拆除和报废。企业应严格执行生产设施拆除和报废管理制度。拆除作业前，拆除作业负责人应与需拆除设施的主管部门和使用单位共同到现场进行对接，作业人员进行危险、有害因素识别，制订拆除计划或方案，办理拆除设施交接手续。凡需拆除的容器、设备和管道，应先清洗干净，分析、验收合格后方可进行拆除作业。欲报废的容器、设备和管道内仍存有危险化学品的，应清洗干净，分析、验收合格后，方可报废处置。

6. 作业安全

（1）作业许可。企业应对下列危险性作业活动实施作业许可管理，严格履行审批手续，各种作业许可证中应有危险、有害因素识别和安全措施内容：动火作业；进入受限空间作业；破土作业；临时用电作业；高处作业；断路作业；吊装作业；设备检修作业；抽堵盲板作业；其他危险性作业。

（2）警示标志。企业应在易燃、易爆、有毒有害等危险场所的醒目位置设置符合规定的安全标志。在重大危险源现场设置明显的安全警示标志。按有关规定，在厂内道路设置限速、限高、禁行等标志。在检维修、施工、吊装等作业现场设置警戒区域和安全标志，在检修现场的坑、井、洼、沟、陡坡等场所设置围栏和警示灯，在可能产生严重职业危害作业岗位的醒目位置，按照标准设置职业危害警示标识，同时设置告知牌，告知产生职业危害的种类、后果、预防及应急救治措施、作业场所职业危害因素检测结果等。按有关规定在生产区域设置风向标。

（3）作业环节。企业应在危险性作业活动作业前进行危险、有害因素识别，制定控制措施。在作业现场配备相应的安全防护用品（具）及消防设施与器材，规范现场人员作业行为。作业活动的负责人应严格按照规定要求科学指挥；作业人员应严格执行操作规程，不违章作业，不违反劳动纪律。作业人员在进行作业活动时，应持相应的作业许可证作业。作业活动监护人员应具备基本救护技能和作业现场的应急处理能力，持相应作业许可证进行监护作业，作业过程中不得离开监护岗位。

企业应保持作业环境整洁。同一作业区域内有两个以上承包商进行生产经营活动，可能危及对方生产安全时，应组织并监督承包商之间签订安全生产协议，明确各自的安全生产管理职责和应当采取的安全措施，并指定专职安全生产管理人员进行安全检查与协调。

企业应办理机动车辆进入生产装置区、罐区现场相关手续，机动车辆应配带标准阻火器、按指定线路行驶。严格执行危险化学品储存、出入库安全管理制度。危险化学品应储存在专用仓库、专用场地或者专用储存室（以下统称专用仓库）内，并按照相关技术标准规定的储存方法、储存数量和安全距离，实行隔离、隔开、分离储存，禁止将危险化学品与禁忌物品混合储存；危险化学品专用仓库应当符合相关技术标准对安全、消防的要求，设置明显标志，并由专人管理；危险化学品出入库应当进行核查登记，并定期检查。

企业的剧毒化学品必须在专用仓库单独存放，实行双人收发、双人保管制度。企业应将储存剧毒化学品的数量、地点以及管理人员的情况，报当地公安部门和安全生产监督管理部门备案。

企业应严格执行危险化学品运输、装卸安全管理制度，规范运输、装卸人员行为。

（4）承包商与供应商。企业应严格执行承包商管理制度，对承包商资格预审、选择、开工前准备、作业过程监督、表现评价、续用等过程进行管理，建立合格承包商名录和档案。企业应与选用的承包商签订安全协议书。严格执行供应商管理制度，对供应商资格预审、选用和续用等过程进行管理，并定期识别与采购有关的风险。

（5）变更。企业应严格执行变更管理制度，履行下列变更程序：

①变更申请：按要求填写变更申请表，由专人进行管理。

②变更审批：变更申请表应逐级上报主管部门，并按管理权限报主管领导审批。

③变更实施：变更批准后，由主管部门负责实施。不经过审查和批准，任何临时性的变更都不得超过原批准范围和期限。

④变更验收：变更实施结束后，变更主管部门应对变更的实施情况进行验收，形成报告，并及时将变更结果通知相关部门和有关人员。

企业应对变更过程产生的风险进行分析和控制。

7. 产品安全与危害告知

（1）危险化学品档案。企业应对所有危险化学品，包括产品、原料和中间产品进行普查，建立危险化学品档案，包括：名称，包括别名、英文名等；存放、生产、使用地点；数量；危险性分类、危规号、包装类别、登记号；安全技术说明书与安全标签。

（2）化学品分类。企业应按照国家有关规定对其产品、所有中间产品进行分类，并将分类结果汇入危险化学品档案。

（3）化学品安全技术说明书和安全标签。生产企业的产品属危险化学品时，应按 GB 16483 和 GB 15258 编制产品安全技术说明书和安全标签，并提供给用户。

企业采购危险化学品时，应索取危险化学品安全技术说明书和安全标签，不得采购无安全技术说明书和安全标签的危险化学品。

（4）化学事故应急咨询服务电话。生产企业应设立 24 小时应急咨询服务固定电话，有专业人员值班并负责相关应急咨询。没有条件设立应急咨询服务电话的，应委托危险化学品专业应急机构作为应急咨询服务代理。

（5）危险化学品登记。企业应按照有关规定对危险化学品进行登记。

（6）危害告知。企业应以适当、有效的方式对从业人员及相关方进行宣传，使其了解生产过程中危险化学品的危险特性、活性危害、禁配物等，以及采取的预防及应急处理措施。

8. 职业危害

（1）职业危害申报。企业如存在法定职业病目录所列的职业危害因素，应及时、如实向当地安全生产监督管理部门申报，接受其监督。

（2）作业场所职业危害管理。企业应制订职业危害防治计划和实施方案，建立、健全职业卫生档案和从业人员健康监护档案。作业场所应符合 GBZ1、GBZ2。确保使用有毒物品作业场所与生活区分开，作业场所不得住人；应将有害作业与无害作业分开，高毒作业场所与其他作业场所隔离。在可能发生急性职业损伤的有毒有害作业场所按规定设置报警设施、冲洗设施、防护急救器具专柜，设置应急撤离通道和必要的泄险区，定期检查，并记录。严格执行生产作业场所职业危害因素检测管理制度，定期对作业场所进行检测，在检测点设置标识牌，告知检测结果，并将检测结果存入职业卫生档案。不得安排上岗前未经职业健康检查的从业人员从事接触职业病危害的作业；不得安排有职业禁忌的从业人员从事禁忌作业。

（3）劳动防护用品。企业应根据接触危害的种类、强度，为从业人员提供符合国家标准或行业标准的个体防护用品和器具，并监督、教育从业人员正确佩戴、使用。各种防护器具应定点存放在安全、方便的地方，并有专人负责保管、检查，定期校验和维护，每次校验后应记录、铅封。建立职业卫生防护设施及个体防护用品管理台账，加强对劳动防护用品使用情况的检查监督，凡不按规定使用劳动防护用品者不得上岗作业。

9. 事故与应急

（1）事故报告。企业应明确事故报告制度和程序。发生生产安全事故后，事故现场有关人员除立即采取应急措施外，应按规定和程序报告本单位负责人及有关部门。情况紧急时，事故现场有关人员可以直接向事故发生地县级以上人民政府安全生产监督管理部门和负有安全生产监督管理职责的有关部门报告。

企业负责人接到事故报告后，应当于1小时内向事故发生地县级以上人民政府安全生产监督管理部门和负有安全生产监督管理职责的有关部门报告。在事故报告后出现新情况时，应按有关规定及时补报。

（2）抢险与救护。企业发生生产安全事故后，应迅速启动应急救援预案，企业负责人直接指挥，积极组织抢救，妥善处理，以防止事故的蔓延扩大，减少人员伤亡和财产损失。安全、技术、设备、动力、生产、消防、保卫等部门应协助做好现场抢救和警戒工作，保护事故现场。发生有害物大量外泄事故或火灾事故现场应设警戒线。抢救人员应佩戴好相应的防护器具，对伤亡人员及时进行抢救处理。

（3）事故调查和处理。企业发生生产安全事故后，应积极配合各级人民政府组织的事故调查，负责人和有关人员在事故调查期间不得擅离职守，应当随时接受事故调查组的询问，如实提供有关情况。未造成人员伤亡的一般事故，县级人民政府委托企业负责组织调查的，企业应按规定成立事故调查组组织调查，按时提交事故调查报告。

企业应落实事故整改和预防措施，防止事故再次发生。整改和预防措施应包括工程技术措施、培训教育措施和管理措施。

企业应建立事故档案和事故管理台账。

（4）应急指挥与救援系统。企业应建立应急指挥系统，实行分级管理，即厂级、车间级管理。建立应急救援队伍。明确各级应急指挥系统和救援队伍的职责。

（5）应急救援器材。企业应按国家有关规定，配备足够的应急救援器材，并保持完好。建立应急通信网络，保证应急通信网络的畅通。为有毒有害岗位配备救援器材柜，放置必要的防护救护器材，进行经常性的维护保养并记录，保证其处于完好状态。

（6）应急救援预案与演练。企业宜按照AQ/T 9002—2006《生产经营单位安全生产事故应急预案编制导则》，根据风险评价的结果，针对潜在事件和突发事故，制订相应的事故应急救援预案。组织从业人员进行应急救援预案的培训，定期演练，评价演练效果，评价应急救援预案的充分性和有效性，并形成记录。定期评审应急救援预案，尤其在潜在事件和突发事故发生后。并将应急救援预案报当地安全生产监督管理部门和有关部门备案，并通报当地应急协作单位，建立应急联动机制。

10. 检查与自评

（1）安全检查。企业应严格执行安全检查管理制度，定期或不定期进行安全检查，保证安全标准化有效实施。安全检查应有明确的目的、要求、内容和计划。各种安全检查均应编制安全检查表，安全检查表应包括检查项目、检查内容、检查标准或依据、检查结果等内容。各种安全检查表应作为企业有效文件，并在实际应用中不断完善。

（2）安全检查形式与内容。企业应根据安全检查计划，开展综合性检查、专业性检查、季节性检查、日常检查和节假日检查；各种安全检查均应按相应的安全检查表逐项检查，建立安全检查台账，并与责任制挂钩。

安全检查形式和内容应满足：

①综合性检查应由相应级别的负责人负责组织，以落实岗位安全责任制为重点，各专业共同参与的全面安全检查。厂级综合性安全检查每季度不少于1次，车间级综合性

安全检查每月不少于1次。

②专业性检查分别由各专业部门的负责人组织本系统人员进行，主要是对锅炉、压力容器、危险物品、电气装置、机械设备、构建筑物、安全装置、防火防爆、防尘防毒、监测仪器等进行专业检查。专业性检查每半年不少于1次。

③季节性检查由各业务部门的负责人组织本系统相关人员进行，是根据当地各季节特点对防火防爆、防雨防汛、防雷电、防暑降温、防风及防冻保暖工作等进行的预防性季节检查。

④日常检查分岗位操作人员巡回检查和管理人员日常检查。岗位操作人员应认真履行岗位安全生产责任制，进行交接班检查和班中巡回检查，各级管理人员应在各自的业务范围内进行日常检查。

⑤节假日检查主要是对节假日前安全、保卫、消防、生产物资准备、备用设备、应急预案等方面进行的检查。

(3) 整改。企业应对安全检查所查出的问题进行原因分析，制定整改措施，落实整改时间、责任人，并对整改情况进行验证，保存相应记录。各种检查的主管部门应对各级组织和人员检查出的问题和整改情况定期进行检查。

(4) 自评。企业应每年至少1次对安全标准化运行进行自评，提出进一步完善安全标准化的计划和措施。

四、安全标准化考核

危险化学品从业单位安全标准化考核评级办法及考评检查评分细则可具体参考《危险化学品从业单位安全标准化考核机构管理办法》。

第二节　环境污染与生态平衡

自然环境是人类生存、繁衍的物质基础；保护和改善自然环境，是人类维护自身生存和发展的前提。这是人类与自然环境关系的两个方面，缺少一个就会给人类带来灾难。

我们生活的自然环境，是地球的表层，由空气、水和岩石（包括土壤）构成大气圈、水圈、岩石圈，在这三个圈的交汇处是生物生存的生物圈。这四个圈在太阳能的作用下，进行着物质循环和能量流动，使人类（生物）得以生存和发展。

据科学测定，人体血液中的60多种化学元素的含量比例，同地壳各种化学元素的含量比例十分相似。这表明人是环境的产物。人类与环境的关系，还表现在人体的物质和环境中的物质进行着交换的关系。比如，人体通过新陈代谢，吸入氧气，呼出二氧化碳；喝清洁的水，吃丰富的食物，来维持人体的发育、生长和遗传，这就使人体的物质和环境中的物质进行着交换。如果这种平衡关系破坏了，将会危害人体健康。

一、生态系统的构成

1. 生态系统的概念

生态系统（ecosystem）是英国生态学家 Tansley 于 1935 年首先提出来的，指在一定的空间内生物成分和非生物成分通过物质循环和能量流动相互作用、相互依存而构成的一个生态学功能单位。它把生物及其非生物环境看成是互相影响、彼此依存的统一整体。生态系统不论是自然的还是人工的，都具下列共同特性：

（1）生态系统是生态学上的一个主要结构和功能单位，属于生态学研究的最高层次。

（2）生态系统内部具有自我调节能力。其结构越复杂，物种数越多，自我调节能力越强。

（3）能量流动、物质循环是生态系统的两大功能。

（4）生态系统营养级的数目因生产者固定能值所限及能流过程中能量的损失，一般不超过 5～6 个。

（5）生态系统是一个动态系统，要经历一个从简单到复杂、从不成熟到成熟的发育过程。

生态系统概念的提出为生态学的研究和发展奠定了新的基础，极大地推动了生态学的发展。生态系统生态学是当代生态学研究的前沿。

2. 生态系统的组成成分

生态系统有四个主要的组成成分。即非生物环境、生产者、消费者和分解者。

（1）非生物环境

包括：气候因子，如光、温度、湿度、风、雨雪等；无机物质，如 C、H、O、N、CO_2 及各种无机盐等。有机物质，如蛋白质、碳水化合物、脂类和腐殖质等。

（2）生产者（producers）

主要指绿色植物，也包括蓝绿藻和一些光合细菌，是能利用简单的无机物质制造食物的自养生物。在生态系统中起主导作用。

（3）消费者（consumers）

异养生物，主要指以其他生物为食的各种动物，包括植食动物、肉食动物、杂食动物和寄生动物等。

（4）分解者（decomposers）

异养生物，主要是细菌和真菌，也包括某些原生动物和蚯蚓、白蚁、秃鹫等大型腐食性动物。它们分解动植物的残体、粪便和各种复杂的有机化合物，吸收某些分解产物，最终能将有机物分解为简单的无机物，而这些无机物参与物质循环后可被自养生物重新利用。

3. 生态系统的结构

生态系统的结构可以从两个方面理解。其一是形态结构，如生物种类，种群数量，种群的空间格局，种群的时间变化，以及群落的垂直和水平结构等。形态结构与植物群落的结构特征相一致，外加土壤、大气中非生物成分以及消费者、分解者的形态结构。其二为营养结构，营养结构是以营养为纽带，把生物和非生物紧密结合起来的功能单位，构成以生产者、消费者和分解者为中心的三大功能类群，它们与环境之间发生密切的物质循环和能量流动。

4. 生态平衡的建立

生态系统也像人一样，有一个从幼年期、成长期到成熟期的过程。生态系统发展到成熟阶段时，它的结构、功能，包括生物种类的组成、生物数量比例以及能量流动、物质循环，都处于相对稳定状态，这就叫做生态平衡。比如，水塘里的鱼靠浮游动植物生活，鱼死后，水里的微生物把鱼的尸体分解为化合物，这些化合物又成为浮游动植物的食物，浮游动物靠浮游植物为生，鱼又吃浮游动物。这样，在水塘里，微生物—浮游动植物—鱼之间建立了一定的生态平衡。

在一般情况下，成熟的生态系统内部物种越丰富，食物网就越复杂，物质循环和能量流动可以多渠道进行。如果某一环节受阻，其他环节可以起补偿作用。比如隼以兔、田鼠、麻雀、蛇为食物，当兔、蛇被捕杀，隼就转到吃麻雀、田鼠为主。当然，这种自我调节能力有一定限度，超过限度平衡就会遭到破坏，甚至导致生态危机。欧洲移民刚到澳大利亚时，发现那里青草茵茵，于是大力发展养牛。后来牛粪成灾，造成牧草退化，蝇类滋生，只得引进以粪便为食物的蜣螂，才使牧场恢复原貌。

二、破坏生态平衡的因素

影响生态平衡有自然和人为两种因素。破坏生态平衡的因素有自然的，也有人为的。自然因素指火山爆发、水旱灾害、地震、台风、流行病等自然灾害；人为因素主要指对资源的不合理开发利用造成的生态破坏，以及环境污染等问题。人为引起的生态平衡破坏主要有三种情况。

（1）物种的改变

人为地使生态系统中某一种生物消失或往其中引进某一物种，都可能对整个生态系统造成影响。

（2）环境因素的改变

大量污染物质进入环境，改变了生态系统的环境因素。

（3）信息系统的破坏

许多生物都能释放出某种信息素以驱赶天敌、排斥异种、繁衍后代等，假如信息系统受到干扰和破坏，就会改变种群的结构，使生态平衡遭到破坏。

三、环境污染对人体的危害

环境污染对人体的危害主要有三个方面：

（1）急性危害

污染物在短期内浓度很高，或者几种污染物联合进入人体可以对人体造成急性危害。

（2）慢性危害

慢性危害主要指小剂量的污染物持续地作用于人体产生的危害。如大气污染对呼吸道慢性炎症发病率的影响等。

（3）远期危害

环境污染对人体的危害，一般是经过一段较长的潜伏期后才表现出来，如环境因素的致癌作用等。

环境中致癌因素主要有物理、化学和生物学因素。物理因素，如放射线体外照射或吸入放射性物质引起的白血病、肺癌等；化学因素，根据动物实验证明，有致癌性的化学物质达 1 100 余种；生物学因素，如热带性恶性淋巴瘤，已经证明是由吸血昆虫传播的一种病毒引起的。另外，污染物对遗传有很大影响。一切生物本身都具有遗传变异的特性，环境污染对人体遗传的危害，主要表现在致突变和致畸作用。

四、环境污染与生态平衡

1. 毁林的恶果——洪旱灾害

森林是大自然的保护神。它的一个重要功能是涵养水源、保持水土。在下雨时节，森林可以通过林冠和地面的残枝落叶等物截住雨滴，减轻雨滴对地面的冲击，增加雨水渗入土地的速度和土壤涵养水分的能力，减小降雨形成的地表径流；林木盘根错节的根系又能保护土壤，减少雨水对土壤的冲刷。如果土壤没有了森林的保护，便失去了涵养水分的能力，大雨一来，浊流滚滚，人们花几千年时间开垦的一层薄薄的土壤，被雨水冲刷殆尽。这些泥沙流入江河，进而淤塞水库，使其失去蓄水能力。森林涵养水源，降雨量的 70%要渗流到地下，如果没有森林，就会出现有雨洪水泛滥，无雨干旱成灾的状况。

2. 合理开发利用自然资源

合理开发利用自然资源，是环境保护的重要措施之一。

自然资源可分为三大类：一是生态资源（恒定资源），如光、热、水、风力、潮汐等；二是生物资源（可再生资源或可更新资源），如动物、植物、微生物、土壤等；三是矿产资源（不可再生资源或不可更新资源），如天然气、煤炭、石油等。

自然资源是人类生产和生活资料的基本来源，是社会文明发展的前提和基础。如果资源退化了，枯竭了，就要阻碍生产的发展。采矿工业如果实行盲目开采，就会带来矿产资源枯竭。一个人不能离开水、空气、阳光、土地等，这些资源一旦缺少，就会给人类的生存和发展带来威胁。

我国自然资源虽然总量较多，但人均占有量少。如矿产资源潜在价值居世界第三位，可是每人的占有量却低于很多国家。又如水资源，每人平均仅 2 700 m^3，大大低于世界每人平均 11 000 m^3 的占有量。再如占有林地，人均只有 1.7 亩，而世界人均占有林地面积是 15.5 亩。

开发利用自然资源，势必要影响和改变环境；同时，我国保护生态环境的能力较低，又影响了自然资源的开发利用。例如，人类对土地资源的开发利用，如果不符合当地的生态环境特点，生态平衡就会遭到破坏，出现严重的自然灾害。

对资源的合理开发利用，就是对环境的最好保护。对此，人们必须树立正确的观点，认识到自然资源的有限性。就某一种资源来说，在一定条件和一定时期内，并不是取之不尽、用之不竭的。有人估计，如果世界各国都仿照美国消耗矿物，那么，世界的锌半年耗尽，石油 7 年耗尽，天然气 5 年耗尽，铜矿 9 年耗尽，铅矿 4 年耗尽。所以，珍惜各种自然资源，是全人类的责任。

3. 保护大地的绿色屏障

森林是大自然的清洁工。在保护环境方面，森林的生态效益大大高于直接经济效益。芬兰一年生产价值 17 亿马克的木材，而森林的生态效益提供的价值达 53 亿马克。美国森林直接提供的价值和生态效益的价值之比是 1∶9。

森林是制造氧气的“工厂”。据测定，一亩森林一般每天产生氧气 48.7 kg，能满足 65 个人一天的需要。森林能够吸收有害物质。1 公顷的柳杉林，每个月可吸收二氧化硫 60 kg；女贞、丁香、梧桐、垂柳、桧柏、洋槐等对减轻氟化氢有很好作用。森林能够保持水土。20 cm 厚的表土层，如果被雨水冲刷干净，林地需 57.7 万年，草地要 8.2 万年，耕地是 46 年，裸地为 18 年。这说明，缺少森林植被会使土壤侵蚀加剧。森林能涵养水源。

树冠像一把张开的伞，可以截留 10%～20%的雨量。5 万亩森林的储水量，相当于一个 100 万立方米的小型水库。我国一向有“山上多栽树，等于修水库”的说法。树木好像抽水机一样，能吸收土壤中的水分，通过蒸腾作用，洒到大气环境中去。一亩杉木林在每年的生长季节，可蒸腾 170 吨水。在同一纬度相同面积的情况下，森林比海洋蒸发的水分多一半。此外，树木还能防风固沙、降低噪声。

然而，长期以来人们只想到了利用森林植被的一面，忽视了保护的一面，由于滥伐森林造成严重的水土流失。我国的黄土高原，历史上曾是“翠柏烟峰，清泉灌顶”，森林覆盖率在西周时期达 53%。现在森林被毁，高原被流水切割得支离破碎，水土流失极为严重。每年从三门峡下泄的泥沙平均达 16 亿吨，带走的氮、磷、钾肥分别约 4 千多万吨，相当于我国化肥年产量的近四倍。森林减少又导致沙漠化土地日益扩大。现在，全世界每年有 6 万平方千米的土地沦为沙漠。按照这个发展速度，到 2000 年，全世界沙漠化土地将扩大 20%，耕地将损失三分之一。森林减少也使气候恶化，灾情剧增，农业减产。

因此，我们一方面要植树造林，不断扩大森林植被面积，另一方面要保护好现有的森林资源，让森林成为大地的绿色屏障，在实现自然生态的良性循环中发挥重要作用。

4. 保护珍贵的野生动物

野生动物是一种珍贵的自然资源，是人类的宝贵财富。野生动物为我们提供了大量的食物、医药以及皮革一类的工业原料；渔业发展离不开水生动物，它们是我们生活中动物蛋白质的重要来源；如果没有益鸟、益虫的保护，农业生产也难以正常进行。

为人类提供肉食和奶类的家禽家畜只有几十种，而地球上的动物种类至少有 100 万种，为我们提供了能充分开发利用的资源。野生癞蛤蟆由于肉味异常鲜美，已经成了智利人民的佳肴；中美洲和南美洲出产的水豚，可以养到猪一般大，成了委内瑞拉人民食用的牛肉的代用品。

丰富多彩的野生动物是一个庞大无比的天然“基因库”，它可以为我们培育新品种提供多种多样的自然种源。许多野生动物还是仿生学的起点。如响尾蛇导弹，是受响尾蛇用热定位器捕捉猎物的启发，制成的一种红外制导导弹。

第三节　环境保护措施

一、环境管理的内容

1. 从环境管理的范围划分可分为资源管理、区域管理和部门管理

①资源管理：包括可更新资源的恢复和扩大再生产及不可更新资源的合理利用。资源管理措施主要是确定资源的承载力，资源开发时空条件的优化，建立资源管理的指标体系、规划目标、标准、体制、政策法规和机构等。

②区域管理：主要协调区域的经济发展目标与环境目标，进行环境影响预测，制定区域环境规划，进行环境质量管理与技术管理，按阶段实现环境目标。

③部门管理：包括能源环境管理、工业环境管理、农业环境管理、交通运输环境管理、商业和医疗等部门环境管理以及企业环境管理。

2. 从环境管理的性质来划分包括环境计划管理、环境质量管理、环境技术管理

①环境计划管理：通过计划协调发展与环境的关系，对环境保护加强计划指导。制定环境规划，使之成为整个经济发展规划的必要组成部分，用规划内容指导环境保护工作。

②环境质量管理：包括对环境质量现状和未来环境质量进行管理。

③环境技术管理：以可持续发展为指导思想，制定技术发展方向、技术路线、技术政策，制定清洁生产工艺和污染防治技术，制定技术标准、技术规程等协调技术发展与环境保护的关系。

二、环境保护法

国家为了协调人类与环境的关系，保护和改善环境，以保护人民健康和保障经济社会的持续、稳定发展而制定的环境保护法，是调整人们在开发利用、保护改善环境的活动中所产生的各种社会关系的法律规范的总和。

环境保护法是由于人类与环境之间的关系不协调影响乃至威胁着人类的生存与发展而产生的。《中华人民共和国环境保护法》第一条规定：“为保护和改善生活环境与生态环境，防治污染和其他公害，保障人体健康，促进社会主义现代化建设的发展，制定本法”。这一条说明环保法的目的任务。其直接目的是协调人类与环境之间的关系，保护和改善生活环境和生态环境，防治污染和公害；最终目的是保护人民健康和保障经济社会持续发展。

1. 环境保护法的作用

(1) 环境保护法是保证环境保护工作顺利进行的法律武器

进行社会主义现代化建设，必须同时搞好环境建设，这是一条不以人们意志为转移的客观规律。发展经济必须兼顾环境保护，谁违反这一规律，谁就会受到严厉的惩罚。但不是所有的人都认同和承认这个道理，因此需要在采取科学技术、行政、经济等措施的同时以强有力的法律手段，把环境保护纳入法制的轨道。中国 1989 年正式颁布了《中华人民共和国环境保护法》，使人们在环境保护工作中有法可依，有章可循。

(2) 环境保护法是推动环境保护领域中法制建设的动力

环境保护法是中国环境保护的基本法，它明确了我国环境保护的战略、方针、政策、基本原则、制度、工作范围和机构设置、法律责任等问题。这些都是环保工作中根本性问题，为制定各种环境保护单行法规及地方环境保护条例等提供了直接法律依据。如我国先后制定并颁布了《中华人民共和国大气污染防治法》《中华人民共和国水污染防治法》《中华人民共和国固体废物污染环境防治法》《中华人民共和国噪声污染防治法》《中华人民共和国海洋环境保护法》《建设项目环境保护管理条例》《危险化学品安全管理条例》等法律、行政法规定，各省、自治区、直辖市也根据环境保护法制定了许多地方性的环境保护条例、规定、办法等。由此可见，环境保护法的颁布执行，极大地推动了我国环境保护领域中的法制建设。

(3) 环境保护法增强了广大干部群众的法制观念

环境保护法的实施，从法律高度向全国人民提出了要求，所有企事业单位、人民团体、公民都要加强法制观念，大力宣传、严格执行环境保护法。做到发展经济、保护环境，统筹兼顾，协调前进，有法必依、执法必严，保护环境、人人有责。

(4) 环境保护法是维护我国环境权益的重要工具

宏观来讲，环境是没有国界之分的。某国的污染可能会造成他国的环境污染和破坏，这就涉及国家之间的环境权益的维护和环境保护的协调问题。依据我国所颁布的一系列环境保护法律、法规，就可以保护我国的环境权益。

2. 环境保护法的特点

鉴于环境保护法的任务和内容与其他法律有所不同，环境保护法有其自己的特点。

(1) 科学性

环境保护法将自然界的客观规律特别是生态学的一些基本规律及环境要素的演变作为自己的立法基础，它包含了大量的反映这些客观规律的科学技术性规范。

(2) 综合性

由于环境保护包括围绕在人群周围的一切自然要素和社会要素，所以保护环境必然涉及整个自然环境和社会环境，涉及全社会的各个领域以及社会生活的各个方面。环境保护法所要保护的是由各种要素组成的统一的整体，因此它必然体现出综合性以及复杂性，是一个十分庞大而综合的体系。

(3) 共同性

环境问题产生的原因，不论任何国家都大同小异，解决环境问题的理论根据途径和办法也有很多相似之处。各国环境保护法有共同的立法基础，共同的目的，因而有许多共同的规定。这就使得世界各国在解决本国和全球环境问题时有许多共同的语言。

三、环境标准

环境标准是国家为了保护人民的健康、促进生态良性循环，根据环境政策法规，在综合分析自然环境特点、生物和人体的耐受力、控制污染的经济能力和技术可行的基础上，对环境中污染物的允许含量及污染源排放污染物的数量、浓度、时间和速率所做的规定。它是环境保护工作技术规则和进行环境监督、环境监测、评价环境质量、设施和环境管理的重要依据。

1. 环境标准的种类

按适用范围可分为国家标准、地方标准和行业标准。按环境要素可分为大气控制标准、水质控制标准、噪声控制标准、固体废物控制标准和土壤控制标准。

按标准的用途可分为环境质量标准、污染物排放标准、污染物检测技术标准、污染物警报标准和基础方法标准等。

2. 中国环境标准体系

根据环境标准的适用范围、性质、内容和作用，我国实行三级五类标准体系。三级是国家标准、地方标准和行业标准：五类是环境质量标准、污染物排放标准、方法标准、样品标准和基础标准。

四、环境监测

1. 环境监测的意义和作用

环境质量的变化受着多种因素的影响，例如企业在生产过程中，由于受工艺、设备、原材料和管理水平等因素的限制，产生“三废”以及其他污染物或因素，它们引起环境质量下降。这些因素可用一定的数值来描述，如有害物质的浓度、排放量、噪声级和放射性强度等。环境监测就是测定这些值，并与相应的环境标准相比较，以确定环境的质量或污染状况。

对于企业来说，为了防止和减少污染物对环境的危害，掌握环境质量的转化动态，强化内部环境管理，必须依靠环境监测，这是企业环境管理和污染防治工作的重要手段和基础。其主要作用体现在以下几个方面。

①断定企业周围环境质量是否符合各类、各级环境质量标准，为企业环境管理提供科学依据。如掌握企业各种污染源中污染物浓度、排放量，断定其是否达到国家或地方排放标准，是否应缴纳排污费，是否达到上级下达的环境考核指标等，同时为考核、评审环保设施的效率提供可靠数据。

②为新建、改建、扩建工程项目执行环保设施“三同时”和污染治理工艺提供设计参数，参加治理设施的验收，评价治理设施的效率。

③为预测企业环境质量，判断企业所在地区污染物迁移、转化、扩散的规律，以及

在时空上的分布情况提供数据。

④收集环境本底及其转化趋势的数据，积累长期监测资料，为合理利用自然资源即“三废”综合利用提出建议。

⑤对处理事故性污染和污染纠纷提供科学、有效的数据。

总之，环境监测在企业环境保护工作中发挥着调研、监察、评价、测试等多项作用，是环境保护工作中的一个不可缺少的组成部分。

2. 环境监测的目的和任务

(1) 评价环境质量，预测环境质量变化趋势。

①提供环境质量现状数据，判断是否符合国家制定的环境质量标准；

②掌握环境污染物的时空分布特点，追踪污染途径，寻找污染源，预测污染的发展方向；

③评价污染治理的实际效果。

(2) 为制定环境法规、标准、环境规划、环境污染综合防治对策提供科学依据。

①积累大量的不同地区的污染数据，依据科学技术和经济水平，制定切实可行的环境保护法规和标准。

②根据监测数据，预测污染的发展趋势，为作出正确的决策、制定环境规划提供可靠的资料。

(3) 收集环境本底值及其变化趋势数据，积累长期监测资料，为保护人类健康和合理使用自然资源以及为确切掌握环境容量提供科学依据。

(4) 揭示新的环境问题，确定新的污染因素，为环境科学研究提供方向。

3. 环境监测的分类

按环境监测的目的和性质可分为监视性监测（常规监测和例行监测）、事故性监测（特例监测或应急监测）、研究性监测。

①监视性监测是指监测环境中已知污染因素的现状和变化趋势，确定环境质量，评价控制措施的效果，断定环境标准实施的情况和改善环境取得的进展。企业污染源控制排放监测和污染趋势监测即属于此类。

②事故性监测是指发生污染事故时进行的突击性监测，以确定引起事故的污染物种类、浓度、污染程度和危及范围，协助判断与仲裁造成事故的原因及采取有效措施来降低和消除事故危害及影响。这类监测期限短，随着事故完结而结束，常采用流动监测、空中监测或遥感监测等手段。

③研究性监测是对某一特定环境为研究确定污染因素从污染源到环境受体的迁移变化的趋势和规律，以及污染因素对人体、生物体和各种物质的危害程度，或为研究污染控制措施和技术等而进行的监测。这类监测周期长，监测范围广。

按监测对象不同可分为水质污染监测、大气污染监测、土壤污染监测、生物污染监测、固体废物污染监测及能量污染监测等。

按污染因素的性质不同可分为化学毒物监测、卫生（病原体、病毒、寄生虫等污染）监测、热污染监测、噪声和振动污染监测、光污染监测、电磁辐射污染监测、放射性污染监测和富营养化监测等。

4. 环境监测步骤

在环境监测工作中无论是污染源监测还是环境质量检测一般应经过下述程序。

①现场调查与资料收集。主要调查收集区域内各种自然与社会环境特征，包括地理位置、地形地貌、气象气候、土壤利用情况及社会经济发展情况；

②确定监测项目；

③监测点位置选择及布设；

④采集样品；

⑤环境样品的保存与分析测试；

⑥数据处理与结果上报。

5. 有害物质的测定方法

由于污染因素性质的不同，所采用的分析方法也不同。常用的一类是化学分析法（容量法和重量法），另一类是仪器分析法（或称物理化学法）。由于环境样品试样数量大，成分复杂，污染物含量差别大。因此，要根据样品特点和待测组分的情况，考虑各种因素，有针对性选择最适应的测定方法。特别应注意以下几点。

(1) 为了使分析结果具有可比性，应尽可能采用国家规定现行环境检测的标准统一分析方法。

(2) 根据样品待测物浓度的大小分别选择化学分析法或仪器分析法。如含量大的污染物选择容量法测定，含量低的污染物选择适宜的仪器分析法。

(3) 在条件许可的情况下，对某些项目尽可能采用具有专属性的单项成分测定仪。

(4) 在多组分的测定中，如有可能选用同时兼有分离和测定的分析方法。如水中阴离子 F^-、Cl^-、NO_3^-、SO_3^-等，可选用离子色谱法；有机物的测定，可选择气相色谱法或高效液相色谱法等。

(5) 在经常性的测定中，尽可能利用连续性自动测定仪。

附录一

部分首批重点监管的危险化学品安全措施和事故应急处置原则

1 氯

特别警示	剧毒，吸入高浓度气体可致死；包装容器受热有爆炸的危险。
理化特性	常温常压下为黄绿色、有刺激性气味的气体。常温下、709kPa 以上压力时为液体，液氯为金黄色。微溶于水，易溶于二硫化碳和四氯化碳。分子量为 70.91，熔点－101℃，沸点－34.5℃，气体密度 3.21g/L，相对蒸气密度（空气＝1）2.5，相对密度（水＝1）1.41（20℃），临界压力 7.71MPa，临界温度 144℃，饱和蒸气压 673kPa（20℃），log pow（辛醇/水分配系数）0.85。 主要用途：用于制造氯乙烯、环氧氯丙烷、氯丙烯、氯化石蜡等；用作氯化试剂，也用作水处理过程的消毒剂。
危害信息	【燃烧和爆炸危险性】 本品不燃，但可助燃。一般可燃物大都能在氯气中燃烧，一般易燃气体或蒸气也都能与氯气形成爆炸性混合物。受热后容器或储罐内压增大，泄漏物质可导致中毒。 【活性反应】 强氧化剂，与水反应，生成有毒的次氯酸和盐酸。与氢氧化钠、氢氧化钾等碱反应生成次氯酸盐和氯化物，可利用此反应对氯气进行无害化处理。液氯与可燃物、还原剂接触会发生剧烈反应。与汽油等石油产品、烃、氨、醚、松节油、醇、乙炔、二硫化碳、氢气、金属粉末和磷接触能形成爆炸性混合物。接触烃基膦、铝、锑、胂、铋、硼、黄铜、碳、二乙基锌等物质会导致燃烧、爆炸，释放出有毒烟雾。潮湿环境下，严重腐蚀铁、钢、铜和锌。 【健康危害】 氯是一种强烈的刺激性气体，经呼吸道吸入时，与呼吸道黏膜表面水分接触，产生盐酸、次氯酸，次氯酸再分解为盐酸和新生态氧，产生局部刺激和腐蚀作用。 急性中毒：轻度者有流泪、咳嗽、咳少量痰、胸闷，出现气管－支气管炎或支气管周围炎的表现；中度中毒发生支气管肺炎、局限性肺泡性肺水肿、间质性肺水肿或哮喘样发作，病人除有上述症状的加重外，还会出现呼吸困难、轻度紫绀等；重者发生肺泡性水肿、急性呼吸窘迫综合征、严重窒息、昏迷或休克，可出现气胸、纵隔气肿等并发症。吸入极高浓度的氯气，可引起迷走神经反射性心跳骤停或喉头痉挛而发生“电击样”死亡。眼睛接触可引起急性结膜炎，高浓度氯可造成角膜损伤。皮肤接触液氯或高浓度氯，在暴露部位可有灼伤或急性皮炎。 慢性影响：长期低浓度接触，可引起慢性牙龈炎、慢性咽炎、慢性支气管炎、肺气肿、支气管哮喘等。可引起牙齿酸蚀症。 列入《剧毒化学品目录》。 职业接触限值：MAC（最高容许浓度）（mg/m^3）：1。
安全措施	【一般要求】 操作人员必须经过专门培训，严格遵守操作规程，熟练掌握操作技能，具备应急处置知识。 严加密闭，提供充分的局部排风和全面通风，工作场所严禁吸烟。提供安全淋浴和洗眼设备。 生产、使用氯气的车间及储氯场所应设置氯气泄漏检测报警仪，配备两套以上重型防护服。戴化学安全防护眼镜，穿防静电工作服，戴防化学品手套。工作场所浓度超标时，操作人员必须佩戴防毒面具，紧急事态抢救或撤离时，应佩戴正压自给式空气呼吸器。

续表

<table>
<tr><td>安全措施</td><td>液氯气化器、储罐等压力容器和设备应设置安全阀、压力表、液位计、温度计，并应装有带压力、液位、温度带远传记录和报警功能的安全装置。设置整流装置与氯压机、动力电源、管线压力、通风设施或相应的吸收装置的联锁装置。氯气输入、输出管线应设置紧急切断设施。
避免与易燃或可燃物、醇类、乙醚、氢接触。
生产、储存区域应设置安全警示标志。搬运时轻装轻卸，防止钢瓶及附件破损。吊装时，应将气瓶放置在符合安全要求的专用筐中进行吊运。禁止使用电磁起重机和用链绳捆扎、或将瓶阀作为吊运着力点。配备相应品种和数量的消防器材及泄漏应急处理设备。倒空的容器可能存在残留有害物时应及时处理。
【特殊要求】
【操作安全】
（1）氯化设备、管道处、阀门的连接垫料应选用石棉板、石棉橡胶板、氟塑料、浸石墨的石棉绳等高强度耐氯垫料，严禁使用橡胶垫。
（2）采用压缩空气充装液氯时，空气含水应≤0.01%。采用液氯气化器充装液氯时，只许用温水加热气化器，不准使用蒸汽直接加热。
（3）液氯气化器、预冷器及热交换器等设备，必须装有排污装置和污物处理设施，并定期分析三氯化氮含量。如果操作人员未按规定及时排污，并且操作不当，易发生三氯化氮爆炸、大量氯气泄漏等危害。
（4）严禁在泄漏的钢瓶上喷水。
（5）充装量为 50 kg 和 100 kg 的气瓶应保留 2 kg 以上的余量，充装量为 500 kg 和 1 000 kg 的气瓶应保留 5 kg 以上的余量。充装前要确认气瓶内无异物。
（6）充装时，使用万向节管道充装系统，严防超装。
【储存安全】
（1）储存于阴凉、通风仓库内，库房温度不宜超过 30℃，相对湿度不超过 80%，防止阳光直射。
（2）应与易（可）燃物、醇类、食用化学品分开存放，切忌混储。储罐远离火种、热源。保持容器密封，储存区要建在低于自然地面的围堤内。气瓶储存时，空瓶和实瓶应分开放置，并应设置明显标志。储存区应备有泄漏应急处理设备。
（3）对于大量使用氯气钢瓶的单位，为及时处理钢瓶漏气，现场应备应急堵漏工具和个体防护用具。
（4）禁止将储罐设备及氯气处理装置设置在学校、医院、居民区等人口稠密区附近，并远离频繁出入处和紧急通道。
（5）应严格执行剧毒化学品“双人收发，双人保管”制度。
【运输安全】
（1）运输车辆应有危险货物运输标志、安装具有行驶记录功能的卫星定位装置。未经公安机关批准，运输车辆不得进入危险化学品运输车辆限制通行的区域。不得在人口稠密区和有明火等场所停靠。夏季应早晚运输，防止日光暴晒。
（2）运输液氯钢瓶的车辆不准从隧道过江。
（3）汽车运输充装量 50 kg 及以上钢瓶时，应卧放，瓶阀端应朝向车辆行驶的右方，用三角木垫卡牢，防止滚动，垛高不得超过 2 层且不得超过车厢高度。不准同车混装有抵触性质的物品和让无关人员搭车。严禁与易燃物或可燃物、醇类、食用化学品等混装混运。车上应有应急堵漏工具和个体防护用品，押运人员应会使用。
（4）搬运人员必须注意防护，按规定穿戴必要的防护用品；搬运时，管理人员必须到现场监卸监装；夜晚或光线不足时、雨天不宜搬运。若遇特殊情况必须搬运时，必须得到部门负责人的同意，还应有遮雨等相关措施；严禁在搬运时吸烟。
（5）采用液氯气化法向储罐压送液氯时，要严格控制气化器的压力和温度，釜式气化器加热夹套不得包底，应用温水加热，严禁用蒸汽加热，出口水温不应超过 45℃，气化压力不得超过 1 MPa。</td></tr>
</table>

续表

应急处置原则	【急救措施】 吸入：迅速脱离现场至空气新鲜处。保持呼吸道通畅。如呼吸困难，给氧，给予2%～4%的碳酸氢钠溶液雾化吸入。呼吸、心跳停止，立即进行心肺复苏术。就医。 眼睛接触：立即分开眼睑，用流动清水或生理盐水彻底冲洗。就医。 皮肤接触：立即脱去污染的衣着，用流动清水彻底冲洗。就医。 【灭火方法】 本品不燃，但周围起火时应切断气源。喷水冷却容器，尽可能将容器从火场移至空旷处。消防人员必须佩戴正压自给式空气呼吸器，穿全身防火防毒服，在上风向灭火。由于火场中可能发生容器爆破的情况，消防人员须在防爆掩蔽处操作。有氯气泄漏时，使用细水雾驱赶泄漏的气体，使其远离未受波及的区域。 灭火剂：根据周围着火原因选择适当灭火剂灭火。可用干粉、二氧化碳、水（雾状水）或泡沫。 【泄漏应急处置】 根据气体扩散的影响区域划定警戒区，无关人员从侧风、上风向撤离至安全区。建议应急处理人员穿内置正压自给式空气呼吸器的全封闭防化服，戴橡胶手套。如果是液体泄漏，还应注意防冻伤。禁止接触或跨越泄漏物。勿使泄漏物与可燃物质（如木材、纸、油等）接触。尽可能切断泄漏源。喷雾状水抑制蒸气或改变蒸气云流向，避免水流接触泄漏物。禁止用水直接冲击泄漏物或泄漏源。若可能翻转容器，使之逸出气体而非液体。防止气体通过下水道、通风系统和限制性空间扩散。构筑围堤堵截液体泄漏物。喷稀碱液中和、稀释。隔离泄漏区直至气体散尽。泄漏场所保持通风。 不同泄漏情况下的具体措施： 瓶阀密封填料处泄漏时，应查压紧螺帽是否松动或拧紧压紧螺帽；瓶阀出口泄漏时，应查瓶阀是否关紧或关紧瓶阀，或用铜六角螺帽封闭瓶阀口。 瓶体泄漏点为孔洞时，可使用堵漏器材（如竹签、木塞、止漏器等）处理，并注意对堵漏器材紧固，防止脱落。上述处理均无效时，应迅速将泄漏气瓶浸没于备有足够体积的烧碱或石灰水溶液吸收池进行无害化处理，并控制吸收液温度不高于45℃、pH不小于7，防止吸收液失效分解。 隔离与疏散距离：小量泄漏，初始隔离60 m，下风向疏散白天400 m、夜晚1 600 m；大量泄漏，初始隔离600 m，下风向疏散白天3 500 m、夜晚8 000 m。

2　氨

特别警示	与空气能形成爆炸性混合物；吸入可引起中毒性肺水肿。
理化特性	常温常压下为无色气体，有强烈的刺激性气味。20℃、891 kPa下即可液化，并放出大量的热。液氨在温度变化时，体积变化的系数很大。溶于水、乙醇和乙醚。分子量为17.03，熔点－77.7℃，沸点－33.5℃，气体密度0.770 8 g/L，相对蒸气密度（空气＝1）0.59，相对密度（水＝1）0.7（－33℃），临界压力11.40 MPa，临界温度132.5℃，饱和蒸气压1 013 kPa（26℃），爆炸极限15%～30.2%（体积比），自燃温度630℃，最大爆炸压力0.580 MPa。 主要用途：主要用作制冷剂及制取铵盐和氮肥。
危害信息	【燃烧和爆炸危险性】 极易燃，能与空气形成爆炸性混合物，遇明火、高热引起燃烧爆炸。 【活性反应】 与氟、氯等接触会发生剧烈的化学反应。 【健康危害】 对眼、呼吸道黏膜有强烈刺激和腐蚀作用。急性氨中毒引起眼和呼吸道刺激症状，支气管炎或支气管周围炎，肺炎，重度中毒者可发生中毒性肺水肿。高浓度氨可引起反射性呼吸和心搏停止。可致眼和皮肤灼伤。 PC－TWA（时间加权平均容许浓度）（mg/m³）：20；PC－STEL（短时间接触容许浓度）（mg/m³）：30。

续表

<table>
<tr><td>安全措施</td><td>【一般要求】
操作人员必须经过专门培训，严格遵守操作规程，熟练掌握操作技能，具备应急处置知识。
严加密闭，防止泄漏，工作场所提供充分的局部排风和全面通风，远离火种、热源，工作场所严禁吸烟。
生产、使用氨气的车间及储氨场所应设置氨气泄漏检测报警仪，使用防爆型的通风系统和设备，应至少配备两套正压式空气呼吸器、长管式防毒面具、重型防护服等防护器具。戴化学安全防护眼镜，穿防静电工作服，戴橡胶手套。工作场所浓度超标时，操作人员应该佩戴过滤式防毒面具。可能接触液体时，应防止冻伤。
储罐等压力容器和设备应设置安全阀、压力表、液位计、温度计，并应装有带压力、液位、温度远传记录和报警功能的安全装置，设置整流装置与压力机、动力电源、管线压力、通风设施或相应的吸收装置的联锁装置。重点储罐需设置紧急切断装置。
避免与氧化剂、酸类、卤素接触。
生产、储存区域应设置安全警示标志。在传送过程中，钢瓶和容器必须接地和跨接，防止产生静电。搬运时轻装轻卸，防止钢瓶及附件破损。禁止使用电磁起重机和用链绳捆扎、或将瓶阀作为吊运着力点。配备相应品种和数量的消防器材及泄漏应急处理设备。
【特殊要求】
【操作安全】
（1）严禁利用氨气管道做电焊接地线。严禁用铁器敲击管道与阀体，以免引起火花。
（2）在含氨气环境中作业应采用以下防护措施：
——根据不同作业环境配备相应的氨气检测仪及防护装置，并落实人员管理，使氨气检测仪及防护装置处于备用状态；
——作业环境应设立风向标；
——供气装置的空气压缩机应置于上风侧；
——进行检修和抢修作业时，应携带氨气检测仪和正压式空气呼吸器。
（3）充装时，使用万向节管道充装系统，严防超装。
【储存安全】
（1）储存于阴凉、通风的专用库房。远离火种、热源。库房温度不宜超过30℃。
（2）与氧化剂、酸类、卤素、食用化学品分开存放，切忌混储。储罐远离火种、热源。采用防爆型照明、通风设施。禁止使用易产生火花的机械设备和工具。储存区应备有泄漏应急处理设备。
（3）液氨气瓶应放置在距工作场地至少5 m以外的地方，并且通风良好。
（4）注意防雷、防静电，厂（车间）内的氨气储罐应按《建筑物防雷设计规范》（GB 50057—2010）的规定设置防雷、防静电设施。
【运输安全】
（1）运输车辆应有危险货物运输标志、安装具有行驶记录功能的卫星定位装置。未经公安机关批准，运输车辆不得进入危险化学品运输车辆限制通行的区域。
（2）槽车运输时要用专用槽车。槽车安装的阻火器（火星熄灭器）必须完好。槽车和运输卡车要有导静电拖线；槽车上要备有2只以上干粉或二氧化碳灭火器和防爆工具；防止阳光直射。
（3）车辆运输钢瓶时，瓶口一律朝向车辆行驶方向的右方，堆放高度不得超过车辆的防护栏板，并用三角木垫卡牢，防止滚动。不准同车混装有抵触性质的物品和让无关人员搭车。运输途中远离火种，不准在有明火地点或人多地段停车，停车时要有人看管。发生泄漏或火灾时要把车开到安全地方进行灭火或堵漏。
（4）输送氨的管道不应靠近热源敷设；管道采用地上敷设时，应在人员活动较多和易遭车辆、外来物撞击的地段，采取保护措施并设置明显的警示标志；氨管道架空敷设时，管道应敷设在非燃烧体的支架或栈桥上。在已敷设的氨管道下面，不得修建与氨管道无关的建筑物和堆放易燃物品；氨管道外壁颜色、标志应执行《工业管道的基本识别色、识别符号和安全标识》（GB 7231—2003）的规定。</td></tr>
</table>

续表

应急处置原则	【急救措施】 吸入：迅速脱离现场至空气新鲜处。保持呼吸道通畅。如呼吸困难，给氧。如呼吸停止，立即进行人工呼吸。就医。 皮肤接触：立即脱去污染的衣着，应用2%硼酸液或大量清水彻底冲洗。就医。 眼睛接触：立即提起眼睑，用大量流动清水或生理盐水彻底冲洗至少15 min。就医。 【灭火方法】 消防人员必须穿全身防火防毒服，在上风向灭火。切断气源。若不能切断气源，则不允许熄灭泄漏处的火焰。喷水冷却容器，尽可能将容器从火场移至空旷处。 灭火剂：雾状水、抗溶性泡沫、二氧化碳、砂土。 【泄漏应急处置】 消除所有点火源。根据气体的影响区域划定警戒区，无关人员从侧风、上风向撤离至安全区。建议应急处理人员穿内置正压自给式空气呼吸器的全封闭防化服。如果是液化气体泄漏，还应注意防冻伤。禁止接触或跨越泄漏物。尽可能切断泄漏源。防止气体通过下水道、通风系统和密闭性空间扩散。若可能翻转容器，使之逸出气体而非液体。构筑围堤或挖坑收容液体泄漏物。用醋酸或其他稀酸中和。也可以喷雾状水稀释、溶解，同时构筑围堤或挖坑收容产生的大量废水。如有可能，将残余气或漏出气用排风机送至水洗塔或与塔相连的通风橱内。如果钢瓶发生泄漏，无法封堵时可浸入水中。储罐区最好设水或稀酸喷洒设施。隔离泄漏区直至气体散尽。漏气容器要妥善处理，修复、检验后再用。 隔离与疏散距离：小量泄漏，初始隔离30 m，下风向疏散白天100 m、夜晚200 m；大量泄漏，初始隔离150 m，下风向疏散白天800 m、夜晚2 300 m。

3 液化石油气

特别警示	极易燃气体。
理化特性	由石油加工过程中得到的一种无色挥发性液体，主要组分为丙烷、丙烯、丁烷、丁烯，并含有少量戊烷、戊烯和微量硫化氢等杂质。不溶于水。熔点－160～－107℃，沸点－12～4℃，闪点－80～－60℃，相对密度（水＝1）0.5～0.6，相对蒸气密度（空气＝1）1.5～2.0，爆炸极限5%～33%（体积比），自燃温度426～537℃。 主要用途：主要用作民用燃料、发动机燃料、制氢原料、加热炉燃料以及打火机的气体燃料等，也可用作石油化工的原料。
危害信息	【燃烧和爆炸危险性】 极易燃，与空气混合能形成爆炸性混合物，遇热源或明火有燃烧爆炸危险。比空气重，能在较低处扩散到相当远的地方，遇点火源会着火回燃。 【活性反应】 与氟、氯等接触会发生剧烈的化学反应。 【健康危害】 主要侵犯中枢神经系统。急性液化气轻度中毒主要表现为头昏、头痛、咳嗽、食欲减退、乏力、失眠等；重者失去知觉、小便失禁、呼吸变浅变慢。 职业接触限值：PC－TWA（时间加权平均容许浓度）（mg/m^3）：1 000；PC－STEL（短时间接触容许浓度）（mg/m^3）：1 500。
安全措施	【一般要求】 操作人员必须经过专门培训，严格遵守操作规程，熟练掌握操作技能，具备应急处置知识。 密闭操作，避免泄漏，工作场所提供良好的自然通风条件。远离火种、热源，工作场所严禁吸烟。 生产、储存、使用液化石油气的车间及场所应设置泄漏检测报警仪，使用防爆型的通风系统和设备，配备两套以上重型防护服。穿防静电工作服，工作场所浓度超标时，建议操作人员应该佩戴过滤式防毒面具。可能接触液体时，应防止冻伤。储罐等压力容器和设备应设置安全阀、压力表、液位计、温

续表

安全措施	度计，并应装有带压力、液位、温度远传记录和报警功能的安全装置，设置整流装置与压力机、动力电源、管线压力、通风设施或相应的吸收装置的联锁装置。储罐等设置紧急切断装置。 避免与氧化剂、卤素接触。 生产、储存区域应设置安全警示标志。在传送过程中，钢瓶和容器必须接地和跨接，防止产生静电。搬运时轻装轻卸，防止钢瓶及附件破损。禁止使用电磁起重机和用链绳捆扎、或将瓶阀作为吊运着力点。配备相应品种和数量的消防器材及泄漏应急处理设备。 【特殊要求】 【操作安全】 （1）充装液化石油气钢瓶，必须在充装站内按工艺流程进行。禁止槽车、储罐、或大瓶向小瓶直接充装液化气。禁止漏气、超重等不合格的钢瓶运出充装站。 （2）用户使用装有液化石油气钢瓶时：不准擅自更改钢瓶的颜色和标记；不准把钢瓶放在暴日下、卧室和办公室内及靠近热源的地方；不准用明火、蒸气、热水等热源对钢瓶加热或用明火检漏；不准倒卧或横卧使用钢瓶；不准摔碰、滚动液化气钢瓶；不准钢瓶之间互充液化气；不准自行处理液化气残液。 （3）液化石油气的储罐在首次投入使用前，要求罐内含氧量小于3%。首次灌装液化石油气时，应先开启气相阀门待两罐压力平衡后，进行缓慢灌装。 （4）液化石油气槽车装卸作业时，凡有以下情况之一时，槽车应立即停止装卸作业，并妥善处理： ——附近发生火灾； ——检测出液化气体泄漏； ——液压异常； ——其他不安全因素。 （5）充装时，使用万向节管道充装系统，严防超装。 【储存安全】 （1）储存于阴凉、通风的易燃气体专用库房。远离火种、热源。库房温度不宜超过30℃。 （2）应与氧化剂、卤素分开存放，切忌混储。照明线路、开关及灯具应符合防爆规范，地面应采用不产生火花的材料或防静电胶垫，管道法兰之间应用导电跨接。压力表必须有技术监督部门有效的检定合格证。储罐站必须加强安全管理。站内严禁烟火。进站人员不得穿易产生静电的服装和穿带钉鞋。入站机动车辆排气管出口应有消火装置，车速不得超过5 km/h。液化石油气供应单位和供气站点应设有符合消防安全要求的专用钢瓶库；建立液化石油气实瓶入库验收制度，不合格的钢瓶不得入库；空瓶和实瓶应分开放置，并应设置明显标志。储存区应备有泄漏应急处理设备。 （3）液化石油气储罐、槽车和钢瓶应定期检验。 （4）注意防雷、防静电，厂（车间）内的液化石油气储罐应按《建筑物防雷设计规范》（GB 50057—2010）的规定设置防雷、防静电设施。 【运输安全】 （1）运输车辆应有危险货物运输标志、安装具有行驶记录功能的卫星定位装置。未经公安机关批准，运输车辆不得进入危险化学品运输车辆限制通行的区域。 （2）槽车运输时要用专用槽车。槽车安装的阻火器（火星熄灭器）必须完好。槽车和运输卡车要有导静电拖线；槽车上要备有2只以上干粉或二氧化碳灭火器和防爆工具。 （3）车辆运输钢瓶时，瓶口一律朝向车辆行驶方向的右方，堆放高度不得超过车辆的防护栏板，并用三角木垫卡牢，防止滚动。不准同车混装有抵触性质的物品和让无关人员搭车。运输途中远离火种，不准在有明火地点或人多地段停车，停车时要有人看管。发生泄漏或火灾要开到安全地方进行灭火或堵漏。 （4）输送液化石油气的管道不应靠近热源敷设；管道采用地上敷设时，应在人员活动较多和易遭车辆、外来物撞击的地段，采取保护措施并设置明显的警示标志；液化石油气管道架空敷设时，管道应敷设在非燃烧体的支架或栈桥上。在已敷设的液化石油气管道下面，不得修建与液化石油气管道无关的建筑物和堆放易燃物品；液化石油气管道外壁颜色、标志应执行《工业管道的基本识别色、识别符号和安全标识》（GB 7231—2003）的规定。

续表

应急处置原则	【急救措施】 吸入：迅速脱离现场至空气新鲜处。保持呼吸道通畅。如呼吸困难，立即输氧。如呼吸停止，立即进行人工呼吸并就医。 皮肤接触：如果发生冻伤，将患部浸泡于保持在38～42℃的温水中复温。不要涂擦。不要使用热水或辐射热。使用清洁、干燥的敷料包扎。如有不适感，就医。 【灭火方法】 切断气源。若不能切断气源，则不允许熄灭泄漏处的火焰。喷水冷却容器，尽可能将容器从火场移至空旷处。 灭火剂：泡沫、二氧化碳、雾状水。 【泄漏应急处置】 消除所有点火源。根据气体的影响区域划定警戒区，无关人员从侧风、上风向撤离至安全区；静风泄漏时，液化石油气沉在底部并向低洼处流动，无关人员应向高处撤离。建议应急处理人员戴正压自给式空气呼吸器，穿防静电、防寒服。作业时使用的所有设备应接地。禁止接触或跨越泄漏物。尽可能切断泄漏源。若可能翻转容器，使之逸出气体而非液体。喷雾状水抑制蒸气或改变蒸气云流向，避免水流接触泄漏物。禁止用水直接冲击泄漏物或泄漏源。防止气体通过下水道、通风系统和密闭性空间扩散。隔离泄漏区直至气体散尽。 作为一项紧急预防措施，泄漏隔离距离至少为100 m。如果为大量泄漏，下风向的初始疏散距离应至少为800 m。

4　硫化氢

特别警示	强烈的神经毒物，高浓度吸入可发生猝死，谨慎进入工业下水道（井）、污水井、取样点、化粪池、密闭容器，下敞开式、半敞开式坑、槽、罐、沟等危险场所；极易燃气体。
理化特性	无色气体，低浓度时有臭鸡蛋味，高浓度时使嗅觉迟钝。溶于水、乙醇、甘油、二硫化碳。分子量为34.08，熔点−85.5℃，沸点−60.7℃，相对密度（水＝1）1.539 g/L，相对蒸气密度（空气＝1）1.19，临界压力9.01 MPa，临界温度100.4℃，饱和蒸气压2 026.5 kPa（25.5℃），闪点−60℃，爆炸极限4.0%～46.0%（体积比），自燃温度260℃，最小点火能0.077 mJ，最大爆炸压力0.490 MPa。 主要用途：主要用于制造无机硫化物，还用作化学分析如鉴定金属离子。
危害信息	【燃烧和爆炸危险性】 极易燃，与空气混合能形成爆炸性混合物，遇明火、高热能引起燃烧爆炸。气体比空气重，能在较低处扩散到相当远的地方，遇火源会着火回燃。 【活性反应】 与浓硝酸、发烟硝酸或其他强氧化剂剧烈反应可发生爆炸。 【健康危害】 本品是强烈的神经毒物，对黏膜有强烈刺激作用。 急性中毒：高浓度（1 000 mg/m^3以上）吸入可发生闪电型死亡。严重中毒可留有神经、精神后遗症。急性中毒出现眼和呼吸道刺激症状，急性气管—支气管炎或支气管周围炎，支气管肺炎，头痛，头晕，乏力，恶心，意识障碍等。重者意识障碍程度达深昏迷或呈植物状态，出现肺水肿、多脏器衰竭。对眼和呼吸道有刺激作用。 慢性影响：长期接触低浓度的硫化氢，可引起神经衰弱综合征和植物神经功能紊乱等。 职业接触限值：MAC（最高容许浓度）（mg/m^3）：10。

续表

安全措施	【一般要求】 操作人员必须经过专门培训，严格遵守操作规程，熟练掌握操作技能，具备应急处置知识。 严加密闭，防止泄漏，工作场所建立独立的局部排风和全面通风，远离火种、热源。工作场所严禁吸烟。 硫化氢作业环境空气中硫化氢浓度要定期测定，并设置硫化氢泄漏检测报警仪，使用防爆型的通风系统和设备，配备两套以上重型防护服。戴化学安全防护眼镜，穿防静电工作服，戴防化学品手套，工作场所浓度超标时，操作人员应该佩戴过滤式防毒面具。 储罐等压力设备应设置压力表、液位计、温度计，并应装有带压力、液位、温度远传记录和报警功能的安全装置。设置整流装置与压力机、动力电源、管线压力、通风设施或相应的吸收装置的联锁装置。重点储罐等设置紧急切断设施。 避免与强氧化剂、碱类接触。 生产、储存区域应设置安全警示标志。防止气体泄漏到工作场所空气中。搬运时轻装轻卸，防止钢瓶及附件破损。配备相应品种和数量的消防器材及泄漏应急处理设备。 【特殊要求】 【操作安全】 （1）产生硫化氢的生产设备应尽量密闭。对含有硫化氢的废水、废气、废渣，要进行净化处理，达到排放标准后方可排放。 （2）进入可能存在硫化氢的密闭容器、坑、窑、地沟等工作场所，应首先测定该场所空气中的硫化氢浓度，采取通风排毒措施，确认安全后方可操作。操作时做好个人防护措施，佩戴正压自给式空气呼吸器，使用便携式硫化氢检测报警仪，作业工人腰间缚以救护带或绳子。要设监护人员做好互保，发生异常情况立即救出中毒人员。 （3）脱水作业过程中操作人员不能离开现场，防止脱出大量的酸性气。脱出的酸性气要用氢氧化钙或氢氧化钠溶液中和，并有隔离措施，防止过路行人中毒。 【储存安全】 储存于阴凉、通风仓库内，库房温度不宜超过30℃。储罐远离火种、热源，防止阳光直射，保持容器密封。采用防爆型照明、通风设施。禁止使用易产生火花的机械设备和工具。储存区应备有泄漏应急处理设备。 【运输安全】 （1）运输车辆应有危险货物运输标志、安装具有行驶记录功能的卫星定位装置。未经公安机关批准，运输车辆不得进入危险化学品运输车辆限制通行的区域。夏季应早晚运输，防止日光暴晒。 （2）运输时运输车辆应配备相应品种和数量的消防器材。装运该物品的车辆排气管必须配备阻火装置，禁止使用易产生火花的机械设备和工具装卸。 （3）采用钢瓶运输时必须戴好钢瓶上的安全帽。钢瓶一般平放，瓶口一律朝向车辆行驶方向的右方，堆放高度不得超过车辆的防护栏板，并用三角木垫卡牢，防止滚动。严禁与氧化剂、碱类、食用化学品等混装混运。运输途中远离火种，不准在有明火地点或人多地段停车，停车时要有人看管。 （4）输送硫化氢的管道不应靠近热源敷设；管道采用地上敷设时，应在人员活动较多和易遭车辆、外来物撞击的地段，采取保护措施并设置明显的警示标志；硫化氢管道架空敷设时，管道应敷设在非燃烧体的支架或栈桥上。在已敷设的硫化氢管道下面，不得修建与硫化氢管道无关的建筑物和堆放易燃物品。硫化氢管道外壁颜色、标志应执行《工业管道的基本识别色、识别符号和安全标识》（GB 7231—2003）的规定。
应急处置原则	【急救措施】 吸入：迅速脱离现场至空气新鲜处。保持呼吸道通畅。如呼吸困难，给氧。呼吸心跳停止时，立即进行人工呼吸和胸外心脏按压术。就医。 【灭火方法】 切断气源。若不能切断气源，则不允许熄灭泄漏处的火焰。喷水冷却容器，尽可能将容器从火场移

续表

应急处置原则	至空旷处。 灭火剂：雾状水、泡沫、二氧化碳、干粉。 【泄漏应急处置】 根据气体扩散的影响区域划定警戒区，无关人员从侧风、上风向撤离至安全区。消除所有点火源（泄漏区附近禁止吸烟，消除所有明火、火花或火焰）。作业时所有设备应接地。应急处理人员戴正压自给式空气呼吸器，泄漏、未着火时应穿全封闭防化服。在保证安全的情况下堵漏。隔离泄漏区直至气体散尽。 隔离与疏散距离：小量泄漏，初始隔离 30 m，下风向疏散白天 100 m、夜晚 100 m；大量泄漏，初始隔离 600 m，下风向疏散白天 3 500 m、夜晚 8 000 m。

5　甲烷、天然气

特别警示	极易燃气体。
理化特性	无色、无臭、无味气体。微溶于水，溶于醇、乙醚等有机溶剂。分子量 16.04，熔点－182.5℃，沸点－161.5℃，气体密度 0.716 3 g/L，相对蒸气密度（空气＝1）0.6，相对密度（水＝1）0.42（－164℃），临界压力 4.59 MPa，临界温度－82.6℃，饱和蒸气压 53.32 kPa（－168.8℃），爆炸极限 5.0%～16%（体积比），自燃温度 537℃，最小点火能 0.28 mJ，最大爆炸压力 0.717 MPa。 主要用途：主要用作燃料和用于炭黑、氢、乙炔、甲醛等的制造。
危害信息	【燃烧和爆炸危险性】 极易燃，与空气混合能形成爆炸性混合物，遇热源和明火有燃烧爆炸危险。 【活性反应】 与五氧化溴、氯气、次氯酸、三氟化氮、液氧、二氟化氧及其他强氧化剂剧烈反应。 【健康危害】 纯甲烷对人基本无毒，只有在极高浓度时成为单纯性窒息剂。皮肤接触液化气体可致冻伤。天然气主要组分为甲烷，其毒性因其他化学组成的不同而异。
安全措施	【一般要求】 操作人员必须经过专门培训，严格遵守操作规程，熟练掌握操作技能，具备应急处置知识。 密闭操作，严防泄漏，工作场所全面通风，远离火种、热源，工作场所严禁吸烟。 在生产、使用、储存场所设置可燃气体监测报警仪，使用防爆型的通风系统和设备，配备两套以上重型防护服。穿防静电工作服，必要时戴防护手套，接触高浓度时应戴化学安全防护眼镜，佩带供气式呼吸器。进入罐或其他高浓度区作业，须有人监护。储罐等压力容器和设备应设置安全阀、压力表、液位计、温度计，并应装有带压力、液位、温度远传记录和报警功能的安全装置，重点储罐需设置紧急切断装置。 避免与氧化剂接触。 生产、储存区域应设置安全警示标志。在传送过程中，钢瓶和容器必须接地和跨接，防止产生静电。搬运时轻装轻卸，防止钢瓶及附件破损。禁止使用电磁起重机和用链绳捆扎，或将瓶阀作为吊运着力点。配备相应品种和数量的消防器材及泄漏应急处理设备。 【特殊要求】 【操作安全】 (1) 天然气系统运行时，不准敲击，不准带压修理和紧固，不得超压，严禁负压。 (2) 生产区域内，严禁明火和可能产生明火、火花的作业（固定动火区必须距离生产区 30 m 以上）。生产需要或检修期间需动火时，必须办理动火审批手续。配气站严禁烟火，严禁堆放易燃物，站内应有良好的自然通风并应有事故排风装置。 (3) 天然气配气站中，不准独立进行操作。非操作人员未经许可，不准进入配气站。

续表

<table>
<tr><td>安全措施</td><td>(4) 含硫化氢的天然气生产作业现场应安装硫化氢监测系统。进行硫化氢监测，应符合以下要求：
——含硫化氢作业环境应配备固定式和携带式硫化氢监测仪；
——重点监测区应设置醒目的标志；
——硫化氢监测仪报警值设定：阈限值为1级报警值；安全临界浓度为2级报警值；危险临界浓度为3级报警值；
——硫化氢监测仪应定期校验，并进行检定。
(5) 充装时，使用万向节管道充装系统，严防超装。
【储存安全】
(1) 储存于阴凉、通风的易燃气体专用库房。远离火种、热源。库房温度不宜超过30℃。
(2) 应与氧化剂等分开存放，切忌混储。采用防爆型照明、通风设施。禁止使用易产生火花的机械设备和工具。储存区应备有泄漏应急处理设备。
(3) 天然气储气站中：
——与相邻居民点、工矿企业和其他公用设施安全距离及站场内的平面布置，应符合国家现行标准；
——天然气储气站内建（构）筑物应配置灭火器，其配置类型和数量应符合建筑灭火器配置的相关规定；
——注意防雷、防静电，应按《建筑物防雷设计规范》（GB 50057—2010）的规定设置防雷设施，工艺管网、设备、自动控制仪表系统应按标准安装防雷、防静电接地设施，并定期进行检查和检测。
【运输安全】
(1) 运输车辆应有危险货物运输标志，安装具有行驶记录功能的卫星定位装置。未经公安机关批准，运输车辆不得进入危险化学品运输车辆限制通行的区域。
(2) 槽车和运输卡车要有导静电拖线；槽车上要备有2只以上干粉或二氧化碳灭火器和防爆工具。
(3) 车辆运输钢瓶时，瓶口一律朝向车辆行驶方向的右方，堆放高度不得超过车辆的防护栏板，并用三角木垫卡牢，防止滚动。不准同车混装有抵触性质的物品和让无关人员搭车。运输途中远离火种，不准在有明火地点或人多地段停车，停车时要有人看管。发生泄漏或火灾时要把车开到安全地方进行灭火或堵漏。
(4) 采用管道输送时：
——输气管道不应通过城市水源地、飞机场、军事设施、车站、码头，因条件限制无法避开时，应采取保护措施并经国家有关部门批准；
——输气管道沿线应设置里程桩、转角桩、标志桩和测试桩；
——输气管道采用地上敷设时，应在人员活动较多和易遭车辆、外来物撞击的地段，采取保护措施并设置明显的警示标志；
——输气管道管理单位应设专人定期对管道进行巡线检查，及时处理输气管道沿线的异常情况，并依据天然气管道保护的有关法律法规保护管道。</td></tr>
<tr><td>应急处置原则</td><td>【急救措施】
吸入：迅速脱离现场至空气新鲜处。保持呼吸道通畅。如呼吸困难，给氧。如呼吸停止，立即进行人工呼吸。就医。
皮肤接触：如果发生冻伤，将患部浸泡于保持在38～42℃的温水中复温。不要涂擦。不要使用热水或辐射热。使用清洁、干燥的敷料包扎。如有不适感，就医。
【灭火方法】
切断气源。若不能切断气源，则不允许熄灭泄漏处的火焰。喷水冷却容器，尽可能将容器从火场移至空旷处。
灭火剂：雾状水、泡沫、二氧化碳、干粉。
【泄漏应急处置】
消除所有点火源。根据气体的影响区域划定警戒区，无关人员从侧风、上风向撤离至安全区。应急</td></tr>
</table>

续表

应急处置原则	处理人员戴正压自给式空气呼吸器，穿防静电服。作业时使用的所有设备应接地。禁止接触或跨越泄漏物。尽可能切断泄漏源。若可能翻转容器，使之逸出气体而非液体。喷雾状水抑制蒸气或改变蒸气云流向，避免水流接触泄漏物。禁止用水直接冲击泄漏物或泄漏源。防止气体通过下水道、通风系统和密闭性空间扩散。隔离泄漏区直至气体散尽。 作为一项紧急预防措施，泄漏隔离距离至少为 100 m。如果为大量泄漏，下风向的初始疏散距离应至少为 800 m。

6　氢

特别警示	极易燃气体。
理化特性	无色、无臭的气体。很难液化。液态氢无色透明。极易扩散和渗透。微溶于水，不溶于乙醇、乙醚。分子量 2.02，熔点 −259.2℃，沸点 −252.8℃，气体密度 0.089 9 g/L，相对密度（水＝1）0.07（−252℃），相对蒸气密度（空气＝1）0.07，临界压力 1.30 MPa，临界温度 −240℃，饱和蒸气压 13.33 kPa（−257.9℃），爆炸极限 4%～75%（体积比），自燃温度 500℃，最小点火能 0.019 mJ，最大爆炸压力 0.720 MPa。 主要用途：主要用于合成氨和甲醇等，石油精制，有机物氢化及作火箭燃料。
危害信息	【燃烧和爆炸危险性】 极易燃，与空气混合能形成爆炸性混合物，遇热或明火即发生爆炸。比空气轻，在室内使用和储存时，漏气上升滞留屋顶不易排出，遇火星会引起爆炸。在空气中燃烧时，火焰呈蓝色，不易被发现。 【活性反应】 与氟、氯、溴等卤素会剧烈反应。 【健康危害】 为单纯性窒息性气体，仅在高浓度时，由于空气中氧分压降低才引起缺氧性窒息。在很高的分压下，呈现出麻醉作用。
安全措施	【一般要求】 操作人员必须经过专门培训，严格遵守操作规程，熟练掌握操作技能，具备应急处置知识。 密闭操作，严防泄漏，工作场所加强通风。远离火种、热源，工作场所严禁吸烟。 生产、使用氢气的车间及储氢场所应设置氢气泄漏检测报警仪，使用防爆型的通风系统和设备。建议操作人员穿防静电工作服。储罐等压力容器和设备应设置安全阀、压力表、温度计，并应装有带压力、温度远传记录和报警功能的安全装置。 避免与氧化剂、卤素接触。 生产、储存区域应设置安全警示标志。在传送过程中，钢瓶和容器必须接地和跨接，防止产生静电。搬运时轻装轻卸，防止钢瓶及附件破损。配备相应品种和数量的消防器材及泄漏应急处理设备。 【特殊要求】 【操作安全】 （1）氢气系统运行时，不准敲击，不准带压修理和紧固，不得超压，严禁负压。制氢和充灌人员工作时，不可穿戴易产生静电的服装及带钉的鞋作业，以免产生静电和撞击起火。 （2）当氢气作焊接、切割、燃料和保护气等使用时，每台（组）用氢设备的支管上应设阻火器。因生产需要，必须在现场（室内）使用氢气瓶时，其数量不得超过 5 瓶，并且氢气瓶与盛有易燃、易爆、可燃物质及氧化性气体的容器或气瓶的间距不应小于 8 m，与空调装置、空气压缩机和通风设备等吸风口的间距不应小于 20 m。 （3）管道、阀门和水封装置冻结时，只能用热水或蒸汽加热解冻，严禁使用明火烘烤。不准在室内排放氢气。吹洗置换，应立即切断气源，进行通风，不得进行可能发生火花的一切操作。 （4）使用氢气瓶时注意以下事项：

续表

<table>
<tr><td>安全措施</td><td>——必须使用专用的减压器，开启时，操作者应站在阀口的侧后方，动作要轻缓；
——气瓶的阀门或减压器泄漏时不得继续使用，阀门损坏时，严禁在瓶内有压力的情况下更换阀门；
——气瓶禁止敲击、碰撞，不得靠近热源，夏季应防止暴晒；
——瓶内气体严禁用尽，应留有 0.5 MPa 的剩余压力。
【储存安全】
(1) 储存于阴凉、通风的易燃气体专用库房。远离火种、热源。库房温度不宜超过 30℃。
(2) 应与氧化剂、卤素分开存放，切忌混储。采用防爆型照明、通风设施。禁止使用易产生火花的机械设备和工具。储存区应备有泄漏应急处理设备。储存室内必须通风良好，保证空气中氢气最高含量不超过 1%（体积比）。储存室建筑物顶部或外墙的上部设气窗或排气孔。排气孔应朝向安全地带，室内换气次数每小时不得小于 3 次，事故通风每小时换气次数不得小于 7 次。
(3) 氢气瓶与盛有易燃、易爆、可燃物质及氧化性气体的容器或气瓶的间距不应小于 8 m；与空调装置、空气压缩机或通风设备等吸风口的间距不应小于 20 m；与明火或普通电气设备的间距不应小于 10 m。
【运输安全】
(1) 运输车辆应有危险货物运输标志、安装具有行驶记录功能的卫星定位装置。未经公安机关批准，运输车辆不得进入危险化学品运输车辆限制通行的区域。
(2) 槽车运输时要用专用槽车。槽车安装的阻火器（火星熄灭器）必须完好。槽车和运输卡车要有导静电拖线；槽车上要备有 2 只以上干粉或二氧化碳灭火器和防爆工具；要有遮阳措施，防止阳光直射。
(3) 在使用汽车、手推车运输氢气瓶时，应轻装轻卸。严禁抛、滑、滚、碰。严禁用电磁起重机和链绳吊装搬运。装运时，应妥善固定。汽车装运时，氢气瓶头部应朝向同一方向，装车高度不得超过车厢高度，直立排放时，车厢高度不得低于瓶高的 2/3。不能和氧化剂、卤素等同车混运。夏季应早晚运输，防止日光暴晒。中途停留时应远离火种、热源。
(4) 氢气管道输送时，管道敷设应符合下列要求：
——氢气管道宜采用架空敷设，其支架应为非燃烧体。架空管道不应与电缆、导电线敷设在同一支架上。
——氢气管道与燃气管道、氧气管道平行敷设时，中间宜有不燃物料管道隔开，或净距不小于 250 mm。分层敷设时，氢气管道应位于上方。氢气管道与建筑物、构筑物或其他管线的最小净距可参照有关规定执行。
——室内管道不应敷设在地沟中或直接埋地，室外地沟敷设的管道，应有防止氢气泄漏、积聚或窜入其他沟道的措施。埋地敷设的管道埋深不宜小于 0.7m。含湿氢气的管道应敷设在冰冻层以下。
——管道应避免穿过地沟、下水道及铁路汽车道路等，必须穿过时应设套管保护。
——氢管道外壁颜色、标志应执行《工业管道的基本识别色、识别符号和安全标识》（GB 7231—2003）的规定。</td></tr>
<tr><td>应急处置原则</td><td>【急救措施】
吸入：迅速脱离现场至空气新鲜处。保持呼吸道通畅。如呼吸困难，给氧。如呼吸停止，立即进行人工呼吸。就医。
【灭火方法】
切断气源。若不能切断气源，则不允许熄灭泄漏处的火焰。喷水冷却容器，尽可能将容器从火场移至空旷处。
氢火焰肉眼不易察觉，消防人员应佩戴自给式呼吸器，穿防静电服进入现场，注意防止外露皮肤烧伤。
灭火剂：雾状水、泡沫、二氧化碳、干粉。
【泄漏应急处置】
消除所有点火源。根据气体的影响区域划定警戒区，无关人员从侧风、上风向撤离至安全区。建议</td></tr>
</table>

续表

应急处置原则	应急处理人员戴正压自给式空气呼吸器，穿防静电服。作业时使用的所有设备应接地。尽可能切断泄漏源。喷雾状水抑制蒸气或改变蒸气云流向。防止气体通过下水道、通风系统和密闭性空间扩散。若泄漏发生在室内，宜采用吸风系统或将泄漏的钢瓶移至室外，以避免氢气四处扩散。隔离泄漏区直至气体散尽。 作为一项紧急预防措施，泄漏隔离距离至少为 100 m。如果为大量泄漏，下风向的初始疏散距离应至少为 800 m。

7 苯（含粗苯）

特别警示	确认人类致癌物；易燃液体，不得使用直流水扑救（闪点很低，用水灭火无效）。
理化特性	无色透明液体，有强烈芳香味。微溶于水，与乙醇、乙醚、丙酮、四氯化碳、二硫化碳和乙酸混溶。分子量 78.11，熔点 5.51℃，沸点 80.1℃，相对密度（水=1）0.88，相对蒸气密度（空气=1）2.77，临界压力 4.92 MPa，临界温度 288.9℃，饱和蒸气压 10 kPa（20℃），折射率 1.497 9（25℃），闪点 −11℃，爆炸极限 1.2%～8.0%（体积比），自燃温度 560℃，最小点火能 0.20 mJ，最大爆炸压力 0.880 MPa。 主要用途：主要用作溶剂及合成苯的衍生物、香料、染料、塑料、医药、炸药、橡胶等。
危害信息	【燃烧和爆炸危险性】 高度易燃，蒸气与空气能形成爆炸性混合物，遇明火、高热能引起燃烧爆炸。蒸气比空气重，能在较低处扩散到相当远的地方，遇火源会着火回燃和爆炸。 【健康危害】 吸入高浓度苯对中枢神经系统有麻醉作用，引起急性中毒；长期接触苯对造血系统有损害，引起白细胞和血小板减少，重者导致再生障碍性贫血。可引起白血病。具有生殖毒性。皮肤损害有脱脂、干燥、皲裂、皮炎。 职业接触限值：PC−TWA（时间加权平均容许浓度）（mg/m³）：6（皮）；PC−STEL（短时间接触容许浓度）（mg/m³）：10（皮）。 IARC：确认人类致癌物。
安全措施	【一般要求】 操作人员必须经过专门培训，严格遵守操作规程，熟练掌握操作技能，具备应急处置知识。 密闭操作，防止泄漏，加强通风。远离火种、热源，工作场所严禁吸烟。生产、使用苯的车间及储苯场所应设置泄漏检测报警仪，使用防爆型的通风系统和设备，配备两套以上重型防护服。戴化学安全防护眼镜，穿防静电工作服，戴橡胶手套，建议操作人员佩戴过滤式防毒面具（半面罩）。 储罐等容器和设备应设置液位计、温度计，并应装有带液位、温度远传记录和报警功能的安全装置，重点储罐等应设置紧急切断装置。 避免与氧化剂、酸类、碱金属接触。 生产、储存区域应设置安全警示标志。灌装时应控制流速，且有接地装置，防止静电积聚。配备相应品种和数量的消防器材及泄漏应急处理设备。 【特殊要求】 【操作安全】 （1）一旦发生物品着火，应用干粉灭火器、二氧化碳灭火器、砂土灭火。 （2）苯生产和使用过程中注意以下事项： ——必须穿戴好劳动保护用品； ——系统漏气时要站在上风口，同时佩戴好防毒面具进行作业； ——接触高温设备时要防止烫伤； ——设备的水压、油压保持正常，有关管线要畅通。

续表

<table>
<tr><td rowspan="1">安全措施</td><td>（3）生产设备的清洗污水及生产车间内部地坪的冲洗水须收入应急池，经处理合格后才可排放。
（4）充装时使用万向节管道充装系统，严防超装。
【储存安全】
（1）储存于阴凉、通风良好的专用库房或储罐内，远离火种、热源。库房温度不宜超过37℃，保持容器密封。
（2）应与氧化剂、酸类、碱金属等分开存放，切忌混储。采用防爆型照明、通风设施。禁止使用易产生火花的机械设备和工具。在苯储罐四周设置围堰，围堰的容积等于储罐的容积。储存区应备有泄漏应急处理设备和合适的收容材料。
（3）注意防雷、防静电，厂（车间）内的储罐应按《建筑物防雷设计规范》（GB 50057—2010）的规定设置防雷防静电设施。
（4）每天不少于两次对各储罐进行巡检，并做好记录，发现跑、冒、滴、漏等隐患要及时联系处理，重大隐患要及时上报。
【运输安全】
（1）运输车辆应有危险货物运输标志、安装具有行驶记录功能的卫星定位装置。未经公安机关批准，运输车辆不得进入危险化学品运输车辆限制通行的区域。
（2）苯装于专用的槽车（船）内运输，槽车（船）应定期清理；用其他包装容器运输时，容器须用盖密封。槽车安装的阻火器（火星熄灭器）必须完好。槽车上要备有2只以上干粉或二氧化碳灭火器和防爆工具。禁止使用易产生火花的机械设备和工具装卸。运输车辆进入厂区，必须安装静电接地装置和阻火器，车速不超过5 km/h。
（3）严禁与氧化剂、酸类、碱金属等混装混运。运输时运输车辆应配备泄漏应急处理设备。不得在人口稠密区和有明火等场所停靠。高温季节应早晚运输，防止日光暴晒。运输苯容器时，应轻装轻卸。严禁抛、滑、滚、碰。严禁用电磁起重机和链绳吊装搬运。装运时，应妥善固定。
（4）苯管道输送时，注意以下事项：
——苯管道架空敷设时，苯管道应敷设在非燃烧体的支架或栈桥上。在已敷设的苯管道下面，不得修建与苯管道无关的建筑物和堆放易燃物品。
——管道不应穿过非生产苯所使用的建筑物。
——管道消除静电接地装置和防雷接地线，单独接地。防雷的接地电阻值不大于10 Ω，防静电的接地电阻值不大于100 Ω。
——苯管道不应靠近热源敷设。
——管道采用地上敷设时，应在人员活动较多和易遭车辆、外来物撞击的地段，采取保护措施并设置明显的警示标志。
——苯管道外壁颜色、标志应执行《工业管道的基本识别色、识别符号和安全标识》（GB 7231—2003）的规定。
——室内管道不应敷设在地沟中或直接埋地，室外地沟敷设的管道，应有防止泄漏、积聚或窜入其他沟道的措施。</td></tr>
<tr><td>应急处置原则</td><td>【急救措施】
吸入：迅速脱离现场至空气新鲜处。保持呼吸道通畅。如呼吸困难，给氧。如呼吸停止，立即进行人工呼吸。就医。
食入：饮足量温水，催吐。就医。
皮肤接触：脱去污染的衣着，用肥皂水或清水彻底冲洗皮肤。
眼睛接触：提起眼睑，用流动清水或生理盐水冲洗。就医。
【灭火方法】
喷水冷却容器，尽可能将容器从火场移至空旷处。处在火场中的容器若已变色或从安全泄压装置中产生声音，必须马上撤离。
灭火剂：泡沫、干粉、二氧化碳、砂土。用水灭火无效。</td></tr>
</table>

续表

应急处置原则	【泄漏应急处置】 消除所有点火源。根据液体流动和蒸气扩散的影响区域划定警戒区，无关人员从侧风、上风向撤离至安全区。建议应急处理人员戴正压自给式空气呼吸器，穿防毒、防静电服。作业时使用的所有设备应接地。禁止接触或跨越泄漏物。尽可能切断泄漏源。防止泄漏物进入水体、下水道、地下室或密闭性空间。小量泄漏：用砂土或其他不燃材料吸收。使用洁净的无火花工具收集吸收材料。大量泄漏：构筑围堤或挖坑收容。用泡沫覆盖，减少蒸发。喷水雾能减少蒸发，但不能降低泄漏物在受限制空间内的易燃性。用防爆泵转移至槽车或专用收集器内。 作为一项紧急预防措施，泄漏隔离距离至少为 50 m。如果为大量泄漏，下风向的初始疏散距离应至少为 300 m。

8 碳酰氯（光气）

特别警示	剧毒气体，吸入可致死；高浓度泄漏区，喷氨水或其他稀碱液中和。
理化特性	无色或淡黄色气体，有强烈刺激性气味。易液化。微溶于水，并逐渐水解。易溶于苯、甲苯、四氯化碳、氯仿等有机溶剂。分子量为 98.92，熔点－118℃，沸点 8.2℃，相对密度（水＝1）1.381，相对蒸气密度（空气＝1）3.4，临界压力 5.67MPa，临界温度 182℃，饱和蒸气压 161.6kPa（20℃）。 主要用途：主要用于有机合成，特别是制造异氰酸酯和聚氨酯等，还用于制造染料、橡胶、农药和塑料等。
危害信息	【燃烧和爆炸危险性】 不燃。 【活性反应】 与氨、强氧化剂等反应剧烈。 【健康危害】 主要损害呼吸道，导致化学性支气管炎、肺炎、肺水肿。光气毒性比氯气大 10 倍，光气浓度 30～50 mg/m^3 时，即可引起中毒；在 100～300 mg/m^3 时，接触 15～30 min，即可引起严重中毒，甚至死亡。 列入《剧毒化学品目录》。 职业接触限值：MAC（最高容许浓度）（mg/m^3）：0.5。
安全措施	【一般要求】 操作人员必须经过专门培训，严格遵守操作规程，熟练掌握操作技能，具备应急处置知识。 严加密闭，提供充分的局部排风和全面通风。采用隔离式操作。工作现场禁止吸烟。 生产、使用光气的车间及储光气场所应设置光气泄漏检测报警仪，配备两套以上重型防护服。操作人员佩戴过滤式防毒面具（全面罩）或自给式呼吸器，穿胶布防毒衣，戴橡胶手套。 储罐等压力容器和设备应设置安全阀、压力表、温度计，并应装有带压力、温度远传记录和报警功能的安全装置，输入、输出管线等设置紧急切断装置。 避免与醇类、碱类、水接触。 生产、储存区域应设置安全警示标志。搬运时轻装轻卸，防止钢瓶及附件破损。配备泄漏应急处理设备。 【特殊要求】 【操作安全】 （1）光气的制造和生产必须密闭，反应器和管道均应保持负压；合成装置应安装自动控制系统，减少接触机会。反应器及管道内应保持负压，输料须用真空抽吸。注意设备的经常维修，采用耐腐蚀的泵、阀和管道，防止跑、冒、滴、漏，并加强生产场所的通风。防止气体或蒸气泄漏到工作场所空气中。

续表

安全措施	(2) 当泄漏微量光气时，可用水蒸气冲散；较大量光气泄漏时，可用氨水喷淋解毒；废水可用碱性物质，如氢氧化钠、碳酸钠处理。 (3) 进入光气生产单元的人员都必须佩带个人防护器材，围护式厂房内配备逃生防护设施，进出围护式厂房必须得到批准，携带小型光气/CO检测仪，一旦出现警报立即撤离。 (4) 构筑围堤或挖坑收容产生的大量废水。漏气容器要妥善处理，修复、检验后再用。 (5) 液态光气装置系统要严格控制水的混入。其冷却器、冷凝器和储槽的冷却宜采用非水性液体做冷却剂，如使用水或水性溶液作冷却剂，必须有可靠的防护措施。 【储存安全】 (1) 储存于阴凉、干燥、通风良好的库房。远离火种、热源。库房内温不宜超过30℃。 (2) 应与醇类、碱类、食用化学品分开存放，切忌混储。储罐用特殊规定的容器盛装、储存，并配稀碱、稀氨水喷淋吸收装置。储存区应备有泄漏应急处理设备。 (3) 液态光气储槽类的设备台数及单台储存量应降至最低，符合以下要求：储槽的总储量必须严格控制，单台储槽的容积不应大于5 m^3，单台储槽的装料系统应控制在75%以下；必须使用相应的系统容量事故槽；储槽应装设安全阀，在安全阀前装设爆破片，安全阀后必须接到应急破坏系统，宜在片与阀之间装超压报警器；液态光气储槽的材质应采用16MnR钢，宜采用双壁槽。 (4) 液态光气的储槽及其输送泵宜布置在封闭的单独房间里，槽四周应设围堰，其高度不应低于20 cm，堰内容量应大于槽容量，并设有防渗漏层。 (5) 应严格执行剧毒化学品“双人收发，双人保管”制度。 【运输安全】 (1) 严禁从外地或本地区的其他生产厂运输光气为原料进行产品生产。 (2) 由储槽向各生产岗位输送物料不宜采用气压输送，当采用密封性能可靠的耐腐蚀泵输送时，泵的数量应降至最低；输送含光气的物料应采用无缝钢管，并宜采用套管；含光气物料管道连接应采用对焊焊接，开车之前应做气密性试验，严禁采用丝扣连接。
应急处置原则	【急救措施】 吸入：迅速脱离现场至空气新鲜处。保持呼吸道通畅。如呼吸困难，给氧。如呼吸停止，立即进行人工呼吸。吸入β2受体激动剂、口服或注射皮质类固醇治疗支气管痉挛。就医。 皮肤接触：脱去污染的衣着，用流动清水冲洗。 眼睛接触：提起眼睑，用流动清水或生理盐水冲洗。就医。 【灭火方法】 本品不燃，但周围起火时应切断气源。喷水冷却容器，尽可能将容器从火场移至空旷处。消防人员必须佩戴正压自给式空气呼吸器，穿全身防火防毒服，在上风向灭火。由于火场中可能发生容器爆破的情况，消防人员须在防爆掩蔽处操作。万一有光气漏逸，微量时可用水蒸气冲散，较大时，可用氨水喷雾冲洗。 灭火剂：根据周围着火原因选择适当灭火剂灭火。可用干粉、二氧化碳、水（雾状水）。 【泄漏应急处置】 根据气体的影响区域划定警戒区，无关人员从侧风、上风向撤离至安全区。建议应急处理人员穿内置正压自给式空气呼吸器的全封闭防化服。禁止接触或跨越泄漏物。尽可能切断泄漏源。防止气体通过下水道、通风系统和密闭性空间扩散。高浓度泄漏区，喷氨水或其他稀碱液中和。构筑围堤或挖坑收容液体泄漏物。隔离泄漏区直至气体散尽。 小量泄漏，初始隔离200 m，下风向疏散白天1 100 m、夜晚4 000 m；大量泄漏，初始隔离1 000 m，下风向疏散白天7 500 m、夜晚11 000 m。

9　一氧化碳

特别警示	极易燃气体，有毒，吸入可因缺氧致死。
理化特性	无色、无味、无臭气体。微溶于水，溶于乙醇、苯等有机溶剂。分子量28.01，熔点－205℃，沸点－191.4℃，气体密度1.25g/L，相对密度（水＝1）0.79，相对蒸气密度（空气＝1）0.97，临界压力3.50 MPa，临界温度－140.2℃，爆炸极限12%～74%（体积比），自燃温度605℃，最大爆炸压力0.720 MPa。 主要用途：主要用于化学合成，如合成甲醇、光气等，及用作精炼金属的还原剂。
危害信息	【燃烧和爆炸危险性】 极易燃，与空气混合能形成爆炸性混合物，遇明火、高热能引起燃烧爆炸。 【健康危害】 一氧化碳在血中与血红蛋白结合而造成组织缺氧。 急性中毒：轻度中毒者出现剧烈头痛、头晕、耳鸣、心悸、恶心、呕吐、无力，轻度至中度意识障碍但无昏迷，血液碳氧血红蛋白浓度可高于10%；中度中毒者除上述症状外，意识障碍表现为浅至中度昏迷，但经抢救后恢复且无明显并发症，血液碳氧血红蛋白浓度可高于30%；重度患者出现深度昏迷或去大脑强直状态、休克、脑水肿、肺水肿、严重心肌损害、锥体系或锥体外系损害、呼吸衰竭等，血液碳氧血红蛋白可高于50%。部分患意识障碍恢复后，约经2～60天的“假愈期”，又可能出现迟发性脑病，以意识精神障碍、锥体系或锥体外系损害为主。 慢性影响：能否造成慢性中毒，是否对心血管有影响，无定论。 职业接触限值：PC－TWA（时间加权平均容许浓度）（mg/m^3），20；PC－STEL（短时间接触容许浓度）（mg/m^3）：30。
安全措施	【一般要求】 操作人员必须经过专门培训，严格遵守操作规程，熟练掌握操作技能，具备应急处置知识。 密闭隔离，提供充分的局部排风和全面通风。远离火种、热源，工作场所严禁吸烟。 生产、使用及储存场所应设置一氧化碳泄漏检测报警仪，使用防爆型的通风系统和设备。空气中浓度超标时，操作人员必须佩戴自吸过滤式防毒面具（半面罩），穿防静电工作服。紧急事态抢救或撤离时，建议佩戴正压自给式空气呼吸器。 储罐等压力容器和设备应设置安全阀、压力表、温度计，并应装有带压力、温度远传记录和报警功能的安全装置。 生产和生活用气必须分路，防止气体泄漏到工作场所空气中。 避免与强氧化剂接触。 在可能发生泄漏的场所设置安全警示标志。配备相应品种和数量的消防器材及泄漏应急处理设备。 患有各种中枢神经或周围神经器质性疾患、明显的心血管疾患者，不宜从事一氧化碳作业。 【特殊要求】 【操作安全】 （1）配备便携式一氧化碳检测仪。进入密闭受限空间或一氧化碳有可能泄漏的空间之前应先进行检测，并进行强制通风，其浓度达到安全要求后进行操作，操作人员佩戴自吸过滤式防毒面具，要求同时有2人以上操作，万一发生意外，能及时互救，并派专人监护。 （2）充装容器应符合规范要求，并按期检测。 【储存安全】 （1）储存于阴凉、通风的库房。远离火种、热源，防止阳光直晒。库房内温不宜超过30℃。 （2）禁止使用易产生火花的机械设备和工具。储存区应备有泄漏应急处理设备。搬运储罐时应轻装轻卸，防止钢瓶及附件破损。 （3）注意防雷、防静电，厂（车间）内的储罐应按《建筑物防雷设计规范》（GB 50057—2010）的规定设置防雷设施。

续表

安全措施	【运输安全】 （1）运输车辆应有危险货物运输标志、安装具有行驶记录功能的卫星定位装置。未经公安机关批准，运输车辆不得进入危险化学品运输车辆限制通行的区域。 （2）装运该物品的车辆排气管必须配备阻火装置，禁止使用易产生火花的机械设备和工具装卸。在传送过程中，钢瓶和容器必须接地和跨接，防止产生静电。槽车上要备有 2 只以上干粉或二氧化碳灭火器和防爆工具。高温季节应早晚运输，防止日光暴晒。 （3）车辆运输钢瓶时，瓶口一律朝向车辆行驶方向的右方，堆放高度不得超过车辆的防护栏板，并用三角木垫卡牢，防止滚动。不准同车混装有抵触性质的物品和让无关人员搭车。中途停留时应远离火种、热源。禁止在居民区和人口稠密区停留。
应急处置原则	【急救措施】 吸入：迅速脱离现场至空气新鲜处。保持呼吸道通畅。如呼吸困难，给氧。呼吸心跳停止时，立即进行人工呼吸和胸外心脏按压术。就医。 【灭火方法】 灭火剂：雾状水、泡沫、二氧化碳、干粉。切断气源。若不能切断气源，则不允许熄灭泄漏处的火焰。喷水冷却容器，尽可能将容器从火场移至空旷处。 【泄漏应急处置】 消除所有点火源。根据气体的影响区域划定警戒区，无关人员从侧风、上风向撤离至安全区。建议应急处理人员戴正压自给式空气呼吸器，穿防静电服。作业时使用的所有设备应接地。尽可能切断泄漏源。喷雾状水抑制蒸气或改变蒸气云流向。防止气体通过下水道、通风系统和密闭性空间扩散。隔离泄漏区直至气体散尽。 隔离与疏散距离：小量泄漏，初始隔离 30 m，下风向疏散白天 100 m、夜晚 100 m；大量泄漏，初始隔离 150 m，下风向疏散白天 700 m、夜晚 2 700 m。

10 甲醇

特别警示	有毒液体，可引起失明、死亡。
理化特性	无色透明的易挥发液体，有刺激性气味。溶于水，可混溶于乙醇、乙醚、酮类、苯等有机溶剂。分子量 32.04，熔点−97.8℃，沸点 64.7℃，相对密度（水=1）0.79，相对蒸气密度（空气=1）1.1，临界压力 7.95 MPa，临界温度 240℃，饱和蒸气压 12.26 kPa（20℃），折射率 1.328 8，闪点 11℃，爆炸极限 5.5%～44.0%（体积比），自燃温度 464℃，最小点火能 0.215 mJ。 主要用途：主要用于制甲醛、香精、染料、医药、火药、防冻剂、溶剂等。
危害信息	【燃烧和爆炸危险性】 高度易燃，蒸气与空气能形成爆炸性混合物，遇明火、高热能引起燃烧爆炸。蒸气比空气重，能在较低处扩散到相当远的地方，遇火源会着火回燃和爆炸。 【健康危害】 易经胃肠道、呼吸道和皮肤吸收。 急性中毒：表现为头痛、眩晕、乏力、嗜睡和轻度意识障碍等，重者出现昏迷和癫痫样抽搐，直至死亡。引起代谢性酸中毒。甲醇可致视神经损害，重者引起失明。 慢性影响：主要为神经系统症状，有头晕、无力、眩晕、震颤性麻痹及视觉损害。皮肤反复接触甲醇溶液，可引起局部脱脂和皮炎。 解毒剂：口服乙醇或静脉输乙醇、碳酸氢钠、叶酸、4−甲基吡唑。 职业接触限值：PC−TWA（时间加权平均容许浓度）（mg/m^3），25（皮）；PC−STEL（短时间接触容许浓度）（mg/m^3）：50（皮）。

续表

<table>
<tr>
<td>安全措施</td>
<td>【一般要求】
操作人员必须经过专门培训，严格遵守操作规程，熟练掌握操作技能，具备应急处置知识。
密闭操作，防止泄漏，加强通风。远离火种、热源，工作场所严禁吸烟。使用防爆型的通风系统和设备。戴化学安全防护眼镜，穿防静电工作服，戴橡胶手套，建议操作人员佩戴过滤式防毒面具（半面罩）。
储罐等压力设备应设置压力表、液位计、温度计，并应装有带压力、液位、温度远传记录和报警功能的安全装置，
避免与氧化剂、酸类、碱金属接触。
生产、储存区域应设置安全警示标志。灌装时应控制流速，且有接地装置，防止静电积聚。配备相应品种和数量的消防器材及泄漏应急处理设备。
【特殊要求】
【操作安全】
（1）打开甲醇容器前，应确定工作区通风良好且无火花或引火源存在；避免让释出的蒸气进入工作区的空气中。生产、储存甲醇的车间要有可靠的防火、防爆措施。一旦发生物品着火，应用干粉灭火器、二氧化碳灭火器、砂土灭火。
（2）设备罐内作业时注意以下事项：
——进入设备内作业，必须办理罐内作业许可证。入罐作业前必须严格执行安全隔离、清洗、置换的规定。做到物料不切断不进入；清洗置换不合格不进入；行灯不符合规定不进入；没有监护人员不进入；没有事故抢救后备措施不进入。
——入罐作业前 30 min 取样分析，易燃易爆、有毒有害物质浓度及氧含量合格方可进入作业。视具体条件加强罐内通风；对通风不良环境，应采取间歇作业。
——在罐内动火作业，除了执行动火规定外，还必须符合罐内作业条件，有毒气体浓度低于国家规定值，严禁向罐内充氧。焊工离开作业罐时不准将焊（割）具留在罐内。
（3）生产设备的清洗污水及生产车间内部地坪的冲洗水须收入应急池，经处理合格后才可排放。
【储存安全】
（1）储存于阴凉、通风良好的专用库房或储罐内，远离火种、热源。库房温度不宜超过 37℃，保持容器密封。
（2）应与氧化剂、酸类、碱金属等分开存放，切忌混储。采用防爆型照明、通风设施。禁止使用易产生火花的机械设备和工具。在甲醇储罐四周设置围堰，围堰的容积等于储罐的容积。储存区应备有泄漏应急处理设备和合适的收容材料。
（3）注意防雷、防静电，厂（车间）内的储罐应按《建筑物防雷设计规范》（GB 50057—2010）的规定设置防雷防静电设施。
【运输安全】
（1）运输车辆应有危险货物运输标志、安装具有行驶记录功能的卫星定位装置。未经公安机关批准，运输车辆不得进入危险化学品运输车辆限制通行的区域。
（2）甲醇装于专用的槽车（船）内运输，槽车（船）应定期清理；用其他包装容器运输时，容器须用盖密封。严禁与氧化剂、酸类、碱金属等混装混运。运输时运输车辆应配备 2 只以上干粉或二氧化碳灭火器和防爆工具。运输途中应防曝晒、防雨淋、防高温。不准在有明火地点或人多地段停车，高温季节应早晚运输。
（3）在使用汽车、手推车运输甲醇容器时，应轻装轻卸。严禁抛、滑、滚、碰。严禁用电磁起重机和链绳吊装搬运。装运时，应妥善固定。
（4）甲醇管道输送时，注意以下事项：
——甲醇管道架空敷设时，甲醇管道应敷设在非燃烧体的支架或栈桥上；在已敷设的甲醇管道下面，不得修建与甲醇管道无关的建筑物和堆放易燃物品。
——管道消除静电接地装置和防雷接地线，单独接地。防雷的接地电阻值不大于 10Ω，防静电的接</td>
</tr>
</table>

续表

安全措施	地电阻值不大于 100 Ω。 ——甲醇管道不应靠近热源敷设。 ——管道采用地上敷设时，应在人员活动较多和易遭车辆、外来物撞击的地段，采取保护措施并设置明显的警示标志。 ——甲醇管道外壁颜色、标志应执行《工业管道的基本识别色、识别符号和安全标识》（GB 7231—2003）的规定。 ——室内管道不应敷设在地沟中或直接埋地，室外地沟敷设的管道，应有防止泄漏、积聚或窜入其他沟道的措施。
应急处置原则	【急救措施】 吸入：迅速脱离现场至空气新鲜处。保持呼吸道通畅。如呼吸困难，给氧。如呼吸停止，立即进行人工呼吸。就医。 食入：饮足量温水，催吐。用清水或 1%硫代硫酸钠溶液洗胃。就医。 皮肤接触：脱去污染的衣着，用肥皂水和清水彻底冲洗皮肤。 眼睛接触：提起眼睑，用流动清水或生理盐水冲洗。就医。 【灭火方法】 尽可能将容器从火场移至空旷处。喷水保持火场容器冷却，直至灭火结束。处在火场中的容器若已变色或从安全泄压装置中产生声音，必须马上撤离。 灭火剂：抗溶性泡沫、干粉、二氧化碳、砂土。 【泄漏应急处置】 消除所有点火源。根据液体流动和蒸气扩散的影响区域划定警戒区，无关人员从侧风、上风向撤离至安全区。建议应急处理人员戴正压自给式空气呼吸器，穿防毒、防静电服。作业时使用的所有设备应接地。禁止接触或跨越泄漏物。尽可能切断泄漏源。防止泄漏物进入水体、下水道、地下室或密闭性空间。小量泄漏：用砂土或其他不燃材料吸收。使用洁净的无火花工具收集吸收材料。大量泄漏：构筑围堤或挖坑收容。用抗溶性泡沫覆盖，减少蒸发。喷水雾能减少蒸发，但不能降低泄漏物在受限制空间内的易燃性。用防爆泵转移至槽车或专用收集器内。喷雾状水驱散蒸气、稀释液体泄漏物。 作为一项紧急预防措施，泄漏隔离距离至少为 50 m。如果为大量泄漏，在初始隔离距离的基础上加大下风向的疏散距离。

11 乙炔

特别警示	极易燃气体；经压缩或加热可造成爆炸；火场温度下易发生危险的聚合反应。
理化特性	无色无臭气体，工业品有使人不愉快的大蒜气味。微溶于水，溶于乙醇、丙酮、氯仿、苯。分子量 26.04，熔点－80.8℃，沸点－83.8℃，气体密度 1.17 g/L，相对密度（水＝1）0.62，相对蒸气密度（空气＝1）0.91，临界压力 6.19 MPa，临界温度 35.2℃，饱和蒸气压 4 460 kPa（20℃），爆炸极限 2.1%～80%（体积比），自燃温度 305℃，最小点火能 0.02 mJ。 主要用途：主要是有机合成的重要原料之一。亦是合成橡胶、合成纤维和塑料的原料，也用于氧炔焊割。
危害信息	【燃烧和爆炸危险性】 易燃烧爆炸。能与空气形成爆炸性混合物，爆炸范围非常宽，遇明火、高热和氧化剂有燃烧、爆炸危险。 【活性反应】 与氧化剂接触猛烈反应。与氟、氯等接触会发生剧烈的化学反应。能与铜、银、汞等的化合物生成爆炸性物质。 【健康危害】 具有弱麻醉作用，麻醉恢复快，无后作用，高浓度吸入可引起单纯窒息。

续表

<table>
<tr><td>安全措施</td><td>【一般要求】
操作人员必须经过专门培训，应具有防火、防爆、防静电事故和预防职业病的知识和操作能力，严格遵守操作规程。
密闭操作，避免泄漏，全面通风，防止乙炔气体泄漏到工作场所空气中。远离火种、热源，工作场所严禁吸烟。
在发生或合成、使用、储存乙炔的场所，设置可燃气体检测报警仪，并与应急通风联锁，使用防爆型的通风系统和设备。操作人员应穿防静电工作服，禁止穿戴易产生静电衣物和钉鞋。
避免与氧化剂、酸类、卤素接触。
生产、储存区域应设置安全警示标志。搬运时轻装轻卸，防止钢瓶及附件破损。配备相应品种和数量的消防器材及泄漏应急处理设备。
【特殊要求】
【操作安全】
(1) 在有乙炔存在或使用乙炔作业的人员，应配备便携式可燃气体检测报警仪。不能接触铜、银和汞。要避免使用含铜66%以上的黄铜、含铜银的焊接材料和含汞的压力表。
(2) 进入有乙炔存在或泄漏密闭有限空间前，应首先检测乙炔浓度，强制机械通风10 min以上，直至乙炔浓度低于爆炸下限20%，作业过程中有人监护，每隔30 min监测一次，可燃气体含量不得高于爆炸下限的20%。
(3) 凡可能与易燃、易爆物相通的设备，管道等部位的动火均应加堵盲板与系统彻底隔离、切断，必要时应拆掉一段连接管道。
(4) 电石库禁止带水入内。
(5) 使用乙炔气瓶，应注意：
——注意固定，防止倾倒，严禁卧放使用，对已卧放的乙炔瓶，不准直接开气使用，使用前必须先立牢静止15 min，再接减压器使用，否则危险。轻装轻卸气瓶，禁止敲击、碰撞等粗暴行为。
——同时使用乙炔瓶和氧气瓶时，两瓶之间的距离应超过10 m。不得将瓶内的气体使用干净，必须留有0.05 MPa以上的剩余压力气体。
——乙炔气瓶不得靠近热源和电器设备，夏季要有遮阳措施防止暴晒，与明火的距离要大于10 m。气瓶的瓶阀冻结时，严禁用火烘烤，可用10℃以下温水解冻。
——乙炔气瓶在使用时必须设专用减压器。回火防止器，工作前必须检查是否好用，否则禁止使用，开启时，操作者应站在阀门的侧后方，动作要轻缓。
(6) 在乙炔站内应注意：
——站房内允许冬季取暖时，不得用电热明火，宜采用光管散热器，以免积尘及静电感应，并应离乙炔发生器1 m以上，当气温在0℃以下时，可用氯化钠的水溶液代替发生器及回火防止器的用水，以防冰冻的发生。乙炔发生器管道冻结可用热水解冻。移动式乙炔发生器在夏季应遮阳，防高温和热辐射。
——乙炔发生器设备运行时，操作者应密切注意各部位压力和温度的变化。若发现压力表读数骤升或有气体从安全阀逸出，或者启动数分钟压力表的指针没有上升应停止作业，排除故障。严禁超出规定压力和温度。
(7) 乙炔设备、容器及管道在动火进行大、小修之前应作充氮吹扫。所用氮气的纯度应大于98%，吹扫口化验乙炔含量低于0.5%时，才能动火作业，并应事先得到有关部门批准，设专人监护和采取必要的防火、防爆措施。
【储存安全】
(1) 乙炔瓶储存于阴凉、通风的易燃气体专用库房。远离火种、热源。库房温度不宜超过30℃。
(2) 应与氧化剂、酸类、卤素分开存放，切忌混储。采用防爆型照明、通风设施。禁止使用易产生火花的机械设备和工具。储存区应备有泄漏应急处理设备。乙炔瓶储存时要保持直立，并有防倒措施，严禁与氧气、氯气瓶及易燃品同向储存。乙炔瓶严禁放在通风不良及有放射线的场所，不得放在橡胶等绝缘体上，瓶库或储存间有专人管理，要有消防器材和醒目的防火标志。</td></tr>
</table>

续表

安全措施	（3）储存室内必须通风良好，保证空气中乙炔最高含量不超过1%（体积比）。储存室建筑物顶部或外墙的上部设气窗或排气孔。排气孔应朝向安全地带，室内换气次数每小时不得小于3次，事故通风每小时换气次数不得小于7次。 【运输安全】 （1）运输车辆应有危险货物运输标志、安装具有行驶记录功能的卫星定位装置。未经公安机关批准，运输车辆不得进入危险化学品运输车辆限制通行的区域。 （2）槽车运输时要用专用槽车。槽车安装的阻火器（火星熄灭器）必须完好。槽车和运输卡车要有导静电拖线；槽车上要备有2只以上干粉或二氧化碳灭火器和防爆工具；要有遮阳措施，防止阳光直射。 （3）车辆运输钢瓶时，瓶口一律朝向车辆行驶方向的右方，装车高度不得超过车箱高度，直立排放时，车厢高度不得低于瓶高的2/3。不准同车混装有抵触性质的物品和让无关人员搭车。运输途中远离火种，不准在有明火地点或人多地段停车，停车时要有人看管。发生泄漏或火灾要开到安全地方进行灭火或堵漏。 （4）输送乙炔的管道不应靠近热源敷设；管道采用地上敷设时，应在人员活动较多和易遭车辆、外来物撞击的地段，采取保护措施并设置明显的警示标志；乙炔管道架空敷设时，管道应敷设在非燃烧体的支架或栈桥上。在已敷设的乙炔管道下面，不得修建与乙炔管道无关的建筑物和堆放易燃物品；乙炔管道外壁颜色、标志应执行《工业管道的基本识别色、识别符号和安全标识》（GB 7231—2003）的规定。
应急处置原则	【急救措施】 吸入：迅速脱离现场至空气新鲜处。保持呼吸道通畅。如呼吸困难，给氧。如呼吸停止，立即进行人工呼吸。就医。 【灭火方法】 切断气源。若不能切断气源，则不允许熄灭泄漏处的火焰。喷水冷却容器，尽可能将容器从火场移至空旷处。 灭火剂：雾状水、泡沫、二氧化碳、干粉。 【泄漏应急处置】 消除所有点火源。根据气体的影响区域划定警戒区，无关人员从侧风、上风向撤离至安全区。建议应急处理人员戴正压自给式空气呼吸器，穿防静电服。作业时使用的所有设备应接地。禁止接触或跨越泄漏物。尽可能切断泄漏源。若可能翻转容器，使之逸出气体而非液体。喷雾状水抑制蒸气或改变蒸气云流向，避免水流接触泄漏物。如有可能，将残余气或漏出气用排风机送至水洗塔或与塔相连的通风橱内。禁止用水直接冲击泄漏物或泄漏源。防止气体通过下水道、通风系统和密闭性空间扩散。隔离泄漏区直至气体散尽。 作为一项紧急预防措施，泄漏隔离距离至少为100 m。如果为大量泄漏，下风向的初始疏散距离应至少为800 m。

12 甲苯

特别警示	高度易燃液体，用水灭火无效，不能使用直流水扑救。
理化特性	无色透明液体，有芳香气味。不溶于水，与乙醇、乙醚、丙酮、氯仿等混溶。分子量92.14，熔点−94.9℃，沸点110.6℃，相对密度（水=1）0.87，相对蒸气密度（空气=1）3.14，临界压力4.11 MPa，临界温度318.6℃，饱和蒸气压3.8 kPa（25℃），折射率1.496 7，闪点4℃，爆炸极限1.2%～7.0%（体积比），自燃温度535℃，最小点火能2.5 mJ，最大爆炸压力0.784 MPa。 主要用途：主要用于掺和汽油组成及作为生产甲苯衍生物、炸药、染料中间体、药物等的主要原料。

续表

危害信息	【燃烧和爆炸危险性】 高度易燃，蒸气与空气能形成爆炸性混合物，遇明火、高热能引起燃烧爆炸。蒸气比空气重，能在较低处扩散到相当远的地方，遇火源会着火回燃和爆炸。 【健康危害】 短时间内吸入较高浓度本品表现为麻醉作用，重症者可有躁动、抽搐、昏迷。对眼和呼吸道有刺激作用。直接吸入肺内可引起吸入性肺炎。可出现明显的心脏损害。 职业接触限值：PC－TWA（时间加权平均容许浓度）（mg/m^3），50（皮）；PC－STEL（短时间接触容许浓度）（mg/m^3），100（皮）。
安全措施	【一般要求】 操作人员必须经过专门培训，严格遵守操作规程。熟练掌握操作技能，具备应急处置知识。 操作应严加密闭。要求有局部排风设施和全面通风。 设置固定式可燃气体报警器，或配备便携式可燃气体报警器，宜增设有毒气体报警仪。采用防爆型的通风系统和设备。穿防静电工作服，戴橡胶防护手套。空气中浓度超标时，佩戴防毒面具。紧急事态抢救或撤离时，佩戴自给式呼吸器。选用无泄漏泵来输送本介质，如屏蔽泵或磁力泵输送。甲苯储罐采取人工脱水方式时，应增配检测有毒气体检测报警仪（固定式或便携式）。采样宜采用循环密闭采样系统。在作业现场应提供安全淋浴和洗眼设备。安全喷淋和洗眼器应在生产装置开车时进行校验。操作现场严禁吸烟。进入罐、限制性空间或其他高浓度区作业，须有人监护。 储罐等容器和设备应设置液位计、温度计，并应装有带液位、温度远传记录和报警功能的安全装置。 禁止与强氧化剂接触。 生产、储存区域应设置安全警示标志。在传送过程中，容器、管道必须接地和跨接，防止产生静电。输送过程中易产生静电积聚，相关防护知识应加强培训。 【特殊要求】 【操作安全】 （1）选用无泄漏泵来输送本介质，如屏蔽泵或磁力泵输送。甲苯储罐采取人工脱水方式时，应增配检测有毒气体检测报警仪（固定式的或便携式的）。采样宜采用循环密闭采样系统。设置必要的安全联锁及紧急排放系统，通风设施应每年进行一次检查。 （2）在生产企业设置DCS集散控制系统，同时设置安全联锁、紧急停车系统（ESD）以及正常及事故通风设施并独立设置。 （3）装置内配备防毒面具等防护用品，操作人员在操作、取样、检维修时宜佩戴防毒面具。装置区所有设备、泵以及管线的放净均排放到密闭排放系统，保证职工健康不受损害。 （4）介质为高温、有毒或强腐蚀性的设备及管线上的压力表与设备之间应有能隔离介质的装置或切断阀。另外，装置中的设备和管道应有惰性气体置换设施。 （5）充装时使用万向节管道充装系统，严防超装。 【储存安全】 （1）储存于阴凉、通风仓库内。远离火种、热源。库房温度不宜超过30℃。防止阳光直射，保持容器密封。 （2）应与氧化剂分开存放。储存间内的照明、通风等设施应采用防爆型。罐储时要有防火防爆技术措施。禁止使用易产生火花的机械设备和工具。灌装时应注意流速（不超过3 m/s），且有接地装置，防止静电积聚。搬运时要轻装轻卸，防止包装及容器损坏。 （3）储罐采用金属浮舱式的浮顶或内浮顶罐。储罐应设固定或移动式消防冷却水系统。 （4）生产装置重要岗位如罐区设置工业电视监控。 （5）介质为高温、有毒或强腐蚀性的设备及管线上的压力表与设备之间应有能隔离介质的装置或切断阀。另外，装置中的甲、乙类设备和管道应有惰性气体置换设施。 【运输安全】

续表

安全措施	（1）运输车辆应有危险货物运输标志、安装具有行驶记录功能的卫星定位装置。未经公安机关批准，运输车辆不得进入危险化学品运输车辆限制通行的区域。 （2）槽车和运输卡车要有导静电拖线；槽车上要备有2只以上干粉或二氧化碳灭火器和防爆工具；要有遮阳措施，防止阳光直射。 （3）车辆运输钢瓶时，瓶口一律朝向车辆行驶方向的右方，堆放高度不得超过车辆的防护栏板，并用三角木垫卡牢，防止滚动。不准同车混装有抵触性质的物品和让无关人员搭车。运输途中远离火种，不准在有明火地点或人多地段停车，停车时要有人看管。发生泄漏或火灾要开到安全地方进行灭火或堵漏。
应急处置原则	【急救措施】 吸入：迅速脱离现场至空气新鲜处。保持呼吸道通畅。如呼吸困难，给氧。如呼吸停止，立即进行人工呼吸。就医。 食入：饮足量温水，催吐。就医。 皮肤接触：脱去污染的衣着，用肥皂水和清水彻底冲洗皮肤。 眼睛接触：提起眼睑，用流动清水或生理盐水冲洗。就医。 【灭火方法】 喷水冷却容器，尽可能将容器从火场移至空旷处。处在火场中的容器若已变色或从安全泄压装置中产生声音，必须马上撤离。 灭火剂：泡沫、干粉、二氧化碳、砂土。用水灭火无效。 【泄漏应急处置】 消除所有点火源。根据液体流动和蒸气扩散的影响区域划定警戒区，无关人员从侧风、上风向撤离至安全区。建议应急处理人员戴正压自给式空气呼吸器，穿防毒、防静电服。作业时使用的所有设备应接地。禁止接触或跨越泄漏物。尽可能切断泄漏源。防止泄漏物进入水体、下水道、地下室或密闭性空间。小量泄漏：用砂土或其他不燃材料吸收。使用洁净的无火花工具收集吸收材料。大量泄漏：构筑围堤或挖坑收容。用石灰粉吸收大量液体。用泡沫覆盖，减少蒸发。喷水雾能减少蒸发，但不能降低泄漏物在受限制空间内的易燃性。用防爆泵转移至槽车或专用收集器内。 作为一项紧急预防措施，泄漏隔离距离至少为50 m。如果为大量泄漏，下风向的初始疏散距离应至少为300 m。

13 氰化氢、氢氰酸

特别警示	剧毒液体，极易燃，火场温度下易发生危险的聚合反应。
理化特性	无色液体，有苦杏仁味。溶于水、醇、醚等。分子量27.03，熔点－13.4℃，沸点25.7℃，相对密度（水＝1）0.69，相对蒸气密度（空气＝1）0.94，饱和蒸气压82.46 kPa（20℃），临界温度183.5℃，临界压力4.95 MPa，辛醇/水分配系数：0.35～1.07，闪点－17.8℃，引燃温度538℃，爆炸极限5.6%～40.0%（体积比）。 主要用途：主要用于丙烯腈和丙烯酸树脂及农药杀虫剂的制造。
危害信息	【燃烧和爆炸危险性】 极易燃，其蒸气与空气可形成爆炸性混合物，遇明火、高热能引起燃烧爆炸。 【活性反应】 长期放置则因水分而聚合，聚合物本身有自催化作用，可引起爆炸。 【健康危害】 抑制呼吸酶，造成细胞内窒息。短时间内吸入高浓度氰化氢气体，可立即因呼吸停止而死亡。非骤死者临床分为4期：前驱期有黏膜刺激、呼吸加快加深、乏力、头痛；口服有舌尖、口腔发麻等。呼吸困难期有呼吸困难、血压升高、皮肤黏膜呈鲜红色等。惊厥期出现抽搐、昏迷、呼吸衰竭。麻痹期

续表

危害信息	全身肌肉松弛，呼吸心跳停止而死亡。可致眼、皮肤灼伤，吸收引起中毒。慢性影响表现为神经衰弱综合征、皮炎。 列入《剧毒化学品目录》。 职业接触限值：MAC（最高容许浓度）（mg/m^3）：1（皮）。
安全措施	【一般要求】 操作人员必须经过三级安全教育和安全、消防、职业卫生的专业培训，具备掌握氰化氢和氢氰酸方面的知识。严格遵守工艺规程和安全操作规程。熟练掌握操作技能和具备应急处理能力。 严加密闭，防止泄漏，提供充分的局部排风和全面通风或采用露天设置。提供安全淋浴和洗眼设备。 作业现场应设置氰化氢有毒气体检测仪。使用防爆型的通风系统和设备，配备两套以上重型防护服。穿连衣式防毒衣，戴橡胶手套，工作场所浓度超标的，操作人员应该佩戴隔离式呼吸器。紧急事态抢救或撤离时，必须佩戴正压式空气呼吸器。工作现场禁止吸烟、进食和饮水，远离火种、热源。使用防爆型的通风系统和设备。宜采用隔离式、机械化、自动化操作。 储罐等压力容器和设备应设置安全阀、压力表、液位计、温度计，并应装有带压力、液位、温度远传记录和报警功能的安全装置，重点储罐需设置紧急切断装置。 避免与氧化剂、酸类、碱类接触。 生产、储存区域应设置安全警示标志。搬运时轻装轻卸，防止钢瓶及附件破损。配备相应品种和数量的消防器材及泄漏应急处理设备。倒空的容器可能残留有害物应及时处理。车间应配备急救设备及药品。作业人员应学会自救互救。 【特殊要求】 【操作安全】 （1）避免直接接触氢氰酸，操作人员应配戴必要的防护用品；避免吸入氰化氢，应戴上防毒面具。打开氢氰酸容器时，确定工作区通风良好且无火花或引火源存在；避免让释出的蒸气进入工作区的空气中。 （2）氰化氢气体比空气略轻，发生泄漏后气体向上扩散，应注意风向和人站立位置。巡检人员配备便携式氰化氢气体检测仪。 （3）氢氰酸易聚合，工艺操作中要防止碱性物质和保持低温状态。 （4）严禁利用氢氰酸管道做电焊接地线。严禁用铁器敲击管道与阀体，以免引起火花。 （5）生产区域内，严禁明火和可能产生明火、火花的作业。生产需要或检修期间需动火时，必须办理动火审批手续；要有可靠的防火、防爆措施。一旦发生物品着火，应用干粉灭火器、二氧化碳灭火器、砂土灭火。 （6）氢氰酸运转设备的外漏部分或危及人身安全的部位，应设置防护罩、安全护栏挡板，防止无关人员靠近。 （7）在氢氰酸环境中作业还应采用以下防护措施： ——根据不同作业环境配备相应的固定式氰化氢检测仪及防护装置，并落实人员管理，使氰化氢检测仪及防护装置处于完好状态； ——作业环境应设立方向标和逃生疏散通道标志； ——作业人员应使用隔离式呼吸器，如使用由空气压缩机供气的装置，则应将供气装置的空气压缩机应置于上风侧； ——重点检测区应设置醒目的标志、氰化氢检测仪、报警器及排风扇；在可能发生氰化氢中毒的主要出入口应设置醒目的中文危险危害因素告知牌； ——在涉及氢氰酸系统进行检修和抢修作业时，应携带便携式氰化氢检测仪和佩戴正压自给式空气呼吸器。 （8）工作场所配备洗眼器、喷淋装置。生产车间和作业场所应配备急救药品和相应滤毒器材、正压自给式空气呼吸器、防尘器材、防溅面罩、防护眼镜和耐碱的胶皮手套等防护用品。

续表

<table>
<tr><td>安全措施</td><td>(9) 生产设备的清洗污水及生产车间内部地坪的冲洗水须收入应急池，经处理合格后才可排放。
(10) 进入密闭有限空间前应强制机械通风，并对氰化氢气体和氧气浓度进行检测，其中氰化氢浓度小于国家规定的空气中最高容许浓度，氧含量>19.5%方可进入，作业过程中有专人监护，每隔 30 min 监测一次。
(11) 为减少氢氰酸在输送过程中发生泄漏，应采用以下措施：
——泵应采用密封性较好的无泄漏泵（如屏蔽泵、磁力泵等）；
——阀门应采用密封性较好无泄漏阀门（如波纹阀等）；
——输送管道、阀门等宜采用焊接式连接，管道、阀门的使用等级比常规要求提高一个等级；
——氢氰酸取样阀应采用双阀控制。
【储存安全】
(1) 储存于阴凉、干燥、通风良好的专用库房内。库房温度不宜超过 30℃。包装要求密封，不可与空气接触。应与氧化剂、酸类、碱类、食用化学品分开存放，切忌混储。储存区应备有合适的材料收容泄漏物。
氢氰酸若留存时间长，则因少量水分的作用而发生聚合，生成黑褐色的聚合物。由于聚合是放热反应，且有自动催化作用，有时会突然爆炸，为此，储存时要特别小心，储存时间不宜太长，并注意添加稳定剂。
(2) 采用防爆型照明、通风设施。禁止使用易产生火花的机械设备和工具。储存区应备有泄漏应急处理设备。氢氰酸储存区设置围堰，地面进行防渗透处理，并配备倒装罐或储液池。
(3) 注意防雷、防静电，厂（车间）内的储罐应按《建筑物防雷设计规范》(GB 50057—2010) 的规定设置防雷设施。储存区域应远离频繁出入处和紧急出口。
(4) 应严格执行剧毒化学品“双人收发，双人保管”制度。
【运输安全】
(1) 运输车辆应有危险货物运输标志、安装具有行驶记录功能的卫星定位装置。未经公安机关批准，运输车辆不得进入危险化学品运输车辆限制通行的区域。
(2) 运输车辆应符合消防安全要求，配备相应的消防器材。运输车辆进入厂区，保持安全车速。运输时所用的槽（罐）车应有接地链，槽内可设孔隔板以减少震荡产生静电。中途停留时应远离火种、热源。禁止在居民区和人口稠密区停留。
(3) 严禁与易燃物或可燃物、氧化剂、酸类、碱类、食用化学品等混装混运。运输时运输车辆应配备泄漏应急处理设备。运输途中应防曝晒、防雨淋、防高温。
(4) 输送氢氰酸溶液的管道不应靠近热源敷设；氢氰酸管道宜采用架空敷设，必要时亦可近地面敷设；管道采用地上敷设时，应在人员活动较多和易遭车辆、外来物撞击的地段，采取保护措施并设置明显的警示标志；氢氰酸管道架空敷设时，管道应敷设在非燃烧体的支架或栈桥上。在已敷设的氢氰酸管道下面，不得修建与氢氰酸管道无关的建筑物和堆放易燃物品；氢氰酸管道外壁颜色、标志应执行《工业管道的基本识别色、识别符号和安全标识》(GB 7231—2003) 的规定。</td></tr>
<tr><td>应急处置原则</td><td>【急救措施】
吸入：迅速脱离现场至空气新鲜处。保持呼吸道通畅。如呼吸困难，给氧。呼吸心跳停止时，立即进行人工呼吸（勿用口对口）和胸外心脏按压术。给予吸入亚硝酸异戊酯并就医。
食入：饮足量温水，催吐。用 1∶5 000 高锰酸钾溶液或 5%硫代硫酸钠溶液洗胃。就医。
皮肤接触：立即脱去污染的衣着，用流动清水或 5%硫代硫酸钠溶液彻底冲洗至少 20 min。就医。
眼睛接触：立即提起眼睑，用大量流动清水或生理盐水彻底冲洗至少 15 min。就医。
【灭火方法】
切断泄漏源。若不能切断泄漏源，则不允许熄灭泄漏处的火焰。消防人员必须穿戴全身专用防护服，佩戴氧气呼吸器，在安全距离以外或有防护措施处操作。
灭火剂：干粉、抗溶性泡沫、二氧化碳。用水灭火无效，但须用水保持火场容器冷却。用雾状水驱散蒸气。</td></tr>
</table>

续表

应急处置原则	【泄漏应急处置】 消除所有点火源。根据气体的影响区域划定警戒区，无关人员从侧风、上风向撤离至安全区。建议应急处理人员戴正压自给式空气呼吸器，穿防毒、防静电服。作业时使用的所有设备应接地。禁止接触或跨越泄漏物。尽可能切断泄漏源。喷雾状水抑制蒸气或改变蒸气云流向，避免水流接触泄漏物。禁止用水直接冲击泄漏物或泄漏源。防止气体通过下水道、通风系统和密闭性空间扩散。隔离泄漏区直至气体散尽。可考虑引燃漏出气，以消除有毒气体的影响。 当作为无水稳定的氰化氢时：小量泄漏，初始隔离 60 m，下风向疏散白天 200 m、夜晚 600 m；大量泄漏，初始隔离 400 m，下风向疏散白天 1 600 m、夜晚 4 100 m。 当在氰化氢含量小于 45%的乙醇溶液中时：小量泄漏，初始隔离 30 m，下风向疏散白天 100 m、夜晚 300 m；大量泄漏，初始隔离 200 m，下风向疏散白天 500 m、夜晚 1 900 m。 当作为稳定的氰化氢（被吸收的）时：小量泄漏，初始隔离 60 m，下风向疏散白天 200 m、夜晚 600 m；大量泄漏，初始隔离 150 m，下风向疏散白天 600 m、夜晚 1700 m。

14　氰化钠

特别警示	剧毒固体，遇酸产生剧毒、易燃的氰化氢气体。
理化特性	白色或略带颜色的块状或结晶状颗粒，有微弱的苦杏仁味。易溶于水，溶液呈弱碱性，并缓慢反应生成剧毒的氰化氢气体，其溶液在空气存在下能溶解金和银。微溶于乙醇。分子量 49.0，熔点 563.7℃，沸点 1 496℃，相对密度（水＝1）1.596，饱和蒸气压 0.13 kPa（817℃）。 主要用途：主要用于提炼金、银等贵重金属和淬火，并用于塑料、农药、医药、染料等有机合成工业。
危害信息	【燃烧和爆炸危险性】 不燃。 【活性反应】 与硝酸盐、亚硝酸盐、氯酸盐反应剧烈，有发生爆炸的危险。遇酸会产生剧毒、易燃的氰化氢气体。在潮湿空气或二氧化碳中即缓慢发出微量氰化氢气体。 【健康危害】 吸入、口服或经皮肤吸收均可引起急性中毒。氰化钠抑制呼吸酶，造成细胞内窒息。口服 50～100 mg 即可引起猝死。 解毒剂：亚硝酸异戊酯、亚硝酸钠、硫代硫酸钠、4－二甲基氨基苯酚。 列入《剧毒化学品目录》。
安全措施	【一般要求】 操作人员必须经过专门培训，严格遵守操作规程，熟练掌握操作技能，具备应急处置知识。 严加密闭，防止泄漏，工作场所提供充分的局部排风和全面通风。 生产、使用及储存场所应设置泄漏检测报警仪，配备两套以上重型防护服，操作尽可能机械化、自动化。操作人员应该佩戴过滤式防尘呼吸器，穿连衣式防毒衣，戴橡胶手套。 避免产生粉尘。避免与氧化剂、酸类接触。 生产、储存区域应设置安全警示标志。搬运时要轻装轻卸，防止包装及容器损坏。分装和搬运作业要注意个人防护。配备泄漏应急处理设备。 【特殊要求】 【操作安全】 (1) 避免直接接触氰化钠，操作人员应配戴必要的防护用品；避免吸入含氢氰酸的气体，必要时应戴上防毒面具。 (2) 配备便携式氰化氢气体检测仪。

续表

安全措施	(3) 生产车间、化验室和采样等各工作岗位的工作人员不得带任何未愈的伤口上岗，并且必须有2人以上时方可开展工作。 (4) 氰化钠运转设备的外漏部分或危及人身安全的部位，应设置防护罩、安全护栏挡板，防止无关人员靠近。 (5) 工作场所配备洗眼器、喷淋装置。生产车间和作业场所应配备急救药品和相应滤毒器材、正压自给式空气呼吸器、防尘器材、防溅面罩、防护眼镜和耐碱的胶皮手套等防护用品。 (6) 生产设备的清洗污水及生产车间内部地坪的冲洗水须收入应急池，经处理合格后才可排放。 【储存安全】 (1) 储存于阴凉、干燥、通风良好的专用库房内，库内相对湿度不超过80%。包装密封。 (2) 应与氧化剂、酸类、食用化学品单独存放，不能混储。搬运时要轻装轻卸，防止包装和容器损坏，储存区域应备有合适的材料、容器收集散落、泄漏物。氰化钠溶液应储存于专用储罐。氰化钠溶液储罐应采用耐碱性材质，设有夹套，夏日能进行冷却，保持氰化钠溶液储罐在25℃以下，防止其聚合。氰化钠溶液储存区设置围堰，地面进行防渗透处理，并配备倒装罐或储液池。 (3) 定期检查氰化钠溶液的储罐、槽车、阀门和泵等，防止滴漏。 (4) 应严格执行剧毒化学品"双人收发，双人保管"制度。 【运输安全】 (1) 运输车辆应有危险货物运输标志、安装具有行驶记录功能的卫星定位装置。未经公安机关批准，运输车辆不得进入危险化学品运输车辆限制通行的区域。 (2) 工业氰化钠溶液应用专用槽车运输，容器须用盖密封。工业固体氰化钠应用厢式车辆运输。包装应符合《固体氰化物包装》(GB 19268—2003)，每桶（袋）净含量25 kg、40 kg、50 kg、70 kg、380 kg、1 000 kg。 (3) 公路运输时必须有氰化钠采购证、准运证，押运人员的押运证，槽（罐）车准用证，配备相应的劳动防护用品和防护器材。要按规定路线行驶，因转载、休息、事故等需要暂时停放时，要选择安全的场所。禁止在居民区和人口稠密区停留。在装好氰化钠行车前，要认真检查货物捆绑是否扎实，阀门是否滴漏，行车途中要经常停车检查货物是否松绑、雨淋等状况，发现问题及时解决。 (4) 输送氰化钠溶液的管道不应靠近热源敷设。液体氰化钠管道宜采用架空敷设，必要时亦可近地面敷设，但不宜埋地敷设。输送管道需安装扫线装置，宜采用半固定吹扫接头，在输送完毕后应用惰性气体将液体反吹回储罐，排液口应设废液回收装置。氰化钠管道外壁颜色、标志应执行《工业管道的基本识别色、识别符号和安全标识》(GB 7231—2003) 的规定。
应急处置原则	【急救措施】 吸入：迅速脱离现场至空气新鲜处。保持呼吸道通畅。如呼吸困难，给氧。呼吸心跳停止时，立即进行人工呼吸（勿用口对口）和胸外心脏按压术。给予吸入亚硝酸异戊酯并就医。 食入：饮足量温水，催吐。用1∶5 000高锰酸钾溶液或5%硫代硫酸钠溶液洗胃。就医。 皮肤接触：立即脱去污染的衣着，用流动清水或5%硫代硫酸钠溶液彻底冲洗至少20 min。就医。 眼睛接触：立即提起眼睑，用大量流动清水或生理盐水彻底冲洗至少15 min。就医。 【灭火方法】 本品不燃，但周围起火时应切断气源。发生火灾时应尽量抢救商品，防止包装破损，引起环境污染。消防人员必须佩戴防毒面具，穿全身防火防毒服，在上风向灭火。由于火场中可能发生容器爆破的情况，消防人员须在防爆掩蔽处操作。 灭火剂：根据周围着火原因选择适当灭火剂灭火。可用干粉、砂土。禁止用二氧化碳和酸碱灭火剂灭火。 【泄漏应急处置】 隔离泄漏污染区，限制出入。建议应急处理人员戴防尘口罩，穿防毒服。作业时使用的所有设备应接地。穿上适当的防护服前严禁接触破裂的容器和泄漏物。尽可能切断泄漏源。小量泄漏：用干燥的

续表

应急处置原则	砂土或其他不燃材料覆盖泄漏物，然后用塑料布覆盖，减少飞散、避免雨淋。用洁净的铲子收集泄漏物，置于干净、干燥、盖子较松的容器中，将容器移离泄漏区。 作为一项紧急预防措施，固体泄漏隔离距离至少为25 m。如果为大量泄漏，则在初始隔离距离的基础上加大下风向的疏散距离。在水体中泄漏时，组织民众远离水源污染区域。

15　苯胺

特别警示	有毒液体，易经皮肤吸收。
理化特性	无色至浅黄色透明液体，有强烈气味。暴露在空气中或在日光下变成棕色。微溶于水，溶于乙醇、乙醚、苯。分子量93.13，2%的溶液pH值约8，熔点－6.2℃，沸点184.4℃，相对密度（水＝1）1.02，相对蒸气密度（空气＝1）3.3，饱和蒸气压2.00 kPa（25℃），燃烧热3 389.8 kJ/mol，临界温度425.6℃，临界压力5.30 MPa，辛醇/水分配系数0.94，闪点70℃，引燃温度615℃，爆炸极限1.2%～11.0%（体积比）。 主要用途：可用来测定油品的苯胺点，也用作染料中间体、农药、橡胶助剂及其他有机合成等的原料。
危害信息	【燃烧和爆炸危险性】 遇明火、高热可燃。 【活性反应】 与酸类、卤素、醇类、胺类发生强烈反应，会引起燃烧。 【健康危害】 本品主要引起高铁血红蛋白血症、溶血性贫血和肝、肾损害。易经皮肤吸收。可出现溶血性黄疸、中毒性肝炎及肾损害。可出现化学性膀胱炎。眼接触引起结膜角膜炎。慢性中毒患者有神经衰弱综合征表现，伴有轻度紫绀、贫血和肝、脾肿大。皮肤接触可引起湿疹。 解毒剂：静脉注射维生素C和亚甲蓝。 职业接触限值：PC－TWA（时间加权平均容许浓度）（mg/m^3）：3（皮）。
安全措施	【一般要求】 操作人员必须经过专门培训，严格遵守操作规程，熟练掌握操作技能，具备应急处置知识。 密闭操作，提供充分的局部排风。远离火种、热源，工作场所严禁吸烟。操作尽可能机械化、自动化。 生产、使用及储存场所应设置泄漏检测报警仪，使用防爆型的通风系统和设备，配备两套以上重型防护服。操作人员应该佩戴过滤式防毒面具，戴安全防护眼镜，穿防毒物渗透工作服，戴耐油橡胶手套。 储罐等容器和设备应设置液位计、温度计，并应装有带液位、温度远传记录和报警功能的安全装置，重点储罐需设置紧急切断装置。 避免与氧化剂、酸类接触。 生产、储存区域应设置安全警示标志。搬运时要轻装轻卸，防止包装及容器损坏。配备相应品种和数量的消防器材及泄漏应急处理设备。 【特殊要求】 【操作安全】 （1）打开苯胺容器时，确定工作区通风良好且无火花或引火源存在；避免让释出的蒸气进入工作区的空气中。避免直接接触苯胺，操作人员应配戴必要的防护用品；避免吸入有毒气体，应戴上防毒面具。 （2）严禁利用苯胺管道做电焊接地线。严禁用铁器敲击管道与阀体，以免引起火花。 （3）生产区域内，严禁明火和可能产生明火、火花的作业。生产需要或检修期间需动火时，必须办

续表

安全措施	理动火审批手续；要有可靠的防火、防爆措施。一旦发生物品着火，应用干粉灭火器、二氧化碳灭火器、砂土灭火。 （4）在苯胺环境中作业还应采用以下防护措施： ——根据不同作业环境配备相应的苯胺检测仪及防护装置，并落实人员管理，使苯胺检测仪及防护装置处于备用状态； ——作业环境应设立风向标； ——供气装置的空气压缩机应置于上风侧； ——重点检测区应设置醒目的标志、苯胺检测仪、报警器及排风扇；在可能发生苯胺中毒的主要出入口应设置醒目的危险危害因素告知牌； ——进行检修和抢修作业时，应携带苯胺检测仪和正压式空气呼吸器。 （5）生产设备的清洗污水及生产车间内部地坪的冲洗水须收入应急池，经处理合格后才可排放。 （6）充装时使用万向节管道充装系统，严防超装。 【储存安全】 （1）储存于阴凉、干燥、通风良好的专用库房内。库房温度不超过 32℃，相对湿度不超过 80%。 （2）应与氧化剂、酸类、食用化学品分开存放，切忌混储。储存区应备有合适的材料收容泄漏物。储存区设置围堰，地面进行防渗透处理，并配备倒装罐或储液池。 （3）注意防雷、防静电，厂（车间）内的储罐应按《建筑物防雷设计规范》（GB 50057—2010）的规定设置防雷设施。 （4）定期检查苯胺的储罐、槽车、阀门和泵等，防止滴漏。 【运输安全】 （1）运输车辆应有危险货物运输标志、安装具有行驶记录功能的卫星定位装置。未经公安机关批准，运输车辆不得进入危险化学品运输车辆限制通行的区域。 （2）苯胺应用专用槽车运输。用其他包装容器运输时，容器须用盖密封。运输车辆应符合消防安全要求，配备相应的消防器材。运输车辆进入厂区，保持安全车速。 （3）严禁与氧化剂、酸类、食用化学品等混装混运。运输时运输车辆应配备泄漏应急处理设备。运输途中应防曝晒、防雨淋、防高温。 （4）输送苯胺的管道不应靠近热源敷设；管道采用地上敷设时，应在人员活动较多和易遭车辆、外来物撞击的地段，采取保护措施并设置明显的警示标志；苯胺管道架空敷设时，管道应敷设在非燃烧体的支架或栈桥上。在已敷设的苯胺管道下面，不得修建与苯胺管道无关的建筑物和堆放易燃物品；苯胺管道外壁颜色、标志应执行《工业管道的基本识别色、识别符号和安全标识》（GB 7231—2003）的规定。
应急处置原则	【急救措施】 吸入：迅速脱离现场至空气新鲜处。保持呼吸道通畅。如呼吸困难，给氧。如呼吸停止，立即进行人工呼吸。就医。 食入：饮足量温水，催吐。就医。 皮肤接触：立即脱去污染的衣着，用肥皂水和清水彻底冲洗皮肤。就医。 眼睛接触：立即提起眼睑，用大量流动清水或生理盐水彻底冲洗至少 15 min。就医。 【灭火方法】 消防人员须戴好防毒面具，在安全距离以外，在上风向灭火。 灭火剂：雾状水、泡沫、二氧化碳、砂土。 【泄漏应急处置】 根据液体流动和蒸气扩散的影响区域划定警戒区，无关人员从侧风、上风向撤离至安全区。消除所有点火源。建议应急处理人员戴正压自给式空气呼吸器，穿防毒服。穿上适当的防护服前严禁接触破裂的容器和泄漏物。尽可能切断泄漏源。防止泄漏物进入水体、下水道、地下室或密闭性空间。小量

续表

应急处置原则	泄漏：用干燥的砂土或其他不燃材料吸收或覆盖，收集于容器中。大量泄漏：构筑围堤或挖坑收容。用石灰粉吸收大量液体。用泵转移至槽车或专用收集器内。 作为一项紧急预防措施，液体泄漏隔离距离至少为 50 m，如果为大量泄漏，则在初始隔离距离的基础上加大下风向的疏散距离。

16　乙酸乙酯

特别警示	高度易燃，对眼、鼻、咽喉有刺激作用。
理化特性	无色澄清液体，有芳香气味，易挥发。微溶于水，溶于醇、酮、醚、氯仿等多数有机溶剂。分子量 88.10，熔点－83.6℃，沸点 77.2℃，相对密度（水＝1）0.90，相对蒸气密度（空气＝1）3.04，饱和蒸气压 10.1 kPa（20℃），燃烧热 2 244.2 kJ/mol，临界温度 250.1℃，临界压力 3.83 MPa，辛醇/水分配系数 0.73，闪点－4℃，引燃温度 426.7℃，爆炸极限 2.2%～11.5%（体积比）。 主要用途：用途很广，主要用作溶剂，及用于染料和一些医药中间体的合成。
危害信息	【燃烧和爆炸危险性】 高度易燃，其蒸气与空气混合，能形成爆炸性混合物。遇明火、高热能引起燃烧爆炸。与氧化剂接触猛烈反应。蒸气比空气重，沿地面扩散并易积存于低洼处，遇火源会着火回燃。 【健康危害】 对眼、鼻、咽喉有刺激作用。高浓度吸入可引起进行性麻醉作用，急性肺水肿，肝、肾损害。持续大量吸入，可致呼吸麻痹。误服者可产生恶心、呕吐、腹痛、腹泻等。有致敏作用，因血管神经障碍而致牙龈出血；可致湿疹样皮炎。慢性影响：长期接触本品有时可致角膜混浊、继发性贫血、白细胞增多等。 职业接触限值：PC－TWA（时间加权平均容许浓度）（mg/m^3）：200；PC－STEL（短时间接触容许浓度）（mg/m^3）：300。
安全措施	【一般要求】 操作人员必须经过专门培训，应具有防火、防爆、防静电事故和预防职业病的知识和操作能力，严格遵守操作规程。 生产过程密闭，全面通风。防止乙酸乙酯蒸气泄漏到工作场所空气中；在有乙酸乙酯存在或使用乙酸乙酯的场所，设置可燃气体检测报警仪，并与应急通风联锁。禁止接触高温和明火。可能接触其蒸气时，应佩戴自吸过滤式防毒面具，穿防静电工作服。戴乳胶手套。工作现场禁止吸烟。工作毕，沐浴更衣。注意个人清洁卫生。紧急事态抢救或撤离时，应佩戴正压自给式空气呼吸器。戴化学安全防护眼镜。提供安全淋浴和洗眼设备。 储罐等容器和设备应设置液位计、温度计，并应装有带液位、温度远传记录和报警功能的安全装置。 避免与强氧化剂、酸类、碱类接触。 生产、储存区域应设置安全警示标志。禁止使用易产生火花的机械设备和工具装卸。进入作业场所时，应去除身体携带的静电。 【特殊要求】 【操作安全】 （1）乙酸乙酯挥发性极强，在大量存在乙酸乙酯的区域或使用乙酸乙酯作业的人员，应配备便携式可燃气体检测报警仪。 （2）灌装时控制管道内流速小于 3 m/s，且有良好接地装置，防止静电积聚。 （3）避免将容器置于调温环境中，以免发生泄漏和爆炸。 （4）生产装置中宜采用微负压操作，以免蒸气泄漏。 【储存安全】 （1）储存于阴凉，通风的库房。远离火种，热源。库房内温度不宜超过 30℃。保持容器密封。

续表

安全措施	(2) 应与氧化剂、酸类、碱类、食用化学品分开存放，切忌混储。库房内的照明、通风等设施应采用防爆型，开关设在室外。配备相应品种和数量的消防器材。禁止使用易产生火花的机械设备和工具。定期检查是否有泄漏现象。储存区应备有泄漏应急处理设备和合适的收容材料。 【运输安全】 (1) 运输车辆应有危险货物运输标志、安装具有行驶记录功能的卫星定位装置。未经公安机关批准，运输车辆不得进入危险化学品运输车辆限制通行的区域。 (2) 运输时所用的槽（罐）车应有接地链，槽内可设孔隔板以减少震荡产生静电。运输车辆应配备相应品种和数量的消防器材及泄漏应急处理设备。装运该物品的车辆排气管必须配备阻火装置，禁止使用易产生火花的机械设备和工具装卸。严禁与氧化剂、酸类、碱类、食用化学品等混装混运。运输途中应防暴晒、雨淋，防高温。中途停留时应远离火种、热源、高温区，勿在居民区和人口稠密区停留。高温季节最好早晚运输。
应急处置原则	【急救措施】 吸入：将患者移到空气新鲜处。保持呼吸道通畅，如果呼吸困难，给氧。若呼吸、心跳停止、给予心肺复苏。就医。 食入：饮足量温水，催吐。尽快就医。 皮肤接触：脱去污染的衣着，用肥皂水和清水彻底冲洗皮肤至少 15 min。如有不适感，就医。 眼睛接触：立即提起眼睑，用大量流动清水或生理盐水彻底冲洗至少 15 min。就医。 【灭火方法】 采用抗溶性泡沫、二氧化碳、干粉、砂土灭火。用水灭火无效，但可用水保持火场中容器冷却。 【泄漏应急处置】 消除所有点火源。根据液体流动和蒸气扩散的影响区域划定警戒区，无关人员从侧风、上风向撤离至安全区。建议应急处理人员戴正压自给式空气呼吸器，穿防静电服。作业时使用的所有设备应接地。禁止接触或跨越泄漏物。尽可能切断泄漏源。防止泄漏物进入水体、下水道、地下室或密闭性空间。小量泄漏：用砂土或其他不燃材料吸收。使用洁净的无火花工具收集吸收材料。大量泄漏：构筑围堤或挖坑收容。用泡沫覆盖，减少蒸发。喷水雾能减少蒸发，但不能降低泄漏物在受限制空间内的易燃性。用防爆泵转移至槽车或专用收集器内。喷雾状水驱散蒸气、稀释液体泄漏物。 作为一项紧急预防措施，泄漏隔离距离周围至少为 50 m。如果为大量泄漏，下风向的初始疏散距离应至少为 300 m。

17 硝酸铵

特别警示	与易燃物、可燃物混合或急剧加热会发生爆炸。
理化特性	无色无臭的透明结晶或呈白色的小颗粒，有潮解性。易溶于水、乙醇、丙酮、氨水，不溶于乙醚。分子量 80.05，熔点 169.6℃，沸点 210℃（分解），相对密度（水＝1）1.72。 主要用途：主要用作化肥、分析试剂、氧化剂、制冷剂、烟火和炸药原料。
危害信息	【燃烧和爆炸危险性】 助燃。与易（可）燃物混合或急剧加热会发生爆炸。受强烈震动也会起爆。 【活性反应】 强氧化剂，与还原剂、有机物、易燃物如硫、磷或金属粉末等混合可形成爆炸性混合物。 【健康危害】 对呼吸道、眼及皮肤有刺激性。接触后可引起恶心、呕吐、头痛、虚弱、无力和虚脱等。大量接触可引起高铁血红蛋白血症，影响血液的携氧能力，出现紫绀、头痛、头晕、虚脱，甚至死亡。口服引起剧烈腹痛、呕吐、血便、休克、全身抽搐、昏迷，甚至死亡。

续表

安全措施	【一般要求】 操作人员必须经过专门培训，严格遵守操作规程，熟练掌握操作技能，具备应急处置知识。 生产过程密闭，加强通风。使用防爆型的通风系统和设备，提供安全淋浴和洗眼设备。可能接触其粉尘时，建议佩戴自吸过滤式防尘口罩。戴化学安全防护眼镜，戴橡胶手套。工作现场禁止吸烟、进食和饮水。 远离火种、热源。应与易（可）燃物、还原剂、酸类、活性金属粉末分开存放，切忌混储。 生产、储存区域应设置安全警示标志。禁止振动、撞击和摩擦。 【特殊要求】农用品应做改性处理。 【操作安全】 （1）操作人员佩戴自吸过滤式防尘口罩，戴化学安全防护眼镜，穿聚乙烯防毒服，戴橡胶手套。 （2）避免产生粉尘。避免与还原剂、酸类、活性金属粉末接触。搬运时要轻装轻卸，防止包装及容器损坏。配备相应品种和数量的消防器材及泄漏应急处理设备。 （3）严格执行工艺指标，按工艺规程或操作法进行操作，各种设备禁止超温、超压、超负荷运行。禁止将油和氯离子带入硝酸铵溶液系统，防止熔融液喷溅到人体上会导致接触部位严重烧伤，必须定期地将机械上（尤其转动与擦油部分）所沉积的硝酸铵和油等除去，生产中凡遇到危及人身或设备安全或可能发生火灾、爆炸事故等紧急情况，操作人员有权先停车后报告，停车后操作人员需要详细说明所遇到的紧急情况，等隐患消除后方能开车。 【储存安全】 （1）储存于阴凉、通风的库房。远离火种、热源。 （2）应与易（可）燃物、还原剂、酸类、活性金属粉末分开存放，切忌混储。储存区应备有合适的材料收容泄漏物。禁止振动、撞击和摩擦。 【运输安全】 （1）运输车辆应有危险货物运输标志、安装具有行驶记录功能的卫星定位装置。未经公安机关批准，运输车辆不得进入危险化学品运输车辆限制通行的区域。 （2）运输时单独装运，运输过程中要确保容器不泄漏、不倒塌、不坠落、不损坏。运输时运输车辆应配备相应品种和数量的消防器材。严禁与易（可）燃物、还原剂、酸类、活性金属粉末等并车混运。 （3）拥有齐全的危险化学品运输资质，必须配备押运人员，并随时处于押运人员的监管之下，不得超装、超载，不得进入危险化学品运输车辆禁止通行的区域；确需进入禁止通行区域的，应当事先向当地公安部门报告，运输时车速不宜过快，不得强行超车。运输车辆装卸前后，均应彻底清扫、洗净，严禁混入有机物、易燃物等杂质。
应急处置原则	【急救措施】 吸入：迅速脱离现场至空气新鲜处。保持呼吸道通畅。如呼吸困难，给氧。呼吸、心跳停止，立即进行心肺复苏术。就医。 食入：对于神志清醒患者，给予漱口，可给予催吐和洗胃。 皮肤接触：脱去污染的衣着，用肥皂水和清水彻底冲洗皮肤至少 15 min。如有不适感，就医。 眼睛接触：提起眼睑，用流动清水或生理盐水冲洗。如有不适感，就医。 【灭火方法】 消防人员须佩戴防毒面具、穿全身消防服，在上风向灭火。切勿将水流直接射至熔融物，以免引起严重的流淌火灾或引起剧烈的沸溅。遇大火，消防人员须在有防护掩蔽处操作。灭火剂：水、雾状水。禁止用砂土压盖。 【泄漏应急处置】 隔离泄漏污染区，限制出入。建议应急处理人员戴防尘口罩，穿防毒服。勿使泄漏物与可燃物质（如木材、纸、油等）接触。穿上适当的防护服前严禁接触破裂的容器和泄漏物。尽可能切断泄漏源。勿使水进入包装容器内。小量泄漏：用洁净的铲子收集泄漏物，置于干净、干燥、盖子较松的容器中，将容器移离泄漏区。大量泄漏：泄漏物回收后，用水冲洗泄漏区。 作为一项紧急预防措施，泄漏隔离距离周围至少为 25 m。如果为大量泄漏，下风向的初始疏散距离应至少为 100 m。

附录二

部分第二批重点监管的危险化学品安全措施和事故应急处置原则

1 氯酸钠

风险提示	与易燃物、可燃物混合或急剧加热会发生爆炸。
理化特性	无色无味结晶，味咸而凉，有潮解性。易溶于水，微溶于乙醇。分子量 106.44，熔点 248℃，沸点 300℃（分解），相对密度（水=1）2.5。 主要用途：用于生产二氧化氯、亚氯酸盐、高氯酸盐及其他氯酸盐，还用于印染、冶金、造纸、皮革行业。
危害信息	【燃烧和爆炸危险性】 助燃。与易（可）燃物混合或急剧加热会发生爆炸。如被有机物等污染，对撞击敏感。 【活性反应】 强氧化剂，与还原剂、强酸、铵盐、有机物、易燃物如硫、磷或金属粉末等混合可形成爆炸性混合物。 【健康危害】 粉尘对呼吸道、眼及皮肤有刺激性。口服急性中毒，表现为高铁血红蛋白血症，肠胃炎，肝肾损伤，甚至发生窒息。
安全措施	【一般要求】 操作人员必须经过专门培训，严格遵守操作规程，熟练掌握操作技能，具备应急处置知识。 生产过程密闭，加强通风。使用防爆型的通风系统和设备，提供安全淋浴和洗眼设备。可能接触其粉尘时，建议佩戴自吸过滤式防尘口罩。戴化学安全防护眼镜，戴橡胶手套。作业现场禁止吸烟、进食和饮水。 远离火种、热源。应与禁配物分开存放，切忌混储。 生产、储存区域应设置安全警示标志。禁止振动、撞击和摩擦。配备相应品种和数量的消防器材及泄漏应急处理设备。 输送装置应有防止固体物料黏结器壁的技术保障措施，并应结合工艺特点和生产情况制订定期清扫的管理制度。严禁轴承设置在粉状危险物料中混药、输送等；输送螺旋和混药设备应有应急消防雨淋装置，输送螺旋和混药设备应选择有利于泄爆、清扫、应急处理的封闭方式。 采用湿法粉碎工艺时，应待物料全部浸湿后方可开机；当采用金属球和金属球磨筒方式进行粉碎时，宜用水或含水溶剂作为介质。粉碎混合加工过程中应设置自动导出静电的装置，出料时应将接料车和出料器用导线可靠连接并整体接地。 生产过程中易引起燃烧爆炸的机械化作业应设置自动报警、自动停机、自动泄爆、自动雨淋等安全自控装置；自动化生产线的单机设备除有自动控制系统监控外，在现场还应设置应急控制操作装置。 生产过程中产生的不合格品和废品应隔离存放、及时处理；内包装材料应统一回收存放在远离热源的场所，并及时销毁。 【特殊要求】 【操作安全】 （1）可能接触粉尘时，操作人员佩戴自吸过滤式防尘口罩，戴化学安全防护眼镜，穿静电工作服，戴橡胶手套。

续表

安全措施	(2) 避免产生粉尘。避免与还原剂、强酸、铵盐、有机物、易（可）燃物接触。搬运时要轻装轻卸，防止包装及容器损坏。配备相应品种和数量的消防器材及泄漏应急处理设备。 (3) 生产过程中需用热媒加热或加工过程中可能引起物料温升的作业点，均应设置温度检测仪器并采取温控措施。 【储存安全】 (1) 储存于阴凉、通风、干燥的库房。远离火种、热源。工业氯酸钠保质期为3年；逾期可重新检验，检验结果符合要求时，方可继续使用。库房温度不超过30℃，相对湿度不超过80%。 (2) 应与还原剂、强酸、铵盐、有机物、易（可）燃物分开存放，切忌混储。存放时，应距加热器（包括暖气片）和热力管线300 mm以上。储存区应备有合适的材料收容泄漏物。禁止振动、撞击和摩擦。禁止使用易产生火花的机械设备和工具。 【运输安全】 (1) 运输车辆应有危险货物运输标志、安装具有行驶记录功能的卫星定位装置。未经公安机关批准，运输车辆不得进入危险化学品运输车辆限制通行的区域。 (2) 运输过程中应有遮盖物，防止暴晒和雨淋、猛烈撞击、包装破损，不得倒置。严禁与酸类、铵盐、有机物、易（可）燃物、还原剂、自燃物品、遇湿易燃物品等同车混运。运输过程中要确保容器不泄漏、不倒塌、不坠落、不损坏。运输时运输车辆应配备相应品种和数量的消防器材。搬运时要轻装轻卸，防止包装及容器损坏。禁止振动、撞击和摩擦。 (3) 拥有齐全的危险化学品运输资质，必须配备押运人员，并随时处于押运人员的监管之下，不得超装、超载，不得进入危险化学品运输车辆禁止通行的区域；确需进入禁止通行区域的，应当事先向当地公安部门报告，运输时车速不宜过快，不得强行超车。运输车辆装卸前后，均应彻底清扫、洗净，严禁混入有机物、易燃物等杂质。
应急处置原则	【急救措施】 吸入：迅速脱离现场至空气新鲜处，休息。就医。 食入：漱口。就医。 眼睛接触：立即提起眼睑，用流动清水或生理盐水冲洗。就医。 皮肤接触：立即用大量水冲洗，然后脱去污染的衣着，接着再冲洗。就医。 【灭火方法】 灭火剂：用水灭火。禁止使用砂土、干粉灭火。 大火时，远距离用大量水灭火。消防人员应佩戴防毒面具、穿全身消防服，在上风向灭火。在确保安全的前提下将容器移离火场。用大量水冷却容器，直至火扑灭。切勿开动已处于火场中的货船或车辆。 如果在火场中有储罐、槽车或罐车，周围至少隔离800 m；同时初始疏散距离也至少为800 m。 【泄漏应急处置】 隔离泄漏污染区，限制出入。建议应急处理人员戴防尘面具（全面罩），穿防毒服。不要直接接触泄漏物。勿使泄漏物与有机物、还原剂、易燃物接触。小量泄漏：避免扬尘，用洁净的铲子收集于干燥、洁净、且盖子较松的容器中，并将容器移离泄漏区。大量泄漏：收集回收或运至废物处理场所处置，泄漏物回收后，用水冲洗泄漏区。 作为一项紧急预防措施，泄漏隔离距离至少为25 m。如果为大量泄漏，下风向的初始疏散距离应至少为100 m。

2　氯酸钾

风险提示	与易燃物、可燃物混合或急剧加热会发生爆炸。
理化特性	无色片状结晶或白色颗粒粉末，味咸而凉。溶于水，不溶于醇、甘油。分子量122.55，熔点357℃，沸点400℃（分解），相对密度（水=1）2.34。 主要用途：用于火柴、焰火、冶金、医药行业中的氧化剂及制造其他氯酸盐。

续表

危害信息	【燃烧和爆炸危险性】 助燃。与易（可）燃物混合或急剧加热会发生爆炸。如被有机物等污染，对撞击敏感。 【活性反应】 强氧化剂，与还原剂、铵盐、硫化物、有机物、易燃物如硫、磷或金属粉末等混合可形成爆炸性混合物。 【健康危害】 粉尘对呼吸道有刺激性。口服急性中毒，表现为高铁血红蛋白血症，胃肠炎，肝肾损伤，甚至发生窒息。
安全措施	【一般要求】 操作人员必须经过专门培训，严格遵守操作规程，熟练掌握操作技能，具备应急处置知识。 生产过程密闭，加强通风。使用防爆型的通风系统和设备，提供安全淋浴和洗眼设备。可能接触其粉尘时，建议佩戴自吸过滤式防尘口罩。戴化学安全防护眼镜，戴橡胶手套。作业现场禁止吸烟、进食和饮水。 远离火种、热源。应与禁配物分开存放，切忌混储。 生产、储存区域应设置安全警示标志。禁止振动、撞击和摩擦。配备相应品种和数量的消防器材及泄漏应急处理设备。 输送装置应有防止固体物料黏结器壁的技术保障措施，并应结合工艺特点和生产情况制定定期清扫的管理制度。严禁轴承设置在粉状危险物料中混药、输送等；输送螺旋和混药设备应有应急消防雨淋装置，输送螺旋和混药设备应选择有利于泄爆、清扫、应急处理的封闭方式。 采用湿法粉碎工艺时，应待物料全部浸湿后方可开机；当采用金属球和金属球磨筒方式进行粉碎时，宜用水或含水溶剂作为介质。粉碎混合加工过程中应设置自动导出静电的装置，出料时应将接料车和出料器用导线可靠连接并整体接地。 生产过程中易引起燃烧爆炸的机械化作业应设置自动报警、自动停机、自动泄爆、自动雨淋等安全自控装置；自动化生产线的单机设备除有自动控制系统监控外，在现场还应设置应急控制操作装置。 生产过程中产生的不合格品和废品应隔离存放、及时处理；内包装材料应统一回收存放在远离热源的场所，并及时销毁。 【特殊要求】 【操作安全】 （1）可能接触粉尘时，操作人员佩戴自吸过滤式防尘口罩，戴化学安全防护眼镜，穿静电工作服，戴橡胶手套。 （2）避免产生粉尘。避免与还原剂、强酸、铵盐、有机物、易（可）燃物接触。搬运时要轻装轻卸，防止包装及容器损坏。配备相应品种和数量的消防器材及泄漏应急处理设备。 （3）生产过程中需用热媒加热或加工过程中可能引起物料温升的作业点，均应设置温度检测仪器并采取温控措施。 【储存安全】 （1）储存于阴凉、通风、干燥的库房。远离火种、热源。库房温度不超过 30℃，相对湿度不超过 80%。 （2）应与还原剂、强酸、铵盐、硫化物、有机物、易（可）燃物分开存放，切忌混储。存放时，应距加热器（包括暖气片）和热力管线 300 mm 以上。储存区应备有合适的材料收容泄漏物。禁止振动、撞击和摩擦。禁止使用易产生火花的机械设备和工具。 【运输安全】 （1）运输车辆应有危险货物运输标志、安装具有行驶记录功能的卫星定位装置。未经公安机关批准，运输车辆不得进入危险化学品运输车辆限制通行的区域。 （2）运输过程中应有遮盖物，防止暴晒和雨淋、猛烈撞击、包装破损，不得倒置。严禁与酸类、铵盐、硫化物、有机物、易（可）燃物、还原剂、自燃物品、遇湿易燃物品等同车混运。运输过程中要

续表

安全措施	确保容器不泄漏、不倒塌、不坠落、不损坏。运输时运输车辆应配备相应品种和数量的消防器材。搬运时要轻装轻卸，防止包装及容器损坏。禁止振动、撞击和摩擦。 （3）拥有齐全的危险化学品运输资质，必须配备押运人员，并随时处于押运人员的监管之下，不得超装、超载，不得进入危险化学品运输车辆禁止通行的区域；确需进入禁止通行区域的，应当事先向当地公安部门报告，运输时车速不宜过快，不得强行超车。运输车辆装卸前后，均应彻底清扫、洗净，严禁混入有机物、易燃物等杂质。
应急处置原则	【急救措施】 吸入：迅速脱离现场至空气新鲜处，休息。就医。 食入：漱口，饮一杯水，催吐。就医。 眼睛接触：立即提起眼睑，用流动清水或生理盐水冲洗。就医。 皮肤接触：立即用大量水冲洗，然后脱去污染的衣着，接着再冲洗。就医。 【灭火方法】 灭火剂：用水灭火。禁止使用砂土、干粉灭火。 大火时，远距离用大量水灭火。消防人员应佩戴防毒面具、穿全身消防服，在上风向灭火。在确保安全的前提下将容器移离火场。用大量水冷却容器，直至火扑灭。切勿开动已处于火场中的货船或车辆。 如果在火场中有储罐、槽车或罐车，周围至少隔离 800 m；同时初始疏散距离也至少为 800 m。 【泄漏应急处置】 隔离泄漏污染区，限制出入。建议应急处理人员戴防尘面具（全面罩），穿防毒服。不要直接接触泄漏物。勿使泄漏物与有机物、还原剂、易燃物接触。小量泄漏：用塑料布、帆布覆盖，减少飞散，避免扬尘，用洁净的铲子收集于干燥、洁净、且盖子较松的容器中，并将容器移离泄漏区。大量泄漏：收集回收或运至废物处理场所处置，泄漏物回收后，用水冲洗泄漏区。 作为一项紧急预防措施，泄漏隔离距离至少为 25 m。如果为大量泄漏，下风向的初始疏散距离应至少为 100 m。

3　硝化纤维素

风险提示	干燥时能自燃。遇高热、火星有燃烧爆炸的危险。
理化特性	白色或微黄色各种形态固体，如棉絮状、纤维状等。不溶于水，溶于酯、丙酮。典型分子量 504.3，自燃温度 160～170℃，相对密度（水＝1）1.66。 主要用途：用于生产赛璐珞、摄影底片、照相底片、漆片、炸药等。
危害信息	【燃烧和爆炸危险性】 属爆炸品的硝化纤维素大量堆积或密闭容器中燃烧能转化为爆轰；干燥硝化棉因摩擦产生静电而自燃，也可在较低温度下自行缓慢分解放热而自燃。 【活性反应】 与氧化剂、大多数有机胺等接触会发生剧烈反应，有燃烧爆炸的危险。 【健康危害】 本身基本无害。使用商业产品时需关注溶剂的危害。
安全措施	【一般要求】 操作人员必须经过专门培训，严格遵守操作规程，熟练掌握操作技能，具备应急处置知识。 生产过程密闭，加强通风。使用防爆型的通风系统和设备，提供安全淋浴和洗眼设备。可能接触其粉尘时，建议佩戴自吸过滤式防尘口罩。戴化学安全防护眼镜，戴橡胶手套。作业现场禁止吸烟、进食和饮水。

续表

安全措施	远离火种、热源。应与禁配物分开存放，切忌混储。 生产、储存区域应设置安全警示标志。禁止振动、撞击和摩擦。配备相应品种和数量的消防器材及泄漏应急处理设备。 生产过程中易引起燃烧爆炸的机械化作业应设置自动报警、自动停机、自动泄爆、自动雨淋等安全自控装置；自动化生产线的单机设备除有自动控制系统监控外，在现场还应设置应急控制操作装置。 生产过程中产生的不合格品和废品应隔离存放、及时处理；内包装材料应统一回收存放在远离热源的场所，并及时销毁。 【特殊要求】 【操作安全】 （1）穿防静电服，戴手套；空气中粉尘浓度较高时，操作人员佩戴自吸过滤式防尘口罩，戴化学安全防护眼镜。 （2）避免产生粉尘。避免与氧化剂、有机胺等接触。搬运时要轻装轻卸，防止包装及容器损坏。配备相应品种和数量的消防器材及泄漏应急处理设备。 （3）生产过程中需用热媒加热或加工过程中可能引起物料温升的作业点，均应设置温度检测仪器并采取温控措施。 【储存安全】 （1）储存于阴凉、通风、干燥的专用库房。远离火种、热源。库房温度不超过 25℃，相对湿度不超过 80%。 （2）应与氧化剂、有机胺等分开存放，切忌混储。存放时，应距加热器（包括暖气片）和热力管线 300 mm 以上。储存区应备有合适的材料收容泄漏物。禁止振动、撞击和摩擦。禁止使用易产生火花的机械设备和工具。 【运输安全】 （1）运输车辆应有危险货物运输标志、安装具有行驶记录功能的卫星定位装置。未经公安机关批准，运输车辆不得进入危险化学品运输车辆限制通行的区域。 （2）运输过程中应有遮盖物，防止暴晒和雨淋、猛烈撞击、包装破损，不得倒置。严禁与氧化剂、有机胺等同车混运。运输过程中要确保容器不泄漏、不倒塌、不坠落、不损坏。运输时运输车辆应配备相应品种和数量的消防器材。搬运时要轻装轻卸，防止包装及容器损坏。禁止振动、撞击和摩擦。 （3）拥有齐全的危险化学品运输资质，必须配备押运人员，并随时处于押运人员的监管之下，不得超装、超载，不得进入危险化学品运输车辆禁止通行的区域；确需进入禁止通行区域的，应当事先向当地公安部门报告，运输时车速不宜过快，不得强行超车。
应急处置原则	【急救措施】 吸入：将病人移到空气清新处，休息。就医。 食入：漱口并就医。 眼睛接触：用大量水冲洗数分钟并就医。 皮肤接触：脱去污染的衣物，用大量清水和肥皂清洗接触部分。 【灭火方法】 灭火剂：货物着火时，严禁灭火！因为可能爆炸。切勿开动已处于火场中的货船或车辆。 其他情况下，小火，用大量水灭火，无水时，可用二氧化碳、干粉、泡沫灭火。 大火时，远距离用大量水扑救。消防人员应戴好防毒面具，在上风向灭火。如果可能，并且无危险，可使用无人操作的灭火喷头或可监视喷头远距离灭火。禁止一切通行，清理方圆至少 800 m 范围内的区域，任其自行燃烧。 如果在火场中有储罐、槽车或罐车，周围至少隔离 800 m；同时初始疏散距离也至少为 800 m。 【泄漏应急处置】 隔离泄漏污染区，限制出入。消除所有点火源（泄漏区附近禁止吸烟、消除所有明火、火花或火

续表

应急处置原则	焰）。建议应急处理人员戴防尘口罩，穿消防防护服。作业时使用的所有设备应接地。禁止接触或跨越泄漏物。小量泄漏：用大量水冲洗泄漏区。大量泄漏：用水润湿，并筑堤收容。通过慢慢加入大量水保持泄漏物湿润。 作为一项紧急预防措施，泄漏隔离距离至少为 100 m。如果是大量泄漏，下风向的初始疏散距离应至少为 500 m。

4　硝酸胍

风险提示	加热至 150℃时分解并爆炸。
理化特性	白色晶体粉末或颗粒。溶于水、乙醇，微溶于丙酮，不溶于苯、乙醚。分子量 122.11，沸点 212～217℃，低于沸点分解，相对密度（水＝1）。 主要用途：用于制造炸药、消毒剂、照相化学品等。
危害信息	【燃烧和爆炸危险性】 受热、接触明火、或受到摩擦、振动、撞击时可发生爆炸。加热至 150℃时分解并爆炸。 【活性反应】 强氧化剂，与硝基化合物和氯酸盐组成的混合物对振动和摩擦敏感并可能爆炸。 【健康危害】 对眼睛、皮肤、黏膜和呼吸道有刺激性。
安全措施	【一般要求】 操作人员必须经过专门培训，严格遵守操作规程，熟练掌握操作技能，具备应急处置知识。 生产过程密闭，加强通风。使用防爆型的通风系统和设备，提供安全淋浴和洗眼设备。可能接触其粉尘时，建议佩戴自吸过滤式防尘口罩。戴化学安全防护眼镜，戴橡胶手套。作业现场禁止吸烟、进食和饮水。 远离火种、热源。应与禁配物分开存放，切忌混储。 生产、储存区域应设置安全警示标志。禁止振动、撞击和摩擦。配备相应品种和数量的消防器材及泄漏应急处理设备。 输送装置应有防止固体物料黏结器壁的技术保障措施，并应结合工艺特点和生产情况制定定期清扫的管理制度。严禁轴承设置在粉状危险物料中混药、输送等；输送螺旋和混药设备应有应急消防雨淋装置，输送螺旋和混药设备应选择有利于泄爆、清扫、应急处理的封闭方式。 采用湿法粉碎工艺时，应待物料全部浸湿后方可开机；当采用金属球和金属球磨筒方式进行粉碎时，宜用水或含水溶剂作为介质。粉碎混合加工过程中应设置自动导出静电的装置，出料时应将接料车和出料器用导线可靠连接并整体接地。 生产过程中易引起燃烧爆炸的机械化作业应设置自动报警、自动停机、自动泄爆、自动雨淋等安全自控装置；自动化生产线的单机设备除有自动控制系统监控外，在现场还应设置应急控制操作装置。 生产过程中产生的不合格品和废品应隔离存放、及时处理；内包装材料应统一回收存放在远离热源的场所，并及时销毁。 【特殊要求】 【操作安全】 （1）可能接触粉尘时，操作人员佩戴自吸过滤式防尘口罩，戴化学安全防护眼镜，穿防静电工作服，戴橡胶手套。 （2）避免产生粉尘。避免与硝基化合物、氯酸盐等接触。搬运时要轻装轻卸，防止包装及容器损坏。配备相应品种和数量的消防器材及泄漏应急处理设备。 （3）生产过程中需用热媒加热或加工过程中可能引起物料温升的作业点，均应设置温度检测仪器并采取温控措施。

续表

安全措施	【储存安全】 (1) 储存于阴凉、通风、干燥的专用库房。远离火种、热源。库房温度不超过 30℃，相对湿度不超过 80%。 (2) 应与硝基化合物、氯酸盐等分开存放，切忌混储。存放时，应距加热器（包括暖气片）和热力管线 300 mm 以上。储存区应备有合适的材料收容泄漏物。禁止振动、撞击和摩擦。禁止使用易产生火花的机械设备和工具。 【运输安全】 (1) 运输车辆应有危险货物运输标志、安装具有行驶记录功能的卫星定位装置。未经公安机关批准，运输车辆不得进入危险化学品运输车辆限制通行的区域。 (2) 运输过程中应有遮盖物，防止暴晒和雨淋、猛烈撞击、包装破损，不得倒置。严禁与硝基化合物、氯酸盐等同车混运。运输过程中要确保容器不泄漏、不倒塌、不坠落、不损坏。运输时运输车辆应配备相应品种和数量的消防器材。搬运时要轻装轻卸，防止包装及容器损坏。禁止振动、撞击和摩擦。 (3) 拥有齐全的危险化学品运输资质，必须配备押运人员，并随时处于押运人员的监管之下，不得超装、超载，不得进入危险化学品运输车辆禁止通行的区域；确需进入禁止通行区域的，应当事先向当地公安部门报告，运输时车速不宜过快，不得强行超车。运输车辆装卸前后，均应彻底清扫、洗净，严禁混入有机物、易燃物等杂质。
应急处置原则	【急救措施】 吸入：迅速脱离现场至空气新鲜处，休息。就医。 食入：饮足量温水，不要催吐。就医。 眼睛接触：立即提起眼睑，用流动清水或生理盐水冲洗。就医。 皮肤接触：立即用大量水冲洗，然后脱去污染的衣着，接着再冲洗并就医。 【灭火方法】 灭火剂：用水灭火。禁止使用砂土、干粉灭火。 大火时，远距离用大量水灭火。消防人员应佩戴防毒面具、穿全身消防服，在上风向灭火。在确保安全的前提下将容器移离火场。切勿开动已处于火场中的货船或车辆。筑堤收容消防废水。 如果在火场中有储罐、槽车或罐车，周围至少隔离 800 m；同时初始疏散距离也至少为 800 m。 【泄漏应急处置】 隔离泄漏污染区，限制出入。消除所有点火源（泄漏区附近禁止吸烟、消除所有明火、火花或火焰）。建议应急处理人员戴防尘面具（全面罩），穿防毒服。不要直接接触泄漏物。勿使泄漏物与有机物、还原剂、易燃物接触。防止泄漏物进入水体、下水道、地下室或密闭空间。小量泄漏：用大量水冲洗泄漏区。大量泄漏：在专业人员指导下清除。 作为一项紧急预防措施，泄漏隔离距离至少为 25 m。如果为大量泄漏，在初始隔离距离的基础上加大下风向的疏散距离。

5 高氯酸铵

风险提示	急剧加热时可发生爆炸。
理化特性	无色或白色晶体。溶于水、甲醇，不溶于乙醇、丙酮。分子量 117.49，熔点 130℃（分解），相对密度（水=1）1.95。 主要用途：用于制造焰火、无烟炸药、摄影药剂、人工防雹火箭用药和氧化剂等。
危害信息	【燃烧和爆炸危险性】 急剧加热时可发生爆炸。130℃开始分解，380℃爆炸。 【活性反应】

续表

危害信息	强氧化剂，与还原剂、有机物、易燃物如硫、磷或金属粉末等混合可形成爆炸性混合物，遇明火、高热、摩擦、振动、撞击可能引起激烈燃烧或爆炸。 【健康危害】 对眼睛、皮肤、黏膜和呼吸道有刺激性。长期或反复接触，可致甲状腺激素水平降低。
安全措施	【一般要求】 操作人员必须经过专门培训，严格遵守操作规程，熟练掌握操作技能，具备应急处置知识。 生产过程密闭，加强通风。使用防爆型的通风系统和设备，提供安全淋浴和洗眼设备。可能接触其粉尘时，建议佩戴自吸过滤式防尘口罩。戴化学安全防护眼镜，戴橡胶手套。作业现场禁止吸烟、进食和饮水。 远离火种、热源。应与禁配物分开存放，切忌混储。 生产、储存区域应设置安全警示标志。禁止振动、撞击和摩擦。配备相应品种和数量的消防器材及泄漏应急处理设备。 输送装置应有防止固体物料黏结器壁的技术保障措施，并应结合工艺特点和生产情况制定定期清扫的管理制度。严禁轴承设置在粉状危险物料中混药、输送等；输送螺旋和混药设备应有应急消防雨淋装置，输送螺旋和混药设备应选择有利于泄爆、清扫、应急处理的封闭方式。 采用湿法粉碎工艺时，应待物料全部浸湿后方可开机；当采用金属球和金属球磨筒方式进行粉碎时，宜用水或含水溶剂作为介质。粉碎混合加工过程中应设置自动导出静电的装置，出料时应将接料车和出料器用导线可靠连接并整体接地。 生产过程中易引起燃烧爆炸的机械化作业应设置自动报警、自动停机、自动泄爆、自动雨淋等安全自控装置；自动化生产线的单机设备除有自动控制系统监控外，在现场还应设置应急控制操作装置。 生产过程中产生的不合格品和废品应隔离存放、及时处理；内包装材料应统一回收存放在远离热源的场所，并及时销毁。 【特殊要求】 【操作安全】 (1) 可能接触粉尘时，操作人员佩戴自吸过滤式防尘口罩，戴化学安全防护眼镜，穿防静电工作服，戴橡胶手套。 (2) 避免产生粉尘。避免与还原剂、有机物、易（可）燃物接触。搬运时要轻装轻卸，防止包装及容器损坏。配备相应品种和数量的消防器材及泄漏应急处理设备。 (3) 生产过程中需用热媒加热或加工过程中可能引起物料温升的作业点，均应设置温度检测仪器并采取温控措施。 【储存安全】 (1) 储存于阴凉、通风、干燥的库房。远离火种、热源。工业高氯酸铵保质期为 5 年；逾期可重新检验，检验结果符合要求时，方可继续使用。库房温度不超过 30℃，相对湿度不超过 80%。 (2) 应与还原剂、有机物、易（可）燃物分开存放，切忌混储。存放时，应距加热器（包括暖气片）和热力管线 300 mm 以上。储存区应备有合适的材料收容泄漏物。禁止振动、撞击和摩擦。禁止使用易产生火花的机械设备和工具。 【运输安全】 (1) 运输车辆应有危险货物运输标志、安装具有行驶记录功能的卫星定位装置。未经公安机关批准，运输车辆不得进入危险化学品运输车辆限制通行的区域。 (2) 运输过程中应有遮盖物，防止暴晒和雨淋、猛烈撞击、包装破损，不得倒置。严禁与还原剂、有机物、易（可）燃物等同车混运。运输过程中要确保容器不泄漏、不倒塌、不坠落、不损坏。运输时运输车辆应配备相应品种和数量的消防器材。搬运时要轻装轻卸，防止包装及容器损坏。禁止振动、撞击和摩擦。 (3) 拥有齐全的危险化学品运输资质，必须配备押运人员，并随时处于押运人员的监管之下，不得

续表

安全措施	超装、超载，不得进入危险化学品运输车辆禁止通行的区域；确需进入禁止通行区域的，应当事先向当地公安部门报告，运输时车速不宜过快，不得强行超车。运输车辆装卸前后，均应彻底清扫、洗净，严禁混入有机物、易燃物等杂质。
应急处置原则	【急救措施】 吸入：迅速脱离现场至空气新鲜处。保持呼吸道通畅。如呼吸困难，给输氧。如呼吸停止，立即进行心肺复苏术。就医。 食入：漱口，给饮牛奶或蛋清，不要催吐。就医。 眼睛接触：立即提起眼睑，用流动清水或生理盐水冲洗。就医。 皮肤接触：立即脱去污染的衣着，用肥皂和清水彻底冲洗皮肤。 【灭火方法】 灭火剂：本品不燃。根据着火原因选择适当灭火剂灭火。 如果高氯酸铵处于火场中，严禁灭火！因为可能爆炸。禁止一切通行，清理方圆至少 1 600 m 范围内的区域，任其自行燃烧。切勿开动已处于火场中的货船或车辆。 如果在火场中有储罐、槽车或罐车，周围至少隔离 1 600 m；同时初始疏散距离也至少为 1 600 m。 【泄漏应急处置】 隔离泄漏污染区，限制出入。消除所有点火源（泄漏区附近禁止吸烟、消除所有明火、火花或火焰）。建议应急处理人员戴防尘面具（全面罩），穿防毒服。不要直接接触泄漏物。作业时所有设备应接地。避免振动、撞击和摩擦。泄漏源附近 100 m 内禁止开启电雷管和无线电发送设备。用水润湿泄漏物。严禁清扫干的泄漏物。在专业人员指导下清除。 作为一项紧急预防措施，泄漏隔离距离至少为 500 m。如果为大量泄漏，下风向的初始疏散距离应至少为 800 m。

6 硝基胍

风险提示	遇明火、高热、摩擦、振动、撞击可能引起激烈燃烧或爆炸。
理化特性	白色针状晶体。微溶于水、乙醇、甲醇，溶于热水、碱液，不溶于醚。分子量 104.07，熔点 239℃（分解），相对密度（水=1）1.71。 主要用途：是硝化纤维火药、硝化甘油火药以及二甘醇二硝酸酯的掺合剂、固体火箭推进剂的重要组分。
危害信息	【燃烧和爆炸危险性】 遇明火、高热、摩擦、振动、撞击可能引起激烈燃烧或爆炸（干的或含水〈20%为爆炸品，受热150℃分解爆炸；含水〉20%为易燃固体，为脱敏爆炸品，受热 275℃发生强烈爆炸）。 【活性反应】 与氧化剂等接触会发生剧烈反应，有燃烧爆炸的危险。 【健康危害】 对眼睛、皮肤、黏膜和呼吸道有刺激性。
安全措施	【一般要求】 操作人员必须经过专门培训，严格遵守操作规程，熟练掌握操作技能，具备应急处置知识。 生产过程密闭，加强通风。使用防爆型的通风系统和设备，提供安全淋浴和洗眼设备。可能接触其粉尘时，建议佩戴自吸过滤式防尘口罩。戴化学安全防护眼镜，戴橡胶手套。作业现场禁止吸烟、进食和饮水。 远离火种、热源。应与禁配物分开存放，切忌混储。 生产、储存区域应设置安全警示标志。禁止振动、撞击和摩擦。配备相应品种和数量的消防器材及

续表

安全措施	泄漏应急处理设备。 输送装置应有防止固体物料黏结器壁的技术保障措施，并应结合工艺特点和生产情况制定定期清扫的管理制度。严禁轴承设置在粉状危险物料中混药、输送等；输送螺旋和混药设备应有应急消防雨淋装置，输送螺旋和混药设备应选择有利于泄爆、清扫、应急处理的封闭方式。 采用湿法粉碎工艺时，应待物料全部浸湿后方可开机；当采用金属球和金属球磨筒方式进行粉碎时，宜用水或含水溶剂作为介质。粉碎混合加工过程中应设置自动导出静电的装置，出料时应将接料车和出料器用导线可靠连接并整体接地。 生产过程中易引起燃烧爆炸的机械化作业应设置自动报警、自动停机、自动泄爆、自动雨淋等安全自控装置；自动化生产线的单机设备除有自动控制系统监控外，在现场还应设置应急控制操作装置。 生产过程中产生的不合格品和废品应隔离存放、及时处理；内包装材料应统一回收存放在远离热源的场所，并及时销毁。 【特殊要求】 【操作安全】 (1) 可能接触粉尘时，操作人员佩戴自吸过滤式防尘口罩，戴化学安全防护眼镜，穿防静电工作服，戴橡胶手套。 (2) 避免产生粉尘。避免与氧化剂、强还原剂、强碱等接触。搬运时要轻装轻卸，防止包装及容器损坏。配备相应品种和数量的消防器材及泄漏应急处理设备。 (3) 生产过程中需用热媒加热或加工过程中可能引起物料温升的作业点，均应设置温度检测仪器并采取温控措施。 【储存安全】 (1) 为安全起见，储存时可加不少于15%的水作稳定剂。储存于阴凉、通风的爆炸品专用库房。远离火种、热源。库房温度不超过30℃，相对湿度小于80%。 (2) 应与氧化剂、还原剂、强碱分开存放，切忌混储。存放时，应距加热器（包括暖气片）和热力管线300 mm以上。储存区应备有合适的材料收容泄漏物。禁止振动、撞击和摩擦。禁止使用易产生火花的机械设备和工具。 【运输安全】 (1) 运输车辆应有危险货物运输标志、安装具有行驶记录功能的卫星定位装置。未经公安机关批准，运输车辆不得进入危险化学品运输车辆限制通行的区域。 (2) 运输过程中应有遮盖物，防止暴晒和雨淋、猛烈撞击、包装破损，不得倒置。严禁与氧化剂、还原剂、强碱等同车混运。运输过程中要确保容器不泄漏、不倒塌、不坠落、不损坏。运输时运输车辆应配备相应品种和数量的消防器材。搬运时要轻装轻卸，防止包装及容器损坏。禁止振动、撞击和摩擦。 (3) 拥有齐全的危险化学品运输资质，必须配备押运人员，并随时处于押运人员的监管之下，不得超装、超载，不得进入危险化学品运输车辆禁止通行的区域；确需进入禁止通行区域的，应当事先向当地公安部门报告，运输时车速不宜过快，不得强行超车。运输车辆装卸前后，均应彻底清扫、洗净，严禁混入有机物、易燃物等杂质。
应急处置原则	【急救措施】 吸入：迅速脱离现场至空气新鲜处。保持呼吸道通畅。如呼吸困难，给输氧。如呼吸停止，立即进行心肺复苏术。就医。 食入：用水漱口。就医。 眼睛接触：立即提起眼睑，用大量流动清水或生理盐水彻底冲洗至少15 min。就医。 皮肤接触：立即脱去污染的衣着，用肥皂和清水彻底冲洗皮肤。就医。 【灭火方法】 灭火剂：用水灭火。

续表

应急处置原则	如果硝基胍处于火场中，严禁灭火！因为可能爆炸。禁止一切通行，清理方圆至少 1 600 m 范围内的区域，任其自行燃烧。切勿开动已处于火场中的货船或车辆。 如果在火场中有储罐、槽车或罐车，周围至少隔离 1 600 m；同时初始疏散距离也至少为 1 600 m。 【泄漏应急处置】 隔离泄漏污染区，限制出入。消除所有点火源（泄漏区附近禁止吸烟、消除所有明火、火花或火焰）。建议应急处理人员戴防尘面具（全面罩），穿防毒服。不要直接接触泄漏物。作业时所有设备应接地。避免振动、撞击和摩擦。泄漏源附近 100 m 内禁止开启电雷管和无线电发送设备。用水润湿泄漏物。严禁清扫干的泄漏物。在专业人员指导下清除。 作为一项紧急预防措施，泄漏隔离距离至少为 500 m。如果为大量泄漏，下风向的初始疏散距离应至少为 800 m。

7 硝化甘油

风险提示	受撞击、摩擦，或遇点火源及易爆炸；有毒。
理化特性	白色或淡黄色黏稠液体，低温易冻结。微溶于水，与乙醇、乙醚、苯等混溶。分子量 227.11，熔点 13℃，沸点 218℃（爆炸），相对密度（水＝1）1.6，相对蒸气密度（空气＝1）7.8，燃烧热 1540kJ/mol，饱和蒸气压 0.03Pa（20℃）。 主要用途：制造军事和商业用炸药。
危害信息	【燃烧和爆炸危险性】 遇明火、高热、摩擦、振动、撞击可能引起激烈燃烧或爆炸。50～60℃开始分解，大于 145℃剧烈分解，在 215～218℃爆炸。强烈紫外线照射，使其至 100℃时产生爆炸。 【活性反应】 与路易氏酸、臭氧等接触会发生剧烈反应，有燃烧爆炸的危险。 【健康危害】 少量吸收即可引起剧烈的搏动性头痛，常有恶心、心悸，有时有呕吐和腹痛，面部发热、潮红；较大量产生低血压、抑郁、精神错乱，偶见谵妄、高铁血红蛋白血症和紫绀。饮酒后，上述症状加剧，并可发生躁狂。本品易经皮肤吸收，应防止皮肤接触。慢性影响：可有头痛、疲乏等不适。
安全措施	【一般要求】 操作人员必须经过专门培训，严格遵守操作规程，熟练掌握操作技能，具备应急处置知识。 生产过程密闭，加强通风。使用防爆型的通风系统和设备，提供安全淋浴和洗眼设备。建议佩戴自吸过滤式防毒面具，戴化学安全防护眼镜，戴橡胶手套。作业现场禁止吸烟、进食和饮水。 远离火种、热源。应与禁配物分开存放，切忌混储。 生产、储存区域应设置安全警示标志。禁止振动、撞击和摩擦。配备相应品种和数量的消防器材及泄漏应急处理设备。 生产过程中易引起燃烧爆炸的机械化作业应设置自动报警、自动停机、自动泄爆、自动雨淋等安全自控装置；自动化生产线的单机设备除有自动控制系统监控外，在现场还应设置应急控制操作装置。 生产过程中产生的不合格品和废品应隔离存放、及时处理；内包装材料应统一回收存放在远离热源的场所，并及时销毁。 【特殊要求】 【操作安全】 （1）操作人员佩戴自吸过滤式防毒面具，戴化学安全防护眼镜，穿聚乙烯防护服，戴橡胶手套。 （2）避免与路易氏酸、臭氧、氧化剂等接触。搬运时要轻装轻卸，防止包装及容器损坏。配备相应品种和数量的消防器材及泄漏应急处理设备。 （3）生产过程中需用热媒加热或加工过程中可能引起物料温升的作业点，均应设置温度检测仪器并

续表

安全措施	采取温控措施。 【储存安全】 (1) 储存于阴凉、通风的爆炸品专用库房。远离火种、热源。库房温度不超过 32℃，相对湿度不超过 80%。 (2) 应与路易氏酸、臭氧、氧化剂等分开存放，切忌混储。存放时，应距加热器（包括暖气片）和热力管线 300 mm 以上。储存区应备有合适的材料收容泄漏物。禁止振动、撞击和摩擦。禁止使用易产生火花的机械设备和工具。 【运输安全】 (1) 运输车辆应有危险货物运输标志、安装具有行驶记录功能的卫星定位装置。未经公安机关批准，运输车辆不得进入危险化学品运输车辆限制通行的区域。 (2) 运输过程中应有遮盖物，防止暴晒和雨淋、猛烈撞击、包装破损，不得倒置。严禁与路易氏酸、臭氧、氧化剂等同车混运，尤其是促进剂。运输过程中要确保容器不泄漏、不倒塌、不坠落、不损坏。运输时运输车辆应配备相应品种和数量的消防器材。搬运时要轻装轻卸，防止包装及容器损坏。禁止振动、撞击和摩擦。 (3) 拥有齐全的危险化学品运输资质，必须配备押运人员，并随时处于押运人员的监管之下，不得超装、超载，不得进入危险化学品运输车辆禁止通行的区域；确需进入禁止通行区域的，应当事先向当地公安部门报告，运输时车速不宜过快，不得强行超车。 (4) 车辆遇有临时停车时，应避开人员密集地区和重要设施，并设专人监护；车辆故障必须进行检修时，严禁在车辆周围近 50 m 范围内进行明火作业。
应急处置原则	【急救措施】 吸入：迅速脱离现场至空气新鲜处。保持呼吸道通畅。如呼吸困难，给输氧。如呼吸停止，立即进行心肺复苏术。就医。 食入：漱口，催吐，给服活性炭浆并就医。 眼睛接触：立即提起眼睑，用流动清水或生理盐水冲洗。就医。 皮肤接触：立即脱去污染的衣着，用肥皂和清水彻底冲洗皮肤。 【灭火方法】 灭火剂：用水灭火。 如果硝化甘油处于火场中，严禁灭火！因为可能爆炸。禁止一切通行，清理方圆至少 1 600 m 范围内的区域，任其自行燃烧。切勿开动已处于火场中的货船或车辆。 如果在火场中有储罐、槽车或罐车，周围至少隔离 1 600 m；同时初始疏散距离也至少为 1 600 m。 【泄漏应急处置】 隔离泄漏污染区，限制出入。消除所有点火源（泄漏区附近禁止吸烟、消除所有明火、火花或火焰）。建议应急处理人员戴防尘面具（全面罩），穿防毒服。不要直接接触泄漏物。作业时所有设备应接地。避免震动、撞击和摩擦。泄漏源附近 100 m 内禁止开启电雷管和无线电发送设备。用水润湿泄漏物。严禁清扫干的泄漏物。在专业人员指导下清除。 作为一项紧急预防措施，泄漏隔离距离至少为 500 m。如果为大量泄漏，下风向的初始疏散距离应至少为 800 m。

8 乙醚

特别警示	极易燃液体，不得使用直流水扑救（用水灭火无效）；有全身麻醉作用。
理化特性	无色透明液体，有芳香气味，极易挥发。微溶于水，溶于乙醇、苯、氯仿等多数有机溶剂。分子量 74.1，熔点－116℃，沸点 35℃，相对密度（水＝1）0.7，相对蒸气密度（空气＝1）2.6，临界压力 3.61 MPa，临界温度 192.7℃，闪点－45℃（闭杯），爆炸极限 1.7%～48%（体积比），自燃温度 160～180℃，燃烧热 2 748.4 kJ/mol。 主要用途：工业上用作溶剂、萃取剂，医药上用作麻醉剂。

续表

<table>
<tr><td>危害信息</td><td>【燃烧和爆炸危险性】
极易燃，与空气可形成爆炸性混合物，遇明火、高热有燃烧爆炸的危险。蒸气比空气重，能在较低处扩散到相当远的地方，遇火源会着火回燃和爆炸。
【活性反应】
与过氯酸、氯气、氧气、臭氧等氧化剂强烈反应，有发生燃烧爆炸的危险。
【健康危害】
本品的主要作用为全身麻醉。饮用含酒精饮料可能增加危害。
急性影响：大量接触，早期出现兴奋，继而嗜睡、呕吐、面色苍白、脉缓、体温下降和呼吸不规则，而有生命危险。急性接触后的暂时后作用有头痛、易激动或抑郁、流涎、呕吐、食欲下降和多汗等。液体或高浓度蒸气对眼有刺激性。
慢性影响：长期低浓度吸入，有头痛、头晕、疲倦、嗜睡、蛋白尿、红细胞增多症。长期皮肤接触，可发生皮肤干燥、皲裂。
职业接触限值：PC－TWA（时间加权平均容许浓度）（mg/m^3）：300；PC－STEL（短时间接触容许浓度）（mg/m^3）：500。</td></tr>
<tr><td>安全措施</td><td>【一般要求】
操作人员必须经过专门培训，严格遵守操作规程，熟练掌握操作技能，具备应急处置知识。
密闭操作，防止泄漏，全面通风。
生产、使用及储存场所应设置泄漏检测报警仪，使用防爆型的通风系统和设备。操作人员应穿防静电工作服，戴耐油橡胶手套，当空气中浓度超标时，佩戴过滤式防毒面具。远离火种、热源，工作场所严禁吸烟。
储罐等压力容器和设备应设置安全阀、压力表、液位计、温度计，并应装有带压力、液位、温度远传记录和报警功能的安全装置。
避免与氧化剂接触。
生产、储存区域应设置安全警示标志。搬运时要轻装轻卸，防止包装及容器损坏。配备相应品种和数量的消防器材及泄漏应急处理设备。
【特殊要求】
【操作安全】
（1）设置必要的安全联锁及紧急排放系统、易燃物质检测报警系统以及正常及事故通风设施，通风设施应每年进行一次检查。
（2）在传送过程中，容器、管道必须接地和跨接，防止产生静电。
（3）保持设备的压力正常，有关管线要畅通。维护保养好设备，消除跑、冒、滴、漏等现象，使设备处于完好状态。
（4）生产区域内，严禁明火和可能产生明火、火花的作业。生产需要或检修期间需动火时，必须办理动火审批手续。
【储存安全】
（1）储存于阴凉、通风良好的专用库房或储罐内，远离火种、热源。库房温度不宜超过29℃，保持容器密封。
（2）应与氧化剂等分开存放，切忌混储。采用防爆型照明、通风设施。禁止使用易产生火花的机械设备和工具。储存区应备有泄漏应急处理设备和合适的收容材料。搬运时要轻装轻卸，防止包装及容器损坏。仓库内设置乙醚检测报警仪。
（3）注意防雷、防静电，厂（车间）内的储罐应按《建筑物防雷设计规范》（GB 50057—2010）的规定设置防雷防静电设施。
【运输安全】
（1）运输车辆应有危险货物运输标志、安装具有行驶记录功能的卫星定位装置。未经公安机关批准，运输车辆不得进入危险化学品运输车辆限制通行的区域。</td></tr>
</table>

续表

安全措施	（2）采用专用槽罐车运输，配备相应品种和数量的消防器材及泄漏应急处理设备。运输时所用的槽（罐）车应有接地链，槽内可设孔隔板以减少振荡产生静电。装运该物品的车辆排气管必须配备阻火装置，禁止使用易产生火花的机械设备和工具装卸，禁止溜放。严禁与氧化剂等混装混运。运输途中应防暴晒、防雨淋、防高温。中途停留时应远离火种、热源、高温区，勿在居民区和人口稠密区停留。高温季节最好早晚运输。 （3）拥有齐全的危险化学品运输资质，必须配备押运人员，并随时处于押运人员的监管之下，不得超装、超载，不得进入危险化学品运输车辆禁止通行的区域；确需进入禁止通行区域的，应当事先向当地公安部门报告，运输时车速不宜过快，不得强行超车。
应急处置原则	【急救措施】 吸入：迅速脱离现场至空气新鲜处。保持呼吸道通畅。如呼吸困难，给输氧。呼吸、心跳停止，立即进行心肺复苏术。就医。 食入：饮水，禁止催吐。如有不适感，就医。 眼睛接触：提起眼睑，用流动清水或生理盐水冲洗。如有不适感，就医。 皮肤接触：脱去污染的衣着，用肥皂水和清水彻底冲洗皮肤。如有不适感，就医。 【灭火方法】 灭火剂：闪点很低，用水灭火无效。 小火时，用干粉、二氧化碳、水幕或抗醇泡沫灭火。 大火时，用水幕、雾状水或抗醇泡沫灭火，不得使用直流水扑救。消防人员应佩戴防毒面具、穿全身消防服，在上风向灭火。在确保安全的前提下将容器移离火场。用大量水冷却容器，直至火扑灭。切勿开动已处于火场中的货船或车辆。处在火场中的容器若已变色或从安全泄压装置中产生声音，必须马上撤离。 如果在火场中有储罐、槽车或罐车，周围至少隔离 800 m；同时初始疏散距离也至少为 800 m。 【泄漏应急处置】 根据液体流动和蒸气扩散的影响区域划定警戒区，无关人员从侧风、上风向撤离至安全区。消除所有点火源（泄漏区附近禁止吸烟、消除所有明火、火花或火焰）。建议应急处理人员戴自给正压式呼吸器，穿防毒服。尽可能切断泄漏源。小量泄漏：用干土、砂或其他不燃性材料吸收或覆盖并收集于容器中，使用洁净的非火花工具收集。大量泄漏：在液体泄漏物前方筑堤收容。雾状水能抑制蒸气的产生，但在密闭空间中的蒸气仍能被引燃。防止泄漏物进入水体、下水道、地下室或密闭空间。在专业人员指导下清除。 作为一项紧急预防措施，泄漏隔离距离至少为 50 m。如果为大量泄漏，下风向的初始疏散距离应至少为 300 m。

9　2，2’－偶氮二异丁腈

风险提示	遇明火、高热、摩擦、振动、撞击可能引起激烈燃烧或爆炸。受热时性质不稳定，逐渐分解甚至能引起爆炸。
理化特性	白色晶体或粉末。不溶于水，溶于乙醇、乙醚、甲苯等。分子量 164.24，熔点 105℃（分解），相对密度（水＝1）1.1。 主要用途：作为橡胶、塑料等发泡剂，也用于其他有机合成。
危害信息	【燃烧和爆炸危险性】 遇明火、高热、摩擦、振动、撞击可能引起激烈燃烧或爆炸。受热时性质不稳定，40℃逐渐分解，至 103～104℃时激烈分解，释放出大量热和有毒气体，能引起爆炸。溶解在有机溶剂时，有燃烧爆炸危险。易累积静电。

续表

危害信息	【活性反应】 与醇类、酸类、氧化剂、丙酮、醛类和烃类混合，有燃烧爆炸危险。 【健康危害】 大量接触可出现头痛、头胀、易疲劳、流涎和呼吸困难等症状。对本品作发泡剂的泡沫塑料加热或切割时产生的挥发性物质可刺激咽喉，口中有苦味，并可致呕吐和腹痛。本品分解能产生剧毒的甲基琥珀腈。长期接触可引起神经衰弱综合征，呼吸道刺激症状以及肝、肾损害。
安全措施	【一般要求】 操作人员必须经过专门培训，严格遵守操作规程，熟练掌握操作技能，具备应急处置知识。 生产过程密闭，加强通风。使用防爆型的通风系统和设备，提供安全淋浴和洗眼设备。建议佩戴自吸过滤式防尘口罩，戴化学安全防护眼镜，戴橡胶手套。作业现场禁止吸烟、进食和饮水。 远离火种、热源。应与禁配物分开存放，切忌混储。 生产、储存区域应设置安全警示标志。禁止振动、撞击和摩擦。配备相应品种和数量的消防器材及泄漏应急处理设备。 采用湿法粉碎工艺时，应待物料全部浸湿后方可开机；当采用金属球和金属球磨筒方式进行粉碎时，宜用水或含水溶剂作为介质。粉碎混合加工过程中应设置自动导出静电的装置，出料时应将接料车和出料器用导线可靠连接并整体接地。 生产过程中易引起燃烧爆炸的机械化作业应设置自动报警、自动停机、自动泄爆、自动雨淋等安全自控装置；自动化生产线的单机设备除有自动控制系统监控外，在现场还应设置应急控制操作装置。 生产过程中产生的不合格品和废品应隔离存放、及时处理；内包装材料应统一回收存放在远离热源的场所，并及时销毁。 【特殊要求】 【操作安全】 (1) 操作人员佩戴自吸过滤式防尘口罩，戴化学安全防护眼镜，穿防静电工作服，戴橡胶手套。 (2) 避免产生粉尘。避免与醇类、酸类、氧化剂、丙酮、醛类和烃类等接触。搬运时要轻装轻卸，防止包装及容器损坏。配备相应品种和数量的消防器材及泄漏应急处理设备。 (3) 生产过程中需用热媒加热或加工过程中可能引起物料温升的作业点，均应设置温度检测仪器并采取温控措施。 【储存安全】 (1) 储存于阴凉、通风的库房。远离火种、热源。库房温度不超过 35℃。 (2) 应与醇类、氧化剂、丙酮、醛类和烃类等分开存放，切忌混储。存放时，应距加热器（包括暖气片）和热力管线 300 mm 以上。储存区应备有合适的材料收容泄漏物。禁止振动、撞击和摩擦。禁止使用易产生火花的机械设备和工具。 【运输安全】 (1) 运输车辆应有危险货物运输标志、安装具有行驶记录功能的卫星定位装置。未经公安机关批准，运输车辆不得进入危险化学品运输车辆限制通行的区域。 (2) 运输过程中应有遮盖物，防止暴晒和雨淋、猛烈撞击、包装破损，不得倒置。严禁与醇类、酸类、氧化剂、丙酮、醛类和烃类等同车混运。运输过程中要确保容器不泄漏、不倒塌、不坠落、不损坏。运输时运输车辆应配备相应品种和数量的消防器材。搬运时要轻装轻卸，防止包装及容器损坏。禁止振动、撞击和摩擦。 (3) 拥有齐全的危险化学品运输资质，必须配备押运人员，并随时处于押运人员的监管之下，不得超装、超载，不得进入危险化学品运输车辆禁止通行的区域；确需进入禁止通行区域的，应当事先向当地公安部门报告，运输时车速不宜过快，不得强行超车。

续表

应急处置原则	【急救措施】 吸入：迅速脱离现场至空气新鲜处。保持呼吸道通畅。如呼吸困难，给输氧。呼吸、心跳停止，立即进行人工呼吸（勿用口对口）和胸外心脏按压术。如出现中毒症状给予吸氧和吸入亚硝酸异戊酯，将亚硝酸异戊酯的安瓿放在手帕里或单衣内打碎放在面罩内使伤员吸入 15 s，然后移去 15 s，重复 5～6 次。口服 4－D 米 AP（4－二甲基氨基苯酚）1 片（180 mg）和 PAPP（氨基苯丙酮）1 片（90 mg）。 食入：如伤者神志清醒，催吐，洗胃。如果出现中毒症状，处理同吸入。 眼睛接触：立即提起眼睑，用流动清水或生理盐水冲洗。如有不适感，就医。 皮肤接触：立即脱去污染的衣着，用流动清水或 5%硫代硫酸钠溶液彻底冲洗。如果出现中毒症状，处理同吸入。 【灭火方法】 灭火剂：小火，用水、泡沫、二氧化碳、干粉灭火。 大火时，用大量水扑救。从远处或使用遥控水枪、水炮灭火。消防人员应佩戴空气呼吸器、穿全身防火防毒服。在确保安全的前提下将容器移离火场。用大量水冷却容器，直至火扑灭。 如果在火场中有储罐、槽车或罐车，周围至少隔离 800 m；同时初始疏散距离也至少为 800 m。 【泄漏应急处置】 隔离泄漏污染区，限制出入。消除所有点火源（泄漏区附近禁止吸烟、消除所有明火、火花或火焰）。建议应急处理人员戴防尘面具（全面罩），穿防毒服。不要直接接触泄漏物。避免振动、撞击和摩擦。小量泄漏：用惰性、湿润的不燃材料吸收，使用无火花工具收集于干燥、洁净、有盖的容器中。防止泄漏物进入水体、下水道、地下室或密闭空间。 作为一项紧急预防措施，泄漏隔离距离至少为 25 m。如果为大量泄漏，下风向的初始疏散距离应至少为 250 m。

10　2，2’－偶氮－二－（2，4－二甲基戊腈）（即偶氮二异庚腈）

风险提示	易燃，急剧加热或振动会发生激烈燃烧或爆炸。
理化特性	白色晶体。不溶于水，溶于甲醇、甲苯和丙酮等有机溶剂。分子量 248.42，有顺式和反式两种异构体，熔点分别为 55.5～57℃和 74～76℃，相对密度（水＝1）0.99，在甲苯中温度为 64℃和 51℃时分解半衰期分别约为 1 h 和 10 h，活化能 122 kJ/mol。 主要用途：用于本体聚合、悬浮聚合与溶液聚合。
危害信息	【燃烧和爆炸危险性】 易燃，遇明火、高热、摩擦、振动、撞击可能引起激烈燃烧或爆炸。 【活性反应】 与醇类、酸类、氧化剂、丙酮、醛类和烃类混合，有燃烧爆炸危险。 【健康危害】 皮肤接触、吸入和吞咽有害。
安全措施	【一般要求】 操作人员必须经过专门培训，严格遵守操作规程，熟练掌握操作技能，具备应急处置知识。 生产过程密闭，加强通风。使用防爆型的通风系统和设备，提供安全淋浴和洗眼设备。可能接触其粉尘时，建议佩戴自吸过滤式防尘口罩，戴化学安全防护眼镜，戴橡胶手套。作业现场禁止吸烟、进食和饮水。 远离火种、热源。应与禁配物分开存放，切忌混储。 生产、储存区域应设置安全警示标志。禁止振动、撞击和摩擦。配备相应品种和数量的消防器材及泄漏应急处理设备。

续表

安全措施	采用湿法粉碎工艺时，应待物料全部浸湿后方可开机；当采用金属球和金属球磨筒方式进行粉碎时，宜用水或含水溶剂作为介质。粉碎混合加工过程中应设置自动导出静电的装置，出料时应将接料车和出料器用导线可靠连接并整体接地。 生产过程中易引起燃烧爆炸的机械化作业应设置自动报警、自动停机、自动泄爆、自动雨淋等安全自控装置；自动化生产线的单机设备除有自动控制系统监控外，在现场还应设置应急控制操作装置。 生产过程中产生的不合格品和废品应隔离存放、及时处理；内包装材料应统一回收存放在远离热源的场所，并及时销毁。 【特殊要求】 【操作安全】 （1）可能接触其粉尘时，操作人员佩戴自吸过滤式防尘口罩，戴化学安全防护眼镜，穿防静电工作服，戴橡胶手套。 （2）避免产生粉尘。避免与醇类、酸类、氧化剂、丙酮、醛类和烃类等接触。搬运时要轻装轻卸，防止包装及容器损坏。配备相应品种和数量的消防器材及泄漏应急处理设备。 （3）生产过程中需用热媒加热或加工工程中可能引起物料温升的作业点，均应设置温度检测仪器并采取温控措施。 【储存安全】 （1）储存于阴凉、通风的库房。远离火种、热源。库房温度不超过 10℃。 （2）应与醇类、氧化剂、丙酮、醛类和烃类等分开存放，切忌混储。存放时，应距加热器（包括暖气片）和热力管线 300 mm 以上。储存区应备有合适的材料收容泄漏物。禁止振动、撞击和摩擦。禁止使用易产生火花的机械设备和工具。 【运输安全】 （1）运输车辆应有危险货物运输标志、安装具有行驶记录功能的卫星定位装置。未经公安机关批准，运输车辆不得进入危险化学品运输车辆限制通行的区域。 （2）低温运输。运输过程中应有遮盖物，防止暴晒和雨淋、猛烈撞击、包装破损，不得倒置。严禁与醇类、酸类、氧化剂、丙酮、醛类和烃类等同车混运。运输过程中要确保容器不泄漏、不倒塌、不坠落、不损坏。运输时运输车辆应配备相应品种和数量的消防器材。搬运时要轻装轻卸，防止包装及容器损坏。禁止振动、撞击和摩擦。 （3）拥有齐全的危险化学品运输资质，必须配备押运人员，并随时处于押运人员的监管之下，不得超装、超载，不得进入危险化学品运输车辆禁止通行的区域；确需进入禁止通行区域的，应当事先向当地公安部门报告，运输时车速不宜过快，不得强行超车。
应急处置原则	【急救措施】 吸入：迅速脱离现场至空气新鲜处。保持呼吸道通畅。如呼吸困难，给输氧。呼吸、心跳停止，立即进行人工呼吸（勿用口对口）和胸外心脏按压术。如出现中毒症状给予吸氧和吸入亚硝酸异戊酯，将亚硝酸异戊酯的安瓿放在手帕里或单衣内打碎放在面罩内使伤员吸入 15 s，然后移去 15 s，重复 5～6 次。口服 4－D 米 AP（4－二甲基氨基苯酚）1 片（180 mg）和 PAPP（氨基苯丙酮）1 片（90 mg）。 食入：如伤者神志清醒，催吐，洗胃。如果出现中毒症状，处理同吸入。 眼睛接触：立即提起眼睑，用流动清水或生理盐水冲洗。如有不适感，就医。 皮肤接触：立即脱去污染的衣着，用流动清水或 5%硫代硫酸钠溶液彻底冲洗。如果出现中毒症状，处理同吸入。 【灭火方法】 灭火剂：小火，用水、泡沫、二氧化碳、干粉灭火。 大火时，远距离用大量水灭火。从远处或使用遥控水枪、水炮灭火。消防人员应佩戴空气呼吸器、穿全身防火防毒服。在确保安全的前提下将容器移离火场。用大量水冷却容器，直至火扑灭。如果安全阀发出声响或储罐变色，立即撤离。 如果在火场中有储罐、槽车或罐车，周围至少隔离 800 m；同时初始疏散距离也至少为 800 m。

续表

应急处置原则	【泄漏应急处置】 隔离泄漏污染区，限制出入。消除所有点火源（泄漏区附近禁止吸烟、消除所有明火、火花或火焰）。建议应急处理人员戴防尘面具（全面罩），穿防毒服。不要直接接触泄漏物。避免振动、撞击和摩擦。小量泄漏：用惰性、湿润的不燃材料吸收，使用无火花工具收集于干燥、洁净、有盖的容器中。防止泄漏物进入水体、下水道、地下室或密闭空间。在专业人员指导下清除。 作为一项紧急预防措施，泄漏隔离距离至少为 25 m。如果为大量泄漏，下风向的初始疏散距离应至少为 250 m。

11　过氧化甲乙酮

风险提示	遇明火、高热、摩擦、振动、撞击可能引起激烈燃烧或爆炸。可致眼和皮肤灼伤。
理化特性	无色或微黄色液体，带有刺激性气味。不溶于水，溶于乙醇、乙醚等多数有机溶剂。分子量 176.21，相对密度（水＝1）1.042，闪点 82.22℃。 主要用途：用作不饱和聚酯的交联剂和引发剂，硅橡胶硫化剂。
危害信息	【燃烧和爆炸危险性】 可燃。受撞击、摩擦、遇明火或点火源可能引起激烈燃烧或爆炸。 【活性反应】 强氧化剂，与还原剂、促进剂、强酸、胺、有机物、可燃物等接触会发生剧烈反应，有燃烧爆炸的危险。被丙酮污染后可产生对震动敏感的过氧化沉积物。 【健康危害】 蒸气有强烈刺激性，吸入引起咽痛、咳嗽、呼吸困难，严重者可引起迟发性肺水肿。口服灼伤消化道，可有肝肾损伤，可致死。可致眼和皮肤灼伤。
安全措施	【一般要求】 操作人员必须经过专门培训，严格遵守操作规程，熟练掌握操作技能，具备应急处置知识。 生产过程密闭，加强通风。使用防爆型的通风系统和设备，提供安全淋浴和洗眼设备。穿防静电工作服，戴化学安全防护眼镜、橡胶防护手套。空气中浓度超标时，佩戴防毒面具。作业现场禁止吸烟、进食和饮水。 远离火种、热源。应与禁配物分开存放，切忌混储。 生产、储存区域应设置安全警示标志。禁止振动、撞击和摩擦。配备相应品种和数量的消防器材及泄漏应急处理设备。 生产过程中易引起燃烧爆炸的机械化作业应设置自动报警、自动停机、自动泄爆、自动雨淋等安全自控装置；自动化生产线的单机设备除有自动控制系统监控外，在现场还应设置应急控制操作装置。 生产过程中产生的不合格品和废品应隔离存放、及时处理；内包装材料应统一回收存放在远离热源的场所，并及时销毁。 【特殊要求】 【操作安全】 （1）装置内配备防毒面具等防护用品，操作人员在操作、取样、检维修时宜佩戴防毒面具。 （2）避免与还原剂、促进剂、强酸、胺、有机物、易（可）燃物接触。搬运时要轻装轻卸，防止包装及容器损坏。配备相应品种和数量的消防器材及泄漏应急处理设备。 （3）不得与促进剂直接接触。如必须使用促进剂，可先加入促进剂，搅拌均匀后再慢慢地，逐渐加入本品，避免引发剂堆积或局部过热。 （4）生产过程中需用热媒加热或加工过程中可能引起物料温升的作业点，均应设置温度检测仪器并采取温控措施。 【储存安全】

续表

安全措施	(1) 储存于阴凉、通风的库房。远离火种、热源，避免阳光直射。库房温度不超过 25℃。 (2) 应与还原剂、促进剂、强酸、胺、有机物、易（可）燃物分开存放，切忌混储。储存区应备有合适的材料收容泄漏物。禁止振动、撞击和摩擦。禁止使用易产生火花的机械设备和工具。 【运输安全】 (1) 运输车辆应有危险货物运输标志、安装具有行驶记录功能的卫星定位装置。未经公安机关批准，运输车辆不得进入危险化学品运输车辆限制通行的区域。 (2) 运输过程中应有遮盖物，防止暴晒和雨淋、猛烈撞击、包装破损，不得倒置。严禁与还原剂、促进剂、强酸、胺、有机物、易（可）燃物等同车混运，尤其是促进剂。运输过程中要确保容器不泄漏、不倒塌、不坠落、不损坏。运输时运输车辆应配备相应品种和数量的消防器材。搬运时要轻装轻卸，防止包装及容器损坏。禁止振动、撞击和摩擦。 (3) 拥有齐全的危险化学品运输资质，必须配备押运人员，并随时处于押运人员的监管之下，不得超装、超载，不得进入危险化学品运输车辆禁止通行的区域；确需进入禁止通行区域的，应当事先向当地公安部门报告，运输时车速不宜过快，不得强行超车。运输车辆装卸前后，均应彻底清扫、洗净，严禁混入有机物、易燃物等杂质。
应急处置原则	【急救措施】 吸入：迅速脱离现场至空气新鲜处，休息，采取半卧体位。就医。 食入：漱口，饮足量温水，不要催吐。就医。 眼睛接触：立即提起眼睑，用大量流动清水或生理盐水彻底冲洗至少 15 min。就医。 皮肤接触：立即脱去污染的衣着，用大量流动清水冲洗至少 15 min。就医。 【灭火方法】 灭火剂：小火，首选用雾状水灭火。无水时，可用泡沫、干粉灭火。 大火时，远距离用大量水灭火。消防人员应佩戴防毒面具、穿全身消防服，在上风向灭火。在确保安全的前提下将容器移离火场。喷水保持火场容器冷却，直至灭火结束。切勿开动已处于火场中的货船或车辆。处在火场中的容器若已变色或从安全泄压装置中产生声音，必须马上撤离。 如果在火场中有储罐、槽车或罐车，周围至少隔离 800 m；同时初始疏散距离也至少为 800 m。 【泄漏应急处置】 根据液体流动和蒸气扩散的影响区域划定警戒区，无关人员从侧风、上风向撤离至安全区。消除所有点火源（泄漏区附近禁止吸烟、消除所有明火、火花或火焰）。建议应急处理人员戴自给正压式呼吸器，穿防毒服。尽可能切断泄漏源。防止流入下水道、排洪沟等限制性空间。小量泄漏：用惰性、湿润的不燃材料吸收，使用洁净的非火花工具收集，置于盖子较松的塑料容器中以待处理。大量泄漏：用水湿润，并筑堤收容。防止泄漏物进入水体、下水道、地下室或密闭空间。在专业人员指导下清除。 作为一项紧急预防措施，泄漏隔离距离至少为 50 m。如果为大量泄漏，下风向的初始疏散距离应至少为 250 m。

12 过氧化（二）苯甲酰

风险提示	干燥时极度易燃，急剧加热时可发生爆炸。
理化特性	白色或淡黄色晶体或粉末，微有苦杏仁味。微溶于水、甲醇，溶于乙醇、乙醚、丙酮、苯、二硫化碳等。分子量 242.24，熔点 105℃（分解），相对密度（水＝1）1.3，自燃温度 80℃，燃烧热 6 855.2 kJ/mol，蒸气压 20℃时 0.1 kPa。 主要用途：用作塑料催化剂，油脂的精制，蜡的脱色，医药的制造等。
危害信息	【燃烧和爆炸危险性】 干燥时极度易燃，遇热、摩擦、振动、撞击或杂质污染均可能引起爆炸性分解。急剧加热时可发生爆炸。

续表

<table>
<tr><td>危害信息</td><td>【活性反应】
强氧化剂，与强酸、强碱、硫化物、还原剂、促进剂、胺类、金属烷基酸盐等接触会发生剧烈反应，有燃烧爆炸的危险。
【健康危害】
对呼吸道、眼睛和皮肤有刺激。对皮肤有致敏作用。</td></tr>
<tr><td>安全措施</td><td>【一般要求】
操作人员必须经过专门培训，严格遵守操作规程，熟练掌握操作技能，具备应急处置知识。
生产过程密闭，加强通风。使用防爆型的通风系统和设备，提供安全淋浴和洗眼设备。可能接触其粉尘时，建议佩戴自吸过滤式防尘口罩。戴化学安全防护眼镜，戴橡胶手套。作业现场禁止吸烟、进食和饮水。
远离火种、热源。应与禁配物分开存放，切忌混储。
生产、储存区域应设置安全警示标志。禁止振动、撞击和摩擦。配备相应品种和数量的消防器材及泄漏应急处理设备。
采用湿法粉碎工艺时，应待物料全部浸湿后方可开机；当采用金属球和金属球磨筒方式进行粉碎时，宜用水或含水溶剂作为介质。粉碎混合加工过程中应设置自动导出静电的装置，出料时应将接料车和出料器用导线可靠连接并整体接地。
生产过程中易引起燃烧爆炸的机械化作业应设置自动报警、自动停机、自动泄爆、自动雨淋等安全自控装置；自动化生产线的单机设备除有自动控制系统监控外，在现场还应设置应急控制操作装置。
生产过程中产生的不合格品和废品应隔离存放、及时处理；内包装材料应统一回收存放在远离热源的场所，并及时销毁。
【特殊要求】
【操作安全】
（1）可能接触粉尘时，操作人员佩戴自吸过滤式防尘口罩，戴化学安全防护眼镜，穿防静电工作服，戴橡胶手套。
（2）避免产生粉尘。避免与强酸、强碱、硫化物、还原剂、促进剂、胺类、金属烷基酸盐接触。搬运时要轻装轻卸，防止包装及容器损坏。配备相应品种和数量的消防器材及泄漏应急处理设备。
（3）生产过程中需用热媒加热或加工过程中可能引起物料温升的作业点，均应设置温度检测仪器并采取温控措施。
【储存安全】
（1）储存时以水作稳定剂，一般含水 30%。储存于阴凉、通风的库房。远离火种、热源，避免阳光直射。库房温度保持在 2～25℃。
（2）应与还原剂、促进剂、强酸、胺、有机物、易（可）燃物分开存放，切忌混储。储存区应备有合适的材料收容泄漏物。禁止振动、撞击和摩擦。禁止使用易产生火花的机械设备和工具。
【运输安全】
（1）运输车辆应有危险货物运输标志、安装具有行驶记录功能的卫星定位装置。未经公安机关批准，运输车辆不得进入危险化学品运输车辆限制通行的区域。
（2）运输过程中应有遮盖物，防止暴晒和雨淋、猛烈撞击、包装破损，不得倒置。严禁与强酸、强碱、硫化物、还原剂、促进剂、胺类、金属烷基酸盐等同车混运，尤其是促进剂。运输过程中要确保容器不泄漏、不倒塌、不坠落、不损坏。运输时运输车辆应配备相应品种和数量的消防器材。搬运时要轻装轻卸，防止包装及容器损坏。禁止振动、撞击和摩擦。
（3）拥有齐全的危险化学品运输资质，必须配备押运人员，并随时处于押运人员的监管之下，不得超装、超载，不得进入危险化学品运输车辆禁止通行的区域；确需进入禁止通行区域的，应当事先向当地公安部门报告，运输时车速不宜过快，不得强行超车。运输车辆装卸前后，均应彻底清扫、洗净，严禁混入有机物、易燃物等杂质。</td></tr>
</table>

续表

应急处置原则	【急救措施】 吸入：将病人移到空气新鲜处，休息。就医。 食入：漱口，饮 1～2 杯温水稀释化学品并就医。 眼睛接触：如果佩戴隐形眼镜的话，首先摘除隐形眼镜。立即用大量清水或者生理盐水冲洗 15 min，就医。 皮肤接触：立即脱去污染的衣着，用大量流动清水冲洗，至少 15 min。如有不适感，就医。 【灭火方法】 灭火剂：小火，首选用雾状水灭火。无水时，可用泡沫、干粉灭火。 大火时，远距离用大量水灭火。消防人员应佩戴防毒面具、穿全身消防服，在上风向灭火。在确保安全的前提下将容器移离火场。喷水保持火场容器冷却，直至灭火结束。切勿开动已处于火场中的货船或车辆。处在火场中的容器若已变色或从安全泄压装置中产生声音，必须马上撤离。 如果在火场中有储罐、槽车或罐车，周围至少隔离 800 m；同时初始疏散距离也至少为 800 m。 【泄漏应急处置】 迅速撤离泄漏污染区人员至安全区，并进行隔离，严格限制出入。消除所有点火源（泄漏区附近禁止吸烟、消除所有明火、火花或火焰）。建议应急处理人员戴自给正压式呼吸器，穿防毒服。尽可能切断泄漏源。防止流入下水道、排洪沟等限制性空间。小量泄漏：用惰性、湿润的不燃材料吸收，使用洁净的非火花工具收集，置于盖子较松的塑料容器中以待处理。大量泄漏：用水湿润，并筑堤收容。防止泄漏物进入水体、下水道、地下室或密闭空间。在专业人员指导下清除。 作为一项紧急预防措施，泄漏隔离距离至少为 25 m。如果为大量泄漏，下风向的初始疏散距离应至少为 250 m。

附录三

中华人民共和国安全生产法

《全国人民代表大会常务委员会关于修改〈中华人民共和国安全生产法〉的决定》已由中华人民共和国第十二届全国人民代表大会常务委员会第十次会议于 2014 年 8 月 31 日通过，现予公布，自 2014 年 12 月 1 日起施行。

第一章　总　则

第一条　为了加强安全生产工作，防止和减少生产安全事故，保障人民群众生命和财产安全，促进经济社会持续健康发展，制定本法。

第二条　在中华人民共和国领域内从事生产经营活动的单位（以下统称生产经营单位）的安全生产，适用本法；有关法律、行政法规对消防安全和道路交通安全、铁路交通安全、水上交通安全、民用航空安全以及核与辐射安全、特种设备安全另有规定的，适用其规定。

第三条　安全生产工作应当以人为本，坚持安全发展，坚持安全第一、预防为主、综合治理的方针，强化和落实生产经营单位的主体责任，建立生产经营单位负责、职工参与、政府监督、行业自律和社会监督的机制。

第四条　生产经营单位必须遵守本法和其他有关安全生产的法律、法规，加强安全生产管理，建立、健全安全生产责任制和安全生产规章制度，改善安全生产条件，推进安全生产标准化建设，提高安全生产水平，确保安全生产。

第五条　生产经营单位的主要负责人对本单位的安全生产工作全面负责。

第六条　生产经营单位的从业人员有依法获得安全生产保障的权利，并应当依法履行安全生产方面的义务。

第七条　工会依法对安全生产工作进行监督。

生产经营单位的工会依法组织职工参加本单位安全生产工作的民主管理和民主监督，维护职工在安全生产方面的合法权益。生产经营单位制定或者修改有关安全生产的规章制度，应当听取工会的意见。

第八条　国务院和县级以上地方各级人民政府应当根据国民经济和社会发展规划制定安全生产规划，并组织实施。安全生产规划应当与城乡规划相衔接。

国务院和县级以上地方各级人民政府应当加强对安全生产工作的领导，支持、督促各有关部门依法履行安全生产监督管理职责，建立健全安全生产工作协调机制，及时协调、解决安全生产监督管理中存在的重大问题。

乡、镇人民政府以及街道办事处、开发区管理机构等地方人民政府的派出机关应当按照职责，加强对本行政区域内生产经营单位安全生产状况的监督检查，协助上级人民政府有关部门依法履行安全生产监督管理职责。

第九条 国务院安全生产监督管理部门依照本法，对全国安全生产工作实施综合监督管理；县级以上地方各级人民政府安全生产监督管理部门依照本法，对本行政区域内安全生产工作实施综合监督管理。

国务院有关部门依照本法和其他有关法律、行政法规的规定，在各自的职责范围内对有关行业、领域的安全生产工作实施监督管理；县级以上地方各级人民政府有关部门依照本法和其他有关法律、法规的规定，在各自的职责范围内对有关行业、领域的安全生产工作实施监督管理。

安全生产监督管理部门和对有关行业、领域的安全生产工作实施监督管理的部门，统称负有安全生产监督管理职责的部门。

第十条 国务院有关部门应当按照保障安全生产的要求，依法及时制定有关的国家标准或者行业标准，并根据科技进步和经济发展适时修订。

生产经营单位必须执行依法制定的保障安全生产的国家标准或者行业标准。

第十一条 各级人民政府及其有关部门应当采取多种形式，加强对有关安全生产的法律、法规和安全生产知识的宣传，增强全社会的安全生产意识。

第十二条 有关协会组织依照法律、行政法规和章程，为生产经营单位提供安全生产方面的信息、培训等服务，发挥自律作用，促进生产经营单位加强安全生产管理。

第十三条 依法设立的为安全生产提供技术、管理服务的机构，依照法律、行政法规和执业准则，接受生产经营单位的委托为其安全生产工作提供技术、管理服务。

生产经营单位委托前款规定的机构提供安全生产技术、管理服务的，保证安全生产的责任仍由本单位负责。

第十四条 国家实行生产安全事故责任追究制度，依照本法和有关法律、法规的规定，追究生产安全事故责任人员的法律责任。

第十五条 国家鼓励和支持安全生产科学技术研究和安全生产先进技术的推广应用，提高安全生产水平。

第十六条 国家对在改善安全生产条件、防止生产安全事故、参加抢险救护等方面取得显著成绩的单位和个人，给予奖励。

第二章 生产经营单位的安全生产保障

第十七条 生产经营单位应当具备本法和有关法律、行政法规和国家标准或者行业标准规定的安全生产条件；不具备安全生产条件的，不得从事生产经营活动。

第十八条 生产经营单位的主要负责人对本单位安全生产工作负有下列职责：

（一）建立、健全本单位安全生产责任制；

（二）组织制定本单位安全生产规章制度和操作规程；

（三）组织制定并实施本单位安全生产教育和培训计划；

（四）保证本单位安全生产投入的有效实施；

（五）督促、检查本单位的安全生产工作，及时消除生产安全事故隐患；

（六）组织制定并实施本单位的生产安全事故应急救援预案；

（七）及时、如实报告生产安全事故。

第十九条　生产经营单位的安全生产责任制应当明确各岗位的责任人员、责任范围和考核标准等内容。

生产经营单位应当建立相应的机制，加强对安全生产责任制落实情况的监督考核，保证安全生产责任制的落实。

第二十条　生产经营单位应当具备的安全生产条件所必需的资金投入，由生产经营单位的决策机构、主要负责人或者个人经营的投资人予以保证，并对由于安全生产所必需的资金投入不足导致的后果承担责任。

有关生产经营单位应当按照规定提取和使用安全生产费用，专门用于改善安全生产条件。安全生产费用在成本中据实列支。安全生产费用提取、使用和监督管理的具体办法由国务院财政部门会同国务院安全生产监督管理部门征求国务院有关部门意见后制定。

第二十一条　矿山、金属冶炼、建筑施工、道路运输单位和危险物品的生产、经营、储存单位，应当设置安全生产管理机构或者配备专职安全生产管理人员。

前款规定以外的其他生产经营单位，从业人员超过一百人的，应当设置安全生产管理机构或者配备专职安全生产管理人员；从业人员在一百人以下的，应当配备专职或者兼职的安全生产管理人员。

第二十二条　生产经营单位的安全生产管理机构以及安全生产管理人员履行下列职责：

（一）组织或者参与拟订本单位安全生产规章制度、操作规程和生产安全事故应急救援预案；

（二）组织或者参与本单位安全生产教育和培训，如实记录安全生产教育和培训情况；

（三）督促落实本单位重大危险源的安全管理措施；

（四）组织或者参与本单位应急救援演练；

（五）检查本单位的安全生产状况，及时排查生产安全事故隐患，提出改进安全生产管理的建议；

（六）制止和纠正违章指挥、强令冒险作业、违反操作规程的行为；

（七）督促落实本单位安全生产整改措施。

第二十三条　生产经营单位的安全生产管理机构以及安全生产管理人员应当恪尽职守，依法履行职责。

生产经营单位作出涉及安全生产的经营决策，应当听取安全生产管理机构以及安全生产管理人员的意见。

生产经营单位不得因安全生产管理人员依法履行职责而降低其工资、福利等待遇或者解除与其订立的劳动合同。

危险物品的生产、储存单位以及矿山、金属冶炼单位的安全生产管理人员的任免，应当告知主管的负有安全生产监督管理职责的部门。

第二十四条 生产经营单位的主要负责人和安全生产管理人员必须具备与本单位所从事的生产经营活动相应的安全生产知识和管理能力。

危险物品的生产、经营、储存单位以及矿山、金属冶炼、建筑施工、道路运输单位的主要负责人和安全生产管理人员，应当由主管的负有安全生产监督管理职责的部门对其安全生产知识和管理能力考核合格。考核不得收费。

危险物品的生产、储存单位以及矿山、金属冶炼单位应当有注册安全工程师从事安全生产管理工作。鼓励其他生产经营单位聘用注册安全工程师从事安全生产管理工作。注册安全工程师按专业分类管理，具体办法由国务院人力资源和社会保障部门、国务院安全生产监督管理部门会同国务院有关部门制定。

第二十五条 生产经营单位应当对从业人员进行安全生产教育和培训，保证从业人员具备必要的安全生产知识，熟悉有关的安全生产规章制度和安全操作规程，掌握本岗位的安全操作技能，了解事故应急处理措施，知悉自身在安全生产方面的权利和义务。未经安全生产教育和培训合格的从业人员，不得上岗作业。

生产经营单位使用被派遣劳动者的，应当将被派遣劳动者纳入本单位从业人员统一管理，对被派遣劳动者进行岗位安全操作规程和安全操作技能的教育和培训。劳务派遣单位应当对被派遣劳动者进行必要的安全生产教育和培训。

生产经营单位接收中等职业学校、高等学校学生实习的，应当对实习学生进行相应的安全生产教育和培训，提供必要的劳动防护用品。学校应当协助生产经营单位对实习学生进行安全生产教育和培训。

生产经营单位应当建立安全生产教育和培训档案，如实记录安全生产教育和培训的时间、内容、参加人员以及考核结果等情况。

第二十六条 生产经营单位采用新工艺、新技术、新材料或者使用新设备，必须了解、掌握其安全技术特性，采取有效的安全防护措施，并对从业人员进行专门的安全生产教育和培训。

第二十七条 生产经营单位的特种作业人员必须按照国家有关规定经专门的安全作业培训，取得相应资格，方可上岗作业。

特种作业人员的范围由国务院安全生产监督管理部门会同国务院有关部门确定。

第二十八条 生产经营单位新建、改建、扩建工程项目（以下统称建设项目）的安全设施，必须与主体工程同时设计、同时施工、同时投入生产和使用。安全设施投资应当纳入建设项目概算。

第二十九条 矿山、金属冶炼建设项目和用于生产、储存、装卸危险物品的建设项目，应当按照国家有关规定进行安全评价。

第三十条 建设项目安全设施的设计人、设计单位应当对安全设施设计负责。

矿山、金属冶炼建设项目和用于生产、储存、装卸危险物品的建设项目的安全设施设计应当按照国家有关规定报经有关部门审查，审查部门及其负责审查的人员对审查结果负责。

第三十一条 矿山、金属冶炼建设项目和用于生产、储存、装卸危险物品的建设项目的施工单位必须按照批准的安全设施设计施工，并对安全设施的工程质量负责。

矿山、金属冶炼建设项目和用于生产、储存危险物品的建设项目竣工投入生产或者使用前，应当由建设单位负责组织对安全设施进行验收；验收合格后，方可投入生产和使用。安全生产监督管理部门应当加强对建设单位验收活动和验收结果的监督核查。

第三十二条　生产经营单位应当在有较大危险因素的生产经营场所和有关设施、设备上，设置明显的安全警示标志。

第三十三条　安全设备的设计、制造、安装、使用、检测、维修、改造和报废，应当符合国家标准或者行业标准。

生产经营单位必须对安全设备进行经常性维护、保养，并定期检测，保证正常运转。维护、保养、检测应当做好记录，并由有关人员签字。

第三十四条　生产经营单位使用的危险物品的容器、运输工具，以及涉及人身安全、危险性较大的海洋石油开采特种设备和矿山井下特种设备，必须按照国家有关规定，由专业生产单位生产，并经具有专业资质的检测、检验机构检测、检验合格，取得安全使用证或者安全标志，方可投入使用。检测、检验机构对检测、检验结果负责。

第三十五条　国家对严重危及生产安全的工艺、设备实行淘汰制度，具体目录由国务院安全生产监督管理部门会同国务院有关部门制定并公布。法律、行政法规对目录的制定另有规定的，适用其规定。

省、自治区、直辖市人民政府可以根据本地区实际情况制定并公布具体目录，对前款规定以外的危及生产安全的工艺、设备予以淘汰。

生产经营单位不得使用应当淘汰的危及生产安全的工艺、设备。

第三十六条　生产、经营、运输、储存、使用危险物品或者处置废弃危险物品的，由有关主管部门依照有关法律、法规的规定和国家标准或者行业标准审批并实施监督管理。

生产经营单位生产、经营、运输、储存、使用危险物品或者处置废弃危险物品，必须执行有关法律、法规和国家标准或者行业标准，建立专门的安全管理制度，采取可靠的安全措施，接受有关主管部门依法实施的监督管理。

第三十七条　生产经营单位对重大危险源应当登记建档，进行定期检测、评估、监控，并制定应急预案，告知从业人员和相关人员在紧急情况下应当采取的应急措施。

生产经营单位应当按照国家有关规定将本单位重大危险源及有关安全措施、应急措施报有关地方人民政府安全生产监督管理部门和有关部门备案。

第三十八条　生产经营单位应当建立健全生产安全事故隐患排查治理制度，采取技术、管理措施，及时发现并消除事故隐患。事故隐患排查治理情况应当如实记录，并向从业人员通报。

县级以上地方各级人民政府负有安全生产监督管理职责的部门应当建立健全重大事故隐患治理督办制度，督促生产经营单位消除重大事故隐患。

第三十九条　生产、经营、储存、使用危险物品的车间、商店、仓库不得与员工宿舍在同一座建筑物内，并应当与员工宿舍保持安全距离。

生产经营场所和员工宿舍应当设有符合紧急疏散要求、标志明显、保持畅通的出口。禁止锁闭、封堵生产经营场所或者员工宿舍的出口。

第四十条 生产经营单位进行爆破、吊装以及国务院安全生产监督管理部门会同国务院有关部门规定的其他危险作业，应当安排专门人员进行现场安全管理，确保操作规程的遵守和安全措施的落实。

第四十一条 生产经营单位应当教育和督促从业人员严格执行本单位的安全生产规章制度和安全操作规程；并向从业人员如实告知作业场所和工作岗位存在的危险因素、防范措施以及事故应急措施。

第四十二条 生产经营单位必须为从业人员提供符合国家标准或者行业标准的劳动防护用品，并监督、教育从业人员按照使用规则佩戴、使用。

第四十三条 生产经营单位的安全生产管理人员应当根据本单位的生产经营特点，对安全生产状况进行经常性检查；对检查中发现的安全问题，应当立即处理；不能处理的，应当及时报告本单位有关负责人，有关负责人应当及时处理。检查及处理情况应当如实记录在案。

生产经营单位的安全生产管理人员在检查中发现重大事故隐患，依照前款规定向本单位有关负责人报告，有关负责人不及时处理的，安全生产管理人员可以向主管的负有安全生产监督管理职责的部门报告，接到报告的部门应当依法及时处理。

第四十四条 生产经营单位应当安排用于配备劳动防护用品、进行安全生产培训的经费。

第四十五条 两个以上生产经营单位在同一作业区域内进行生产经营活动，可能危及对方生产安全的，应当签订安全生产管理协议，明确各自的安全生产管理职责和应当采取的安全措施，并指定专职安全生产管理人员进行安全检查与协调。

第四十六条 生产经营单位不得将生产经营项目、场所、设备发包或者出租给不具备安全生产条件或者相应资质的单位或者个人。

生产经营项目、场所发包或者出租给其他单位的，生产经营单位应当与承包单位、承租单位签订专门的安全生产管理协议，或者在承包合同、租赁合同中约定各自的安全生产管理职责；生产经营单位对承包单位、承租单位的安全生产工作统一协调、管理，定期进行安全检查，发现安全问题的，应当及时督促整改。

第四十七条 生产经营单位发生生产安全事故时，单位的主要负责人应当立即组织抢救，并不得在事故调查处理期间擅离职守。

第四十八条 生产经营单位必须依法参加工伤保险，为从业人员缴纳保险费。

国家鼓励生产经营单位投保安全生产责任保险。

第三章 从业人员的安全生产权利义务

第四十九条 生产经营单位与从业人员订立的劳动合同，应当载明有关保障从业人员劳动安全、防止职业危害的事项，以及依法为从业人员办理工伤保险的事项。

生产经营单位不得以任何形式与从业人员订立协议，免除或者减轻其对从业人员因生产安全事故伤亡依法应承担的责任。

第五十条　生产经营单位的从业人员有权了解其作业场所和工作岗位存在的危险因素、防范措施及事故应急措施，有权对本单位的安全生产工作提出建议。

第五十一条　从业人员有权对本单位安全生产工作中存在的问题提出批评、检举、控告；有权拒绝违章指挥和强令冒险作业。

生产经营单位不得因从业人员对本单位安全生产工作提出批评、检举、控告或者拒绝违章指挥、强令冒险作业而降低其工资、福利等待遇或者解除与其订立的劳动合同。

第五十二条　从业人员发现直接危及人身安全的紧急情况时，有权停止作业或者在采取可能的应急措施后撤离作业场所。

生产经营单位不得因从业人员在前款紧急情况下停止作业或者采取紧急撤离措施而降低其工资、福利等待遇或者解除与其订立的劳动合同。

第五十三条　因生产安全事故受到损害的从业人员，除依法享有工伤保险外，依照有关民事法律尚有获得赔偿的权利的，有权向本单位提出赔偿要求。

第五十四条　从业人员在作业过程中，应当严格遵守本单位的安全生产规章制度和操作规程，服从管理，正确佩戴和使用劳动防护用品。

第五十五条　从业人员应当接受安全生产教育和培训，掌握本职工作所需的安全生产知识，提高安全生产技能，增强事故预防和应急处理能力。

第五十六条　从业人员发现事故隐患或者其他不安全因素，应当立即向现场安全生产管理人员或者本单位负责人报告；接到报告的人员应当及时予以处理。

第五十七条　工会有权对建设项目的安全设施与主体工程同时设计、同时施工、同时投入生产和使用进行监督，提出意见。

工会对生产经营单位违反安全生产法律、法规，侵犯从业人员合法权益的行为，有权要求纠正；发现生产经营单位违章指挥、强令冒险作业或者发现事故隐患时，有权提出解决的建议，生产经营单位应当及时研究答复；发现危及从业人员生命安全的情况时，有权向生产经营单位建议组织从业人员撤离危险场所，生产经营单位必须立即作出处理。

工会有权依法参加事故调查，向有关部门提出处理意见，并要求追究有关人员的责任。

第五十八条　生产经营单位使用被派遣劳动者的，被派遣劳动者享有本法规定的从业人员的权利，并应当履行本法规定的从业人员的义务。

第四章　安全生产的监督管理

第五十九条　县级以上地方各级人民政府应当根据本行政区域内的安全生产状况，组织有关部门按照职责分工，对本行政区域内容易发生重大生产安全事故的生产经营单位进行严格检查。

安全生产监督管理部门应当按照分类分级监督管理的要求，制定安全生产年度监督检查计划，并按照年度监督检查计划进行监督检查，发现事故隐患，应当及时处理。

第六十条 负有安全生产监督管理职责的部门依照有关法律、法规的规定，对涉及安全生产的事项需要审查批准（包括批准、核准、许可、注册、认证、颁发证照等，下同）或者验收的，必须严格依照有关法律、法规和国家标准或者行业标准规定的安全生产条件和程序进行审查；不符合有关法律、法规和国家标准或者行业标准规定的安全生产条件的，不得批准或者验收通过。对未依法取得批准或者验收合格的单位擅自从事有关活动的，负责行政审批的部门发现或者接到举报后应当立即予以取缔，并依法予以处理。对已经依法取得批准的单位，负责行政审批的部门发现其不再具备安全生产条件的，应当撤销原批准。

第六十一条 负有安全生产监督管理职责的部门对涉及安全生产的事项进行审查、验收，不得收取费用；不得要求接受审查、验收的单位购买其指定品牌或者指定生产、销售单位的安全设备、器材或者其他产品。

第六十二条 安全生产监督管理部门和其他负有安全生产监督管理职责的部门依法开展安全生产行政执法工作，对生产经营单位执行有关安全生产的法律、法规和国家标准或者行业标准的情况进行监督检查，行使以下职权：

（一）进入生产经营单位进行检查，调阅有关资料，向有关单位和人员了解情况；

（二）对检查中发现的安全生产违法行为，当场予以纠正或者要求限期改正；对依法应当给予行政处罚的行为，依照本法和其他有关法律、行政法规的规定作出行政处罚决定；

（三）对检查中发现的事故隐患，应当责令立即排除；重大事故隐患排除前或者排除过程中无法保证安全的，应当责令从危险区域内撤出作业人员，责令暂时停产停业或者停止使用相关设施、设备；重大事故隐患排除后，经审查同意，方可恢复生产经营和使用；

（四）对有根据认为不符合保障安全生产的国家标准或者行业标准的设施、设备、器材以及违法生产、储存、使用、经营、运输的危险物品予以查封或者扣押，对违法生产、储存、使用、经营危险物品的作业场所予以查封，并依法作出处理决定。

监督检查不得影响被检查单位的正常生产经营活动。

第六十三条 生产经营单位对负有安全生产监督管理职责的部门的监督检查人员（以下统称安全生产监督检查人员）依法履行监督检查职责，应当予以配合，不得拒绝、阻挠。

第六十四条 安全生产监督检查人员应当忠于职守，坚持原则，秉公执法。

安全生产监督检查人员执行监督检查任务时，必须出示有效的监督执法证件；对涉及被检查单位的技术秘密和业务秘密，应当为其保密。

第六十五条 安全生产监督检查人员应当将检查的时间、地点、内容、发现的问题及其处理情况，作出书面记录，并由检查人员和被检查单位的负责人签字；被检查单位的负责人拒绝签字的，检查人员应当将情况记录在案，并向负有安全生产监督管理职责的部门报告。

第六十六条 负有安全生产监督管理职责的部门在监督检查中，应当互相配合，实行联合检查；确需分别进行检查的，应当互通情况，发现存在的安全问题应当由其他有关部门进行处理的，应当及时移送其他有关部门并形成记录备查，接受移送的部门应当及时进行处理。

第六十七条 负有安全生产监督管理职责的部门依法对存在重大事故隐患的生产经营单位作出停产停业、停止施工、停止使用相关设施或者设备的决定，生产经营单位应当依法执行，及时消除事故隐患。生产经营单位拒不执行，有发生生产安全事故的现实危险的，在保证安全的前提下，经本部门主要负责人批准，负有安全生产监督管理职责的部门可以采取通知有关单位停止供电、停止供应民用爆炸物品等措施，强制生产经营单位履行决定。通知应当采用书面形式，有关单位应当予以配合。

负有安全生产监督管理职责的部门依照前款规定采取停止供电措施，除有危及生产安全的紧急情形外，应当提前二十四小时通知生产经营单位。生产经营单位依法履行行政决定、采取相应措施消除事故隐患的，负有安全生产监督管理职责的部门应当及时解除前款规定的措施。

第六十八条 监察机关依照行政监察法的规定，对负有安全生产监督管理职责的部门及其工作人员履行安全生产监督管理职责实施监察。

第六十九条 承担安全评价、认证、检测、检验的机构应当具备国家规定的资质条件，并对其作出的安全评价、认证、检测、检验的结果负责。

第七十条 负有安全生产监督管理职责的部门应当建立举报制度，公开举报电话、信箱或者电子邮件地址，受理有关安全生产的举报；受理的举报事项经调查核实后，应当形成书面材料；需要落实整改措施的，报经有关负责人签字并督促落实。

第七十一条 任何单位或者个人对事故隐患或者安全生产违法行为，均有权向负有安全生产监督管理职责的部门报告或者举报。

第七十二条 居民委员会、村民委员会发现其所在区域内的生产经营单位存在事故隐患或者安全生产违法行为时，应当向当地人民政府或者有关部门报告。

第七十三条 县级以上各级人民政府及其有关部门对报告重大事故隐患或者举报安全生产违法行为的有功人员，给予奖励。具体奖励办法由国务院安全生产监督管理部门会同国务院财政部门制定。

第七十四条 新闻、出版、广播、电影、电视等单位有进行安全生产公益宣传教育的义务，有对违反安全生产法律、法规的行为进行舆论监督的权利。

第七十五条 负有安全生产监督管理职责的部门应当建立安全生产违法行为信息库，如实记录生产经营单位的安全生产违法行为信息；对违法行为情节严重的生产经营单位，应当向社会公告，并通报行业主管部门、投资主管部门、国土资源主管部门、证券监督管理机构以及有关金融机构。

第五章 生产安全事故的应急救援与调查处理

第七十六条 国家加强生产安全事故应急能力建设，在重点行业、领域建立应急救援基地和应急救援队伍，鼓励生产经营单位和其他社会力量建立应急救援队伍，配备相应的应急救援装备和物资，提高应急救援的专业化水平。

国务院安全生产监督管理部门建立全国统一的生产安全事故应急救援信息系统，国务院有关部门建立健全相关行业、领域的生产安全事故应急救援信息系统。

第七十七条 县级以上地方各级人民政府应当组织有关部门制定本行政区域内生产安全事故应急救援预案，建立应急救援体系。

第七十八条 生产经营单位应当制定本单位生产安全事故应急救援预案，与所在地县级以上地方人民政府组织制定的生产安全事故应急救援预案相衔接，并定期组织演练。

第七十九条 危险物品的生产、经营、储存单位以及矿山、金属冶炼、城市轨道交通运营、建筑施工单位应当建立应急救援组织；生产经营规模较小的，可以不建立应急救援组织，但应当指定兼职的应急救援人员。

危险物品的生产、经营、储存、运输单位以及矿山、金属冶炼、城市轨道交通运营、建筑施工单位应当配备必要的应急救援器材、设备和物资，并进行经常性维护、保养，保证正常运转。

第八十条 生产经营单位发生生产安全事故后，事故现场有关人员应当立即报告本单位负责人。

单位负责人接到事故报告后，应当迅速采取有效措施，组织抢救，防止事故扩大，减少人员伤亡和财产损失，并按照国家有关规定立即如实报告当地负有安全生产监督管理职责的部门，不得隐瞒不报、谎报或者迟报，不得故意破坏事故现场、毁灭有关证据。

第八十一条 负有安全生产监督管理职责的部门接到事故报告后，应当立即按照国家有关规定上报事故情况。负有安全生产监督管理职责的部门和有关地方人民政府对事故情况不得隐瞒不报、谎报或者迟报。

第八十二条 有关地方人民政府和负有安全生产监督管理职责的部门的负责人接到生产安全事故报告后，应当按照生产安全事故应急救援预案的要求立即赶到事故现场，组织事故抢救。

参与事故抢救的部门和单位应当服从统一指挥，加强协同联动，采取有效的应急救援措施，并根据事故救援的需要采取警戒、疏散等措施，防止事故扩大和次生灾害的发生，减少人员伤亡和财产损失。

事故抢救过程中应当采取必要措施，避免或者减少对环境造成的危害。

任何单位和个人都应当支持、配合事故抢救，并提供一切便利条件。

第八十三条 事故调查处理应当按照科学严谨、依法依规、实事求是、注重实效的原则，及时、准确地查清事故原因，查明事故性质和责任，总结事故教训，提出整改措施，并对事故责任者提出处理意见。事故调查报告应当依法及时向社会公布。事故调查和处理的具体办法由国务院制定。

事故发生单位应当及时全面落实整改措施，负有安全生产监督管理职责的部门应当加强监督检查。

第八十四条　生产经营单位发生生产安全事故，经调查确定为责任事故的，除了应当查明事故单位的责任并依法予以追究外，还应当查明对安全生产的有关事项负有审查批准和监督职责的行政部门的责任，对有失职、渎职行为的，依照本法第八十七条的规定追究法律责任。

第八十五条　任何单位和个人不得阻挠和干涉对事故的依法调查处理。

第八十六条　县级以上地方各级人民政府安全生产监督管理部门应当定期统计分析本行政区域内发生生产安全事故的情况，并定期向社会公布。

第六章　法律责任

第八十七条　负有安全生产监督管理职责的部门的工作人员，有下列行为之一的，给予降级或者撤职的处分；构成犯罪的，依照刑法有关规定追究刑事责任：

（一）对不符合法定安全生产条件的涉及安全生产的事项予以批准或者验收通过的；

（二）发现未依法取得批准、验收的单位擅自从事有关活动或者接到举报后不予取缔或者不依法予以处理的；

（三）对已经依法取得批准的单位不履行监督管理职责，发现其不再具备安全生产条件而不撤销原批准或者发现安全生产违法行为不予查处的；

（四）在监督检查中发现重大事故隐患，不依法及时处理的。

负有安全生产监督管理职责的部门的工作人员有前款规定以外的滥用职权、玩忽职守、徇私舞弊行为的，依法给予处分；构成犯罪的，依照刑法有关规定追究刑事责任。

第八十八条　负有安全生产监督管理职责的部门，要求被审查、验收的单位购买其指定的安全设备、器材或者其他产品的，在对安全生产事项的审查、验收中收取费用的，由其上级机关或者监察机关责令改正，责令退还收取的费用；情节严重的，对直接负责的主管人员和其他直接责任人员依法给予处分。

第八十九条　承担安全评价、认证、检测、检验工作的机构，出具虚假证明的，没收违法所得；违法所得在十万元以上的，并处违法所得二倍以上五倍以下的罚款；没有违法所得或者违法所得不足十万元的，单处或者并处十万元以上二十万元以下的罚款；对其直接负责的主管人员和其他直接责任人员处二万元以上五万元以下的罚款；给他人造成损害的，与生产经营单位承担连带赔偿责任；构成犯罪的，依照刑法有关规定追究刑事责任。

对有前款违法行为的机构，吊销其相应资质。

第九十条　生产经营单位的决策机构、主要负责人或者个人经营的投资人不依照本法规定保证安全生产所必需的资金投入，致使生产经营单位不具备安全生产条件的，责令限期改正，提供必需的资金；逾期未改正的，责令生产经营单位停产停业整顿。

有前款违法行为，导致发生生产安全事故的，对生产经营单位的主要负责人给予撤职处分，对个人经营的投资人处二万元以上二十万元以下的罚款；构成犯罪的，依照刑法有关规定追究刑事责任。

第九十一条　生产经营单位的主要负责人未履行本法规定的安全生产管理职责的，

责令限期改正；逾期未改正的，处二万元以上五万元以下的罚款，责令生产经营单位停产停业整顿。

生产经营单位的主要负责人有前款违法行为，导致发生生产安全事故的，给予撤职处分；构成犯罪的，依照刑法有关规定追究刑事责任。

生产经营单位的主要负责人依照前款规定受刑事处罚或者撤职处分的，自刑罚执行完毕或者受处分之日起，五年内不得担任任何生产经营单位的主要负责人；对重大、特别重大生产安全事故负有责任的，终身不得担任本行业生产经营单位的主要负责人。

第九十二条 生产经营单位的主要负责人未履行本法规定的安全生产管理职责，导致发生生产安全事故的，由安全生产监督管理部门依照下列规定处以罚款：

（一）发生一般事故的，处上一年年收入百分之三十的罚款；

（二）发生较大事故的，处上一年年收入百分之四十的罚款；

（三）发生重大事故的，处上一年年收入百分之六十的罚款；

（四）发生特别重大事故的，处上一年年收入百分之八十的罚款。

第九十三条 生产经营单位的安全生产管理人员未履行本法规定的安全生产管理职责的，责令限期改正；导致发生生产安全事故的，暂停或者撤销其与安全生产有关的资格；构成犯罪的，依照刑法有关规定追究刑事责任。

第九十四条 生产经营单位有下列行为之一的，责令限期改正，可以处五万元以下的罚款；逾期未改正的，责令停产停业整顿，并处五万元以上十万元以下的罚款，对其直接负责的主管人员和其他直接责任人员处一万元以上二万元以下的罚款：

（一）未按照规定设置安全生产管理机构或者配备安全生产管理人员的；

（二）危险物品的生产、经营、储存单位以及矿山、金属冶炼、建筑施工、道路运输单位的主要负责人和安全生产管理人员未按照规定经考核合格的；

（三）未按照规定对从业人员、被派遣劳动者、实习学生进行安全生产教育和培训，或者未按照规定如实告知有关的安全生产事项的；

（四）未如实记录安全生产教育和培训情况的；

（五）未将事故隐患排查治理情况如实记录或者未向从业人员通报的；

（六）未按照规定制定生产安全事故应急救援预案或者未定期组织演练的；

（七）特种作业人员未按照规定经专门的安全作业培训并取得相应资格，上岗作业的。

第九十五条 生产经营单位有下列行为之一的，责令停止建设或者停产停业整顿，限期改正；逾期未改正的，处五十万元以上一百万元以下的罚款，对其直接负责的主管人员和其他直接责任人员处二万元以上五万元以下的罚款；构成犯罪的，依照刑法有关规定追究刑事责任：

（一）未按照规定对矿山、金属冶炼建设项目或者用于生产、储存、装卸危险物品的建设项目进行安全评价的；

（二）矿山、金属冶炼建设项目或者用于生产、储存、装卸危险物品的建设项目没有安全设施设计或者安全设施设计未按照规定报经有关部门审查同意的；

（三）矿山、金属冶炼建设项目或者用于生产、储存、装卸危险物品的建设项目的施工单位未按照批准的安全设施设计施工的；

（四）矿山、金属冶炼建设项目或者用于生产、储存危险物品的建设项目竣工投入生产或者使用前，安全设施未经验收合格的。

第九十六条　生产经营单位有下列行为之一的，责令限期改正，可以处五万元以下的罚款；逾期未改正的，处五万元以上二十万元以下的罚款，对其直接负责的主管人员和其他直接责任人员处一万元以上二万元以下的罚款；情节严重的，责令停产停业整顿；构成犯罪的，依照刑法有关规定追究刑事责任：

（一）未在有较大危险因素的生产经营场所和有关设施、设备上设置明显的安全警示标志的；

（二）安全设备的安装、使用、检测、改造和报废不符合国家标准或者行业标准的；

（三）未对安全设备进行经常性维护、保养和定期检测的；

（四）未为从业人员提供符合国家标准或者行业标准的劳动防护用品的；

（五）危险物品的容器、运输工具，以及涉及人身安全、危险性较大的海洋石油开采特种设备和矿山井下特种设备未经具有专业资质的机构检测、检验合格，取得安全使用证或者安全标志，投入使用的；

（六）使用应当淘汰的危及生产安全的工艺、设备的。

第九十七条　未经依法批准，擅自生产、经营、运输、储存、使用危险物品或者处置废弃危险物品的，依照有关危险物品安全管理的法律、行政法规的规定予以处罚；构成犯罪的，依照刑法有关规定追究刑事责任。

第九十八条　生产经营单位有下列行为之一的，责令限期改正，可以处十万元以下的罚款；逾期未改正的，责令停产停业整顿，并处十万元以上二十万元以下的罚款，对其直接负责的主管人员和其他直接责任人员处二万元以上五万元以下的罚款；构成犯罪的，依照刑法有关规定追究刑事责任：

（一）生产、经营、运输、储存、使用危险物品或者处置废弃危险物品，未建立专门安全管理制度、未采取可靠的安全措施的；

（二）对重大危险源未登记建档，或者未进行评估、监控，或者未制定应急预案的；

（三）进行爆破、吊装以及国务院安全生产监督管理部门会同国务院有关部门规定的其他危险作业，未安排专门人员进行现场安全管理的；

（四）未建立事故隐患排查治理制度的。

第九十九条　生产经营单位未采取措施消除事故隐患的，责令立即消除或者限期消除；生产经营单位拒不执行的，责令停产停业整顿，并处十万元以上五十万元以下的罚款，对其直接负责的主管人员和其他直接责任人员处二万元以上五万元以下的罚款。

第一百条　生产经营单位将生产经营项目、场所、设备发包或者出租给不具备安全生产条件或者相应资质的单位或者个人的，责令限期改正，没收违法所得；违法所得十万元以上的，并处违法所得二倍以上五倍以下的罚款；没有违法所得或者违法所得不足十万元的，单处或者并处十万元以上二十万元以下的罚款；对其直接负责的主管人员和其他直接责任人员处一万元以上二万元以下的罚款；导致发生生产安全事故给他人造成损害的，与承包方、承租方承担连带赔偿责任。

生产经营单位未与承包单位、承租单位签订专门的安全生产管理协议或者未在承包合同、租赁合同中明确各自的安全生产管理职责，或者未对承包单位、承租单位的安全生产统一协调、管理的，责令限期改正，可以处五万元以下的罚款，对其直接负责的主管人员和其他直接责任人员可以处一万元以下的罚款；逾期未改正的，责令停产停业整顿。

第一百零一条 两个以上生产经营单位在同一作业区域内进行可能危及对方安全生产的生产经营活动，未签订安全生产管理协议或者未指定专职安全生产管理人员进行安全检查与协调的，责令限期改正，可以处五万元以下的罚款，对其直接负责的主管人员和其他直接责任人员可以处一万元以下的罚款；逾期未改正的，责令停产停业。

第一百零二条 生产经营单位有下列行为之一的，责令限期改正，可以处五万元以下的罚款，对其直接负责的主管人员和其他直接责任人员可以处一万元以下的罚款；逾期未改正的，责令停产停业整顿；构成犯罪的，依照刑法有关规定追究刑事责任：

（一）生产、经营、储存、使用危险物品的车间、商店、仓库与员工宿舍在同一座建筑内，或者与员工宿舍的距离不符合安全要求的；

（二）生产经营场所和员工宿舍未设有符合紧急疏散需要、标志明显、保持畅通的出口，或者锁闭、封堵生产经营场所或者员工宿舍出口的。

第一百零三条 生产经营单位与从业人员订立协议，免除或者减轻其对从业人员因生产安全事故伤亡依法应承担的责任的，该协议无效；对生产经营单位的主要负责人、个人经营的投资人处二万元以上十万元以下的罚款。

第一百零四条 生产经营单位的从业人员不服从管理，违反安全生产规章制度或者操作规程的，由生产经营单位给予批评教育，依照有关规章制度给予处分；构成犯罪的，依照刑法有关规定追究刑事责任。

第一百零五条 违反本法规定，生产经营单位拒绝、阻碍负有安全生产监督管理职责的部门依法实施监督检查的，责令改正；拒不改正的，处二万元以上二十万元以下的罚款；对其直接负责的主管人员和其他直接责任人员处一万元以上二万元以下的罚款；构成犯罪的，依照刑法有关规定追究刑事责任。

第一百零六条 生产经营单位的主要负责人在本单位发生生产安全事故时，不立即组织抢救或者在事故调查处理期间擅离职守或者逃匿的，给予降级、撤职的处分，并由安全生产监督管理部门处上一年年收入百分之六十至百分之一百的罚款；对逃匿的处十五日以下拘留；构成犯罪的，依照刑法有关规定追究刑事责任。

生产经营单位的主要负责人对生产安全事故隐瞒不报、谎报或者迟报的，依照前款规定处罚。

第一百零七条 有关地方人民政府、负有安全生产监督管理职责的部门，对生产安全事故隐瞒不报、谎报或者迟报的，对直接负责的主管人员和其他直接责任人员依法给予处分；构成犯罪的，依照刑法有关规定追究刑事责任。

第一百零八条　生产经营单位不具备本法和其他有关法律、行政法规和国家标准或者行业标准规定的安全生产条件，经停产停业整顿仍不具备安全生产条件的，予以关闭；有关部门应当依法吊销其有关证照。

第一百零九条　发生生产安全事故，对负有责任的生产经营单位除要求其依法承担相应的赔偿等责任外，由安全生产监督管理部门依照下列规定处以罚款：

（一）发生一般事故的，处二十万元以上五十万元以下的罚款；

（二）发生较大事故的，处五十万元以上一百万元以下的罚款；

（三）发生重大事故的，处一百万元以上五百万元以下的罚款；

（四）发生特别重大事故的，处五百万元以上一千万元以下的罚款；情节特别严重的，处一千万元以上二千万元以下的罚款。

第一百一十条　本法规定的行政处罚，由安全生产监督管理部门和其他负有安全生产监督管理职责的部门按照职责分工决定。予以关闭的行政处罚由负有安全生产监督管理职责的部门报请县级以上人民政府按照国务院规定的权限决定；给予拘留的行政处罚由公安机关依照治安管理处罚法的规定决定。

第一百一十一条　生产经营单位发生生产安全事故造成人员伤亡、他人财产损失的，应当依法承担赔偿责任；拒不承担或者其负责人逃匿的，由人民法院依法强制执行。

生产安全事故的责任人未依法承担赔偿责任，经人民法院依法采取执行措施后，仍不能对受害人给予足额赔偿的，应当继续履行赔偿义务；受害人发现责任人有其他财产的，可以随时请求人民法院执行。

第七章　附　　则

第一百一十二条　本法下列用语的含义：

危险物品，是指易燃易爆物品、危险化学品、放射性物品等能够危及人身安全和财产安全的物品。

重大危险源，是指长期地或者临时地生产、搬运、使用或者储存危险物品，且危险物品的数量等于或者超过临界量的单元（包括场所和设施）。

第一百一十三条　本法规定的生产安全一般事故、较大事故、重大事故、特别重大事故的划分标准由国务院规定。

国务院安全生产监督管理部门和其他负有安全生产监督管理职责的部门应当根据各自的职责分工，制定相关行业、领域重大事故隐患的判定标准。

第一百一十四条　本法自 2014 年 12 月 1 日起施行。

附录四

危险化学品安全管理条例

（2002 年 1 月 26 日中华人民共和国国务院令第 344 号公布　2011 年 2 月 16 日国务院第 144 次常务会议修订通过）

第一章　总　　则

第一条　为了加强危险化学品的安全管理，预防和减少危险化学品事故，保障人民群众生命财产安全，保护环境，制定本条例。

第二条　危险化学品生产、储存、使用、经营和运输的安全管理，适用本条例。

废弃危险化学品的处置，依照有关环境保护的法律、行政法规和国家有关规定执行。

第三条　本条例所称危险化学品，是指具有毒害、腐蚀、爆炸、燃烧、助燃等性质，对人体、设施、环境具有危害的剧毒化学品和其他化学品。

危险化学品目录，由国务院安全生产监督管理部门会同国务院工业和信息化、公安、环境保护、卫生、质量监督检验检疫、交通运输、铁路、民用航空、农业主管部门，根据化学品危险特性的鉴别和分类标准确定、公布，并适时调整。

第四条　危险化学品安全管理，应当坚持安全第一、预防为主、综合治理的方针，强化和落实企业的主体责任。

生产、储存、使用、经营、运输危险化学品的单位（以下统称危险化学品单位）的主要负责人对本单位的危险化学品安全管理工作全面负责。

危险化学品单位应当具备法律、行政法规规定和国家标准、行业标准要求的安全条件，建立、健全安全管理规章制度和岗位安全责任制度，对从业人员进行安全教育、法制教育和岗位技术培训。从业人员应当接受教育和培训，考核合格后上岗作业；对有资格要求的岗位，应当配备依法取得相应资格的人员。

第五条　任何单位和个人不得生产、经营、使用国家禁止生产、经营、使用的危险化学品。

国家对危险化学品的使用有限制性规定的，任何单位和个人不得违反限制性规定使用危险化学品。

第六条　对危险化学品的生产、储存、使用、经营、运输实施安全监督管理的有关部门（以下统称负有危险化学品安全监督管理职责的部门），依照下列规定履行职责：

（一）安全生产监督管理部门负责危险化学品安全监督管理综合工作，组织确定、公布、调整危险化学品目录，对新建、改建、扩建生产、储存危险化学品（包括使用长输管道输送危险化学品，下同）的建设项目进行安全条件审查，核发危险化学品安全生产许可证、危险化学品安全使用许可证和危险化学品经营许可证，并负责危险化学品登记工作。

（二）公安机关负责危险化学品的公共安全管理，核发剧毒化学品购买许可证、剧毒化学品道路运输通行证，并负责危险化学品运输车辆的道路交通安全管理。

（三）质量监督检验检疫部门负责核发危险化学品及其包装物、容器（不包括储存危险化学品的固定式大型储罐，下同）生产企业的工业产品生产许可证，并依法对其产品质量实施监督，负责对进出口危险化学品及其包装实施检验。

（四）环境保护主管部门负责废弃危险化学品处置的监督管理，组织危险化学品的环境危害性鉴定和环境风险程度评估，确定实施重点环境管理的危险化学品，负责危险化学品环境管理登记和新化学物质环境管理登记；依照职责分工调查相关危险化学品环境污染事故和生态破坏事件，负责危险化学品事故现场的应急环境监测。

（五）交通运输主管部门负责危险化学品道路运输、水路运输的许可以及运输工具的安全管理，对危险化学品水路运输安全实施监督，负责危险化学品道路运输企业、水路运输企业驾驶人员、船员、装卸管理人员、押运人员、申报人员、集装箱装箱现场检查员的资格认定。铁路主管部门负责危险化学品铁路运输的安全管理，负责危险化学品铁路运输承运人、托运人的资质审批及其运输工具的安全管理。民用航空主管部门负责危险化学品航空运输以及航空运输企业及其运输工具的安全管理。

（六）卫生主管部门负责危险化学品毒性鉴定的管理，负责组织、协调危险化学品事故受伤人员的医疗卫生救援工作。

（七）工商行政管理部门依据有关部门的许可证件，核发危险化学品生产、储存、经营、运输企业营业执照，查处危险化学品经营企业违法采购危险化学品的行为。

（八）邮政管理部门负责依法查处寄递危险化学品的行为。

第七条 负有危险化学品安全监督管理职责的部门依法进行监督检查，可以采取下列措施：

（一）进入危险化学品作业场所实施现场检查，向有关单位和人员了解情况，查阅、复制有关文件、资料；

（二）发现危险化学品事故隐患，责令立即消除或者限期消除；

（三）对不符合法律、行政法规、规章规定或者国家标准、行业标准要求的设施、设备、装置、器材、运输工具，责令立即停止使用；

（四）经本部门主要负责人批准，查封违法生产、储存、使用、经营危险化学品的场所，扣押违法生产、储存、使用、经营、运输的危险化学品以及用于违法生产、使用、运输危险化学品的原材料、设备、运输工具；

（五）发现影响危险化学品安全的违法行为，当场予以纠正或者责令限期改正。

负有危险化学品安全监督管理职责的部门依法进行监督检查，监督检查人员不得少于 2 人，并应当出示执法证件；有关单位和个人对依法进行的监督检查应当予以配合，不得拒绝、阻碍。

第八条 县级以上人民政府应当建立危险化学品安全监督管理工作协调机制，支持、督促负有危险化学品安全监督管理职责的部门依法履行职责，协调、解决危险化学品安全监督管理工作中的重大问题。

负有危险化学品安全监督管理职责的部门应当相互配合、密切协作，依法加强对危险化学品的安全监督管理。

第九条 任何单位和个人对违反本条例规定的行为，有权向负有危险化学品安全监督管理职责的部门举报。负有危险化学品安全监督管理职责的部门接到举报，应当及时依法处理；对不属于本部门职责的，应当及时移送有关部门处理。

第十条 国家鼓励危险化学品生产企业和使用危险化学品从事生产的企业采用有利于提高安全保障水平的先进技术、工艺、设备以及自动控制系统，鼓励对危险化学品实行专门储存、统一配送、集中销售。

第二章 生产、储存安全

第十一条 国家对危险化学品的生产、储存实行统筹规划、合理布局。

国务院工业和信息化主管部门以及国务院其他有关部门依据各自职责，负责危险化学品生产、储存的行业规划和布局。

地方人民政府组织编制城乡规划，应当根据本地区的实际情况，按照确保安全的原则，规划适当区域专门用于危险化学品的生产、储存。

第十二条 新建、改建、扩建生产、储存危险化学品的建设项目（以下简称建设项目），应当由安全生产监督管理部门进行安全条件审查。

建设单位应当对建设项目进行安全条件论证，委托具备国家规定的资质条件的机构对建设项目进行安全评价，并将安全条件论证和安全评价的情况报告报建设项目所在地设区的市级以上人民政府安全生产监督管理部门；安全生产监督管理部门应当自收到报告之日起45日内作出审查决定，并书面通知建设单位。具体办法由国务院安全生产监督管理部门制定。

新建、改建、扩建储存、装卸危险化学品的港口建设项目，由港口行政管理部门按照国务院交通运输主管部门的规定进行安全条件审查。

第十三条 生产、储存危险化学品的单位，应当对其铺设的危险化学品管道设置明显标志，并对危险化学品管道定期检查、检测。

进行可能危及危险化学品管道安全的施工作业，施工单位应当在开工的7日前书面通知管道所属单位，并与管道所属单位共同制定应急预案，采取相应的安全防护措施。管道所属单位应当指派专门人员到现场进行管道安全保护指导。

第十四条 危险化学品生产企业进行生产前，应当依照《安全生产许可证条例》的规定，取得危险化学品安全生产许可证。

生产列入国家实行生产许可证制度的工业产品目录的危险化学品的企业，应当依照《中华人民共和国工业产品生产许可证管理条例》的规定，取得工业产品生产许可证。

负责颁发危险化学品安全生产许可证、工业产品生产许可证的部门，应当将其颁发许可证的情况及时向同级工业和信息化主管部门、环境保护主管部门和公安机关通报。

第十五条 危险化学品生产企业应当提供与其生产的危险化学品相符的化学品安全

技术说明书，并在危险化学品包装（包括外包装件）上粘贴或者拴挂与包装内危险化学品相符的化学品安全标签。化学品安全技术说明书和化学品安全标签所载明的内容应当符合国家标准的要求。

危险化学品生产企业发现其生产的危险化学品有新的危险特性的，应当立即公告，并及时修订其化学品安全技术说明书和化学品安全标签。

第十六条　生产实施重点环境管理的危险化学品的企业，应当按照国务院环境保护主管部门的规定，将该危险化学品向环境中释放等相关信息向环境保护主管部门报告。环境保护主管部门可以根据情况采取相应的环境风险控制措施。

第十七条　危险化学品的包装应当符合法律、行政法规、规章的规定以及国家标准、行业标准的要求。

危险化学品包装物、容器的材质以及危险化学品包装的型式、规格、方法和单件质量（重量），应当与所包装的危险化学品的性质和用途相适应。

第十八条　生产列入国家实行生产许可证制度的工业产品目录的危险化学品包装物、容器的企业，应当依照《中华人民共和国工业产品生产许可证管理条例》的规定，取得工业产品生产许可证；其生产的危险化学品包装物、容器经国务院质量监督检验检疫部门认定的检验机构检验合格，方可出厂销售。

运输危险化学品的船舶及其配载的容器，应当按照国家船舶检验规范进行生产，并经海事管理机构认定的船舶检验机构检验合格，方可投入使用。

对重复使用的危险化学品包装物、容器，使用单位在重复使用前应当进行检查；发现存在安全隐患的，应当维修或者更换。使用单位应当对检查情况作出记录，记录的保存期限不得少于2年。

第十九条　危险化学品生产装置或者储存数量构成重大危险源的危险化学品储存设施（运输工具加油站、加气站除外），与下列场所、设施、区域的距离应当符合国家有关规定：

（一）居住区以及商业中心、公园等人员密集场所；

（二）学校、医院、影剧院、体育场（馆）等公共设施；

（三）饮用水源、水厂以及水源保护区；

（四）车站、码头（依法经许可从事危险化学品装卸作业的除外）、机场以及通信干线、通信枢纽、铁路线路、道路交通干线、水路交通干线、地铁风亭以及地铁站出入口；

（五）基本农田保护区、基本草原、畜禽遗传资源保护区、畜禽规模化养殖场（养殖小区）、渔业水域以及种子、种畜禽、水产苗种生产基地；

（六）河流、湖泊、风景名胜区、自然保护区；

（七）军事禁区、军事管理区；

（八）法律、行政法规规定的其他场所、设施、区域。

已建的危险化学品生产装置或者储存数量构成重大危险源的危险化学品储存设施不符合前款规定的，由所在地设区的市级人民政府安全生产监督管理部门会同有关部门监督其所属单位在规定期限内进行整改；需要转产、停产、搬迁、关闭的，由本级人民政府决定并组织实施。

储存数量构成重大危险源的危险化学品储存设施的选址，应当避开地震活动断层和容易发生洪灾、地质灾害的区域。

本条例所称重大危险源，是指生产、储存、使用或者搬运危险化学品，且危险化学品的数量等于或者超过临界量的单元（包括场所和设施）。

第二十条 生产、储存危险化学品的单位，应当根据其生产、储存的危险化学品的种类和危险特性，在作业场所设置相应的监测、监控、通风、防晒、调温、防火、灭火、防爆、泄压、防毒、中和、防潮、防雷、防静电、防腐、防泄漏以及防护围堤或者隔离操作等安全设施、设备，并按照国家标准、行业标准或者国家有关规定对安全设施、设备进行经常性维护、保养，保证安全设施、设备的正常使用。

生产、储存危险化学品的单位，应当在其作业场所和安全设施、设备上设置明显的安全警示标志。

第二十一条 生产、储存危险化学品的单位，应当在其作业场所设置通信、报警装置，并保证处于适用状态。

第二十二条 生产、储存危险化学品的企业，应当委托具备国家规定的资质条件的机构，对本企业的安全生产条件每3年进行一次安全评价，提出安全评价报告。安全评价报告的内容应当包括对安全生产条件存在的问题进行整改的方案。

生产、储存危险化学品的企业，应当将安全评价报告以及整改方案的落实情况报所在地县级人民政府安全生产监督管理部门备案。在港区内储存危险化学品的企业，应当将安全评价报告以及整改方案的落实情况报港口行政管理部门备案。

第二十三条 生产、储存剧毒化学品或者国务院公安部门规定的可用于制造爆炸物品的危险化学品（以下简称易制爆危险化学品）的单位，应当如实记录其生产、储存的剧毒化学品、易制爆危险化学品的数量、流向，并采取必要的安全防范措施，防止剧毒化学品、易制爆危险化学品丢失或者被盗；发现剧毒化学品、易制爆危险化学品丢失或者被盗的，应当立即向当地公安机关报告。

生产、储存剧毒化学品、易制爆危险化学品的单位，应当设置治安保卫机构，配备专职治安保卫人员。

第二十四条 危险化学品应当储存在专用仓库、专用场地或者专用储存室（以下统称专用仓库）内，并由专人负责管理；剧毒化学品以及储存数量构成重大危险源的其他危险化学品，应当在专用仓库内单独存放，并实行双人收发、双人保管制度。

危险化学品的储存方式、方法以及储存数量应当符合国家标准或者国家有关规定。

第二十五条 储存危险化学品的单位应当建立危险化学品出入库核查、登记制度。

对剧毒化学品以及储存数量构成重大危险源的其他危险化学品，储存单位应当将其储存数量、储存地点以及管理人员的情况，报所在地县级人民政府安全生产监督管理部门（在港区内储存的，报港口行政管理部门）和公安机关备案。

第二十六条 危险化学品专用仓库应当符合国家标准、行业标准的要求，并设置明显的标志。储存剧毒化学品、易制爆危险化学品的专用仓库，应当按照国家有关规定设置相应的技术防范设施。

储存危险化学品的单位应当对其危险化学品专用仓库的安全设施、设备定期进行检测、检验。

第二十七条 生产、储存危险化学品的单位转产、停产、停业或者解散的，应当采取有效措施，及时、妥善处置其危险化学品生产装置、储存设施以及库存的危险化学品，不得丢弃危险化学品；处置方案应当报所在地县级人民政府安全生产监督管理部门、工业和信息化主管部门、环境保护主管部门和公安机关备案。安全生产监督管理部门应当会同环境保护主管部门和公安机关对处置情况进行监督检查，发现未依照规定处置的，应当责令其立即处置。

第三章 使用安全

第二十八条 使用危险化学品的单位，其使用条件（包括工艺）应当符合法律、行政法规的规定和国家标准、行业标准的要求，并根据所使用的危险化学品的种类、危险特性以及使用量和使用方式，建立、健全使用危险化学品的安全管理规章制度和安全操作规程，保证危险化学品的安全使用。

第二十九条 使用危险化学品从事生产并且使用量达到规定数量的化工企业（属于危险化学品生产企业的除外，下同），应当依照本条例的规定取得危险化学品安全使用许可证。

前款规定的危险化学品使用量的数量标准，由国务院安全生产监督管理部门会同国务院公安部门、农业主管部门确定并公布。

第三十条 申请危险化学品安全使用许可证的化工企业，除应当符合本条例第二十八条的规定外，还应当具备下列条件：

（一）有与所使用的危险化学品相适应的专业技术人员；

（二）有安全管理机构和专职安全管理人员；

（三）有符合国家规定的危险化学品事故应急预案和必要的应急救援器材、设备；

（四）依法进行了安全评价。

第三十一条 申请危险化学品安全使用许可证的化工企业，应当向所在地设区的市级人民政府安全生产监督管理部门提出申请，并提交其符合本条例第三十条规定条件的证明材料。设区的市级人民政府安全生产监督管理部门应当依法进行审查，自收到证明材料之日起45日内作出批准或者不予批准的决定。予以批准的，颁发危险化学品安全使用许可证；不予批准的，书面通知申请人并说明理由。

安全生产监督管理部门应当将其颁发危险化学品安全使用许可证的情况及时向同级环境保护主管部门和公安机关通报。

第三十二条 本条例第十六条关于生产实施重点环境管理的危险化学品的企业的规定，适用于使用实施重点环境管理的危险化学品从事生产的企业；第二十条、第二十一条、第二十三条第一款、第二十七条关于生产、储存危险化学品的单位的规定，适用于使用危险化学品的单位；第二十二条关于生产、储存危险化学品的企业的规定，适用于使用危险化学品从事生产的企业。

第四章 经营安全

第三十三条 国家对危险化学品经营（包括仓储经营，下同）实行许可制度。未经许可，任何单位和个人不得经营危险化学品。

依法设立的危险化学品生产企业在其厂区范围内销售本企业生产的危险化学品，不需要取得危险化学品经营许可。

依照《中华人民共和国港口法》的规定取得港口经营许可证的港口经营人，在港区内从事危险化学品仓储经营，不需要取得危险化学品经营许可。

第三十四条 从事危险化学品经营的企业应当具备下列条件：

（一）有符合国家标准、行业标准的经营场所，储存危险化学品的，还应当有符合国家标准、行业标准的储存设施；

（二）从业人员经过专业技术培训并经考核合格；

（三）有健全的安全管理规章制度；

（四）有专职安全管理人员；

（五）有符合国家规定的危险化学品事故应急预案和必要的应急救援器材、设备；

（六）法律、法规规定的其他条件。

第三十五条 从事剧毒化学品、易制爆危险化学品经营的企业，应当向所在地设区的市级人民政府安全生产监督管理部门提出申请，从事其他危险化学品经营的企业，应当向所在地县级人民政府安全生产监督管理部门提出申请（有储存设施的，应当向所在地设区的市级人民政府安全生产监督管理部门提出申请）。申请人应当提交其符合本条例第三十四条规定条件的证明材料。设区的市级人民政府安全生产监督管理部门或者县级人民政府安全生产监督管理部门应当依法进行审查，并对申请人的经营场所、储存设施进行现场核查，自收到证明材料之日起30日内作出批准或者不予批准的决定。予以批准的，颁发危险化学品经营许可证；不予批准的，书面通知申请人并说明理由。

设区的市级人民政府安全生产监督管理部门和县级人民政府安全生产监督管理部门应当将其颁发危险化学品经营许可证的情况及时向同级环境保护主管部门和公安机关通报。

申请人持危险化学品经营许可证向工商行政管理部门办理登记手续后，方可从事危险化学品经营活动。法律、行政法规或者国务院规定经营危险化学品还需要经其他有关部门许可的，申请人向工商行政管理部门办理登记手续时还应当持相应的许可证件。

第三十六条 危险化学品经营企业储存危险化学品的，应当遵守本条例第二章关于储存危险化学品的规定。危险化学品商店内只能存放民用小包装的危险化学品。

第三十七条 危险化学品经营企业不得向未经许可从事危险化学品生产、经营活动的企业采购危险化学品，不得经营没有化学品安全技术说明书或者化学品安全标签的危险化学品。

第三十八条　依法取得危险化学品安全生产许可证、危险化学品安全使用许可证、危险化学品经营许可证的企业，凭相应的许可证件购买剧毒化学品、易制爆危险化学品。民用爆炸物品生产企业凭民用爆炸物品生产许可证购买易制爆危险化学品。

前款规定以外的单位购买剧毒化学品的，应当向所在地县级人民政府公安机关申请取得剧毒化学品购买许可证；购买易制爆危险化学品的，应当持本单位出具的合法用途说明。

个人不得购买剧毒化学品（属于剧毒化学品的农药除外）和易制爆危险化学品。

第三十九条　申请取得剧毒化学品购买许可证，申请人应当向所在地县级人民政府公安机关提交下列材料：

（一）营业执照或者法人证书（登记证书）的复印件；

（二）拟购买的剧毒化学品品种、数量的说明；

（三）购买剧毒化学品用途的说明；

（四）经办人的身份证明。

县级人民政府公安机关应当自收到前款规定的材料之日起 3 日内，作出批准或者不予批准的决定。予以批准的，颁发剧毒化学品购买许可证；不予批准的，书面通知申请人并说明理由。

剧毒化学品购买许可证管理办法由国务院公安部门制定。

第四十条　危险化学品生产企业、经营企业销售剧毒化学品、易制爆危险化学品，应当查验本条例第三十八条第一款、第二款规定的相关许可证件或者证明文件，不得向不具有相关许可证件或者证明文件的单位销售剧毒化学品、易制爆危险化学品。对持剧毒化学品购买许可证购买剧毒化学品的，应当按照许可证载明的品种、数量销售。

禁止向个人销售剧毒化学品（属于剧毒化学品的农药除外）和易制爆危险化学品。

第四十一条　危险化学品生产企业、经营企业销售剧毒化学品、易制爆危险化学品，应当如实记录购买单位的名称、地址、经办人的姓名、身份证号码以及所购买的剧毒化学品、易制爆危险化学品的品种、数量、用途。销售记录以及经办人的身份证明复印件、相关许可证件复印件或者证明文件的保存期限不得少于一年。

剧毒化学品、易制爆危险化学品的销售企业、购买单位应当在销售、购买后 5 日内，将所销售、购买的剧毒化学品、易制爆危险化学品的品种、数量以及流向信息报所在地县级人民政府公安机关备案，并输入计算机系统。

第四十二条　使用剧毒化学品、易制爆危险化学品的单位不得出借、转让其购买的剧毒化学品、易制爆危险化学品；因转产、停产、搬迁、关闭等确需转让的，应当向具有本条例第三十八条第一款、第二款规定的相关许可证件或者证明文件的单位转让，并在转让后将有关情况及时向所在地县级人民政府公安机关报告。

第五章　运 输 安 全

第四十三条　从事危险化学品道路运输、水路运输的，应当分别依照有关道路运输、水路运输的法律、行政法规的规定，取得危险货物道路运输许可、危险货物水路运输许可，并向工商行政管理部门办理登记手续。

危险化学品道路运输企业、水路运输企业应当配备专职安全管理人员。

第四十四条 危险化学品道路运输企业、水路运输企业的驾驶人员、船员、装卸管理人员、押运人员、申报人员、集装箱装箱现场检查员应当经交通运输主管部门考核合格，取得从业资格。具体办法由国务院交通运输主管部门制定。

危险化学品的装卸作业应当遵守安全作业标准、规程和制度，并在装卸管理人员的现场指挥或者监控下进行。水路运输危险化学品的集装箱装箱作业应当在集装箱装箱现场检查员的指挥或者监控下进行，并符合积载、隔离的规范和要求；装箱作业完毕后，集装箱装箱现场检查员应当签署装箱证明书。

第四十五条 运输危险化学品，应当根据危险化学品的危险特性采取相应的安全防护措施，并配备必要的防护用品和应急救援器材。

用于运输危险化学品的槽罐以及其他容器应当封口严密，能够防止危险化学品在运输过程中因温度、湿度或者压力的变化发生渗漏、洒漏；槽罐以及其他容器的溢流和泄压装置应当设置准确、起闭灵活。

运输危险化学品的驾驶人员、船员、装卸管理人员、押运人员、申报人员、集装箱装箱现场检查员，应当了解所运输的危险化学品的危险特性及其包装物、容器的使用要求和出现危险情况时的应急处置方法。

第四十六条 通过道路运输危险化学品的，托运人应当委托依法取得危险货物道路运输许可的企业承运。

第四十七条 通过道路运输危险化学品的，应当按照运输车辆的核定载质量装载危险化学品，不得超载。

危险化学品运输车辆应当符合国家标准要求的安全技术条件，并按照国家有关规定定期进行安全技术检验。

危险化学品运输车辆应当悬挂或者喷涂符合国家标准要求的警示标志。

第四十八条 通过道路运输危险化学品的，应当配备押运人员，并保证所运输的危险化学品处于押运人员的监控之下。

运输危险化学品途中因住宿或者发生影响正常运输的情况，需要较长时间停车的，驾驶人员、押运人员应当采取相应的安全防范措施；运输剧毒化学品或者易制爆危险化学品的，还应当向当地公安机关报告。

第四十九条 未经公安机关批准，运输危险化学品的车辆不得进入危险化学品运输车辆限制通行的区域。危险化学品运输车辆限制通行的区域由县级人民政府公安机关划定，并设置明显的标志。

第五十条 通过道路运输剧毒化学品的，托运人应当向运输始发地或者目的地县级人民政府公安机关申请剧毒化学品道路运输通行证。

申请剧毒化学品道路运输通行证，托运人应当向县级人民政府公安机关提交下列材料：

（一）拟运输的剧毒化学品品种、数量的说明；

（二）运输始发地、目的地、运输时间和运输路线的说明；

（三）承运人取得危险货物道路运输许可、运输车辆取得营运证以及驾驶人员、押运人员取得上岗资格的证明文件；

（四）本条例第三十八条第一款、第二款规定的购买剧毒化学品的相关许可证件，或者海关出具的进出口证明文件。

县级人民政府公安机关应当自收到前款规定的材料之日起 7 日内，作出批准或者不予批准的决定。予以批准的，颁发剧毒化学品道路运输通行证；不予批准的，书面通知申请人并说明理由。

剧毒化学品道路运输通行证管理办法由国务院公安部门制定。

第五十一条 剧毒化学品、易制爆危险化学品在道路运输途中丢失、被盗、被抢或者出现流散、泄漏等情况的，驾驶人员、押运人员应当立即采取相应的警示措施和安全措施，并向当地公安机关报告。公安机关接到报告后，应当根据实际情况立即向安全生产监督管理部门、环境保护主管部门、卫生主管部门通报。有关部门应当采取必要的应急处置措施。

第五十二条 通过水路运输危险化学品的，应当遵守法律、行政法规以及国务院交通运输主管部门关于危险货物水路运输安全的规定。

第五十三条 海事管理机构应当根据危险化学品的种类和危险特性，确定船舶运输危险化学品的相关安全运输条件。

拟交付船舶运输的化学品的相关安全运输条件不明确的，应当经国家海事管理机构认定的机构进行评估，明确相关安全运输条件并经海事管理机构确认后，方可交付船舶运输。

第五十四条 禁止通过内河封闭水域运输剧毒化学品以及国家规定禁止通过内河运输的其他危险化学品。

前款规定以外的内河水域，禁止运输国家规定禁止通过内河运输的剧毒化学品以及其他危险化学品。

禁止通过内河运输的剧毒化学品以及其他危险化学品的范围，由国务院交通运输主管部门会同国务院环境保护主管部门、工业和信息化主管部门、安全生产监督管理部门，根据危险化学品的危险特性、危险化学品对人体和水环境的危害程度以及消除危害后果的难易程度等因素规定并公布。

第五十五条 国务院交通运输主管部门应当根据危险化学品的危险特性，对通过内河运输本条例第五十四条规定以外的危险化学品（以下简称通过内河运输危险化学品）实行分类管理，对各类危险化学品的运输方式、包装规范和安全防护措施等分别作出规定并监督实施。

第五十六条 通过内河运输危险化学品，应当由依法取得危险货物水路运输许可的水路运输企业承运，其他单位和个人不得承运。托运人应当委托依法取得危险货物水路运输许可的水路运输企业承运，不得委托其他单位和个人承运。

第五十七条 通过内河运输危险化学品，应当使用依法取得危险货物适装证书的运输船舶。水路运输企业应当针对所运输的危险化学品的危险特性，制定运输船舶危险化学品事故应急救援预案，并为运输船舶配备充足、有效的应急救援器材和设备。

通过内河运输危险化学品的船舶，其所有人或者经营人应当取得船舶污染损害责任保险证书或者财务担保证明。船舶污染损害责任保险证书或者财务担保证明的副本应当随船携带。

第五十八条 通过内河运输危险化学品，危险化学品包装物的材质、型式、强度以及包装方法应当符合水路运输危险化学品包装规范的要求。国务院交通运输主管部门对单船运输的危险化学品数量有限制性规定的，承运人应当按照规定安排运输数量。

第五十九条 用于危险化学品运输作业的内河码头、泊位应当符合国家有关安全规范，与饮用水取水口保持国家规定的距离。有关管理单位应当制定码头、泊位危险化学品事故应急预案，并为码头、泊位配备充足、有效的应急救援器材和设备。

用于危险化学品运输作业的内河码头、泊位，经交通运输主管部门按照国家有关规定验收合格后方可投入使用。

第六十条 船舶载运危险化学品进出内河港口，应当将危险化学品的名称、危险特性、包装以及进出港时间等事项，事先报告海事管理机构。海事管理机构接到报告后，应当在国务院交通运输主管部门规定的时间内作出是否同意的决定，通知报告人，同时通报港口行政管理部门。定船舶、定航线、定货种的船舶可以定期报告。

在内河港口内进行危险化学品的装卸、过驳作业，应当将危险化学品的名称、危险特性、包装和作业的时间、地点等事项报告港口行政管理部门。港口行政管理部门接到报告后，应当在国务院交通运输主管部门规定的时间内作出是否同意的决定，通知报告人，同时通报海事管理机构。

载运危险化学品的船舶在内河航行，通过过船建筑物的，应当提前向交通运输主管部门申报，并接受交通运输主管部门的管理。

第六十一条 载运危险化学品的船舶在内河航行、装卸或者停泊，应当悬挂专用的警示标志，按照规定显示专用信号。

载运危险化学品的船舶在内河航行，按照国务院交通运输主管部门的规定需要引航的，应当申请引航。

第六十二条 载运危险化学品的船舶在内河航行，应当遵守法律、行政法规和国家其他有关饮用水水源保护的规定。内河航道发展规划应当与依法经批准的饮用水水源保护区划定方案相协调。

第六十三条 托运危险化学品的，托运人应当向承运人说明所托运的危险化学品的种类、数量、危险特性以及发生危险情况的应急处置措施，并按照国家有关规定对所托运的危险化学品妥善包装，在外包装上设置相应的标志。

运输危险化学品需要添加抑制剂或者稳定剂的，托运人应当添加，并将有关情况告知承运人。

第六十四条 托运人不得在托运的普通货物中夹带危险化学品，不得将危险化学品匿报或者谎报为普通货物托运。

任何单位和个人不得交寄危险化学品或者在邮件、快件内夹带危险化学品，不得将危险化学品匿报或者谎报为普通物品交寄。邮政企业、快递企业不得收寄危险化学品。

对涉嫌违反本条第一款、第二款规定的，交通运输主管部门、邮政管理部门可以依法开拆查验。

第六十五条 通过铁路、航空运输危险化学品的安全管理，依照有关铁路、航空运输的法律、行政法规、规章的规定执行。

第六章 危险化学品登记与事故应急救援

第六十六条 国家实行危险化学品登记制度，为危险化学品安全管理以及危险化学品事故预防和应急救援提供技术、信息支持。

第六十七条 危险化学品生产企业、进口企业，应当向国务院安全生产监督管理部门负责危险化学品登记的机构（以下简称危险化学品登记机构）办理危险化学品登记。

危险化学品登记包括下列内容：

（一）分类和标签信息；

（二）物理、化学性质；

（三）主要用途；

（四）危险特性；

（五）储存、使用、运输的安全要求；

（六）出现危险情况的应急处置措施。

对同一企业生产、进口的同一品种的危险化学品，不进行重复登记。危险化学品生产企业、进口企业发现其生产、进口的危险化学品有新的危险特性的，应当及时向危险化学品登记机构办理登记内容变更手续。

危险化学品登记的具体办法由国务院安全生产监督管理部门制定。

第六十八条 危险化学品登记机构应当定期向工业和信息化、环境保护、公安、卫生、交通运输、铁路、质量监督检验检疫等部门提供危险化学品登记的有关信息和资料。

第六十九条 县级以上地方人民政府安全生产监督管理部门应当会同工业和信息化、环境保护、公安、卫生、交通运输、铁路、质量监督检验检疫等部门，根据本地区实际情况，制定危险化学品事故应急预案，报本级人民政府批准。

第七十条 危险化学品单位应当制定本单位危险化学品事故应急预案，配备应急救援人员和必要的应急救援器材、设备，并定期组织应急救援演练。

危险化学品单位应当将其危险化学品事故应急预案报所在地设区的市级人民政府安全生产监督管理部门备案。

第七十一条 发生危险化学品事故，事故单位主要负责人应当立即按照本单位危险化学品应急预案组织救援，并向当地安全生产监督管理部门和环境保护、公安、卫生主管部门报告；道路运输、水路运输过程中发生危险化学品事故的，驾驶人员、船员或者押运人员还应当向事故发生地交通运输主管部门报告。

第七十二条 发生危险化学品事故，有关地方人民政府应当立即组织安全生产监督管理、环境保护、公安、卫生、交通运输等有关部门，按照本地区危险化学品事故应急预案组织实施救援，不得拖延、推诿。

有关地方人民政府及其有关部门应当按照下列规定，采取必要的应急处置措施，减少事故损失，防止事故蔓延、扩大：

（一）立即组织营救和救治受害人员，疏散、撤离或者采取其他措施保护危害区域内的其他人员；

（二）迅速控制危害源，测定危险化学品的性质、事故的危害区域及危害程度；

（三）针对事故对人体、动植物、土壤、水源、大气造成的现实危害和可能产生的危害，迅速采取封闭、隔离、洗消等措施；

（四）对危险化学品事故造成的环境污染和生态破坏状况进行监测、评估，并采取相应的环境污染治理和生态修复措施。

第七十三条 有关危险化学品单位应当为危险化学品事故应急救援提供技术指导和必要的协助。

第七十四条 危险化学品事故造成环境污染的，由设区的市级以上人民政府环境保护主管部门统一发布有关信息。

第七章 法律责任

第七十五条 生产、经营、使用国家禁止生产、经营、使用的危险化学品的，由安全生产监督管理部门责令停止生产、经营、使用活动，处20万元以上50万元以下的罚款，有违法所得的，没收违法所得；构成犯罪的，依法追究刑事责任。

有前款规定行为的，安全生产监督管理部门还应当责令其对所生产、经营、使用的危险化学品进行无害化处理。

违反国家关于危险化学品使用的限制性规定使用危险化学品的，依照本条第一款的规定处理。

第七十六条 未经安全条件审查，新建、改建、扩建生产、储存危险化学品的建设项目的，由安全生产监督管理部门责令停止建设，限期改正；逾期不改正的，处50万元以上100万元以下的罚款；构成犯罪的，依法追究刑事责任。

未经安全条件审查，新建、改建、扩建储存、装卸危险化学品的港口建设项目的，由港口行政管理部门依照前款规定予以处罚。

第七十七条 未依法取得危险化学品安全生产许可证从事危险化学品生产，或者未依法取得工业产品生产许可证从事危险化学品及其包装物、容器生产的，分别依照《安全生产许可证条例》、《中华人民共和国工业产品生产许可证管理条例》的规定处罚。

违反本条例规定，化工企业未取得危险化学品安全使用许可证，使用危险化学品从事生产的，由安全生产监督管理部门责令限期改正，处10万元以上20万元以下的罚款；逾期不改正的，责令停产整顿。

违反本条例规定，未取得危险化学品经营许可证从事危险化学品经营的，由安全生产监督管理部门责令停止经营活动，没收违法经营的危险化学品以及违法所得，并处10万元以上20万元以下的罚款；构成犯罪的，依法追究刑事责任。

第七十八条　有下列情形之一的，由安全生产监督管理部门责令改正，可以处5万元以下的罚款；拒不改正的，处5万元以上10万元以下的罚款；情节严重的，责令停产停业整顿：

（一）生产、储存危险化学品的单位未对其铺设的危险化学品管道设置明显的标志，或者未对危险化学品管道定期检查、检测的；

（二）进行可能危及危险化学品管道安全的施工作业，施工单位未按照规定书面通知管道所属单位，或者未与管道所属单位共同制定应急预案、采取相应的安全防护措施，或者管道所属单位未指派专门人员到现场进行管道安全保护指导的；

（三）危险化学品生产企业未提供化学品安全技术说明书，或者未在包装（包括外包装件）上粘贴、拴挂化学品安全标签的；

（四）危险化学品生产企业提供的化学品安全技术说明书与其生产的危险化学品不相符，或者在包装（包括外包装件）粘贴、拴挂的化学品安全标签与包装内危险化学品不相符，或者化学品安全技术说明书、化学品安全标签所载明的内容不符合国家标准要求的；

（五）危险化学品生产企业发现其生产的危险化学品有新的危险特性不立即公告，或者不及时修订其化学品安全技术说明书和化学品安全标签的；

（六）危险化学品经营企业经营没有化学品安全技术说明书和化学品安全标签的危险化学品的；

（七）危险化学品包装物、容器的材质以及包装的型式、规格、方法和单件质量（重量）与所包装的危险化学品的性质和用途不相适应的；

（八）生产、储存危险化学品的单位未在作业场所和安全设施、设备上设置明显的安全警示标志，或者未在作业场所设置通信、报警装置的；

（九）危险化学品专用仓库未设专人负责管理，或者对储存的剧毒化学品以及储存数量构成重大危险源的其他危险化学品未实行双人收发、双人保管制度的；

（十）储存危险化学品的单位未建立危险化学品出入库核查、登记制度的；

（十一）危险化学品专用仓库未设置明显标志的；

（十二）危险化学品生产企业、进口企业不办理危险化学品登记，或者发现其生产、进口的危险化学品有新的危险特性不办理危险化学品登记内容变更手续的。

从事危险化学品仓储经营的港口经营人有前款规定情形的，由港口行政管理部门依照前款规定予以处罚。储存剧毒化学品、易制爆危险化学品的专用仓库未按照国家有关规定设置相应的技术防范设施的，由公安机关依照前款规定予以处罚。

生产、储存剧毒化学品、易制爆危险化学品的单位未设置治安保卫机构、配备专职治安保卫人员的，依照《企业事业单位内部治安保卫条例》的规定处罚。

第七十九条　危险化学品包装物、容器生产企业销售未经检验或者经检验不合格的危险化学品包装物、容器的，由质量监督检验检疫部门责令改正，处10万元以上20万元以下的罚款，有违法所得的，没收违法所得；拒不改正的，责令停产停业整顿；构成犯罪的，依法追究刑事责任。

将未经检验合格的运输危险化学品的船舶及其配载的容器投入使用的，由海事管理机构依照前款规定予以处罚。

第八十条 生产、储存、使用危险化学品的单位有下列情形之一的，由安全生产监督管理部门责令改正，处5万元以上10万元以下的罚款；拒不改正的，责令停产停业整顿直至由原发证机关吊销其相关许可证件，并由工商行政管理部门责令其办理经营范围变更登记或者吊销其营业执照；有关责任人员构成犯罪的，依法追究刑事责任：

（一）对重复使用的危险化学品包装物、容器，在重复使用前不进行检查的；

（二）未根据其生产、储存的危险化学品的种类和危险特性，在作业场所设置相关安全设施、设备，或者未按照国家标准、行业标准或者国家有关规定对安全设施、设备进行经常性维护、保养的；

（三）未依照本条例规定对其安全生产条件定期进行安全评价的；

（四）未将危险化学品储存在专用仓库内，或者未将剧毒化学品以及储存数量构成重大危险源的其他危险化学品在专用仓库内单独存放的；

（五）危险化学品的储存方式、方法或者储存数量不符合国家标准或者国家有关规定的；

（六）危险化学品专用仓库不符合国家标准、行业标准的要求的；

（七）未对危险化学品专用仓库的安全设施、设备定期进行检测、检验的。

从事危险化学品仓储经营的港口经营人有前款规定情形的，由港口行政管理部门依照前款规定予以处罚。

第八十一条 有下列情形之一的，由公安机关责令改正，可以处1万元以下的罚款；拒不改正的，处1万元以上5万元以下的罚款：

（一）生产、储存、使用剧毒化学品、易制爆危险化学品的单位不如实记录生产、储存、使用的剧毒化学品、易制爆危险化学品的数量、流向的；

（二）生产、储存、使用剧毒化学品、易制爆危险化学品的单位发现剧毒化学品、易制爆危险化学品丢失或者被盗，不立即向公安机关报告的；

（三）储存剧毒化学品的单位未将剧毒化学品的储存数量、储存地点以及管理人员的情况报所在地县级人民政府公安机关备案的；

（四）危险化学品生产企业、经营企业不如实记录剧毒化学品、易制爆危险化学品购买单位的名称、地址、经办人的姓名、身份证号码以及所购买的剧毒化学品、易制爆危险化学品的品种、数量、用途，或者保存销售记录和相关材料的时间少于一年的；

（五）剧毒化学品、易制爆危险化学品的销售企业、购买单位未在规定的时限内将所销售、购买的剧毒化学品、易制爆危险化学品的品种、数量以及流向信息报所在地县级人民政府公安机关备案的；

（六）使用剧毒化学品、易制爆危险化学品的单位依照本条例规定转让其购买的剧毒化学品、易制爆危险化学品，未将有关情况向所在地县级人民政府公安机关报告的。

生产、储存危险化学品的企业或者使用危险化学品从事生产的企业未按照本条例规定将安全评价报告以及整改方案的落实情况报安全生产监督管理部门或者港口行政管理部门备案，或者储存危险化学品的单位未将其剧毒化学品以及储存数量构成重大危险源的其他危险化学品的储存数量、储存地点以及管理人员的情况报安全生产监督管理部门或者港口行政管理部门备案的，分别由安全生产监督管理部门或者港口行政管理部门依照前款规定予以处罚。

生产实施重点环境管理的危险化学品的企业或者使用实施重点环境管理的危险化学品从事生产的企业未按照规定将相关信息向环境保护主管部门报告的，由环境保护主管部门依照本条第一款的规定予以处罚。

第八十二条　生产、储存、使用危险化学品的单位转产、停产、停业或者解散，未采取有效措施及时、妥善处置其危险化学品生产装置、储存设施以及库存的危险化学品，或者丢弃危险化学品的，由安全生产监督管理部门责令改正，处 5 万元以上 10 万元以下的罚款；构成犯罪的，依法追究刑事责任。

生产、储存、使用危险化学品的单位转产、停产、停业或者解散，未依照本条例规定将其危险化学品生产装置、储存设施以及库存危险化学品的处置方案报有关部门备案的，分别由有关部门责令改正，可以处 1 万元以下的罚款；拒不改正的，处 1 万元以上 5 万元以下的罚款。

第八十三条　危险化学品经营企业向未经许可违法从事危险化学品生产、经营活动的企业采购危险化学品的，由工商行政管理部门责令改正，处 10 万元以上 20 万元以下的罚款；拒不改正的，责令停业整顿直至由原发证机关吊销其危险化学品经营许可证，并由工商行政管理部门责令其办理经营范围变更登记或者吊销其营业执照。

第八十四条　危险化学品生产企业、经营企业有下列情形之一的，由安全生产监督管理部门责令改正，没收违法所得，并处 10 万元以上 20 万元以下的罚款；拒不改正的，责令停产停业整顿直至吊销其危险化学品安全生产许可证、危险化学品经营许可证，并由工商行政管理部门责令其办理经营范围变更登记或者吊销其营业执照：

（一）向不具有本条例第三十八条第一款、第二款规定的相关许可证件或者证明文件的单位销售剧毒化学品、易制爆危险化学品的；

（二）不按照剧毒化学品购买许可证载明的品种、数量销售剧毒化学品的；

（三）向个人销售剧毒化学品（属于剧毒化学品的农药除外）、易制爆危险化学品的。

不具有本条例第三十八条第一款、第二款规定的相关许可证件或者证明文件的单位购买剧毒化学品、易制爆危险化学品，或者个人购买剧毒化学品（属于剧毒化学品的农药除外）、易制爆危险化学品的，由公安机关没收所购买的剧毒化学品、易制爆危险化学品，可以并处 5 000 元以下的罚款。

使用剧毒化学品、易制爆危险化学品的单位出借或者向不具有本条例第三十八条第一款、第二款规定的相关许可证件的单位转让其购买的剧毒化学品、易制爆危险化学品，或者向个人转让其购买的剧毒化学品（属于剧毒化学品的农药除外）、易制爆危险化学品的，由公安机关责令改正，处10万元以上20万元以下的罚款；拒不改正的，责令停产停业整顿。

第八十五条 未依法取得危险货物道路运输许可、危险货物水路运输许可，从事危险化学品道路运输、水路运输的，分别依照有关道路运输、水路运输的法律、行政法规的规定处罚。

第八十六条 有下列情形之一的，由交通运输主管部门责令改正，处5万元以上10万元以下的罚款；拒不改正的，责令停产停业整顿；构成犯罪的，依法追究刑事责任：

（一）危险化学品道路运输企业、水路运输企业的驾驶人员、船员、装卸管理人员、押运人员、申报人员、集装箱装箱现场检查员未取得从业资格上岗作业的；

（二）运输危险化学品，未根据危险化学品的危险特性采取相应的安全防护措施，或者未配备必要的防护用品和应急救援器材的；

（三）使用未依法取得危险货物适装证书的船舶，通过内河运输危险化学品的；

（四）通过内河运输危险化学品的承运人违反国务院交通运输主管部门对单船运输的危险化学品数量的限制性规定运输危险化学品的；

（五）用于危险化学品运输作业的内河码头、泊位不符合国家有关安全规范，或者未与饮用水取水口保持国家规定的安全距离，或者未经交通运输主管部门验收合格投入使用的；

（六）托运人不向承运人说明所托运的危险化学品的种类、数量、危险特性以及发生危险情况的应急处置措施，或者未按照国家有关规定对所托运的危险化学品妥善包装并在外包装上设置相应标志的；

（七）运输危险化学品需要添加抑制剂或者稳定剂，托运人未添加或者未将有关情况告知承运人的。

第八十七条 有下列情形之一的，由交通运输主管部门责令改正，处10万元以上20万元以下的罚款，有违法所得的，没收违法所得；拒不改正的，责令停产停业整顿；构成犯罪的，依法追究刑事责任：

（一）委托未依法取得危险货物道路运输许可、危险货物水路运输许可的企业承运危险化学品的；

（二）通过内河封闭水域运输剧毒化学品以及国家规定禁止通过内河运输的其他危险化学品的；

（三）通过内河运输国家规定禁止通过内河运输的剧毒化学品以及其他危险化学品的；

（四）在托运的普通货物中夹带危险化学品，或者将危险化学品谎报或者匿报为普通货物托运的。

在邮件、快件内夹带危险化学品，或者将危险化学品谎报为普通物品交寄的，依法给予治安管理处罚；构成犯罪的，依法追究刑事责任。

邮政企业、快递企业收寄危险化学品的，依照《中华人民共和国邮政法》的规定处罚。

第八十八条　有下列情形之一的，由公安机关责令改正，处5万元以上10万元以下的罚款；构成违反治安管理行为的，依法给予治安管理处罚；构成犯罪的，依法追究刑事责任：

（一）超过运输车辆的核定载质量装载危险化学品的；

（二）使用安全技术条件不符合国家标准要求的车辆运输危险化学品的；

（三）运输危险化学品的车辆未经公安机关批准进入危险化学品运输车辆限制通行的区域的；

（四）未取得剧毒化学品道路运输通行证，通过道路运输剧毒化学品的。

第八十九条　有下列情形之一的，由公安机关责令改正，处1万元以上5万元以下的罚款；构成违反治安管理行为的，依法给予治安管理处罚：

（一）危险化学品运输车辆未悬挂或者喷涂警示标志，或者悬挂或者喷涂的警示标志不符合国家标准要求的；

（二）通过道路运输危险化学品，不配备押运人员的；

（三）运输剧毒化学品或者易制爆危险化学品途中需要较长时间停车，驾驶人员、押运人员不向当地公安机关报告的；

（四）剧毒化学品、易制爆危险化学品在道路运输途中丢失、被盗、被抢或者发生流散、泄漏等情况，驾驶人员、押运人员不采取必要的警示措施和安全措施，或者不向当地公安机关报告的。

第九十条　对发生交通事故负有全部责任或者主要责任的危险化学品道路运输企业，由公安机关责令消除安全隐患，未消除安全隐患的危险化学品运输车辆，禁止上道路行驶。

第九十一条　有下列情形之一的，由交通运输主管部门责令改正，可以处1万元以下的罚款；拒不改正的，处1万元以上5万元以下的罚款：

（一）危险化学品道路运输企业、水路运输企业未配备专职安全管理人员的；

（二）用于危险化学品运输作业的内河码头、泊位的管理单位未制定码头、泊位危险化学品事故应急救援预案，或者未为码头、泊位配备充足、有效的应急救援器材和设备的。

第九十二条　有下列情形之一的，依照《中华人民共和国内河交通安全管理条例》的规定处罚：

（一）通过内河运输危险化学品的水路运输企业未制定运输船舶危险化学品事故应急救援预案，或者未为运输船舶配备充足、有效的应急救援器材和设备的；

（二）通过内河运输危险化学品的船舶的所有人或者经营人未取得船舶污染损害责任保险证书或者财务担保证明的；

（三）船舶载运危险化学品进出内河港口，未将有关事项事先报告海事管理机构并经其同意的；

（四）载运危险化学品的船舶在内河航行、装卸或者停泊，未悬挂专用的警示标志，或者未按照规定显示专用信号，或者未按照规定申请引航的。

未向港口行政管理部门报告并经其同意，在港口内进行危险化学品的装卸、过驳作业的，依照《中华人民共和国港口法》的规定处罚。

第九十三条 伪造、变造或者出租、出借、转让危险化学品安全生产许可证、工业产品生产许可证，或者使用伪造、变造的危险化学品安全生产许可证、工业产品生产许可证的，分别依照《安全生产许可证条例》、《中华人民共和国工业产品生产许可证管理条例》的规定处罚。

伪造、变造或者出租、出借、转让本条例规定的其他许可证，或者使用伪造、变造的本条例规定的其他许可证的，分别由相关许可证的颁发管理机关处 10 万元以上 20 万元以下的罚款，有违法所得的，没收违法所得；构成违反治安管理行为的，依法给予治安管理处罚；构成犯罪的，依法追究刑事责任。

第九十四条 危险化学品单位发生危险化学品事故，其主要负责人不立即组织救援或者不立即向有关部门报告的，依照《生产安全事故报告和调查处理条例》的规定处罚。

危险化学品单位发生危险化学品事故，造成他人人身伤害或者财产损失的，依法承担赔偿责任。

第九十五条 发生危险化学品事故，有关地方人民政府及其有关部门不立即组织实施救援，或者不采取必要的应急处置措施减少事故损失，防止事故蔓延、扩大的，对直接负责的主管人员和其他直接责任人员依法给予处分；构成犯罪的，依法追究刑事责任。

第九十六条 负有危险化学品安全监督管理职责的部门的工作人员，在危险化学品安全监督管理工作中滥用职权、玩忽职守、徇私舞弊，构成犯罪的，依法追究刑事责任；尚不构成犯罪的，依法给予处分。

第八章 附 则

第九十七条 监控化学品、属于危险化学品的药品和农药的安全管理，依照本条例的规定执行；法律、行政法规另有规定的，依照其规定。

民用爆炸物品、烟花爆竹、放射性物品、核能物质以及用于国防科研生产的危险化学品的安全管理，不适用本条例。

法律、行政法规对燃气的安全管理另有规定的，依照其规定。

危险化学品容器属于特种设备的，其安全管理依照有关特种设备安全的法律、行政法规的规定执行。

第九十八条 危险化学品的进出口管理，依照有关对外贸易的法律、行政法规、规章的规定执行；进口的危险化学品的储存、使用、经营、运输的安全管理，依照本条例的规定执行。

危险化学品环境管理登记和新化学物质环境管理登记，依照有关环境保护的法律、行政法规、规章的规定执行。危险化学品环境管理登记，按照国家有关规定收取费用。

第九十九条 公众发现、捡拾的无主危险化学品，由公安机关接收。公安机关接收或者有关部门依法没收的危险化学品，需要进行无害化处理的，交由环境保护主管部门组织其认定的专业单位进行处理，或者交由有关危险化学品生产企业进行处理。处理所需费用由国家财政负担。

第一百条　化学品的危险特性尚未确定的，由国务院安全生产监督管理部门、国务院环境保护主管部门、国务院卫生主管部门分别负责组织对该化学品的物理危险性、环境危害性、毒理特性进行鉴定。根据鉴定结果，需要调整危险化学品目录的，依照本条例第三条第二款的规定办理。

第一百零一条　本条例施行前已经使用危险化学品从事生产的化工企业，依照本条例规定需要取得危险化学品安全使用许可证的，应当在国务院安全生产监督管理部门规定的期限内，申请取得危险化学品安全使用许可证。

第一百零二条　本条例自 2011 年 12 月 1 日起施行。

参考文献

1. 中国安全生产科学研究院编. 作业场所职业危害检测检验技术. 北京：中国劳动社会保障出版社，2012

2. 张荣，练学宁主编. 危险化学品生产单位操作人员安全培训教程. 北京：中国劳动社会保障出版社，2010

3. 国家安全生产监督管理局. 国内外危险化学品重特大典型事故案例分析. 2002

4. 危险化学品重特大事故案例精选. 北京：中国劳动社会保障出版社，2007

5. 张荣主编. 危险化学品从业单位安全标准化操作手册. 北京：中国劳动社会保障出版社，2010

6. 唐朝纲主编. 危险化学品安全管理知识. 北京：机械工业出版社，2014

7. 和丽秋主编. 消防燃烧学. 北京：机械工业出版社，2014

8. 张海峰主编. 危险化学品安全技术全书. 北京：化学工业出版社，2008

9. 邬燕云主编. 安全生产主要法律法规知识培训教材. 北京：企业管理出版社，2006

10. 国家安全监管总局监管三司、中国化学品安全协会. 国内外危险化学品典型事故案例分析. 北京：中国劳动社会保障出版社，2009

11. 张荣主编. 职业安全教育. 北京：化学工业出版社，2009

12. 张荣，练学宁主编. 危险化学品生产单位负责人和管理人员安全培训教程. 北京：中国劳动社会保障出版社，2010

13. 国务院法制办公室工交商事法制司等联合编写. 危险化学品安全管理条例释义. 北京：中国市场出版社，2011

14. 中国安全生产科学研究院组织编写. 危险化学品生产单位安全培训教程（第二版). 北京：化学工业出版社，2012

15. 张荣，张晓东主编. 危险化学品安全技术. 北京：化学工业出版社，2009

16. 鞠江，范小花主编. 危险化学品安全法律法规. 北京：中国劳动社会保障出版社，2010

17. 全国危险化学品管理标准化技术委员会编. 危险化学品标准汇编包装、储运卷基础标准（第 2 版). 北京：中国标准出版社，2011

18. 王起全主编. 重大危险源安全评估. 北京：气象出版社，2010

19. 胡永宁，马玉国，付林，俞万林编著. 危险化学品经营企业安全管理培训教程. 北京：化学工业出版社，2011

20. “绿十字”安全生产教育培训丛书编写组. 危险化学品安全知识. 北京：中国劳

动社会保障出版社，2008

21. 牟天明，张荣主编. 危险化学品企业班组长安全管理培训教程. 北京：化学工业出版社，2012

22. 朱兆华，徐丙根编著. 危险化学品作业安全技术. 北京：化学工业出版社，2013

23. 陈会明，张静等编著. 化学品安全管理战略与政策. 北京：化学工业出版社，2012

24. 陈美宝，王文和主编. 危险化学品安全基础知识. 北京：中国劳动社会保障出版社，2010

25. 鲁宁，范小花主编. 危险化学品安全管理实务. 北京：中国劳动社会保障出版社，2010